Teubner Studienbücher Mathematik

L. Collatz
Differentialgleichungen

Leitfäden der angewandten Mathematik und Mechanik LAMM

Band 1

Die Lehrbücher dieser Reihe sind einerseits allen mathematischen Theorien und Methoden von grundsätzlicher Bedeutung für die Anwendung der Mathematik gewidmet; andererseits werden auch die Anwendungsgebiete selbst behandelt. Die Bände der Reihe sollen dem Ingenieur und Naturwissenschaftler die Kenntnis der mathematischen Methoden, dem Mathematiker die Kenntnisse der Anwendungsgebiete seiner Wissenschaft zugänglich machen. Die Werke sind für die angehenden Industrie- und Wirtschaftsmathematiker, Ingenieure und Naturwissenschaftler bestimmt, darüber hinaus aber sollen sie den im praktischen Beruf Tätigen zur Fortbildung im Zuge der fortschreitenden Wissenschaft dienen.

Differentialgleichungen

Eine Einführung unter besonderer Berücksichtigung der Anwendungen

Von Dr. phil. Dr. h. c. mult. Lothar Collatz
em. o. Professor an der Universität Hamburg

6., überarbeitete und erweiterte Auflage
Mit 173 Figuren, 75 Aufgaben und Lösungen
und zahlreichen Beispielen

B. G. Teubner Stuttgart 1981

Prof. Dr. phil. Lothar Collatz

Studium der Mathematik und Physik in Göttingen, München, Berlin. 1935 Promotion an der Universität Berlin. 1938 Dozent an der Technischen Hochschule Karlsruhe. 1943 o. Professor für Mathematik an der Technischen Hochschule Hannover und seit 1952 an der Universität Hamburg. 1956 Dr. h. c. Universität São Paulo, 1967 Dr. E. h. Wien. 1974 Dr. of Law h. c. Dundee, 1977 Dr. U.h.c. London, 1981 Dr. h.c. Hannover

CIP-Kurztitelaufnahme der Deutschen Bibliothek

Collatz, Lothar:
Differentialgleichungen : e. Einf. unter bes. Berücks. d. Anwendungen / von Lothar Collatz. – 6., überarb. u. erw. Aufl. – Stuttgart : Teubner, 1981.
(Leitfäden der angewandten Mathematik und Mechanik ; Bd. 1) (Teubner-Studienbücher : Mathematik)
ISBN 3-519-22033-4

NE: GT

Printed in Germany
Druck: Beltz Offsetdruck, Hemsbach/Bergstraße
Binderei: C. Maier KG, Leinfelden-Echterdingen
Umschlaggestaltung: W. Koch, Sindelfingen

Vorwort zur 5. Auflage

Die erste Auflage war eine genaue Wiedergabe meiner im Wintersmester 1945/46 an der Technischen Hochschule Hannover gehaltenen Vorlesungen. Die zweite Auflage verdankt ihr Entstehen einer Anregung von Herrn Prof. Dr. H. Görtler. In ihr wurde eine Reihe von Gebieten hinzugenommen, die zum Teil in einer normalen Kursvorlesung an einer Technischen Hochschule nicht behandelt werden, aber für den Ingenieur und Physiker von Wichtigkeit geworden sind, so daß er in diesem Bändchen eine kurze Einführung in diese Gebiete erhalten soll. Mehr als eine Einführung zu geben, ist bei dem beschränkten Raum natürlich nicht möglich. Für weitere Studien wird auf die großen Lehrbücher verwiesen.

Die neue Auflage unterscheidet sich von der zweiten Auflage, abgesehen von kleinen Berichtigungen und Ergänzungen, hauptsächlich durch einen neu hinzugekommenen Paragraphen über Systeme linearer Differentialgleichungen mit periodischen Koeffizienten, die in letzter Zeit zu immer größerer Bedeutung gelangt sind, und durch eine große Anzahl von Übungsaufgaben mit Lösungen, die auf mehrfach geäußerten Wunsch hinzugefügt worden sind.

Die Darstellung setzt im wesentlichen die Kenntnis der Differential- und Integralrechnung voraus, ist aber sonst, besonders im Anfang, bewußt sehr breit und ausführlich gehalten.

Es werden stets die anschauliche Seite, Deutungen aus der Mechanik und die Beziehung zu den Anwendungsgebieten betont, um anzuregen, Differentialgleichungen, wenn sie jemandem in der Praxis begegnen, nicht etwa aus dem Wege zu gehen, sondern mit ihnen zu arbeiten.

Ein Buch über Differentialgleichungen, das für einen an den Anwendungen interessierten Kreis geschrieben ist, unterscheidet sich von einem „für Mathematiker" geschriebenen hauptsächlich durch die Stoffauswahl, nicht durch die „Strenge" der Darstellung. Mit einer unexakten, die Verhältnisse schematisierenden Darstellung wäre keinem gedient. Wohl aber scheint es gerechtfertigt, einfache Annahmen (z.B. über in einer Differentialgleichung auftretende Koeffizienten), die bei praktischen Problemen gewöhnlich erfüllt sind, zu treffen und dadurch zu einfacheren Beweisen zu kommen. Mit Hilfe der Matrizenlehre läßt sich eine übersichtliche Theorie der linearen Schwingungen aufbauen; so hoffe ich, das Buch werde auch als Einführung für Physiker geeignet sein, wenn auch auf die Eigenwertaufgaben der Quantenphysik bei dem zur Verfügung stehenden Platz nicht eingegangen werden konnte, und es schien mir nunmehr erlaubt, im Titel des Buches den noch in der zweiten Auflage stehenden Zusatz „für Ingenieure" zu streichen.

Bei der zweiten Auflage haben mir die Herren Prof. Dr. Günter Meinardus, Dr. Alfred Meyer und Dr. Rüdiger Nicolovius sehr geholfen. Sie haben nicht nur die mühevolle Überprüfung bis in alle Einzelheiten des Zahlenmaterials vorgenommen, sondern mir auch zahlreiche wertvolle Ergänzungs- und Verbesserungsvorschläge gemacht, z.B. verdankt ihnen die Zusammenstellung in Kapitel III Nr. 20 die Übersichtlichkeit und Vollständigkeit.

Dem Verlage Teubner möchte ich für die gute Ausstattung des Bändchens, und den Herren Dr. Erich Bohl und Werner Schütt herzlich für das sorgfältige Korrekturenlesen danken.

Im Anschluß an die 1969 erschienene Studienbuchausgabe wurden rasch weitere Auflagen des Buches erforderlich; diese konnten, da Fehler sachlicher Art oder reine Druckfehler mir nicht bekannt wurden, als unveränderte Nachdrucke der 3. Auflage ausgegeben werden.

Hamburg, im Sommer 1973 LOTHAR COLLATZ

Vorwort zur 6. Auflage

Die Zielsetzung des Buches ist im Vorwort zur 5. Auflage beschrieben und hat sich nicht geändert. Es sei daher hier nur auf Änderungen gegenüber der früheren Auflage hingewiesen, ohne zahlreiche kleinere Ergänzungen zu erwähnen.

In der 6. Auflage sind eine Reihe von Gebieten genannt worden, die nicht in großer Ausführlichkeit dargestellt werden konnten, die aber in neuerer Zeit aktuell geworden sind und von denen es mir nützlich erschien, daß der Leser wenigstens die Problemstellung erfährt. Insbesondere wurden die Abschnitte über partielle Differentialgleichungen ausgebaut, weil diese wohl an Bedeutung für die Anwendungen ständig zunehmen, obwohl dieses Buch natürlich kein Ersatz für die vielen sehr guten Darstellungen über partielle Differentialgleichungen sein kann. Ich habe hierbei besonders Fragestellungen ausgewählt, die sich als für die Anwendungen und für numerische Verfahren nützlich herausgestellt haben; denn die numerischen Methoden gewinnen ständig an Bedeutung, da mit der Inangriffnahme immer komplizierterer Probleme die Aussicht, ein vorgelegtes Problem „in geschlossener Form“ lösen zu können, stark sinkt und in vielen Fällen, besonders bei nichtlinearen Problemen, man auf numerische Methoden angewiesen ist. Eine besondere Bedeutung kommt dem Begriff der (punktweisen) Monotonie zu, weil sie in den Fällen ihrer Gültigkeit oft die einzige Methode zur Gewinnung brauchbarer und mit nicht zu großem Aufwand erhältlicher Einschließungen der gesuchten Lösungen in untere und obere Schranken darstellt.

Ferner sind Einführungen in verschiedene in neuerer Zeit aktuell gewordene Fragestellungen und Methoden gegeben, die sich z.B. auf freie Randwertaufgaben, Variationsungleichungen, inkorrekt gestellte Aufgaben, Methode der finiten Elemente, Verzweigungsprobleme und anderes beziehen.

Bei dem Problem der Modernisierung der Darstellung glaubte ich, behutsam vorgehen zu müssen. Es gibt genügend viele sehr abstrakte, oft auf der Funktionalanalysis basierende Lehrbücher über Differentialgleichungen, bei denen aber gewöhnlich die Anwendungen und die konkrete Seite zu kurz kommen. Es lag mir aber sehr daran, daß Ingenieure und Naturwissenschaftler die Darstellung verstehen können. Damit aber den Anwendern der Zugang zu moderner mathematischer Literatur nicht verbaut wird, habe ich mich entschlossen, den grundlegenden allgemeinen Existenz- und Eindeutigkeitssatz zweimal zu bringen, einmal in der klassischen Weise und ein zweites Mal in funktionalanalytischer Sprechweise; der Leser wird bemerken, daß die beiden Beweise in gleicher Weise vorgehen.

An dieser Stelle sei mir ein mahnendes Wort gestattet: Die Mathematik, die doch von ihrer Anwendbarkeit lebt, bewegt sich gegenwärtig mehr und mehr in eine gefährliche Isolation, indem die Abstraktionen überbewertet und die Konkretisierungen (oft sogar sträflich) vernachlässigt werden. Die Abstraktionen wurden geschaffen, um das Konkrete besser zu beherrschen, und nun droht die Beherrschung des Konkreten verlorenzugehen, wie man an unzähligen Beispielen belegen kann. Häufig wird ein guter Ingenieur mit einer konkreten Differentialgleichung besser fertig als ein Mathematiker, und die Mathematik verliert an Boden. Das bedeutet eine große und ernst zu nehmende Gefahr für die Mathematik.

Eine weitere Modernisierung bezieht sich auf die verwendeten physikalischen Einheiten. Seit der letzten Auflage hat der Gesetzgeber durch das „Gesetz über Einheiten im Meßwesen" vom 2. 7. 1969 in der Bundesrepubklik das internationale Einheitensystem (kurz SI. Systéme International) eingeführt und für den geschäftlichen und amtlichen Verkehr als zwingend vorgeschrieben. Das mußte in verschiedenen Beispielen berücksichtigt werden. Statt des früheren kg-Gewichtes oder kp wird das Newton (N) benutzt; es ist $1\ \mathrm{N} = 1/9{,}806\,65$ kp die neue Krafteinheit, und es ist 1 Kilonewton (KN) = 1000 N; die Druckeinheit ist $1\ \mathrm{bar} = 10\ \mathrm{N/cm^2} \approx 1{,}02\ \mathrm{kp/cm^2}$. Ich danke Herrn Kollegen K. Wieghardt für Hilfe bei der Umstellung auf die neuen Einheiten.

Mein besonderer Dank gilt ferner den Herren Dr. Klaus Meyn, Herrn Dipl.-Math. Uwe Grothkopf und Frau Dipl.-Math. Gabriele Theuschl für wertvolle Ergänzungen und Verbesserungsvorschläge und für das mühevolle Korrekturenlesen.

Dem Verlag Teubner und besonders Herrn Dr. Spuhler danke ich für die große Geduld durch Jahre hindurch und für die wie stets vorzügliche Ausstattung des Buches.

Hamburg, im Frühjahr 1980 LOTHAR COLLATZ

Inhalt

Einteilung der Differentialgleichungen

1. Bezeichnungen. Eine Differentialgleichung ist eine Gleichung, in der Differentialquotienten von einer oder von mehreren Funktionen von einer oder mehreren unabhängigen Veränderlichen auftreten. Die gesuchten Unbekannten sind hierbei Funktionen $y(x)$ einer unabhängigen Veränderlichen x bei gewöhnlichen Differentialgleichungen und Funktionen $u(x, y \ldots)$ von mehreren unabhängigen Veränderlichen $x, y \ldots$ bei partiellen Differentialgleichungen.

Eine gewöhnliche Differentialgleichung bei Auftreten von nur einer abhängigen Funktion $y(x)$ hat die allgemeine Form

$$F[x, y(x), y'(x), y''(x), \ldots, y^{(n)}(x)] = 0.$$

Eine partielle Differentialgleichung dagegen lautet etwa bei zwei unabhängigen Veränderlichen x, y allgemein

$$F[x, y, u(x, y), u_x, u_y, u_{xx}, u_{xy}, u_{yy}, \ldots] = 0,$$

wobei tiefgestellte Indizes x, y partielle Ableitungen nach x bzw. y bedeuten, also $u_x = \frac{\partial u}{\partial x}$, $u_{xy} = \frac{\partial^2 u}{\partial x \partial y}$ usw.

Die Ordnung des höchsten in einer Differentialgleichung auftretenden Differentialquotienten heißt die Ordnung der Differentialgleichung.

Läßt sich eine Differentialgleichung als Polynom in der gesuchten Funktion und ihren Ableitungen schreiben, so nennt man die höchste auftretende Summe der Exponenten der abhängigen Veränderlichen und ihrer Differentialquotienten in einem Gliede den Grad der Differentialgleichung. Differentialgleichungen ersten Grades heißen auch linear; in diesen treten die unbekannte Funktion und ihre Ableitungen nur in der ersten Potenz und nicht miteinander multipliziert auf.

Beispielsweise ist $yy' = x$ eine Differentialgleichung erster Ordnung, aber nicht linear, sondern zweiten Grades, ferner ist

$$4x^5y^2 + 2y\left(\frac{dy}{dx}\right)^2 \cos x - 5y + 7 = 0$$

eine gewöhnliche Differentialgleichung erster Ordnung dritten Grades und

$$u_{xx}^2 + u_{yy}^2 = x$$

eine partielle Differentialgleichung zweiter Ordnung zweiten Grades.

Eine Differentialgleichung n-ter Ordnung lösen heißt, *alle diejenigen n-mal stetig differenzierbaren Funktionen zu ermitteln, die, mit ihren Ableitungen in die Differentialgleichung eingesetzt, diese identisch befriedigen*, d. h. zu einer Identität machen.

Die allgemeine Lösung einer gewöhnlichen Differentialgleichung n-ter Ordnung enthält in der Regel, wie wir noch sehen werden, n-freie Integrationskonstanten als Parameter, die gewöhnlich erlauben, aus der Gesamtheit aller Lösungen eine bestimmte Lösung herauszugreifen, die vorgegebenen Anfangs- oder Randbedingungen eines speziellen Falles genügt. Geometrisch stellt die allgemeine Lösung einer Differentialgleichung n-ter Ordnung ebenso wie diese selbst eine n-parametrige Kurvenschar dar. Differentialgleichung und allgemeine Lösung sind nur zwei gleichwertige verschiedene Ausdrucksformen für denselben physikalischen oder geometrischen Sachverhalt; hierauf gehen wir später genauer ein.

2. Physikalische Beispiele für Differentialgleichungen

Beispiel 1. Eine gewöhnliche Differentialgleichung. Eine Masse m hänge an einer Feder mit der Federkonstanten c (Fig. I/1). Hier ist c definiert als Proportionalitätsfaktor zwischen der Verlängerung x der Feder und der rückwirkenden Kraft K, entsprechend dem „Hookeschen Gesetz" $K = cx$. Schwingt die Masse an der Feder, so gilt das Newtonsche Grundgesetz:

$$\text{Kraft} = \text{Masse} \times \text{Beschleunigung}.$$

Mit der rückführenden Kraft cx, die wegen der Zählrichtung von x negativ anzusetzen ist, erhalten wir die folgende, den Schwingungsvorgang beschreibende gewöhnliche lineare Differentialgleichung zweiter Ordnung:

$$-cx = m\frac{\mathrm{d}^2x}{\mathrm{d}t^2}$$

oder in anderer Schreibweise (Punkte bedeuten, wie in der Mechanik üblich, Ableitungen nach der Zeit t):

$$\ddot{x} + \frac{c}{m}x = 0.$$

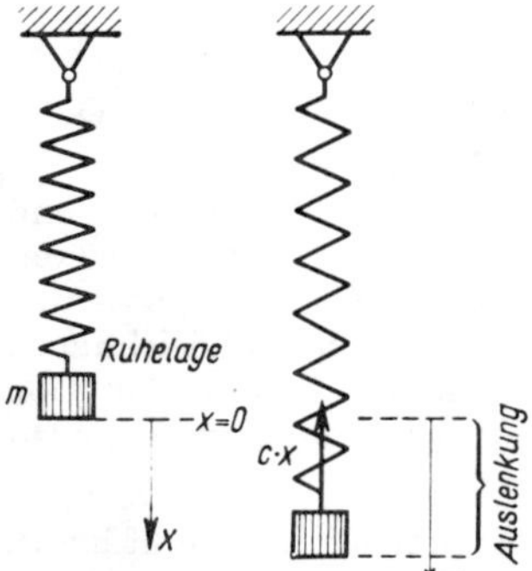

I/1. Schwingung einer Masse an einer Feder

Wir wollen ihre allgemeine Lösung vorwegnehmen, um den Sinn einer Differentialgleichung besser kennzeichnen zu können:

$$x = C_1 \sin\omega(t + C_2);$$

darin bedeuten C_1 und C_2 die freien, durch evtl. gegebene Anfangsbedingungen festgelegten Integrationskonstanten. C_1 ist die Amplitude, C_2 die Phase der Sinusschwingung, d. h. die zeitliche Verschiebung des Nulldurchganges gegen den Beginn der Zeitzählung. In der Abkürzung

$$\frac{c}{m} = \omega^2$$

ist ω die Kreisfrequenz, d.h. die Anzahl der Schwingungen in 2π-Sekunden. Mit der Frequenz f kann man schreiben

$$f = \frac{1}{T} = \frac{\omega}{2\pi}.$$

T ist dann die Schwingungsdauer. Die Frequenz f wächst mit der Wurzel aus der Federkonstanten und nimmt umgekehrt mit der Wurzel aus der Masse m ab. Dämpfende Einflüsse sind hier noch nicht berücksichtigt.

Beispiel 2. Ein System gewöhnlicher Differentialgleichungen. Ein etwa auf 2 Stützen gelagerter Stab sei durch eine Streckenlast mit der Belastungsdichte $p(x)$ belastet, wobei die x-Achse in Richtung der Längsachse des Trägers gezählt ist (Fig. I/2).

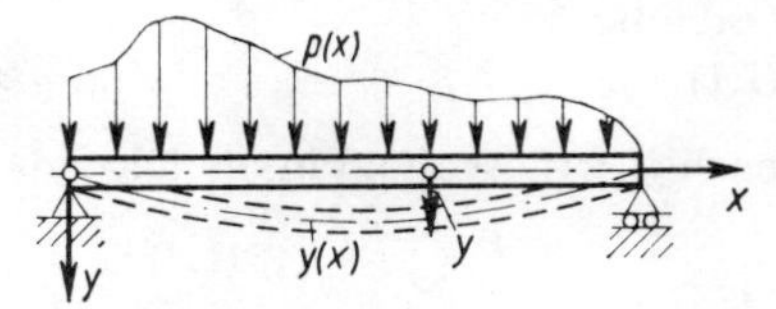

I/2. Durchbiegung eines Trägers bei Belastung

Ist die Funktion $y(x)$ für seine Durchbiegung y an der Stelle x gesucht, so gilt für sie nachfolgendes – hier nicht abgeleitetes – System von zwei Differentialgleichungen:

$$y'' = -\frac{M(x)}{EJ}, \quad M'' = -p(x);$$

darin sind $M(x)$ das „Biegemoment", E der „Elastizitätsmodul" und J das „axiale Flächenträgheitsmoment" des Trägerquerschnitts. Aus diesen zwei Gleichungen für die beiden Unbekannten $y(x)$ und $M(x)$ folgt durch zweimalige Differentiation der ersten Gleichung (bei konstantem EJ) für die unbekannte Funktion $y(x)$ eine Differentialgleichung vierter Ordnung

$$y^{\mathrm{IV}} = -\frac{M''}{EJ} = \frac{p(x)}{EJ}.$$

Beispiel 3. Eine partielle Differentialgleichung zweiter Ordnung. Die Differentialgleichung für die Schwingungen einer Saite lautet

$$\frac{\partial^2 y}{\partial t^2} = \frac{\mu F}{S}\,\frac{\partial^2 y}{\partial x^2} \quad \text{bzw.} \quad y_{tt} = a^2 y_{xx},$$

wobei $y = y(x, t)$ die Auslenkung der Saite an der Stelle x zur Zeit t, S die als konstant angenommene Längskraft in der Saite, F ihre Querschnittsfläche, μ ihre Massendichte und a^2 die Abkürzung für $\frac{\mu F}{S}$ bedeuten. Aus den Lösungen dieser partiellen Differentialgleichung kann man ersehen, daß a die Fortpflanzungsgeschwindigkeit transversaler Wellen in der Saite bedeutet (vgl. Kap. V § 1).

Beispiel 4. Eine partielle Differentialgleichung vierter Ordnung. Für die Durchbiegung einer Platte gilt mit der „Belastungsdichte $p(x, y)$" und der konstanten „Plattensteifigkeit N" die partielle Differentialgleichung vierter Ordnung

$$\frac{\partial^4 z}{\partial x^4} + 2\,\frac{\partial^4 z}{\partial x^2\,\partial y^2} + \frac{\partial^4 z}{\partial y^4} = \frac{p(x, y)}{N}$$

oder in symbolischer Schreibweise unter Verwendung des „Laplaceschen Operators" $\Delta \equiv \frac{\partial^2}{\partial x^2} + \frac{\partial^2}{\partial y^2}$

$$\left(\frac{\partial^2}{\partial x^2} + \frac{\partial^2}{\partial y^2}\right)^2 z(x, y) = \Delta^2 z(x, y) = \Delta\,\Delta\, z(x, y) = \frac{p(x, y)}{N}.$$

I Gewöhnliche Differentialgleichungen erster Ordnung

§ 1 Richtungsfeld und einfachste integrierbare Typen

3. Lösungskurven im Richtungsfeld. Als einfachster Fall werde angenommen, daß sich die „implizite" Form einer gewöhnlichen Differentialgleichung erster Ordnung

(I.1) $$F[x, y(x), y'(x)] = 0$$

nach y' auflösen und in die folgende „explizite" Gestalt überführen lasse:

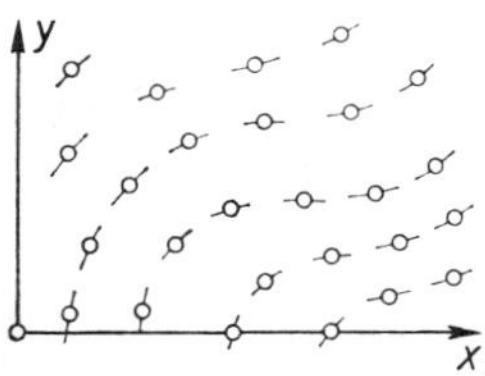

I/3. Richtungsfeld einer Differentialgleichung 1. Ordnung

(I.2) $$y' = f(x, y),$$

wobei $f(x, y)$ eine eindeutige Funktion von x, y sei. Daß man $f(x, y)$ nicht immer in geschlossener Form durch elementare Funktionen angeben kann, zeigt z. B. das Gegenbeispiel

(I.3) $$y' = xy - e^{y'}.$$

Anschaulich bedeutet $y' = f(x, y)$ ein sogenanntes Richtungsfeld, d. h. die Differentialgleichung ordnet jedem Punkte x, y eine Steigung zu. Zeichnet man daher ein Richtungsfeld aus kleinen Linienelementen (Fig. I/3), so sind die Lösungen der Differentialgleichung diejenigen Kurven, die in das Richtungsfeld „hineinpassen".

Beispiel 1. Gegeben sei die Differentialgleichung

(I.4) $$y' = 1 + x - y.$$

Zum Zeichnen des Richtungsfeldes sucht man jedoch zweckmäßig nicht die Steigungen einzelner Punkte auf, sondern zeichnet die Kurven gleicher Steigung, die Isoklinen. Die Isokline für $y' = 0$ hat die Gleichung

$$0 = 1 + x - y \quad \text{oder} \quad y = x + 1.$$

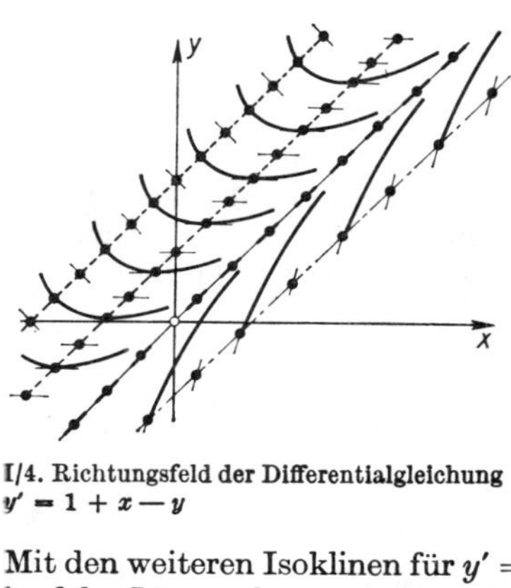

I/4. Richtungsfeld der Differentialgleichung $y' = 1 + x - y$

Dies ist die „Kurve" mit horizontalen Linienelementen in Fig. I/4. Analog erhält man für $y' = 1$ die Gerade $y = x$. Wie die Figur zeigt, ist dies bereits eine Lösung der Differentialgleichung. Man überzeugt sich davon dadurch, daß man $y = x$ in die Differentialgleichung einsetzt. Die Gleichung wird dadurch zu der Identität

$$1 \equiv 1 + x - x.$$

Mit den weiteren Isoklinen für $y' = 2$ und $y' = -1$, Fig. I/4, kann man den Verlauf der Lösungskurven schon ungefähr überblicken, vgl. (I.9).

Beispiel 2. Ein Geschwindigkeitsfeld. Die Geschwindigkeitsverteilung eines strömenden Flusses von der Breite $2a$ und der Geschwindigkeit v_0 in der Mitte sei als Funktion des Abstandes x von seiner Mittellinie als parabolisch angenommen:

$$v_F = v_0\left(1 - \frac{x^2}{a^2}\right).$$

An den „Ufern", d. h. den Randstellen $x = \pm a$, ist also die Flußgeschwindigkeit $v_F = 0$. Ein Schwimmer mit der Eigengeschwindigkeit $v_E = \text{const}$ schwimmt, um den Fluß möglichst schnell zu überqueren, relativ zum Flusse in Richtung der positiven x-Achse, d. h. dauernd senkrecht zur Strömungsrichtung von einem Ufer zum anderen (Fig. I/5). Gefragt ist nach der durchschwommenen absoluten Bahn, d. h. nach der Bahn über Grund.

Die Absolutgeschwindigkeit des Schwimmers über Grund v_A setzt sich in jedem Punkte vektoriell als Summe aus v_E und v_F zusammen. α sei der Winkel von v_A gegen die positive x-Achse (Fig. I/5). Man kann dann die Differentialgleichung für die Bahnkurve aufstellen:

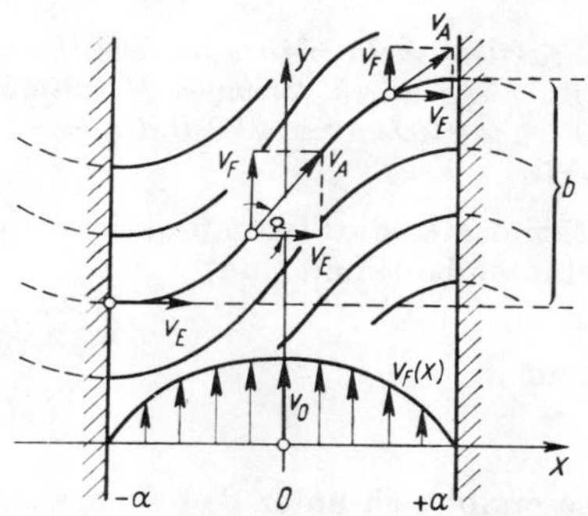

I/5. Richtungsfeld: Schwimmen in Flußströmung

$$\tan\alpha = \frac{dy}{dx} = y' = \frac{v_F}{v_E} = \frac{v_0}{v_E}\left(1 - \frac{x^2}{a^2}\right).$$

Diese Differentialgleichung läßt sich wegen ihrer einfachen Bauart (y kommt nicht explizit vor!) unmittelbar integrieren:

$$y = \frac{v_0}{v_E}\left(x - \frac{x^3}{3a^2}\right) + C.$$

Der freie Parameter C, d. h. die Integrationskonstante, bestimmt dabei die Startstelle des Schwimmers. Die Kurvenschar besteht aus kubischen Parabeln. Die Abdrift b erhält man als die Differenz

$$b = y(a) - y(-a) = \frac{v_0}{v_E}\left(2a - \frac{2a^3}{3a^2}\right) = \frac{4}{3}\cdot\frac{v_0}{v_E}\cdot a.$$

4. Trennung der Veränderlichen. Aus der Erweiterung dieser einfachen Integration ergibt sich als erstes eigentliches Verfahren zur Lösung von Differentialgleichungen die T r e n n u n g d e r V e r ä n d e r l i c h e n. Dieses Verfahren läßt sich anwenden auf Gleichungen der Gestalt

(I.5) $$y'(x) = \frac{dy}{dx} = \frac{f(x)}{g(y)} = f(x)\varphi(y).$$

Es sei etwa $f(x)$ stetig in einem Intervall $a \leqq x \leqq b$ (kurz mit $[a, b]$ bezeichnet) und $g(y)$ in einem Intervall $[c, d]$ stetig und $\neq 0$. Integrieren wir die Gleichung

$$g(y)y' = f(x)$$

beiderseits über x von einer gewählten Stelle x_0 bis zu einer variablen Stelle x (beide Stellen in $[a, b]$ gelegen) und führen links y an Stelle von x als neue Veränderliche ein (das ist möglich, wenn $y'(x) \neq 0$ ist; denn dann ist $y(x)$ in $[x_0, x]$ monoton), so entsteht nach der Regel über die Einführung einer neuen Veränderlichen (Substitutionsregel) mit $y(x_0) = y_0$

(I.6) $$\int_{y_0}^{y} g(y)\,\mathrm{d}y = \int_{x_0}^{x} f(x)\,\mathrm{d}x .$$

Praktisch stellt man diese Gleichung gewöhnlich auf, indem man die Ausgangsgleichung durch formales Heraufmultiplizieren mit dx *(formales „Trennen der Veränderlichen" x, y) auf die Form $g(y)\mathrm{d}y = f(x)\mathrm{d}x$ bringt und beiderseits integriert.*

Nennt man die Stammfunktionen (unbestimmte Integrale, die nur bis auf Konstanten bestimmt sind)

$$\int g(y)\,\mathrm{d}y = G(y)$$

und

$$\int f(x)\,\mathrm{d}x = F(x),$$

so ergibt sich unter den ebengenannten Voraussetzungen mit C als frei wählbarer Integrationskonstante als allgemeine Lösung der Differentialgleichung

$$G(y) = F(x) + C.$$

Man bestätigt durch Differenzieren sofort, daß diese Funktionen auch tatsächlich Lösungen von (I.5) sind.

Beispiel 1. Stromkreis. An einer Spannungsquelle mit der elektromotorischen Kraft U liegen über einem Schalter S eine Induktivität L und ein Ohmscher Widerstand R in Reihe, Fig. I/6.

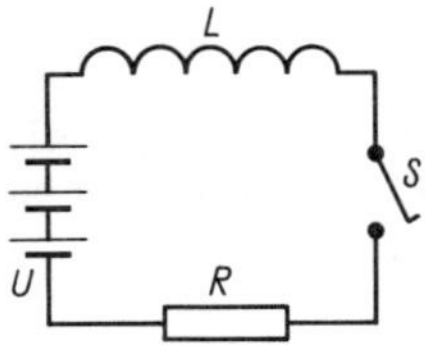

I/6. Elektrischer Stromkreis

Der zeitliche Stromverlauf $J(t)$ nach dem Einschalten ist gesucht. Mit dem Faradayschen Induktionsgesetz und dem Kirchhoffschen Satz wird dann

(I.7) $$U = RJ + L\frac{\mathrm{d}J}{\mathrm{d}t}$$

(der innere Widerstand des Elementes sei dabei entweder als vernachlässigbar oder als in R einbezogen angenommen). Anschaulich bedeutet das: U ist gleich der Summe der Spannungsabfälle.

Trennen der Veränderlichen $J(t)$ und t liefert:

$$\int L\,\frac{\mathrm{d}J}{U - RJ} = \int \mathrm{d}t$$

$$-\frac{L}{R}\ln|U - RJ| = t + C$$

$$U - RJ = \pm\,\mathrm{e}^{-\frac{R}{L}(t + C)} .$$

Damit heißt die allgemeine Lösung

$$J(t) = \frac{U}{R} \mp \frac{1}{R} \mathrm{e}^{-\frac{R}{L}(t+C)}.$$

Aus dieser Mannigfaltigkeit von Lösungen wird nun durch die Anfangsbedingung, daß im Einschaltmoment $t = 0$ auch die Stromstärke $J = 0$ sei, eine bestimmte Lösung ausgesondert. $J(0) = 0$ ist nur für das Minusvorzeichen erfüllbar und legt C fest durch

$$\mathrm{e}^{-\frac{R}{L}C} = U.$$

Somit wird (Fig. I/7)

(I.8) $$J(t) = \frac{U}{R}\left(1 - \mathrm{e}^{-\frac{R}{L}t}\right).$$

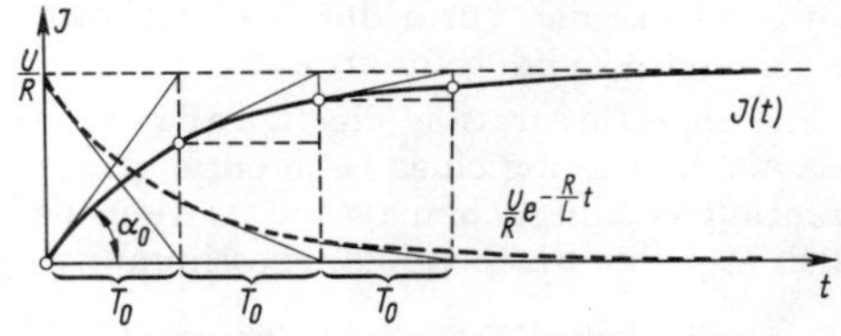

I/7. Stromverlauf beim Einschalten

Beispiel 2. In (I.4)

$$y' = 1 + x - y$$

ist die Trennung der Veränderlichen nicht unmittelbar möglich, wohl aber mit einer Substitution für jene Größe, die die Trennung verhindert, nämlich mit

$$x - y(x) = z(x), \quad \text{also} \quad 1 - y' = z',$$

$$-z' = -\frac{\mathrm{d}z}{\mathrm{d}x} = z.$$

Nun kann man trennen und integrieren:

$$-\int \frac{\mathrm{d}z}{z} = \int \mathrm{d}x$$

$$-\ln|z| = x + C_1$$

$$z = \pm\,\mathrm{e}^{-x-C_1} = \underbrace{\pm\,\mathrm{e}^{-C_1}}_{C}\mathrm{e}^{-x} = C\mathrm{e}^{-x}.$$

Da auch $z \equiv 0$ eine Lösung der Differentialgleichung $-z' = z$ ist, darf hier C beliebig reell gewählt werden.

Die allgemeine Lösung für y ist also

(I.9) $$y = x - C\mathrm{e}^{-x}.$$

Wir führen die Differenzierprobe durch:

$$y' = 1 + C\mathrm{e}^{-x} \equiv 1 + x - x + C\mathrm{e}^{-x}.$$

Die Differentialgleichung wird eine Identität.

Diese einfache Probe sollte grundsätzlich nach der Lösung jeder nicht ganz einfachen Differentialgleichung vorgenommen werden, da erst die Probe die Sicherheit gegen Fehler verleiht. Nur aus Gründen der Platzersparnis wird die Probe hier öfters unterbleiben; der Leser führe sie aber jedesmal durch, vor allem natürlich, wenn er selbst Beispiele rechnet; auch der geübteste Rechner ist nicht gegen Fehler gesichert.

Hinweis auf weitere Typen. Es lassen sich keineswegs alle formelmäßig gegebenen Differentialgleichungen in geschlossener Form lösen. Es sind ja nicht einmal alle Integrale in geschlossener Form durch elementare Funktionen auswertbar $\left(\text{z. B. } \int_0^x \frac{\sin x}{x}\,dx\right)$, d. h. $xy' = \sin x$ ist nicht geschlossen integrierbar; ebenso läßt sich die recht einfach gebaute Gleichung $y' = x + y^2$ nicht in geschlossener Form durch elementare Funktionen lösen, sondern führt auf sogenannte Zylinderfunktionen.

Eine reine Integration (eine Quadratur) sieht man als eine einfachere Aufgabe an als die Lösung einer Differentialgleichung. Daher betrachtet man eine Differentialgleichung schon als gelöst, wenn sie auf ein Quadraturproblem – anschaulich also eine Flächeninhaltsbestimmung – zurückgeführt ist.

5. Ähnlichkeitsdifferentialgleichung. Gleichungen der Form

$$y' = f\left(\frac{y}{x}\right) \tag{I.10}$$

heißen Ähnlichkeitsdifferentialgleichungen (in der Literatur oft als homogene Differentialgleichungen bezeichnet; wir wollen aber die Bezeichnung homogen für eine andere Bedeutung vorbehalten).

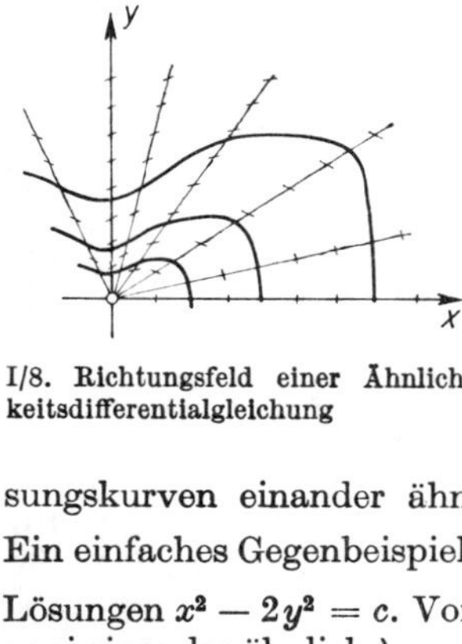

I/8. Richtungsfeld einer Ähnlichkeitsdifferentialgleichung

Zur Ermittlung der Isoklinen sei $y' = \text{const} = a$ gesetzt, das ergibt die Geraden $y = Ax$ durch den Koordinatenanfangspunkt; auf jeder dieser Geraden ist die vorgeschriebene Steigung $y' = f(A)$ konstant.

Paßt eine Lösung $y(x)$ in das Richtungsfeld (Fig. I/8), so paßt jede aus ihr durch Ähnlichkeitsabbildung bezüglich des Nullpunktes hervorgehende Kurve ebenfalls in das Richtungsfeld. (Man darf aber nicht etwa schließen, daß nun bei einer Ähnlichkeitsdifferentialgleichung alle Lösungskurven einander ähnlich seien.

Ein einfaches Gegenbeispiel hierfür ist die Differentialgleichung $y' = \frac{x}{2y}$ mit den Lösungen $x^2 - 2y^2 = c$. Von den drei Lösungen für $c = -1, 0, +1$ sind keine zwei einander ähnlich.)

Lösungsmethode. Für die Lösung liegt es nahe zu substituieren:

$$\frac{y(x)}{x} = z(x), \quad \text{also} \quad y = xz,\ y' = z + xz'.$$

Bei der neuen Differentialgleichung

$$z + xz' = f(z)$$

führt jetzt Trennung der Veränderlichen zum Ziel:

$$\int \frac{dx}{x} = \int \frac{dz}{f(z) - z} + C_1$$

oder mit $C_1 = -\ln|C|$

$$\ln|Cx| = \int \frac{\mathrm{d}z}{f(z) - z}. \tag{I.11}$$

Nach der Integration ist nur noch die Rücksubstitution durchzuführen. [Durchgerechnetes Beispiel siehe (I.64)]. Hat der in (I.11) auftretende Nenner eine Nullstelle ξ, also $f(\xi) - \xi = 0$, so tritt zu den obigen Lösungen der Differentialgleichung noch $y = \xi x$ hinzu.

6. Einfache, auf die Ähnlichkeitsdifferentialgleichung zurückführbare Fälle. Ein spezieller Fall der Ähnlichkeitsdifferentialgleichung ist

$$\frac{\mathrm{d}y}{\mathrm{d}x} = y' = \frac{ax + by}{cx + dy} = \frac{a + b\,\dfrac{y}{x}}{c + d\,\dfrac{y}{x}}. \tag{I.12}$$

Auf diese Form kann man auch die allgemeinere Differentialgleichung

$$\frac{\mathrm{d}y}{\mathrm{d}x} = y' = \frac{ax + by + g}{cx + dy + h} \tag{I.13}$$

durch eine geeignete Koordinatentransformation zurückführen. Zähler und Nenner stellen, für sich gleich Null gesetzt, je eine Gerade dar, Fig. I/9,

$$ax + by + g = 0$$

und

$$cx + dy + h = 0.$$

Sie mögen sich in einem Punkte S schneiden, d. h. es sei die Determinante

$$ad - bc \neq 0.$$

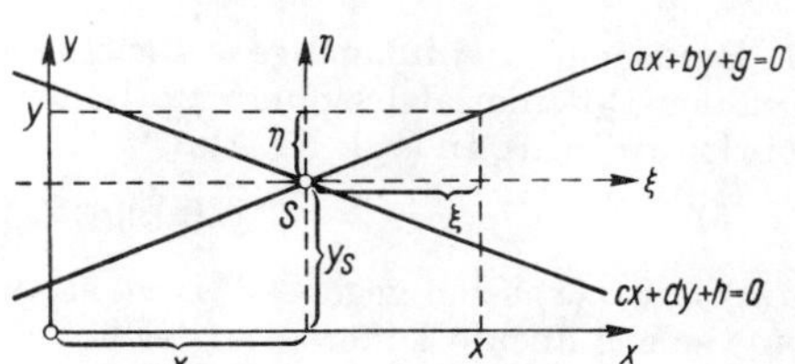

I/9. Zur Differentialgleichung $y' = (ax + by + g)/(cx + dy + h)$

Transformiert man ihre Gleichungen in ein neues Koordinatensystem ξ, η derart, daß der Ursprung dieses Systems mit dem Schnittpunkt $x = x_s$, $y = y_s$ der Geraden zusammenfällt und die Transformationsbeziehungen gelten

$$x = x_s + \xi, \quad y = y_s + \eta,$$

dann fallen die Konstanten g und h heraus, und die Differentialgleichung geht bei der Transformation über in

$$\frac{\mathrm{d}\eta}{\mathrm{d}\xi} = \frac{a + b\left(\dfrac{\eta}{\xi}\right)}{c + d\left(\dfrac{\eta}{\xi}\right)}.$$

Damit ist man auf die oben schon behandelte Gleichungsform (I.12) gekommen.

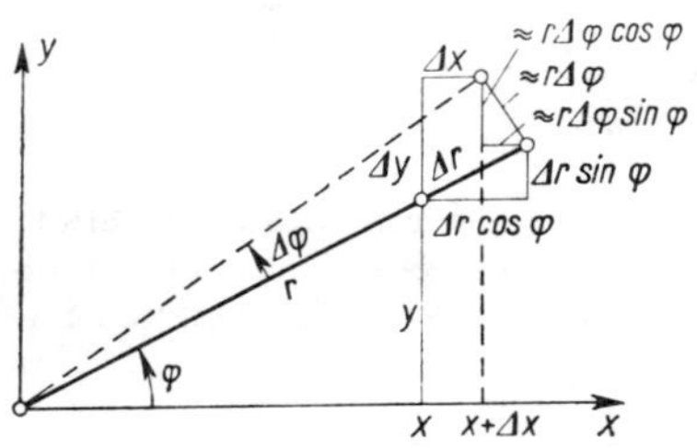

I/10. Veranschaulichung der Einführung von Polarkoordinaten

Ist aber $ad - bc = 0$ und nicht zugleich $b = d = 0$, also etwa $b \neq 0$, so kann man durch $ax + b \cdot y(x) + g = z(x)$ die Gleichung auf eine integrierbare Form bringen.

Einführung von Polarkoordinaten. Ähnlichkeitsdifferentialgleichungen lassen sich häufig sehr vereinfachen, wenn man sie auf Polarkoordinaten transformiert, Fig. I/10.

Die Transformationsgleichungen für Koordinaten und Differentiale sind

(I.14)
$$\begin{cases} x = r\cos\varphi \\ y = r\sin\varphi \end{cases} \qquad \begin{cases} dx = dr\cos\varphi - r\sin\varphi\, d\varphi \\ dy = dr\sin\varphi + r\cos\varphi\, d\varphi \end{cases}$$

$$\begin{cases} r = \sqrt{x^2 + y^2} \\ \varphi = \arc\tan\dfrac{y}{x} \end{cases}$$

(vgl. dazu auch das durchgerechnete Beispiel der Gl. (I.64) in § 7).

§ 2 Die lineare Differentialgleichung erster Ordnung

7. Homogene und inhomogene Gleichung, triviale Lösung. Einen weiteren integrablen Differentialgleichungstyp bilden die sogenannten linearen Differentialgleichungen (vgl. Nr. 1)

(I.15)
$$y'(x) + p(x)y = r(x).$$

$p(x)$ und $r(x)$ seien gegebene, etwa stetige Funktionen, z. B. ist $y' + x^2 y = e^x$ eine solche lineare Differentialgleichung.

Hat y' noch eine Funktion $q(x)$ als Faktor, so ist die ganze Gleichung durch diese Funktion zu teilen, vorausgesetzt, daß $q(x) \neq 0$ ist.

Verschwindet die rechte Seite $r(x)$ identisch, d.h. $r(x) \equiv 0$, so nennt man die Gleichung homogen, also etwa für obiges Beispiel

$$y' + x^2 y = 0.$$

Verschwindet jedoch die rechte Seite nicht identisch, d.h. $r(x) \not\equiv 0$, so spricht man von einer inhomogenen Differentialgleichung. $r(x)$ nennt man darin auch die „Störungsfunktion“ oder das „Störungsglied“.

Die Benennung homogen und inhomogen steht in Analogie zu der Bezeichnungsweise bei linearen Gleichungssystemen. Dort haben homogene Gleichungssysteme stets eine sogenannte triviale Lösung (alle Unbekannten sind = 0), aber von besonderem Interesse sind dort die „nichttrivialen Lösungen“.

Auch die homogene lineare Differentialgleichung

(I.16)
$$y'(x) + p(x)y = 0$$

hat eine triviale Lösung, nämlich $y(x) \equiv 0$; ihr graphisches Bild ist die x-Achse. Außerdem existieren aber „nichttriviale Lösungen". Diese sollen uns nunmehr interessieren.

8. Lösung der homogenen Gleichung. Trennung der Veränderlichen bei (I.16) ergibt

$$\int \frac{\mathrm{d}y}{y} = -\int p(x)\,\mathrm{d}x + C_1. \tag{I.17}$$

Eine Stammfunktion des rechten Integrals nennen wir $P(x)$:

$$\ln|y| = -P(x) + C_1.$$

Damit wird also

$$y(x) = C_2 \mathrm{e}^{-\int\limits^{x} p(\xi)\,\mathrm{d}\xi}, \quad y = C_2 \mathrm{e}^{-P(x)}. \tag{I.18}$$

Der Deutlichkeit halber schreiben wir für die Integrationsvariable den Buchstaben ξ zum Unterschiede von der oberen Grenze x des Integrals. Welche untere Grenze x_0 man dabei annimmt, ist gleichgültig. Null ist oft zweckmäßig (natürlich muß x_0 im Definitionsbereich der etwa als stetig angenommenen Funktion $p(x)$ liegen).

Beispiel.

$$y' + x^2 y = 0.$$

Die Lösung ist

$$y = C\mathrm{e}^{-\int\limits_0^x \xi^2\,\mathrm{d}\xi} = C\mathrm{e}^{-\frac{1}{3}x^3}$$

oder aber, was dasselbe bedeutet, mit der unteren Grenze x_0 und $y(x_0) = y_0$

$$y(x) = y_0\,\mathrm{e}^{-\int\limits_{x_0}^x \xi^2\,\mathrm{d}\xi} = y_0\,\mathrm{e}^{\frac{1}{3}(x_0^3 - x^3)}.$$

Für $C = 0$ oder $y_0 = 0$ erhalten wir die triviale Lösung $y(x) \equiv 0$.

9. Lösung der inhomogenen Gleichung. Die homogene Gleichung hatte die allgemeine Lösung $y = C\mathrm{e}^{-P(x)}$ mit C als frei wählbarer Konstanten. Den Einfluß der „Verzerrung" der Lösung durch das „Störungsglied" wollen wir durch den Ansatz $y = C(x)\mathrm{e}^{-P(x)}$ zu erfassen versuchen, d. h. wir transformieren die Differentialgleichung (I.15) in eine neue für die unbekannte Funktion $C(x)$ und hoffen, daß diese einfacher wird. An die Stelle der Konstanten C tritt somit eine noch zu bestimmende Funktion $C(x)$; das Verfahren heißt daher die Variation der Konstanten (Lagrange). Aus

$$y(x) = C(x)\mathrm{e}^{-\int\limits^{x} p(\xi)\,\mathrm{d}\xi} \tag{I.19}$$

folgt

$$y'(x) = C'(x)\mathrm{e}^{-\int\limits^{x} p(\xi)\,\mathrm{d}\xi} + C(x)\mathrm{e}^{-\int\limits^{x} p(\xi)\,\mathrm{d}\xi}(-p(x)).$$

Einsetzen in die Differentialgleichung (I.15) ergibt

$$C'(x) = r(x)\,\mathrm{e}^{\int\limits^{x} p(\xi)\,\mathrm{d}\xi}.$$

Man erhält sofort durch Integration

$$C(x) = C_2 + \int^{x} r(\eta)\, e^{\int^{\eta} p(\xi)\, d\xi}\, d\eta .$$

Damit lautet die allgemeine Lösung der inhomogenen linearen Differentialgleichung (I.15)

(I.20) $$y(x) = e^{-\int^{x} p(\xi)\, d\xi} \left[C + \int^{x} r(\eta)\, e^{\int^{\eta} p(\xi)\, d\xi}\, d\eta \right].$$

Die Variation der Konstanten läßt sich auch auf lineare Differentialgleichungen höherer Ordnung anwenden (Nr. II.16).

Beispiel 1. Zur Veranschaulichung des Einflusses der „Störungsfunktion" stellen wir die Richtungsfelder der Differentialgleichungen

$$y' - y = 0 \qquad \text{(homogen linear)}$$

$$\left.\begin{aligned} y' - y &= x \\ y' - y &= \sin x \end{aligned}\right\} \quad \text{(inhomogen linear)}$$

einander gegenüber. Ihre allgemeinen Lösungen lauten

$$y = C e^{x}, \quad \text{Fig. I/11,}$$

und

$$y = C e^{x} - 1 - x, \quad \text{Fig. I/12,}$$

$$y = C e^{x} - \frac{1}{2} \sin x - \frac{1}{2} \cos x, \quad \text{Fig. I/13.}$$

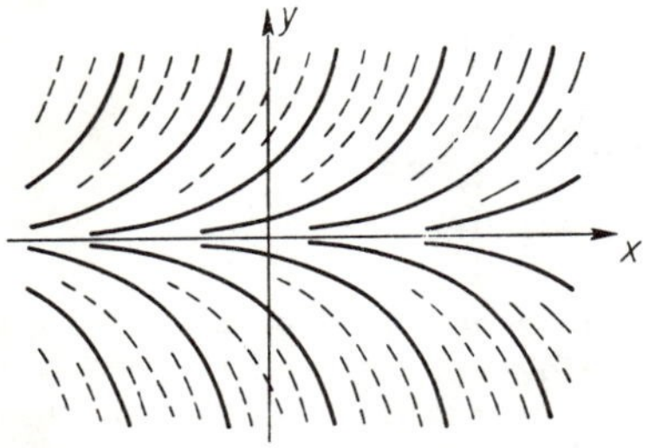

I/11. Richtungsfeld der Differentialgleichung $y' = y$

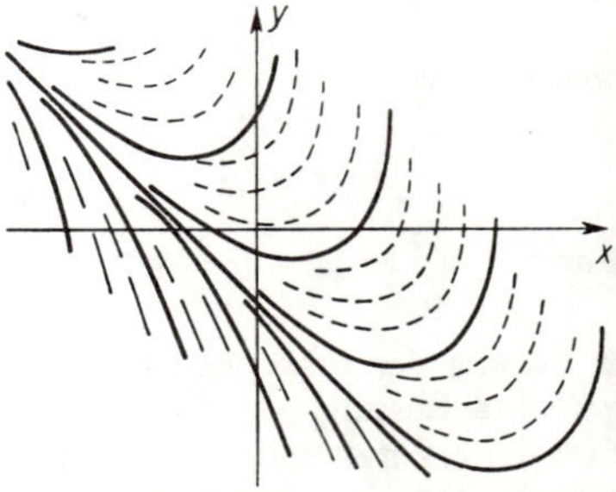

I/12. Richtungsfeld der Differentialgleichung $y' = y + x$

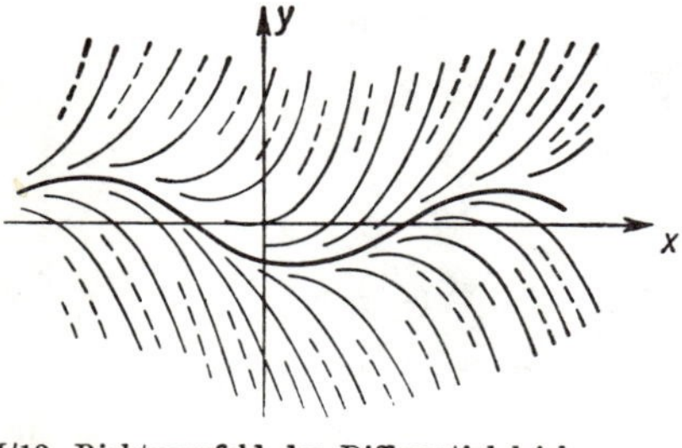

I/13. Richtungsfeld der Differentialgleichung $y' = y + \sin x$

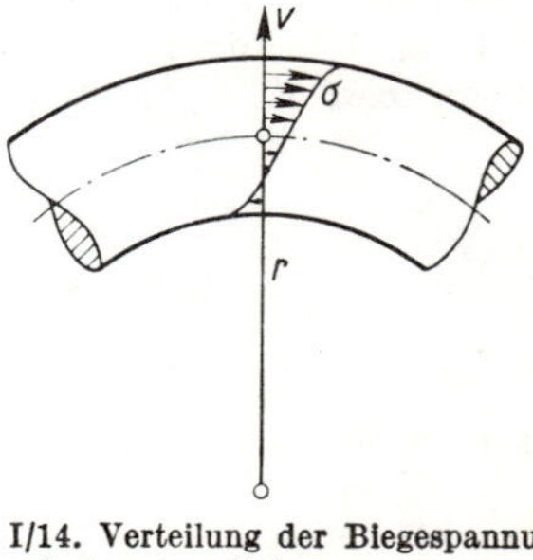

I/14. Verteilung der Biegespannungen im gekrümmten Stab

Beispiel 2. Biegespannung im gekrümmten Stabe. Bei der genaueren Berechnung der Biegespannungen, und zwar der Normalspannung $\sigma = \sigma(v)$, in einem einfach gekrümmten Stab in Abhängigkeit vom Abstand v von der durch den Flächenschwerpunkt des Stabquerschnittes gehenden neutralen Faser erhält man die Differentialgleichung, Fig. I/14,

$$\frac{d\sigma}{dv} - \frac{\mu}{r - v}\sigma + \frac{\mu\alpha}{r - v} = 0.$$

Darin bedeuten r den Krümmungshalbmesser der Stabachse, μ eine Elastizitätskonstante und α eine von der jeweiligen Normalkraft, vom Biegemoment und den geometrischen Abmessungen abhängige Konstante.

Nach der allgemeinen Lösung (I.20) der linearen Differentialgleichung kann man auch hier die Lösung sofort angeben. Mit den Entsprechungen

$$x \sim v,\quad y \sim \sigma,\quad p(x) \sim -\frac{\mu}{r - v},\quad r(x) \sim \frac{-\mu\alpha}{r - v},\quad e^{P(x)} \sim (r - v)^{\mu},$$

wird

$$\sigma(v) = (r - v)^{-\mu}\left[C - \mu\alpha\int^{v}(r - \eta)^{\mu - 1}\,d\eta\right] = \alpha + C(r - v)^{-\mu}.$$

Wir wissen nun, daß in der Faser $v = 0$ nur die Normalspannung σ_0 wirksam ist. Für $v = 0$ ist also $\sigma = \sigma_0$. Daraus bestimmen wir die Konstante, um aus der allgemeinen Lösung die hier in Betracht kommende spezielle Lösung unseres Falles herauszugreifen:

$$C = (\sigma_0 - \alpha)r^{\mu}.$$

So folgt schließlich

$$\sigma(v) = \alpha + (\sigma_0 - \alpha)\left(1 - \frac{v}{r}\right)^{-\mu}.$$

§ 3 Bernoullische Differentialgleichung

10. Zurückführung auf eine lineare Differentialgleichung. Wird in (I.15) $r(x)$ mit der n-ten Potenz von y multipliziert, so liegt eine „Bernoullische Differentialgleichung" vor (Dabei sei $n \neq 1$ und $\neq 0$; für $n = 1$ oder $n = 0$ ist ja die Differentialgleichung linear.):

(I.21) $$y'(x) + p(x)y = r(x)y^n.$$

Wir substituieren allgemein ($k \neq 0$):

$$y^k(x) = z(x),\quad y = z^{\frac{1}{k}},\quad y' = \frac{z'}{k}z^{\frac{1-k}{k}}$$

und suchen k möglichst günstig zu bestimmen.

Multipliziert man (I.21) mit $z^{\frac{k-1}{k}}$

$$\frac{z'}{k} + pz = rz^{\frac{k-1+n}{k}},$$

so kann man den Exponenten von z auf der rechten Seite der Differentialgleichung durch die Wahl $k = 1 - n$ zu Null und damit die Gleichung inhomogen linear machen.

Geeignet für die Lösung einer „Bernoullischen Differentialgleichung" bzw. zunächst für ihre Zurückführung auf eine lineare Differentialgleichung ist also die Substitution

$$y^{1-n} = z, \quad \frac{z'}{1-n} + pz = r.$$

Beispiel.

$$y' + \frac{y}{x} = x^2 y^2.$$

Mit

$$y^{1-n} = \frac{1}{y} = z, \quad y' = -z' z^{-2}$$

folgt

$$-z' z^{-2} + \frac{z^{-1}}{x} = x^2 z^{-2} \quad \text{oder} \quad z' - \frac{z}{x} = -x^2.$$

Nach § 2 werde zunächst die zugehörige homogene Gleichung integriert

$$z' - \frac{z}{x} = 0, \quad \int \frac{dz}{z} = \int \frac{dx}{x} + C_1,$$

$$\ln|z| = \ln|x| + \ln|C_2|, \quad (C_1 = \ln|C_2|), \quad z = C_2 x.$$

„Variation" der Konstanten

$$z = C_2(x)x, \quad z' = C_2'(x)x + C_2(x)$$

ergibt für die inhomogene Differentialgleichung:

$$C_2'(x) = -x, \quad C_2(x) = -\frac{x^2}{2} + C,$$

$$z = \left(-\frac{x^2}{2} + C\right)x = -\frac{x^3}{2} + Cx,$$

und die gesuchte allgemeine Lösung für y ist

$$y = \frac{1}{Cx - \frac{x^3}{2}}.$$

11. Die Riccatische Differentialgleichung. Als weiterer Typ sei die sogenannte „Riccatische Differentialgleichung"

$$y'(x) + p(x)y + r(x)y^2 = q(x) \tag{I.22}$$

erwähnt, die sich auf eine Bernoullische Differentialgleichung zurückführen läßt, wenn man eine spezielle Lösung von ihr

$$y = u(x)$$

erraten kann. Der dann zweckmäßige Ansatz

$$y = u(x) + v(x)$$

liefert $\underbrace{u' + pu + ru^2}_{= q} + v' + (p + 2ur)v + rv^2 = q.$

Damit entsteht für v tatsächlich die Bernoullische Differentialgleichung:

$$v' + \{p(x) + 2u(x)r(x)\}v = -r(x)v^2.$$

Beispiel. $$y' - (1 - 2x)y + y^2 = 2x.$$

Durch Probieren finden wir die Lösung $y \equiv 1$ und setzen daher an: $y = 1 + v(x)$ und $v = \frac{1}{z}$. Die Gleichung für z

$$z' - (1 + 2x)z = 1$$

hat nach (I.20) die allgemeine Lösung

$$z = e^{x(1+x)}\left(C + \int^x e^{-\xi(1+\xi)}\,d\xi\right).$$

Das hier auftretende Integral ist nicht in geschlossener Form auswertbar. (Vgl. Gaußsches Fehlerintegral: $\int e^{-x^2}\,dx$.)

Mit $y = 1 + \frac{1}{z}$ lautet die allgemeine Lösung der Ausgangsgleichung

$$y = 1 + \frac{e^{-x(1+x)}}{C + \int^x e^{-\xi(1+\xi)}\,d\xi}.$$

Zur Auswertung des Integrals kann man z.B. Tafeln oder Formeln der numerischen Quadratur benutzen.

§ 4 Der integrierende Faktor

12. Exakte Differentialgleichung. Eine Differentialgleichung $y' = \varphi(x, y)$ sei in der Form geschrieben

$$f(x, y)\,dx + g(x, y)\,dy = 0.$$

Man nennt sie eine vollständige oder exakte Differentialgleichung, wenn

$$f(x, y) = \frac{\partial z}{\partial x}, \quad g(x, y) = \frac{\partial z}{\partial y}$$

ist, wobei dann $z(x, y) = \text{const} = c$ die allgemeine Lösung in impliziter Form ist. Da nun bekanntlich die gemischten zweiten Ableitungen einer Funktion $z(x, y)$, sofern sie stetig sind, übereinstimmen,

$$\frac{\partial^2 z}{\partial x\,\partial y} = \frac{\partial^2 z}{\partial y\,\partial x},$$

erhalten wir als einfaches notwendiges Kriterium für vollständige Differentialgleichungen

$$\frac{\partial f}{\partial y} = \frac{\partial g}{\partial x}.$$

Der Fall, daß eine Differentialgleichung unmittelbar diese Bedingung erfüllt, wird selten gegeben sein.

13. Der integrierende Faktor. Man kann eine vorgelegte Differentialgleichung aber zuweilen auf einfache Weise durch Multiplikation mit einem geeigneten sogenannten integrierenden Faktor $\mu(x, y)$ in eine vollständige Differentialgleichung umwandeln. Wir verlangen also von $\mu(x, y)$, daß für

$$\mu(x, y) f(x, y) \,\mathrm{d}x + \mu(x, y) g(x, y) \,\mathrm{d}y = 0$$

die Bedingung erfüllt sei:

(I.23)
$$\frac{\partial}{\partial y}(\mu f) = \frac{\partial}{\partial x}(\mu g)$$

oder ausdifferenziert:

$$\frac{\partial \mu}{\partial x} g - \frac{\partial \mu}{\partial y} f + \mu\left(\frac{\partial g}{\partial x} - \frac{\partial f}{\partial y}\right) = 0.$$

Es scheint zunächst, als seien die Schwierigkeiten dadurch nur erheblich gewachsen, da wir an Stelle einer gewöhnlichen Differentialgleichung zuvor jetzt eine partielle Differentialgleichung für die Funktion $\mu(x, y)$ zu lösen haben. Man kann aber für diese partielle Differentialgleichung zuweilen eine spezielle Lösung erraten, und es wird nur eine einzige Lösung der partiellen Differentialgleichung benötigt, die natürlich nicht identisch verschwinden darf.

Beispiel.

$$y' = \frac{\mathrm{d}y}{\mathrm{d}x} = -\frac{xy^3}{1 + 2x^2y^2} \quad \text{oder} \quad xy^3 \,\mathrm{d}x + (1 + 2x^2y^2)\,\mathrm{d}y = 0.$$

Hier ist

$$f(x, y) = xy^3 \quad \text{und} \quad g(x, y) = 1 + 2x^2y^2.$$

Die Gleichung (I.23) für μ lautet hier

$$\frac{\partial \mu}{\partial y} xy^3 + \mu 3xy^2 = \frac{\partial \mu}{\partial x}(1 + 2x^2y^2) + \mu 4xy^2.$$

Besonders unangenehm ist in dieser Gleichung die Klammer. Um sie verschwinden zu lassen, versuchen wir, mit

$$\frac{\partial \mu}{\partial x} = 0$$

durchzukommen, d. h. μ nur von y abhängen zu lassen. Die Gleichung für μ reduziert sich dann auf die einfache Form

$$y \frac{\mathrm{d}\mu}{\mathrm{d}y} = \mu \quad \text{mit der Lösung} \quad \mu = Cy.$$

Da nur eine Lösung benötigt wird, werde $C = 1$ gesetzt.
Multipliziert man nun die Differentialgleichung mit dem integrierenden Faktor $\mu = y$:

$$xy^4 \,\mathrm{d}x + (y + 2x^2y^3)\,\mathrm{d}y = 0,$$

so folgt aus $\frac{\partial z}{\partial x} = xy^4$ durch Integration

$$z = y^4 \int x \,\mathrm{d}x + w_1(y) = \frac{1}{2} x^2 y^4 + w_1(y).$$

An die Stelle der Integrationskonstanten tritt hier die Funktion $w_1(y)$; denn wir haben y während der Integration als konstant betrachtet. Entsprechend ergibt

$$\frac{\partial z}{\partial y} = y + 2x^2y^3,$$

integriert:

$$z = \frac{1}{2}y^2 + \frac{1}{2}x^2y^4 + w_2(x).$$

Der Vergleich beider Lösungen für z zeigt, daß

$$w_1(y) = \frac{1}{2}y^2 + \text{const}$$

sein muß, während $w_2(x) = \text{const} = C_1$ wird. Damit lautet die allgemeine Lösung unserer ursprünglichen Differentialgleichung

$$y^2 + x^2y^4 = C.$$

Im allgemeinen kann die Bestimmung einer speziellen Lösung der partiellen Differentialgleichung für μ sehr schwierig werden. Oft sind Gleichungen, die mit einem integrierenden Faktor lösbar sind, auf anderem Wege einfacher zu lösen. Unser Beispiel etwa läßt sich auch auffassen als Bernoullische Differentialgleichung für die Umkehrfunktion $x(y)$ der zu bestimmenden Funktion $y(x)$ (ein häufig bewährter Kunstgriff):

$$\frac{dx}{dy} + \frac{2}{y}x = -\frac{1}{y^3}x^{-1},$$

x und y haben dabei ihre Rollen vertauscht. Mit

$$x^2 = z; \quad \frac{dx}{dy} = \frac{1}{2z^{\frac{1}{2}}}\frac{dz}{dy}$$

folgt

$$\frac{dz}{dy} + \frac{4}{y}z = -\frac{2}{y^3}$$

mit der Lösung

$$z = x^2 = Cy^{-4} - y^{-2}$$

und damit

$$y^2 + x^2y^4 = C$$

wie oben.

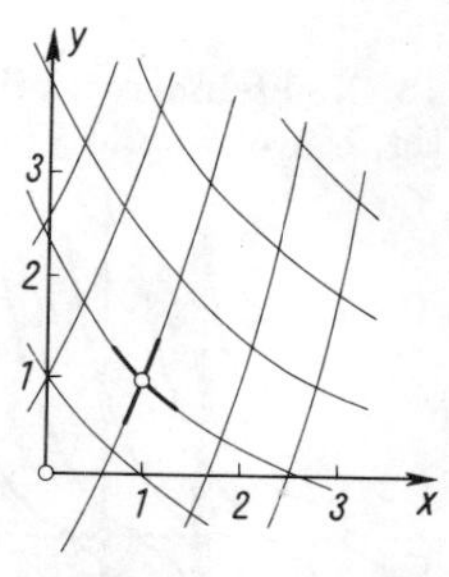

I/15. Zweideutiges Richtungsfeld der Differentialgleichung $y' = x \pm \sqrt{2 + x^2 + y^2}$

§ 5 Vorbereitungen zur Existenz- und Eindeutigkeitsfrage

14. Ein- und mehrdeutige Richtungsfelder. Bei Differentialgleichungen mit mehrdeutigen Funktionen $y' = f(x, y)$, d. h. mehrdeutiger Steigung, z. B.

$$y' = x \pm \sqrt{2 + x^2 + y^2},$$

besteht die allgemeine Lösung aus mehreren – in dem genannten Beispiel aus zwei einparametrigen – Lösungsscharen; denn wegen der beiden Wurzelvorzeichen werden jedem Punkte zwei Richtungen zugeordnet, Fig. I/15.

Ein Beispiel für unendlich vieldeutige Richtungsfelder ist die einparametrige Schar der Tangenten an eine Sinuskurve, Fig. I/16; in jedem Punkte gibt es zwar unendlich viele, aber doch nur bestimmte diskrete Steigungen, die der Differentialgleichung genügen.

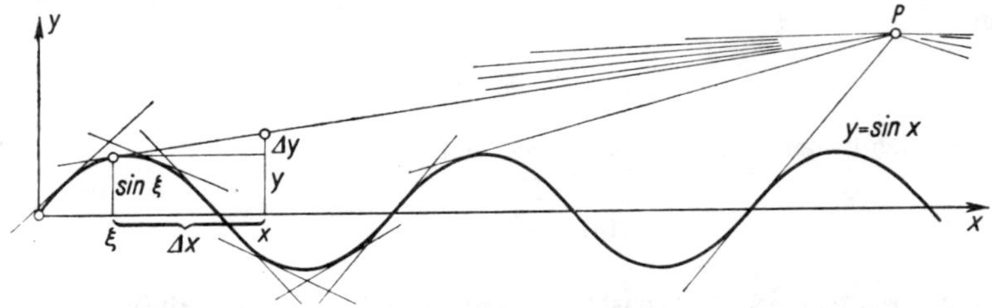

I/16. Unendlich vieldeutiges Richtungsfeld der Tangenten an eine Sinuslinie

Die Gleichung der Tangente im Punkte (ξ, sin ξ) lautet nach Fig. I/16

$$y - \sin \xi = (x - \xi) \cos \xi .$$

Mit $$\cos \xi = y', \quad \sin \xi = \sqrt{1 - y'^2}$$

wird der Parameter ξ eliminiert. So erhält man die Differentialgleichung

$$y - \sqrt{1 - y'^2} = x y' - y' \operatorname{arc} \cos y' .$$

15. Nichteindeutigkeit der Lösung. Für physikalische Anwendungen ist es wichtig, hinreichende Voraussetzungen für die Eindeutigkeit der Lösung einer Differentialgleichung zu kennen.

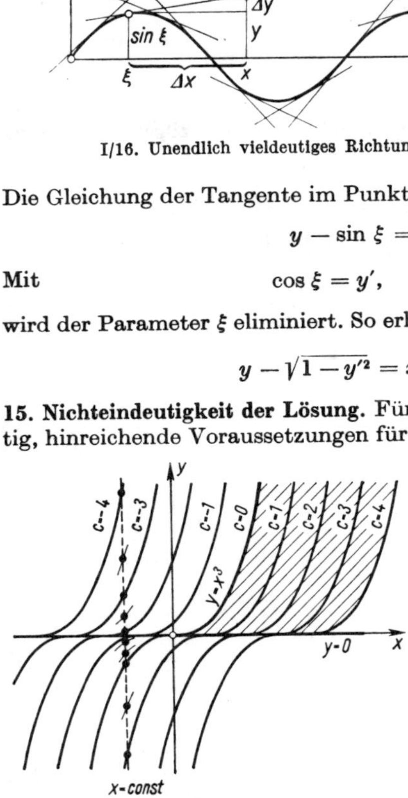

I/17. Stetigkeit der Steigungsfunktion $f(x, y)$ bedingt noch nicht Eindeutigkeit der Lösung

Daß hierzu die Eindeutigkeit und Stetigkeit der Steigungsfunktion

$$y' = f(x, y)$$

noch keine hinreichende Bedingung ist, zeigt das nachfolgende Beispiel. Zu der einparametrigen Schar der kubischen Parabeln, Fig. I/17,

$$y = (x - c)^3$$

erhält man durch Differenzieren

$$y' = 3(x - c)^2$$

und Eliminieren des Parameters c ihre Differentialgleichung

$$y' = 3\sqrt[3]{y^2} = 3y^{\frac{2}{3}} . \tag{I.24}$$

Durch jeden Punkt der x-Achse gehen unendlich viele Lösungskurven; durch den Koordinatennullpunkt etwa die dicker ausgezogenen Lösungen

$$y = x^3 \quad \text{und} \quad y \equiv 0$$

und ferner die Lösungen, die aus einem Stück der x-Achse und der anschließenden Hälfte einer kubischen Parabel bestehen.

$$y = \begin{cases} 0 \text{ für } 0 \leqq x \leqq a \\ (x-a)^3 \text{ für } x \geqq a, \end{cases}$$

wobei $a > 0$ beliebig gewählt werden kann.

Alle diese Lösungen befriedigen die Differentialgleichung und überstreichen den zum Punkte $x = y = 0$ gehörigen „Lösungstrichter", der in Fig. I/17 durch Schraffur angedeutet ist[1]). Also sind auch bei eindeutigen stetigen Funktionen $f(x, y)$ Verzweigungen möglich.

16. Die Lipschitz-Bedingung, schärfere und schwächere Form. Die Nichteindeutigkeit liegt bei dem letzten Beispiel daran, daß in der Differentialgleichung (I.24) die Funktion $y' = f(x, y)$ sich mit y „zu stark ändert". Es wird sich zeigen, daß bei eindeutigen Richtungsfeldern auch die Eindeutigkeit der Lösung gesichert ist, wenn der Betrag von

$$\frac{\partial f(x, y)}{\partial y}$$

beschränkt bleibt, d. h. wenn es eine Konstante k, die sogenannte „Lipschitz-Konstante", gibt, so daß in einem betrachteten Bereich der x-y-Ebene gilt:

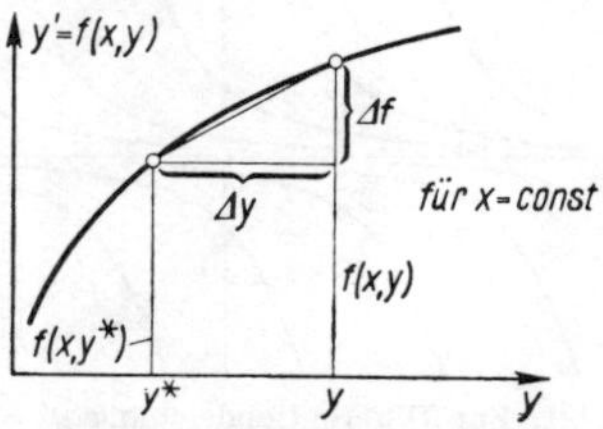

I/18. Veranschaulichung der Lipschitz-Bedingung

(I.25) $$\left| \frac{\partial f(x, y)}{\partial y} \right| \leqq k.$$

Es genügt sogar schon eine etwas schwächere Forderung; man kann an die Stelle der Tangentensteigung die Sekantensteigung in einem y-Intervall setzen, Fig. I/18,

(I.26) $$\left| \frac{\Delta f}{\Delta y} \right| \equiv \left| \frac{f(x, y) - f(x, y^*)}{y - y^*} \right| \leqq k.$$

Dabei ist x konstant gehalten. Man sagt, eine Funktion genügt in einem Bereich der xy-Ebene der Lipschitz-Bedingung, wenn es eine Konstante k gibt, so daß für alle Werte x, y, y^* des betrachteten Bereichs die Ungleichung (I.26) erfüllt ist.

Für die kubischen Parabeln

$$y = (x - c)^3 \quad \text{mit} \quad y' = f(x, y) = 3y^{\frac{2}{3}}$$

ist an der Stelle $y = 0$ die „Lipschitz-Bedingung" in beiden Fassungen verletzt: die Ableitung ist nicht beschränkt, Fig. I/19:

$$\left| \frac{\partial(3y^{\frac{2}{3}})}{\partial y} \right| = \left| \frac{2}{\sqrt[3]{y}} \right| \to \infty \quad \text{für} \quad y \to 0,$$

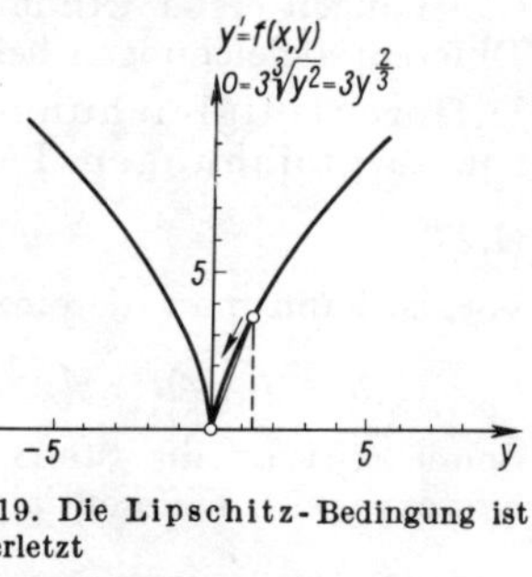

I/19. Die Lipschitz-Bedingung ist verletzt

[1]) Vgl. L. Bieberbach, Einführung in die Theorie der Differentialgleichungen im reellen Gebiet, Berlin 1965, S. 44.

und die Steigungen der Sekanten bleiben nicht beschränkt:

$$\left|\frac{f(x,0)-f(x,y)}{0-y}\right| = \left|\frac{3}{\sqrt[3]{y}}\right|.$$

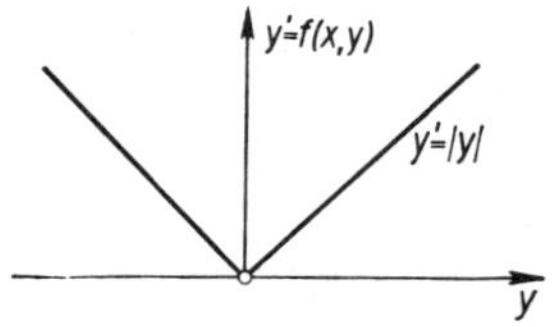

I/20. Die Lipschitz-Bedingung in schwächerer Form ist erfüllt

Daß jedoch die erste Fassung mehr verlangt als die zweite, zeigt etwa das Beispiel Fig. I/20, der Differentialgleichung $y' = f(x, y) = |y|$ mit den Lösungen $y = 0$, $|C|\,e^x$, $-|C|\,e^{-x}$, Fig. I/21. Für $y' = f(x, y) = |y|$ (s. Fig. I/20) ist an der Stelle $y = 0$ eine Steigung $\frac{\partial f}{\partial y}$ nicht definiert, die Lipschitz-Bedingung in ihrer ersten Form (I.25) also nicht erfüllt, jedoch gilt sie in der zweiten Form (I.26); denn die Sekantensteigung ist immer definiert und ihr Betrag nie größer als Eins und damit beschränkt. Die Differentialform verlangt mehr, läßt sich jedoch meist besser nachprüfen.

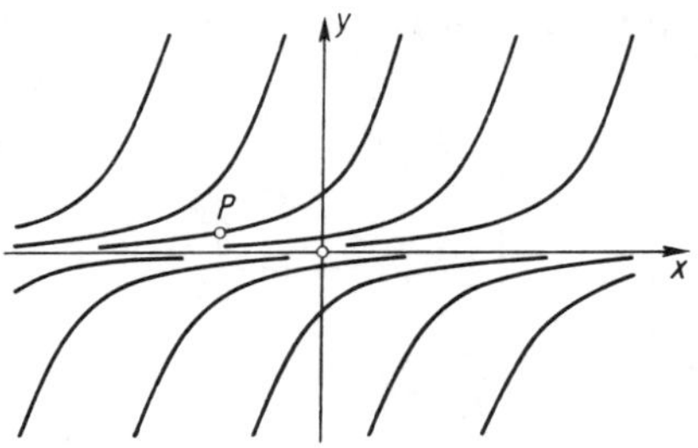

I/21. Zur Differentialgleichung $y' = |y|$

17. Das Verfahren der schrittweisen Näherungen. Mit Hilfe dieses Verfahrens kann man die Existenz einer Lösung überhaupt und die Eindeutigkeit der Lösung bei erfüllter Lipschitz-Bedingung nachweisen. Zugleich ist dieses Iterationsverfahren ein sowohl zeichnerisch als auch rechnerisch durchführbares Näherungsverfahren für die Konstruktion der Lösungen der Differentialgleichung. Dabei wird, ausgehend von einer willkürlich gewählten Funktion $y_0(x)$, eine Folge von weiteren Funktionen

$$y_1(x),\ y_2(x),\ \ldots,\ y_n(x)$$

gebildet, welche gegen die gesuchte Lösungsfunktion konvergieren sollen.

Die Betrachtungen erhalten noch dadurch eine besondere Reichweite, daß man eine einzelne Differentialgleichung höherer Ordnung stets auf ein System von Gleichungen erster Ordnung zurückführen und somit zugleich Aussagen über Differentialgleichungen beliebiger Ordnung gewinnen kann.

Differentialgleichungen höherer Ordnung und Systeme von Differentialgleichungen. Liegt etwa die Differentialgleichung

$$y^{(n)} = f\left[x, y, y', y'', \ldots, y^{(n-1)}\right] \tag{I.27}$$

vor, so kann man die einzelnen Ableitungen als Funktionen von x auffassen,

$$y = y_{(1)}(x), \quad y' = y_{(2)}(x), \quad y'' = y_{(3)}(x), \ldots, \quad y^{(n-1)} = y_{(n)}(x).$$

Somit tritt an die Stelle der einen Differentialgleichung n-ter Ordnung ein System von n Differentialgleichungen erster Ordnung;

$$\left\{\begin{array}{l} y'_{(1)} = y_{(2)}, \quad y'_{(2)} = y_{(3)}, \quad y'_{(3)} = y_{(4)}, \ldots, \quad y'_{(n-1)} = y_{(n)} \\ y'_{(n)} = y^{(n)} = f(x, y_{(1)}, y_{(2)}, y_{(3)}, \ldots, y_{(n)}). \end{array}\right. \tag{I.28}$$

Beschreibung des Verfahrens. Wir beschränken uns in dieser Nummer der elementareren Darstellung wegen auf ein System von $n = 2$ Differentialgleichungen

$$y' = f(x, y, z), \quad z' = g(x, y, z), \tag{I.29}$$

betonen aber, daß die Überlegungen genau so für beliebiges n durchführbar sind, vgl. hierzu Nr. 20. Man wählt zwei beliebige Funktionen $y_0(x)$ und $z_0(x)$ als Ausgangsfunktionen oder „nullte Näherungen", etwa unter Benutzung der Anfangsbedingungen

$$y = y_0, \quad z = z_0 \quad \text{für} \quad x = x_0$$

die Geraden $\qquad y_0(x) = \text{const} = y_0, \quad z_0(x) = \text{const} = z_0.$

Folgt aus der Art des Problems schon der ungefähre Verlauf der Lösungskurven, so kann man auch von besseren Näherungsfunktionen ausgehen, die jedoch stets durch die Anfangspunkte $x = x_0$, $y = y_0$, $z = z_0$ laufen müssen.

Man setzt nun $y_0(x)$ und $z_0(x)$ in die Differentialgleichungen (I.29) auf den rechten Seiten ein und bestimmt die nächsten Näherungen $y_1(x)$ und $z_1(x)$ aus

$$y'_1(x) = f[x, y_0(x), z_0(x)], \quad z'_1(x) = g[x, y_0(x), z_0(x)].$$

Durch Integration folgen auf Grund der Anfangsbedingungen die ersten Näherungen $y_1(x)$ und $z_1(x)$

$$\left\{\begin{aligned} y_1(x) &= y_0 + \int_{x_0}^{x} f[\xi, y_0(\xi), z_0(\xi)]\,d\xi, \\ z_1(x) &= z_0 + \int_{x_0}^{x} g[\xi, y_0(\xi), z_0(\xi)]\,d\xi. \end{aligned}\right.$$

Mit ihnen wiederholt man das Verfahren, um so die zweiten Näherungen $y_2(x)$ und $z_2(x)$ usw. zu erhalten, Fig. I/22.

Man kann dies auch so ausdrücken: man kann einen „Operator T" einführen, der jedem Paar stetiger Funktionen $u_1(x)$, $u_2(x)$ ein neues Paar $v_1(x)$, $v_2(x)$ stetiger Funktionen zuordnet nach der Vorschrift

$$\begin{Bmatrix} v_1(x) \\ v_2(x) \end{Bmatrix} = T \begin{Bmatrix} u_1(x) \\ u_2(x) \end{Bmatrix} = \begin{Bmatrix} y_0 \\ z_0 \end{Bmatrix} + \int_{x_0}^{x} \begin{Bmatrix} f[\xi, u_1(\xi), u_2(\xi)] \\ g[\xi, u_1(\xi), u_2(\xi)] \end{Bmatrix} d\xi.$$

Die Schreibweise ist wohl unmittelbar verständlich, bei den geschweiften Klammern ist jeweils entweder stets die obere oder stets die untere Zeile zu verwenden. Etwas übersichtlicher wird dies in Vektorschreibweise (die auch schon den in Nr. 20 genannten Fall von s unbekannten Funktionen, die wir dann $y_{(1)}$, $y_{(2)}, \ldots, y_{(s)}$ nennen, vorbereitet):

$$U = \begin{pmatrix} u_1(x) \\ u_2(x) \end{pmatrix}; \quad V = \begin{pmatrix} v_1(x) \\ v_2(x) \end{pmatrix}; \quad F = \begin{pmatrix} f \\ g \end{pmatrix};$$

$$U_n = \begin{pmatrix} y_n(x) \\ z_n(x) \end{pmatrix}; \quad Y_0 = \begin{pmatrix} y_0 \\ z_0 \end{pmatrix}.$$

Dann lautet obige Vorschrift T, die einem Vektor U den Vektor V zuordnet:

$$V = TU = Y_0 + \int_{x_0}^{x} F(\xi, U(\xi))\, d\xi \tag{I.30}$$

Die Bestimmungsgleichungen für die $(n+1)$-te Näherung lauten:

$$\left\{\begin{aligned} y_{n+1}(x) &= y_0 + \int_{x_0}^{x} f[\xi, y_n(\xi), z_n(\xi)]\,d\xi, \\ z_{n+1}(x) &= z_0 + \int_{x_0}^{x} g[\xi, y_n(\xi), z_n(\xi)]\,d\xi. \end{aligned}\right. \qquad (n = 0, 1, 2, \ldots) \tag{I.31}$$

oder

$$\begin{Bmatrix} y_{n+1}(x) \\ z_{n+1}(x) \end{Bmatrix} = T \begin{Bmatrix} y_n(x) \\ z_n(x) \end{Bmatrix}, \qquad (n = 0, 1, 2, \ldots)$$

oder

$$U_{n+1} = T\, U_n.$$

Setzt man zufällig für die ersten Näherungen bereits die Lösungsfunktionen ein, so erzeugen sich diese wieder selbst; dann ist

$$y_1(x) = y_2(x) = \cdots = y(x) \quad \text{und} \quad z_1(x) = z_2(x) = \cdots = z(x).$$

Es gilt also

$$\begin{Bmatrix} y(x) \\ z(x) \end{Bmatrix} = T \begin{Bmatrix} y(x) \\ z(x) \end{Bmatrix}, \tag{I.32}$$

d.h. das Paar $y(x)$, $z(x)$ ist ein „Fixpunkt“ des Operators T.

§ 6 Der allgemeine Existenz- und Eindeutigkeitssatz

18. Der Existenzsatz. Für das System von Differentialgleichungen

$$y' = f(x, y, z); \quad z' = g(x, y, z)$$

besagt der „Satz von Peano“ – wir bringen ihn hier ohne Beweis –, daß die Existenz eines Lösungssystems $y(x)$, $z(x)$ gesichert ist, sofern die Funktionen $f(x, y, z)$ und $g(x, y, z)$ stetig und beschränkt sind.

Zum Nachweis der Eindeutigkeit braucht man aber mehr, z. B. die „Lipschitz-Bedingungen“, die sich in unserem Falle schreiben lassen:

$$\left\{\begin{aligned} |f(x, y, z) - f(x, y^*, z^*)| &\leqq k\{|y - y^*| + |z - z^*|\} \\ |g(x, y, z) - g(x, y^*, z^*)| &\leqq k\{|y - y^*| + |z - z^*|\}. \end{aligned}\right. \tag{I.33}$$

Sie ähneln in dieser Form den ersten Gliedern der Taylor-Entwicklung für Funktionen von zwei Veränderlichen und entsprechen genau der Bedingung in der einfacheren, früher in (I.26) verwendeten Form

$$|f(x, y) - f(x, y^*)| \leqq k\,|y - y^*|.$$

Satz: *In dem System von Differentialgleichungen*

$$y' = f(x, y, z); \quad z' = g(x, y, z)$$

seien die Funktionen f und g stetig, durch

$$|f(x, y, z)| \leqq M, \quad |g(x, y, z)| \leqq M \tag{I.34}$$

beschränkt und mögen die Lipschitz-Bedingungen (I.33) *erfüllen; und zwar mögen diese Bedingungen für alle x, y, y^*, z, z^* gelten, welche den Bereichen*

$$|x - x_0| < h, \quad |y - y_0| < hM, \quad |z - z_0| < hM,$$
$$|y^* - y_0| < hM, \quad |z^* - z_0| < hM$$

angehören. Dann gibt es im Intervall $|x - x_0| < h$ ein und nur ein System von Funktionen $y(x)$, $z(x)$, das dem vorgelegten System von Differentialgleichungen und den Anfangsbedingungen $y(x_0) = y_0$, $z(x_0) = z_0$ genügt. Das Verfahren der schrittweisen Näherungen [aus § 5, Gl. (I.31)] *liefert gegen dieses Lösungssystem gleichmäßig konvergente Funktionenfolgen $y_n(x)$, $z_n(x)$*[1].

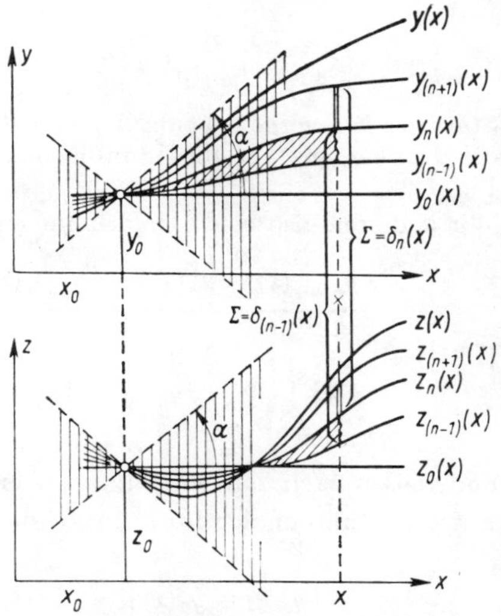

I/22. Zum Verfahren der schrittweisen Näherungen

Für die Lösungskurven besagen die Bedingungen für die Beschränktheit der Funktionen

$$|y'| = |f(x, y, z)| \leqq M,$$
$$|z'| = |g(x, y, z)| \leqq M,$$

daß die Steigungen beschränkt sind, also einen Grenzwinkel $\delta = \operatorname{arc\,tan} M$ nicht überschreiten, Fig. I/22; alle Lösungen und Näherungen liegen innerhalb der schraffierten Sektoren, falls $y_0(x)$ und $z_0(x)$ diesen Bereichen angehören. Wir untersuchen zunächst nur die Existenz der Lösung und anschließend auch ihre Eindeutigkeit. Schreibt man (I.31) für die Indizes $n - 1$ und n an, so erhält man bei Subtraktion für die Änderungen:

$$y_{n+1}(x) - y_n(x) = \int_{x_0}^{x} \{f[\xi, y_n(\xi), z_n(\xi)] - f[\xi, y_{n-1}(\xi), z_{n-1}(\xi)]\} d\xi,$$

$$z_{n+1}(x) - z_n(x) = \int_{x_0}^{x} \{g[\xi, y_n(\xi), z_n(\xi)] - g[\xi, y_{n-1}(\xi), z_{n-1}(\xi)]\} d\xi.$$

---

[1]) Gelten (I.33) und (I.34) in einem Quader $|x - x_0| \leqq a$, $|y - y_0| \leqq b$, $|z - z_0| \leqq c$, so kann man als h die kleinste der drei Zahlen $a, \frac{b}{M}, \frac{c}{M}$ wählen.

Die Integrale kann man abschätzen, da der Betrag des bestimmten Integrales einer Funktion höchstens gleich dem bestimmten Integral in dem gleichen Intervall über die entsprechende Absolutfunktion ist. Damit wird (etwa für $x \geqq x_0$)

$$\text{(I.35)} \qquad \begin{cases} |y_{n+1}(x) - y_n(x)| \leqq \int\limits_{x_0}^{x} |f(\xi, y_n, z_n) - f(\xi, y_{n-1}, z_{n-1})| \,\mathrm{d}\xi, \\ |z_{n+1}(x) - z_n(x)| \quad \text{analog} \end{cases}$$

oder mit Benutzung der Lipschitz-Bedingung (I.33)

$$|y_{n+1}(x) - y_n(x)| \leqq k \int\limits_{x_0}^{x} \{|y_n - y_{n-1}| + |z_n - z_{n-1}|\} \,\mathrm{d}\xi,$$

$$|z_{n+1}(x) - z_n(x)| \leqq \quad \text{dieselbe Schranke.}$$

Statt der Konvergenz beider Differenzbeträge einzeln können wir auch einfacher die Konvergenz für ihre Summe nachweisen, die wir mit $\delta_n(x)$ bezeichnen, Fig. I/22.

Wir addieren also beide Ungleichungen

$$\text{(I.36)} \qquad \begin{aligned} &\underbrace{|y_{n+1}(x) - y_n(x)| + |z_{n+1}(x) - z_n(x)|}_{\delta_n(x)} \\ &\leqq 2k \int\limits_{x_0}^{x} \{|y_n - y_{n-1}| + |z_n - z_{n-1}|\} \mathrm{d}\xi \leqq 2k \int\limits_{x_0}^{x} \delta_{n-1}(\xi) \,\mathrm{d}\xi \end{aligned}$$

und weisen nach, daß die Summe aller $\delta_n(x)$ für $n \to \infty$ konvergiert.

Für $y_1(x)$ [und analog für $z_1(x)$] folgt aus (I.31):

$$|y_1(x) - y_0(x)| = \left| \int\limits_{x_0}^{x} f(\xi, y_0, z_0) \,\mathrm{d}\xi \right| \leqq M\,|x - x_0|,$$

(Wir schreiben den Betrag $|x - x_0|$, weil die Betrachtung für $x < x_0$ genau so durchführbar ist; man kann die Lösungen auch nach „links“ fortsetzen.), also

$$\delta_0(x) = |y_1(x) - y_0(x)| + |z_1(x) - z_0(x)| \leqq 2M\,|x - x_0|.$$

Weiter folgt

$$\delta_1(x) \leqq 2k \int\limits_{x_0}^{x} \delta_0(\xi) \,\mathrm{d}\xi$$

$$\leqq 2M\,2k \int\limits_{x_0}^{x} (\xi - x_0) \,\mathrm{d}\xi = 2M\,2k \frac{|x - x_0|^2}{2!}$$

zunächst für $x \geqq x_0$; für $x < x_0$ gilt dieselbe Schranke.

Daraus läßt sich schon das Bildungsgesetz für die allgemeine Veränderungssumme $\delta_n(x)$ erkennen und leicht durch vollständige Induktion beweisen:

$$\delta_n(x) \leqq 2M\,(2k)^n \frac{|x - x_0|^{n+1}}{(n+1)!} = \frac{M}{k}\,\frac{(2k\,|x - x_0|)^{n+1}}{(n+1)!}. \tag{I.37}$$

Nimmt man diese Abschätzung für den Index n als richtig an, so folgt nach (I.36)

$$\delta_{n+1} \leqq 2k \int\limits_{x_0}^{x} \delta_n(\xi)\,\mathrm{d}\xi \leqq 2M(2k)^{n+1} \int\limits_{x_0}^{x} \frac{|\xi - x_0|^{n+1}}{(n+1)!}\,\mathrm{d}\xi$$
$$= 2M(2k)^{n+1} \frac{|x - x_0|^{n+2}}{(n+2)!}$$

wieder zunächst für $x \geqq x_0$; aber für $x < x_0$ erhält man dieselbe Schranke. Es hat sich die für $n + 1$ nach (I.37) behauptete Schranke ergeben, und da (I.37) für $n = 1$ richtig ist, gilt (I.37) für alle n.

Nun wird eine Reihe $R(x)$ betrachtet, deren Teilsummen gerade die $y_n(x)$ sind, und die sich als die gesuchte Lösungsfunktion $y(x)$ erweisen wird:

$$R(x) = y_0(x) + (y_1 - y_0) + (y_2 - y_1) + \cdots.$$

Von dieser Reihe zeigen wir, daß sie sogar absolut konvergiert, d. h. daß die Reihe ihrer absoluten Beträge konvergiert

$$|R(x)| \leqq |y_0(x)| + |y_1 - y_0| + |y_2 - y_1| + \cdots.$$

Diese wiederum läßt sich abschätzen durch die Reihe

$$|R(x)| \leqq |y_0(x)| + \delta_0(x) + \delta_1(x) + \delta_2(x) + \cdots.$$

Mit $2kh = \zeta$ ist auch

$$2k\,|x - x_0| \leqq \zeta,$$

und man erhält als „Majorante" die für alle ζ konvergente Reihe für die Funktion $e^\zeta - 1$, nämlich

$$|R(x)| \leqq |y_0(x)| + \frac{M}{k}\underbrace{\left\{\frac{\zeta}{1!} + \frac{\zeta^2}{2!} + \frac{\zeta^3}{3!} + \cdots\right\}}_{e^\zeta - 1}.$$

Die zu untersuchende Reihe konvergiert also absolut für alle x aus $|x - x_0| < h$. Die $y_n(x)$ streben somit gegen eine Grenzfunktion $R(x)$ und ebenso $z_n(x) \to S(x)$. Darüber hinaus liegt gleichmäßige Konvergenz vor, denn es ließen sich die Reihenglieder durch von x unabhängige Zahlen abschätzen, welche Glieder einer konvergenten Reihe waren. Diese Gleichmäßigkeit der Konvergenz sichert nach einfachen Sätzen aus der Konvergenzlehre, daß die Grenzfunktionen $R(x)$, $S(x)$ stetig sind und man den Grenzübergang $n \to \infty$ mit der Integration vertauschen darf:

$$\int_{x_0}^{x} f[\xi, y_n(\xi), z_n(\xi)]\,\mathrm{d}\xi \to \int_{x_0}^{x} f[\xi, R(\xi), S(\xi)]\mathrm{d}\xi$$

und entsprechend für das Integral mit $g(x, y, z)$, so daß die Grenzfunktionen $R(x)$, $S(x)$ die Gleichungen

$$R(x) = y_0 + \int_{x_0}^{x} f[\xi, R(\xi), S(\xi)]\mathrm{d}\xi, \qquad S(x) = z_0 + \int_{x_0}^{x} g[\xi, R(\xi), S(\xi)]\mathrm{d}\xi$$

erfüllen, also differenzierbar sind, da die Integranden stetig sind, und mithin den Differentialgleichungen $y' = f(x, y, z)$, $z' = g(x, y, z)$ genügen; $R(x)$ und $S(x)$ sind also Lösungen der Anfangswertaufgabe, d. h. die Existenz von Lösungen der Anfangswertaufgabe ist damit gezeigt.

19. Der Eindeutigkeitsbeweis. Die Eindeutigkeit des Lösungssystems $y(x)$, $z(x)$ beweist man, indem man das Auftreten eines Widerspruches nachweist für die Annahme, daß auch noch ein zweites Lösungssystem $Y(x)$ und $Z(x)$ die Differentialgleichungen befriedigt. (Beim Beweis betrachtet man der Einfachheit halber nur die „rechte" Seite $x \geqq x_0$).

Es gelten also die Differentialgleichungen

$$\begin{aligned} y' &= f(x, y, z) \\ z' &= g(x, y, z) \end{aligned} \quad \text{und} \quad \begin{aligned} Y' &= f(x, Y, Z), \\ Z' &= g(x, Y, Z). \end{aligned}$$

Nennt man die Differenzen der entsprechenden Lösungen

$$y(x) - Y(x) = \eta(x), \qquad z(x) - Z(x) = \zeta(x),$$

so erhält man aus

$$\eta' = y' - Y' = f(x, y, z) - f(x, Y, Z),$$

$$\zeta' = z' - Z' = g(x, y, z) - g(x, Y, Z)$$

durch Integration

$$\eta(x) = \int_{x_0}^{x} \{f(\xi, y, z) - f(\xi, Y, Z)\}\mathrm{d}\xi, \qquad \zeta(x) \text{ analog.}$$

Wie oben folgen für die Absolutbeträge mit Benutzung der Lipschitz-Bedingungen (I.33) und der Abkürzung $|\eta(x)| + |\zeta(x)| = \delta(x)$ für $x \geqq x_0$ die Ungleichungen

$$|\eta(x)| \leqq \int_{x_0}^{x} |f(\xi, y, z) - f(\xi, Y, Z)|\,\mathrm{d}\xi$$

$$\leqq k \int_{x_0}^{x} \{|y - Y| + |z - Z|\}\,\mathrm{d}\xi = k \int_{x_0}^{x} \{|\eta(\xi)| + |\zeta(\xi)|\}\,\mathrm{d}\xi = k \int_{x_0}^{x} \delta(\xi)\mathrm{d}\xi.$$

Genau dieselbe Schranke ergibt sich für $|\zeta(x)|$, und man erhält daher für $\delta(x)$:

$$\delta(x) \leqq 2k \int\limits_{x_0}^{x} \delta(\xi)\,d\xi .$$

Bezeichnet man mit D den Maximalbetrag von δ im Intervall $x_0 \leqq x \leqq x_0 + h^*$, der etwa an der Stelle x_m angenommen werde, Fig. I/23, so gilt

$$\delta(x) \leqq 2k \int\limits_{x_0}^{x} \delta(\xi)\,d\xi \leqq 2k \int\limits_{x_0}^{x_0+h^*} \delta(\xi)\,d\xi \leqq 2kh^*D .$$

Da dies für jedes x, also auch für x_m, Gültigkeit hat, ist auch

$$D \leqq 2kh^*D .$$

Über die Größe von h^* ist hier noch nichts vorausgesetzt. Wählt man nun $h^* < \frac{1}{2k}$, so folgt, falls $D \neq 0$ ist, $D < D$.

Das aber ist ein Widerspruch, sofern nicht $\delta(x) \equiv 0$ ist.

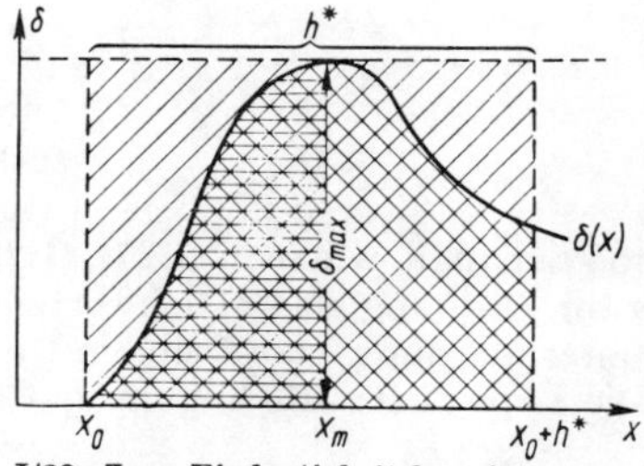

I/23. Zum Eindeutigkeitsbeweis

Man kann nun das Intervall $x_0 - h \leqq x \leqq x_0 + h$ mit endlich vielen Intervallen der Länge h^* überdecken, so daß die Eindeutigkeit im ganzen Intervall der Länge $2h$ gilt.

20. System von Differentialgleichungen und eine Differentialgleichung *n*-ter Ordnung. Der Beweis von Nr. 18 und Nr. 19 läßt sich ohne jede Schwierigkeit auf den Fall eines Systems von s Differentialgleichungen erster Ordnung für s Funktionen ($s \geqq 2$) übertragen und liefert das Ergebnis:

Bei einem gegebenen System von s Differentialgleichungen erster Ordnung

(I.38) $$\frac{dy_{(j)}(x)}{dx} = f_j[x, y_{(1)}(x), y_{(2)}(x), \ldots, y_{(s)}(x)] \quad (\textit{für}\ \ j = 1, 2, 3, \ldots, s)$$

für s unbekannte Funktionen

$$y_{(1)}(x),\ y_{(2)}(x),\ y_{(3)}(x),\ \ldots,\ y_{(s)}(x)$$

ist bei den Anfangsbedingungen

(I.39) $$y_{(1)}(x) = y_{(1)0},\quad y_{(2)}(x) = y_{(2)0},\ \ldots,\quad y_{(s)}(x) = y_{(s)0}\ \textit{für}\ \ x = x_0$$

die Existenz und Eindeutigkeit des Lösungssystems gewährleistet, wenn die in den Differentialgleichungen rechts auftretenden Funktionen f_j in dem Bereich

$$|x - x_0| < h,\ |y_{(j)} - y_{(j)0}| < hM_{(j)}$$

stetig sind und den Bedingungen genügen

(I.40) $$|f_j(x, y_{(1)}, y_{(2)}, \ldots, y_{(s)})| \leqq M_{(j)} \qquad \textit{(Beschränktheitsbedingung)}$$

und

(I.41)
$$|f_j[x, y_{(1)}, y_{(2)}, \ldots, y_{(s)}] - f_j[x, y^*_{(1)}, y^*_{(2)}, \ldots, y^*_{(s)}]| \leqq k\{|y_{(1)} - y^*_{(1)}| + \cdots + |y_{(s)} - y^*_{(s)}|\}.$$

(Lipschitz-Bedingung).

Eine Differentialgleichung n-ter Ordnung. Liegt eine Differentialgleichung n-ter Ordnung

(I.42)
$$y^{(n)} = f[x, y(x), y'(x), y''(x), \ldots, y^{(n-1)}(x)]$$

vor mit den Anfangsbedingungen:

für $x = x_0$ ist
$$\begin{aligned} y(x_0) &= y_0 \\ y'(x_0) &= y'_0 \\ \ldots \quad &\ldots \\ y^{(n-1)}(x_0) &= y_0^{(n-1)}, \end{aligned}$$

so kann man, wie es in (I.27), (I.28) beschrieben wurde, der Differentialgleichung n-ter Ordnung das gleichwertige System (I.28) von n Differentialgleichungen erster Ordnung zuordnen und auf dieses den letztgenannten Satz anwenden. Die Lipschitz-Bedingung lautet hier

(I.43)
$$|f[x, y, y', y'', \cdots, y^{(n-1)}] - f[x, y^*, y'^*, y''^*, \cdots, y^{(n-1)*}]| \leqq k\{|y - y^*| + |y' - y'^*| + \cdots + |y^{(n-1)} - y^{(n-1)*}|\}.$$

Genügt die Funktion f in einer Umgebung der Stelle $x_0, y_0, y'_0, \ldots, y_0^{(n-1)}$, etwa für $|x - x_0| \leqq a$, $|y^{(q)} - y_0^{(q)}| \leqq b$ [für $q = 0, 1, \ldots, n-1$] den Bedingungen der Stetigkeit, Beschränktheit $|f| \leqq M$, $|y^{(q)}| \leqq M$ [für $q = 0, 1, \ldots, n-1$] und der Lipschitz-Bedingung, so ist wieder die Existenz und Eindeutigkeit der Lösungen, d. h. der Lösung der Differentialgleichung n-ter Ordnung, im Intervall $|x - x_0| \leqq \mathrm{Min}\left(a, \frac{b}{M}\right)$ gesichert.

Beispiel für Nichteindeutigkeit. Bei der Differentialgleichung zweiter Ordnung zweiten Grades

$$y''(1 + y') = 1 \qquad \text{oder} \qquad y'' = f(x, y, y') = \frac{1}{1 + y'}$$

ist für variables y' bereits die Beschränktheits- und Stetigkeitsbedingung verletzt.

Es ist für $y' = -1$ die Eindeutigkeit verletzt; z. B. gehen durch den Punkt $x = 0, y = 1$ mit der Steigung $y' = -1$ die beiden Kurven mit den Gleichungen

$$y = 1 - x \pm \frac{1}{3}\sqrt{(2x)^3}.$$

Als besonders wichtigen Fall behandeln wir noch die

Lineare Differentialgleichung n-ter Ordnung. Ist in der Differentialgleichung (I.42) die rechte Seite linear in y und den Ableitungen, hat also die

Differentialgleichung die Gestalt

$$\sum_{\nu=0}^{n} p_\nu(x) y^{(\nu)}(x) = r(x)$$

mit $p_n(x) = 1$, und schreibt man die Gleichung um in ein System

$$y'_{(q)} = y_{(q+1)} \quad (q = 1, \ldots, n-1), \qquad y'_{(n)} = f = r(x) - \sum_{\nu=0}^{n-1} p_\nu(x) y_{(\nu+1)},$$

so sind die partiellen Ableitungen von f nach den $y_{(q)}$ gerade die Koeffizienten-Funktionen $-p_{q-1}(x)$ (für $q = 1, \ldots, n$); nimmt man diese in einem Intervall $[A, B]$, welches auch nach einer oder nach beiden Seiten ins Unendliche gehen darf, als stetig und beschränkt an, $|p_q(x)| \leqq P$ für $q = 0, 1, \ldots, n-1$, und $|r(x)| \leqq P$ mit $P \geqq 1$, so kann man P als Lipschitz-Konstante k verwenden. Ferner werden Schranken M für $|y_{(q+1)}|$ und $|f|$ benötigt. Es werde etwa der Quader $|x - x_0| \leqq a$, $|y^{(q)} - y_0^{(q)}| \leqq b$ für $q = 0, 1, \ldots, n-1$ betrachtet, wobei $|x - x_0| \leqq a$ natürlich in $[A, B]$ enthalten sein soll und $b \geqq 1$ sei. Ist β der größte Betrag unter den gegebenen Anfangswerten $|y_0^{(q)}|$, so ist $|y^{(q)}| \leqq \beta + b$ für $q = 0, 1, \ldots, n-1$, und man kann wählen

$$M_{(j)} = M = (n+1)P(\beta + b).$$

Dann ist die Existenz und Eindeutigkeit der Lösung in einem Intervall

$$|x - x_0| \leqq h$$

gesichert, wobei $h = \mathrm{Min}\left(a, \frac{b}{M}\right)$ ist; es soll gezeigt werden, daß die Lösung im ganzen Intervall $[A, B]$ eindeutig existiert. b kann beliebig groß gewählt werden, insbesondere $> \beta$, so daß $\frac{b}{M} \geqq \frac{1}{2(n+1)P} = \alpha$ ist; da a nur der Einschränkung unterliegt, daß $|x - x_0| \leqq a$ in $[A, B]$ enthalten ist, kann man die Lösung von x_0 aus über ein Intervall der endlichen festen Länge α (welches natürlich nicht über $[A, B]$ hinausragen darf) eindeutig fortsetzen; das kann man so lange fortsetzen, bis man bei einem endlichen Intervall $[A, B]$ nach endlich vielen Schritten an die Intervallenden gekommen ist (wobei man von Schritt zu Schritt evtl. b neu wählen muß, was aber auf α ohne Einfluß ist).

21. Einige Grundbegriffe der Funktionalanalysis. Die Betrachtungen der Nr. 18 bis 20 lassen sich übersichtlicher und einfacher darstellen, wenn man einige abstrakte Ideen der Funktionalanalysis verwendet. Die wichtigsten Begriffe, die sich auch bei vielen komplizierteren Untersuchungen über Differentialgleichungen bewährt haben, sind dabei die des Banachraumes, des Operators und des Fixpunktes, wobei die Begriffe jeweils am Beispiel der Differentialgleichungen erläutert werden sollen.

Der lineare Raum: Eine Menge R von „Elementen" heißt ein „linearer Raum", wenn in ihm eine Addition von Elementen und eine Multiplikation von Elementen mit Zahlen aus einem Körper K erklärt sind, welche den Regeln der Vektoralgebra genügen. Erläuterung: Als K kann in dieser Nummer der Körper der reellen Zahlen genommen werden, d.h. mit dem Element f gehört auch $c \cdot f$ zur Menge R, wobei c eine beliebige reelle Zahl ist; ferner soll zu 2 beliebigen Elementen f, g aus R stets auch die Summe $f + g$ zu R gehören, und man soll mit den Elementen f aus R rechnen können wie mit Vektoren v, die man addieren und mit reellen Zahlen c multiplizieren kann.

Damit hat man schon einfache Beispiele eines linearen Raumes:

I) Die Vektoren $v = (v_1, \ldots, v_n)$ mit den Komponenten v_ν im n-dimensionalen reellen Punktraum R^n.

II) Das wichtigste Beispiel aber bilden die Funktionen $f(x)$, die auf einem Intervall $J = [a, b]$ der reellen x-Achse definiert sind, und für die $f + g$ und $c \cdot f$ die aus der elementaren Analysis geläufige Bedeutung haben.

III) Man kann auch (bei festen k) jeweils k auf J definierte Funktionen $f_1(x), \ldots, f_k(x)$ als ein einziges Element eines linearen Raumes auffassen.

Jeder lineare Raum R hat ein „Nullelement" θ mit den Eigenschaften

$$f - f = \theta, \quad c \cdot \theta = \theta, \quad 0 \cdot f = \theta$$

für alle $f \in R$ und für alle c aus K.

Der normierte Raum: Der lineare Raum R heißt „normiert", wenn jedem Element f aus R eine nichtnegative Zahl $\|f\|$ als seine „Norm" zugeordnet ist, wobei für beliebige f, g aus R und beliebige Zahlen c des Körpers (speziell hier für beliebige reelle Zahlen c) gilt:

$$\text{(I.44)} \qquad \begin{cases} 1. \ \text{Definitheit:} & \|f\| = 0 \text{ genau } \quad \text{für } f = \theta \\ 2. \ \text{Homogenität:} & \|c\,f\| = |c| \cdot \|f\| \\ 3. \ \text{Dreiecksungleichung:} & \|f + g\| \leq \|f\| + \|g\|. \end{cases}$$

Die Homogenität besagt

$$\|-f\| = \|f\| \quad (\text{für } c = -1).$$

Die Norm ist ein gewisses Maß für die „Größe" des betreffenden Elementes.

Je zwei Elementen f, g kann ein „Abstand"

$$\text{(I.45)} \qquad \varrho(f, g) = \|f - g\|$$

zugeordnet werden.

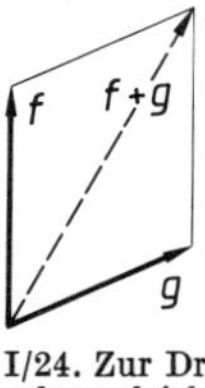

I/24. Zur Dreiecksungleichung

Beispiele normierter Räume. 1. Der schon erwähnte Raum R^n der n-dimensionalen reellen Vektoren v mit den Komponenten $v_1, \ldots, v_n$ ist ein normierter Raum, in welchem man verschiedene Normen einführen kann:

A) Die „Euklidische Norm"

$$\|v\| = \left[\sum_{\nu=1}^{n} v_\nu^2\right]^{1/2}$$

ist die Euklidische Länge des Vektors v. Die Dreiecksungleichung besagt, daß in jedem Dreieck mit den Seitenlängen $\|f\|$, $\|g\|$, $\|f + g\|$ keine Seite länger sein kann als die Summe der Längen der beiden anderen Seiten, Fig. I/24.

B) Auch

$$\|v\| = \sum_{\nu=1}^{n} |v_\nu| \quad \text{und} \quad \|v\| = \operatorname*{Max}_{\nu} |v_\nu|$$

erfüllen die Forderungen für eine Norm.

2. Aus dem oben betrachteten Raum der auf einem reellen Intervall $J = [a, b]$ definierten Funktionen werde der Teilraum $C[J]$ der stetigen Funktionen $f(x)$ herausgegriffen und auf ihm die Norm

$$\|f\| = \operatorname*{Max}_{J} |f(x)| \tag{I.46}$$

definiert als größter Abstand von der Nullfunktion bei Betrachtung des Graphen von f, Fig. I/25. Auch hier gilt die Dreiecksungleichung, Fig. I/26. In dieser Ungleichung steht das Gleichheitszeichen, wenn es eine Stelle $x = \xi$ gibt, bei der $|f|$ und $|g|$ ihr Maximum annehmen und dort f und g gleiches Vorzeichen haben.

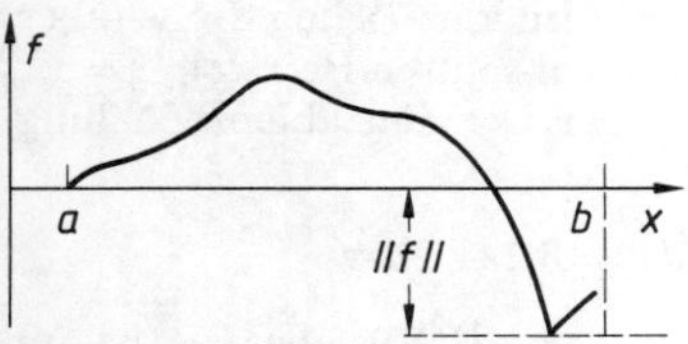

I/25. Maximumnorm

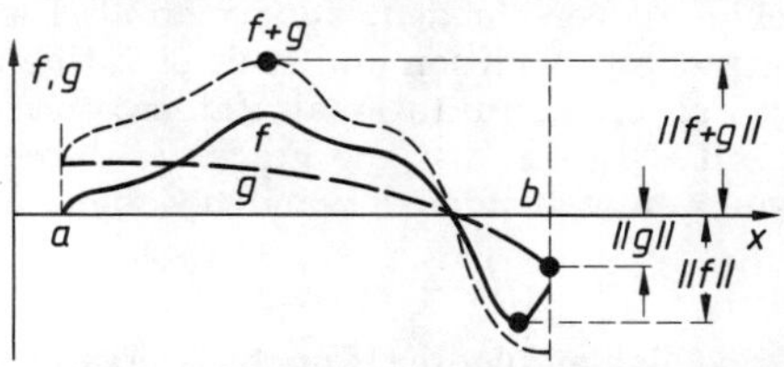

I/26. Dreiecksungleichung bei der Maximumnorm

Etwas allgemeiner ist

$$\|f\| = \operatorname*{Max}_{J} p(x)\,|f(x)| \tag{I.47}$$

eine mögliche Norm, wenn $p(x)$ eine fest gewählte, stetige, in J positive Funktion ist. Für $p(x) \equiv 1$ erhält man die Norm (I.46).

Der in (I.45) eingeführte Abstand der Funktionen f und g hat auch die unmittelbar anschauliche Bedeutung des Abstandes der Graphen von f und g, wenn man die Abstände in Ordinatenrichtung mißt, Fig. I/27 (bei dem sog. „Hausdorffschen Abstand" werden die Abstände in geometrischem Sinne gemessen).

Analog kann man für einen mehrdimensionalen abgeschlossenen beschränkten Bereich B im $(x_1, \ldots, x_n)$-Raum den Raum $C[B]$ der auf B stetigen Funktionen $f(x) = f(x_1, \ldots, x_n)$ mit der folgenden Norm betrachten:

$$\|f\| = \operatorname*{Max}_{x \in B} |f(x)|\,.$$

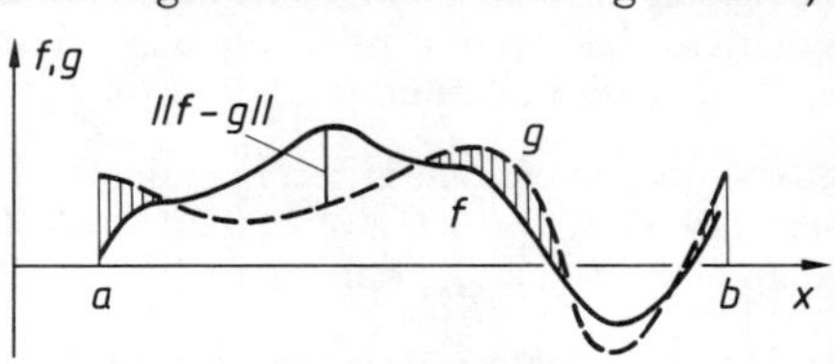

I/27. Abstand zweier Funktionen f und g

3. Es sei $k > 1$ eine feste natürliche Zahl, und es werden Systeme $\Phi(x)$ von k Funktionen $f_{(1)}(x), \ldots, f_{(k)}(x)$ betrachtet, die alle zu $C[J]$ (vergl. voriges Beispiel) gehören. Dann sind mögliche Normen:

$$\|\Phi\| = \operatorname*{Max}_{\varkappa} \operatorname*{Max}_{x \in J} |f_{(\varkappa)}(x)| \quad \text{und} \quad \|\Phi\| = \sum_{\varkappa=1}^{k} \operatorname*{Max}_{x \in J} |f_{(\varkappa)}(x)|. \tag{I.48}$$

Vollständigkeit: Mit dem Abstand (I. 45) hat man eine „Topologie" und kann die aus der Punktmengenlehre bekannten topologischen Begriffe, wie Umgebung, Häufungspunkt, Konvergenz u.a. einführen. Eine Folge $f_1, f_2, \ldots$ von Elementen heißt „konvergent", wenn es ein Element f gibt mit

$$\text{(I.49)} \qquad \lim_{n\to\infty} \|f - f_n\| = 0.$$

Die Folge heißt „Cauchy-konvergent", falls die Abstände zwischen f_m und f_n, wenn m und n unabhängig voneinander gegen ∞ gehen, stets gegen Null konvergieren:

$$\text{(I.50)} \qquad \lim_{m,n\to\infty} \|f_m - f_n\| = 0.$$

In der elementaren Reihenlehre über die Konvergenz reeller Zahlenfolgen sind diese beiden Konvergenzbegriffe einander gleichwertig; aber sie erweisen sich schon als verschieden, wenn man als Raum R die Menge der rationalen Zahlen betrachtet, Addition und Multiplikation mit Zahlen c im klassischen Sinne (aber als Faktoren c nur rationale Zahlen) und als Norm den absoluten Betrag $\|f\| = |f|$ wählt. Es sei z.B. f_ν die Folge der durch Abbruch der Dezimalzahlentwicklung von π entstehenden rationalen Zahlen, also

$$f_1 = 3; \quad f_2 = 3.1; \quad f_3 = 3.14; \quad f_4 = 3.141 \quad \text{usw.}$$

Diese Zahlenfolge ist Cauchy-konvergent im Sinne von (I.50), aber sie ist im Raum R nicht konvergent im Sinne von (I.49), da es im Raum R kein Element f mit (I.49) gibt; denn die Zahl π gehört als irrationale Zahl nicht zu R. Es erscheint daher die Definition begründet (die hier in sehr spezieller Gestalt gegeben werden möge):

Definition der Vollständigkeit: *Eine (echte oder unechte) Teilmenge D des normierten Raumes R heißt vollständig, wenn es zu jeder Cauchy-konvergenten Folge f_n aus D ein Grenzelement $f \in D$ mit* (I.49) *gibt.*

(Kurz ausgedrückt: die Grenzelemente konvergenter Folgen sollen stets wieder der Teilmenge D angehören.)

Beispiele. 1. Der schon mehrmals erwähnte normierte Raum R^n der n-dimensionalen Vektoren v mit beliebigen reellen (auch irrationalen) Komponenten $v_1, \ldots, v_n$ ist vollständig.

2. Bei dem oben genannten normierten Raum $C[J]$ der auf J stetigen Funktion $f(x)$ mit der Norm (I.46) bedeutet die Cauchy-Konvergenz einer Funktionenfolge $f_1(x), f_2(x), \ldots$, daß es zu jedem $\varepsilon > 0$ eine Zahl N gibt mit

$$\text{(I.51)} \qquad |f_m(x) - f_n(x)| < \varepsilon \quad \text{für } m > N,\ n > N \text{ und für alle } x \in J,$$

d.h., es liegt gleichmäßige Konvergenz vor. Nun besagt ein klassischer Satz der reellen Analysis, daß jede in einem abgeschlossenen Intervall J gleichmäßig konvergente Folge $f_\nu(x)$ stetiger Funktionen gegen eine in J stetige Grenzfunktion konvergiert; die Grenzelemente gehören also auch zu R; der Raum $C[J]$ ist mithin bei der Norm (I.46) (und auch bei der Norm (I.47)) vollständig. Jeder normierte vollständige Raum heißt „Banachraum".

Definition des Operators: *Es seien R_1, R_2 normierte Räume und D eine (echte oder unechte) Teilmenge von R_1. Ist jedem Element $u \in D$ ein Element $v \in R_2$ eindeutig zugeordnet, so kann man*

$$v = T\,u \tag{I.52}$$

schreiben und nennt T einen Operator oder eine Transformation oder eine Abbildung mit dem Definitionsbereich D (und einem Wertebereich W in R_2).

Definition: *Der Operator T heißt „lipschitzbeschränkt", wenn es eine Konstante K gibt mit*

$$||T\,u_1 - T\,u_2|| \leq K\,||u_1 - u_2|| \quad \text{für alle } u_1, u_2 \text{ aus } D. \tag{I.53}$$

Der lipschitzbeschränkte Operator T heißt „kontrahierend", wenn es eine Konstante $K < 1$ mit (I.53) gibt.

Definition: *Es sei $R_1 = R_2$, d.h., der Operator T bildet Elemente von $D \subset R_1$ wieder in R_1 ab. Jedes Element u aus D, das durch T in sich abgebildet wird, also*

$$u = Tu \tag{I.54}$$

erfüllt, heißt ein „Fixpunkt" von T.

Grundsätzliches Beispiel. Genau wie beim Übergang von der Anfangswertaufgabe (I.29) mit 2 Differentialgleichungen zu einer Fixpunktgleichung $U = T\,U$ mit dem Operator T in Formel (I.30) gehen wir auch bei s unbekannten Funktionen $y_1(x), \ldots, y_s(x)$ in einem Intervall $J = [a, b]$ vor und schreiben die Anfangswertaufgabe mit den Differentialgleichungen (I.38) und den gegebenen Anfangswerten $y_{(\sigma)}(x_0)$ in der Vektorschreibweise (Kurzschreibweise: y_σ statt $y_{(\sigma)}$)

$$\begin{gathered} U = \begin{pmatrix} u_1(x) \\ \vdots \\ u_s(x) \end{pmatrix}; \quad V = \begin{pmatrix} v_1(x) \\ \vdots \\ v_s(x) \end{pmatrix}; \quad Y_0 = \begin{pmatrix} y_1(x_0) \\ \vdots \\ y_s(x_0) \end{pmatrix}; \\ F = F(x, Y) = \begin{pmatrix} f_1 \\ \vdots \\ f_s \end{pmatrix} = \begin{pmatrix} f_1(x, y_1, \ldots, y_s) \\ \vdots \\ f_s(x, y_1, \ldots, y_s) \end{pmatrix} \end{gathered} \tag{I.55}$$

in die Operatorgleichung (I.30) um, indem wir nach einem Fixpunkt $V = T\,U = U$ fragen.

Wenn T einen Fixpunkt $V = U$ besitzt, so folgt durch Differentiation von (I.30)

$$U' = F(x, U(x)), \quad U(x_0) = Y_0,$$

d.h. U löst die vorgeschriebene Anfangswertaufgabe, und umgekehrt ist jede Lösung der Anfangswertaufgabe ein Fixpunkt des Operators T.

Es sei $[a, b]$ ein Intervall der reellen x-Achse, welches x_0 im Innern enthält, und es sei $Z(x)$ eine beliebige stetige Funktion mit Komponenten $z_1(x), \ldots, z_s(x)$, die auf $[a, b]$ definiert ist, und deren Werte im Definitionsbereich von $F(x, Y)$ liegen. Es bezeichne W einen Würfel im s-dimensionalen z_1- … -z_s-Raum, dessen Mittelpunkt Y_0 ist, und dessen Kanten zu den Koordinatenachsen parallel sind und die Länge $2h$ haben:

$$W = \{(z_\sigma);\, |z_\sigma - y_{\sigma 0}| \leq h \quad \text{für} \quad \sigma = 1, \ldots, s\} \text{ (mit } y_{\sigma 0} = y_\sigma(x_0)).$$

Es werde eine (I.47) entsprechende Norm verwendet

$$\text{(I.56)} \qquad \| V \| = \max_{1 \le \sigma \le s} \max_{x \in [a, b]} (p(x) \, | v_\sigma(x) |).$$

Q sei der $(s + 1)$ dimensionale Quader $a \le x \le b$, $Z \in W$. Da Q abgeschlossen ist, sind die stetigen Funktionen f_σ dort beschränkt, etwa durch eine Konstante M:

$$| f_\sigma(x, Z) | \le M \quad \text{für } \sigma = 1, \ldots, s, \text{ und } (x, z_\nu) \in Q.$$

Es gebe nun eine Lipschitzkonstante L mit

$$\text{(I.57)} \quad | f_\sigma(x, Z) - f_\sigma(x, \hat{Z}) | \le L \sum_{\nu=1}^{s} | z_\nu - \hat{z}_\nu | \quad \text{für } \sigma = 1, \ldots, s, \quad (x, z_\nu), (x, \hat{z}_\nu) \in Q.$$

Dabei sind $\hat{z}_\nu$ entsprechend die Komponenten von $\hat{Z}$. Eine solche Lipschitzbedingung (I.57) ist z.B. erfüllt, wenn die Funktionen f_σ im abgeschlossenen Quader Q stetige partielle Ableitungen nach allen y_ν besitzen. Nun werde das Intervall J und entsprechend Q eingeschränkt auf das (echte oder unechte) Teilintervall $\tilde{J}$, bzw. $\tilde{Q}$:

$$\tilde{J} = \{x, |x - x_0| \le d\}; \quad d = \operatorname{Min} \left\{ |x_0 - a|, |y_0 - b|, \frac{h}{M} \right\}$$

$$\tilde{Q} = \{(x, z_\sigma), x \in \tilde{J}, |z_\sigma - y_{\sigma 0}| \le h\}.$$

Dann soll gezeigt werden, daß der Operator den Quader $\tilde{Q}$ in sich abbildet. Sei Z in $\tilde{Q}$ erklärt; dann gilt für die σ-te Komponente von TZ

$$|(TZ)_\sigma - y_{\sigma 0}| \le \left| \int_{x_0}^{x} f_\sigma(\xi, Z(\xi)) \, \mathrm{d}\xi \right| \le M \left| \int_{x_0}^{x} \mathrm{d}\xi \right| \le M d \le h,$$

also liegen die Werte von TZ wieder in $\tilde{Q}$. Jetzt soll noch geprüft werden, ob der Operator T kontrahierend ist: für 2 Vektoren Z, $\hat{Z}$ gilt nach (I.57):

$$\| TZ - T\hat{Z} \| = \max_{1 \le \sigma \le s} \left[\max_{x \in J} p(x) \left| \int_{x_0}^{x} f_\sigma(\xi, Z(\xi)) \, \mathrm{d}\xi - \int_{x_0}^{x} f_\sigma(\xi, \hat{Z}(\xi)) \, \mathrm{d}\xi \right| \right]$$

$$\le \max_{x \in J} L p(x) \left| \int_{x_0}^{x} \sum_{\nu=1}^{s} |z_\nu - \hat{z}_\nu| \, \mathrm{d}\xi \right| \le L s \left(\max_{x \in J} p(x) \cdot \left| \int_{x_0}^{x} \frac{\mathrm{d}\xi}{p(\xi)} \right| \right) \cdot \| Z - \hat{Z} \|,$$

da nach (I.56)

$$| z_\nu(\xi) - \hat{z}_\nu(\xi) | \le \frac{1}{p(\xi)} \| Z - \hat{Z} \|$$

gilt. Nun darf noch $p(x)$ als auf $\tilde{J}$ positive stetige Funktion gewählt werden. Für

$$p(x) = \mathrm{e}^{-\alpha |x - x_0|} \quad \text{mit} \quad \alpha > L s$$

wird

$$p(x) \left| \int_{x_0}^{x} \frac{\mathrm{d}\xi}{p(\xi)} \right| = \frac{1}{\alpha} (1 - \mathrm{e}^{-\alpha |x - x_0|}) \le \frac{1}{\alpha}.$$

Insgesamt folgt damit

$$\| TZ - T\hat{Z} \| \le K \| Z - \hat{Z} \| \quad \text{mit} \quad K = \frac{L s}{\alpha} < 1.$$

Der Operator T ist daher im betrachteten Bereich kontrahierend.

22. Banachscher Fixpunktsatz und der Existenzsatz bei gewöhnlichen Differentialgleichungen. Nun sind die Begriffe bereitgestellt für die Formulierung eines allgemeinen Fixpunktsatzes, aus welchem der Existenzsatz bei gewöhnlichen Differentialgleichungen leicht hergeleitet werden kann.

Satz (Fixpunktsatz, 1. Fassung): *Es sei D ein vollständiger (echter oder unechter) Teilbereich eines linearen normierten Raumes R, und D werde durch einen kontrahierenden Operator T in sich abgebildet. Dann gibt es in D genau ein Element $\hat{u}$, welches der Gleichung* (I.54) $\hat{u} = T\hat{u}$ *genügt.*

Für die numerische Rechnung ist eine 2. Fassung des Satzes bequemer, bei der man nicht von vornherein wissen muß, ob eine gegebene Teilmenge D vollständig ist, und bei der man überdies eine explizite Fehlerabschätzung erhält:

Satz (Fixpunktsatz, 2. Fassung): *Sei D ein Teilbereich eines vollständigen normierten Raumes R, auf dem ein kontrahierender Operator T mit der Lipschitzkonstanten $K < 1$ erklärt ist. Mit einem gegebenen Element u_0 aus D berechne man $u_1 = Tu_0$. Es sei die „Kugel" S der Elemente q mit*

$$\text{(I.58)} \qquad \|q - u_1\| \leq \frac{K}{1-K}\|u_1 - u_0\|$$

in D enthalten. Dann gibt es in D genau ein Element $\hat{u}$, welches der Gleichung (I.54) $\hat{u} = T\hat{u}$ *genügt. Das Iterationsverfahren*

$$\text{(I.59)} \qquad u_{n+1} = Tu_n \quad (n = 0, 1, 2, \ldots)$$

ist unbeschränkt ausführbar, und es gilt die Fehlerabschätzung

$$\text{(I.60)} \qquad \|u_m - \hat{u}\| \leq \frac{K^m}{1-K}\|u_1 - u_0\| \quad (m = 1, 2, 3, \ldots).$$

Es konvergiert also u_n gegen $\hat{u}$ für $n \to \infty$.

Beweis. Es sei u_0 in D. Bei der ersten Fassung liegen alle nach (I.59) berechneten Elemente wieder in D; bei der zweiten Fassung zeigt man durch vollständige Induktion nach n (für $n \geq m$) unter Benutzung der Dreiecksungleichung das Bestehen der folgenden Ungleichungen:

$$\text{(I.61)} \qquad \begin{cases} \|u_{n+1} - u_n\| \leq K^n \|u_1 - u_0\| \\ \|u_{n+1} - u_m\| \leq \|u_{n+1} - u_n\| + \|u_n - u_{n-1}\| + \ldots + \|u_{m+1} - u_m\| \\ \qquad \leq \|u_1 - u_0\| \sum\limits_{\nu=m}^{n} K^\nu \leq \dfrac{K^m}{1-K}\|u_1 - u_0\|. \end{cases}$$

Aus der letzten Ungleichung folgt für $m = 1$, daß u_{n+1} in der Kugel S, also im Definitionsbereich von T liegt, daß also die Iteration unbeschränkt ausführbar ist. Die Ungleichungen (I.61) gelten somit bei beiden Fassungen. Aus der letzten Ungleichung von (I.61) folgt weiter

$$\lim_{n,m\to\infty} \|u_n - u_m\| = 0.$$

Die Folge u_n ist daher Cauchy-konvergent und wegen der vorausgesetzten Vollständigkeit des Raumes R folgt die Existenz eines Grenzelementes $\hat{u}$:

(I.61*) $$\lim_{n\to\infty} ||u_n - \hat{u}|| = 0 .$$

Bei der 1. Fassung liegt $\hat{u}$ in D, da D vollständig ist; bei der 2. Fassung liegt $\hat{u}$ in R, da R vollständig ist. Es liegt aber $\hat{u}$ sogar in der Kugel S, denn aus der letzten Ungleichung von (I.61) folgt

$$||\hat{u} - u_m|| \leq ||\hat{u} - u_{n+1}|| + ||u_{n+1} - u_m|| \leq ||\hat{u} - u_{n+1}|| + \frac{K^m}{1-K} ||u_1 - u_0||.$$

Läßt man hier $n \to \infty$ gehen, so erhält man wegen (I.61*) die Fehlerabschätzung (I.60). Setzt man in dieser $m = 1$, so sieht man, daß $\hat{u}$ auch zu der durch (I.58) definierten Kugel S gehört.

Schließlich ergibt die Dreiecksungleichung mit (I.59)

$$\begin{aligned} 0 \leq ||\hat{u} - T\hat{u}|| &\leq ||\hat{u} - u_{n+1}|| + ||u_{n+1} - T\hat{u}|| \\ &= ||\hat{u} - u_{n+1}|| + ||Tu_n - T\hat{u}|| \leq ||\hat{u} - u_{n+1}|| + K\,||u_n - \hat{u}|| . \end{aligned}$$

Die rechte Seite strebt für $n \to \infty$ gegen Null, also ist

$$||\hat{u} - T\hat{u}|| = 0 \quad \text{und} \quad \hat{u} = T\hat{u}.$$

Es ist daher $\hat{u}$ ein Fixpunkt von T.

Zum Beweis der Eindeutigkeit werde angenommen, die Fixpunktgleichung (I.54) besitze in D zwei Lösungen u, v mit $u = Tu$, $v = Tv$; dann ist

$$||u - v|| = ||Tu - Tv|| \leq K\,||u - v||$$

oder

$$||u - v||\,(1 - K) \leq 0, \quad \text{d.h.} \quad ||u - v|| = 0, \; u = v.$$

Es kann also nur eine Lösung von (I.54) in D geben.

Nunmehr erhält man leicht den allgemeinen

Existenz- und Eindeutigkeitssatz für Systeme von Differentialgleichungen: *Bei der Anfangswertaufgabe* (I.38), (I.39) *mögen die gegebenen Funktionen* $f_j(x, y_{(1)}, \ldots, y_{(s)})$ *in einem Quader*

$$Q\colon \quad a \leq x \leq b, \quad |y_{(j)} - y_{(j)0}| \leq h \quad (j = 1, \ldots, s)$$

der Beschränktheitsbedingung $|f_j| \leq M$ *und der Lipschitzbedingung* (I.41) *genügen. Nun wird ein Quader* $\tilde{Q}$ *eingeführt, der möglicherweise kleiner ist als der Quader* Q:

$$\tilde{Q}\colon \quad |x - x_0| \leq d, \quad |y_{(j)} - y_{(j)0}| \leq h, \quad d = \operatorname{Min}\left(|x_0 - a|, |x_0 - b|, \frac{h}{M}\right).$$

Dann besitzt die Anfangswertaufgabe im Intervall J: $|x - x_0| \leq d$ *genau eine Lösung; diese verläuft für* x *in* J *ganz im Quader* $\tilde{Q}$.

Zum Beweis braucht man nur die Ergebnisse der letzten beiden Nummern zusammenzufassen. Mit Benutzung der Vektorschreibweise (I.55) ist die Lösung der Anfangswertaufgabe äquivalent zur Bestimmung eines Fixpunktes $U = TU$ des Operators T von (I.30). Wie in Nr. 21 gezeigt wurde, ist der Operator im Quader $\tilde{Q}$ kontrahierend, und T bildet $\tilde{Q}$ in sich ab. Der Fixpunktsatz sichert dann in seiner ersten Fassung Existenz und Eindeutigkeit einer Lösung U.

§ 7 Singuläre Linienelemente

Ohne tiefer in die schwierige allgemeine Theorie singulärer Linienelemente einzudringen, wollen wir hier nur an einer Reihe einfacher Beispiele die typischen Erscheinungen kennenlernen. Da bei den Anwendungen singuläre Punkte und andere Ausnahmeerscheinungen häufiger vorkommen, als man zunächst vermuten möchte, ist es wichtig, wenigstens einen groben Überblick zu erhalten. Eine ausführlichere Theorie kann hier nicht gegeben werden.

23. Reguläre und singuläre Linienelemente. Definitionen und Beispiele. Vorgelegt sei die Differentialgleichung

$$F(x, y, y') = 0.$$

Wir fragen, wann ihre Darstellung in der expliziten Form

$$y' = G(x, y)$$

möglich und eindeutig bestimmt ist.

Die Auflösbarkeit nach y' ist an einer betrachteten Stelle nach bekannten Sätzen über implizite Funktionen gewährleistet, wenn $\partial F(x,y,y')/\partial y' \neq 0$ ist. Punkte mit $\partial F/\partial y' = 0$ sind daher noch gesondert zu betrachten.

Die drei Größen x, y, y' bestimmen ein Linienelement; (man mag sich darunter etwa ein kleines Stück der durch den Punkt x, y mit der Steigung y' gehenden Geraden vorstellen). Wir verwandten solche Linienelemente bereits, um uns das Richtungsfeld der Differentialgleichung zu veranschaulichen, vgl. § 1. Ein Linienelement x, y, y' der vorgelegten Differentialgleichung $F(x, y, y') = 0$ heißt regulär, wenn sich um den Punkt x, y eine Umgebung angeben läßt, so daß durch jeden Punkt dieser Umgebung genau eine Lösungskurve der Differentialgleichung hindurchgeht, anderenfalls heißt das Linienelement singulär.

Ohne die Voraussetzung der Stetigkeit von $F(x, y, y')$ ist

$$\frac{\partial F(x, y, y')}{\partial y'} = 0 \tag{I.62}$$

weder ein notwendiges noch ein hinreichendes Kriterium für das Vorhandensein singulärer Linienelemente, d. h. diese Bedingung erfaßt unter Umständen nicht alle singulären Punkte, und sie kann auch zu viele liefern. Wir werden Beispiele dafür kennenlernen. Daher ist (I.62) nur als eine Faustregel zu werten.

Bei Voraussetzung der Stetigkeit von $F(x, y, y')$ jedoch gilt: Nur dort, wo an einer Stelle x, y, y' (I.62) erfüllt ist, kann das betreffende Linienelement singulär sein und ist es zumeist auch[1]).

Unter einem singulären Integral oder einer singulären Lösung versteht man eine Integralkurve, die nur singuläre Linienelemente enthält.

Beispiele für singuläre Lösungen. Beispiel 1. Kubische Parabeln. Bei der Kurvenschar (Nr. 15, Fig. I/17)

$$y = (x - c)^3$$

---

[1]) Eine genaue Darstellung des Sachverhalts lese man nach z. B. bei H. v. Mangold-K. Knopp, Einführung in die Höhere Mathematik, Bd. III, 10. Aufl. Stuttgart 1958, S. 584ff., und E. Kamke, Differentialgleichungen reeller Funktionen, 3. Aufl. Leipzig 1956, S. 115ff.

mit der Differentialgleichung

$$y' = 3\sqrt[3]{y^2}$$

oder implizit

$$F(x, y, y') \equiv y'^3 - 27y^2 = 0$$

liefert die Bedingung (I.62) $y' = 0$,

oder in $F(x, y, y')$ eingesetzt $-27\,y^2 = 0$. Also folgt tatsächlich als singuläre Lösung $y = 0$.

Beispiel 2. Parabeltangente und Einhüllende. Die Tangenten an die Parabel

$$\eta = \xi^2$$

(ξ und η seien die Koordinaten der Parabelpunkte, x und y die der Tangentenpunkte) haben die Gleichung

$$\tan\alpha = 2\xi = \frac{y - \xi^2}{x - \xi}\,.$$

Aus der Schar der Parabeltangenten (mit ξ als Parameter)

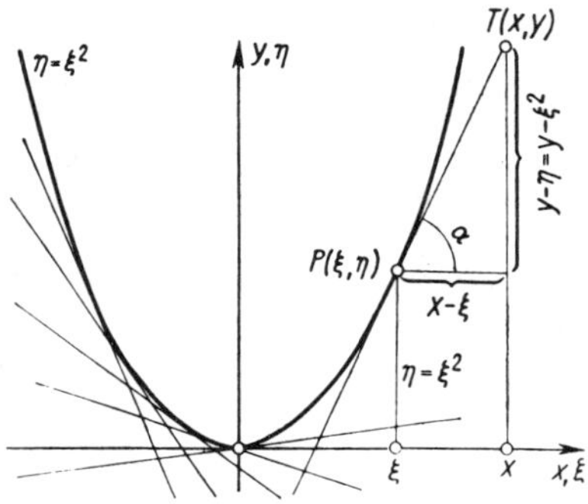

I/28. **Die Parabel als Einhüllende ihrer Tangenten**

$$y = 2\xi x - \xi^2.$$

mit

$$y' = 2\xi$$

erhält man durch Elimination von ξ die Differentialgleichung

$$F(x, y, y') \equiv \frac{1}{4}y'^2 - xy' + y = 0\,.$$

Die Faustregel (I.62) liefert

$$\frac{\partial F}{\partial y'} = \frac{1}{2}y' - x = 0\,.$$

Elimination von y' aus $F = 0$ und $F_{y'} = 0$ liefert tatsächlich $y = x^2$, also die Parabel als singuläre Lösung, hier als Einhüllende, Fig. I/28.

Beispiel 3. Neilsche Parabel und Spitzen. Nicht immer liefert die Faustregel (I.62) jedoch die Einhüllende. Wir untersuchen die Schar der „Neilschen" Parabeln, Fig. I/29,

$$y = (x - c)^{\frac{2}{3}}.$$

Es ist

$$y' = \frac{2}{3}(x - c)^{-\frac{1}{3}} = \frac{2}{3}y^{-\frac{1}{2}}$$

oder

$$F(x, y, y') \equiv y'^2 - \frac{4}{9y} = 0\,.$$

Mit

$$F_{y'} = 2y' = 0$$

würde man hier erhalten $\frac{4}{9y} = 0$, also keine singulären Linienelemente. Schreibt man die Funktion jedoch um, so daß sie **stetig** wird,

$$F^*(x, y, y') \equiv y y'^2 - \frac{4}{9} = 0,$$

so ist

$$\frac{\partial F^*}{\partial y'} = 2yy' = 0$$

außer für $y' = 0$ auch erfüllt für $y = 0$ und ergibt in der Tat den geometrischen Ort aller singulären Punkte, den Diskriminantenort. Hier ist $y = 0$ jedoch keine Lösung der Differentialgleichung. Man hat stets noch zu untersuchen, ob die Diskriminantenorte der Differentialgleichung gleichzeitig Lösungen sind und ob sie in der allgemeinen Lösung enthalten sind oder nicht.

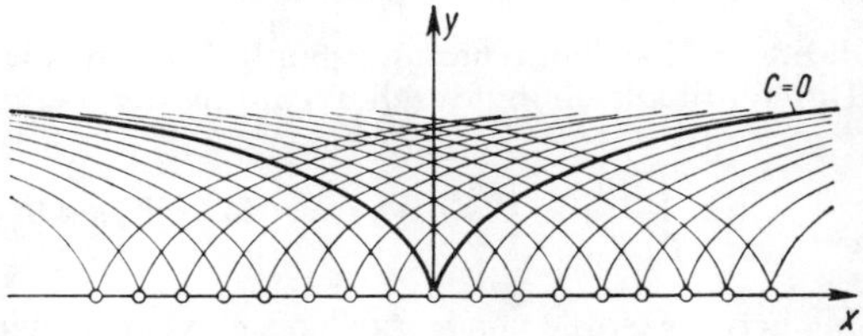

I/29. Die Spitzen der Neilschen Parabeln

Beispiel 4. Nur reguläre Linienelemente und doch $\frac{\partial F}{\partial y'} = 0$. Für die Gesamtheit aller 45°-Geraden, $y = x + C$, gilt die Differentialgleichung $y' = 1$. Schreibt man sie aber anders

$$F(x, y, y') \equiv (y' - 1)^2 = 0,$$

so liefert

$$F_{y'} = 2(y' - 1) = 0$$

als Diskriminantenorte die Geraden

$$y' = 1, \quad y = x + C,$$

d. h. also jene Geraden, von denen wir ausgegangen sind.

Danach würden hier alle Linienelemente als Ausnahmeelemente erscheinen; sie sind jedoch alle regulär. Also Vorsicht bei der Anwendung der Faustregel (I.62).

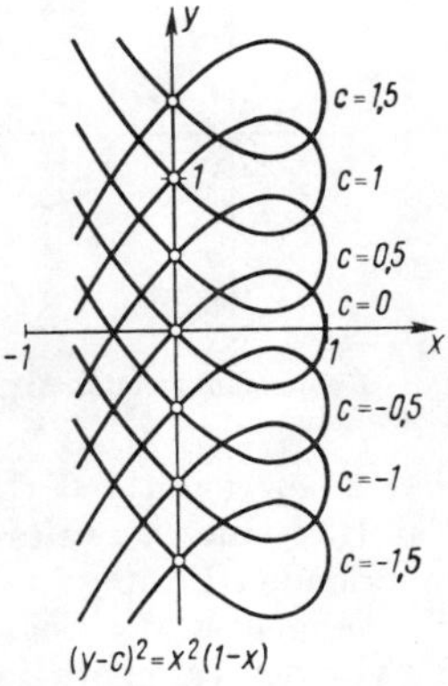

I/30. Kurven dritten Grades mit Doppelpunkten

Beispiel 5. Kurven dritten Grades mit Doppelpunkten. Bei der Schleifenkurvenschar (Fig. I/30)

$$(y - C)^2 = x^2(1 - x)$$

mit der Differentialgleichung

$$F(x, y, y') \equiv 4(x^2 - x^3)y'^2 - (2x - 3x^2)^2 = 0$$

wird

$$F_{y'} = 8(x^2 - x^3)y' = 0,$$

woraus entweder folgt $y' = 0$ (d. h. die Maxima und Minima)

oder

$$x^2(1 - x) = 0;$$

damit also die Kreuzungspunkte: $x = 0$

und die Stellen mit senkrechter Tangente: $x = 1$.

(Bei Beispiel 2, 3 und 5 liegen mehrdeutige Richtungsfelder vor, so daß man nach der eingangs gegebenen Definition alle Lösungen singulär nennen müßte.)

24. Isolierte singuläre Punkte. Typische Fälle liefert die Differentialgleichung

$$F(x, y, y') \equiv xy' - ay = 0. \tag{I.63}$$

Aus
$$F_{y'} = x = 0 \quad \text{ergibt sich} \quad y = 0,$$

d. h. der Koordinatenanfangspunkt. Zur geometrischen Deutung lösen wir die Differentialgleichung durch Trennung der Veränderlichen

$$\int \frac{\mathrm{d}y}{y} = \int \frac{a}{x}\,\mathrm{d}x + C_1; \quad \ln|y| = a \ln|x| + C_1; \quad y = Cx^a.$$

Je nach der Größe von a ergeben sich verschiedene Kurvenscharen: $a = 1$ liefert mit $y = Cx$ Geraden. Wir erhalten einen Knotenpunkt erster Art, Fig. I/31, auch „Stern" genannt; jede Halbgerade durch den Knotenpunkt ist Tangente an eine Lösungskurve.

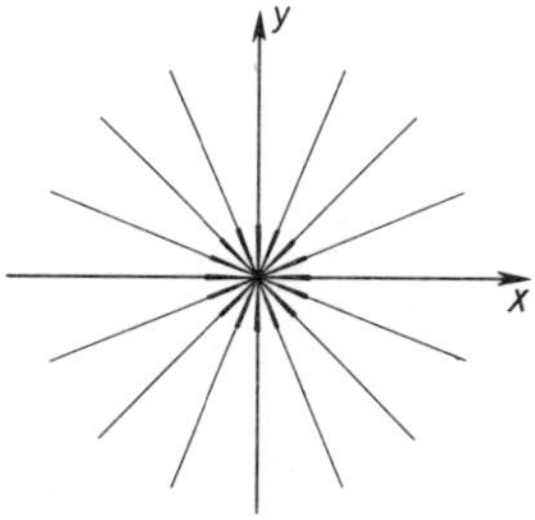

I/31. **Knotenpunkt erster Art, Stern**

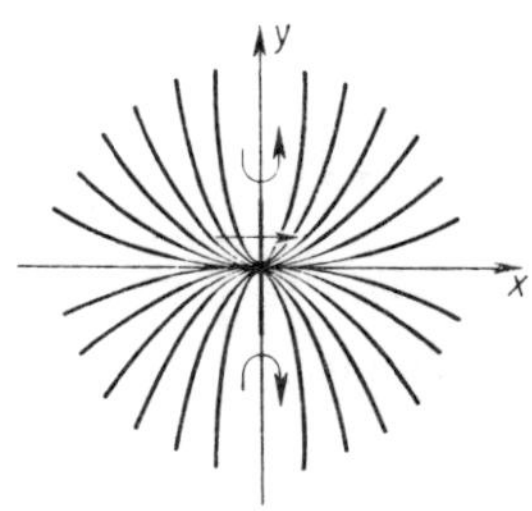

I/32. **Knotenpunkt zweiter Art, zweitangentiger Knoten**

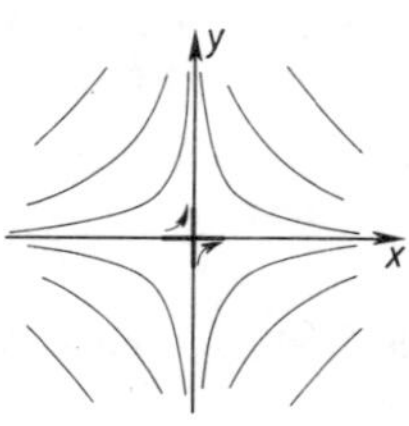

I/33. **Sattelpunkt**

$a = 2$ liefert mit $y = C x^2$ Parabeln und einen Knotenpunkt zweiter Art, Fig. I/32, auch „zweitangentiger Knoten" genannt; die im Knotenpunkt einmündenden Lösungskurven haben bis auf zwei sämtlich die gleiche Tangente; die Tangenten der beiden Ausnahmekurven gehören der gleichen Geraden an, die von der Tangente der übrigen Lösungskurven verschieden ist.

$a = -1$ liefert mit $y = \dfrac{C}{x}$ Hyperbeln und einen Sattelpunkt, Fig. I/33. Es gibt genau 4 Lösungskurven, die im Sattelpunkt einmünden; zwei von ihnen haben eine gemeinsame Tangente, und die anderen zwei haben ebenfalls eine gemeinsame, von der erstgenannten verschiedene Tangente.

Für die Differentialgleichung $F(x, y, y') \equiv yy' + x = 0$ liefert (I.62) den Koordinatenursprung $x = 0$, $y = 0$.

Die Lösungen

$$x^2 + y^2 = C$$

bilden eine Kreisschar. Es liegt ein Wirbelpunkt vor. Durch jeden Punkt einer gewissen Umgebung des Wirbelpunktes geht eine geschlossene Jordan-Kurve als Lösungskurve, die den Wirbelpunkt im Innern enthält (hier ein Kreis) (Fig. I/34).

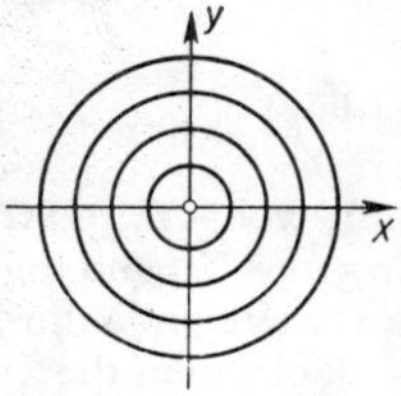

I/34. Wirbelpunkt, Zentrum

Bei der Ähnlichkeitsdifferentialgleichung

$$(I.64) \qquad y' = \frac{x+y}{x-y} = \frac{1+\frac{y}{x}}{1-\frac{y}{x}}$$

kann die Lösung leicht nach § 1 ermittelt werden.

Mit $\qquad y(x) = xz(x), \quad y' = z + xz'$

ergeben sich die Differentialgleichung für z und ihre Lösung

$$z + xz' = \frac{1+z}{1-z},$$

$$\frac{\mathrm{d}x}{x} = \frac{1-z}{1+z^2}\,\mathrm{d}z,$$

$$\ln|x| = \arctan z - \frac{1}{2}\ln(1+z^2) + \ln C_1,$$

$$\ln C_2 x\sqrt{1+\frac{y^2}{x^2}} = \ln C_2\sqrt{x^2+y^2} = \arctan\frac{y}{x}.$$

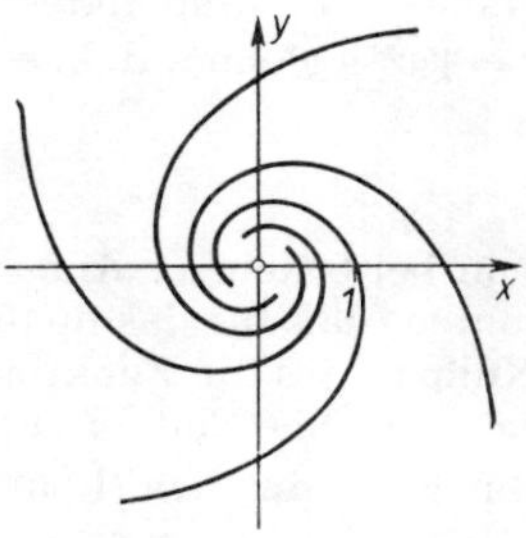

I/35. Strudelpunkt

Diese Gleichung legt die Einführung von Polarkoordinaten nach (I.14) nahe,

$$\ln C_2 r = \varphi \quad \text{oder} \quad r = C\mathrm{e}^{\varphi}.$$

Das sind logarithmische Spiralen (Fig. I/35).

Man hätte auch unmittelbar die Differentialgleichung nach (I.14) transformieren können und $\frac{\mathrm{d}r}{\mathrm{d}\varphi} = r' = r$ mit der Lösung $r = C\mathrm{e}^{\varphi}$ erhalten. $x = 0$, $y = 0$ ist ein Strudelpunkt, den alle Lösungskurven asymptotisch annähern. Keine Lösungskurve mündet in bestimmter Richtung in den Strudelpunkt, sondern die Lösungskurven schneiden jede Gerade durch den Strudelpunkt unendlich oft; Fig. I/35. Schließlich gibt es noch einen Knotenpunkt dritter Art oder „eintangentigen Knoten", bei dem alle in ihn einmündenden Lösungskurven die gleiche Tangente haben; ein einfaches Beispiel für ihn liefert die Ähnlichkeitsdifferentialgleichung

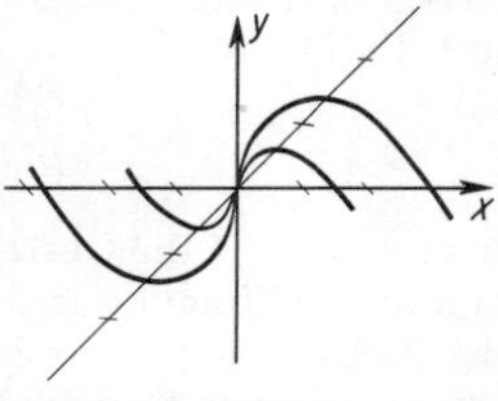

I/36. Knotenpunkt 3. Art, eintangentiger Knoten

$$y' = \frac{y}{x} - 1$$

mit den Lösungen

$$y = Cx - x\ln|x|, \text{ Fig. I/36.}$$

25. Zur Theorie der isolierten singulären Punkte. Von dieser Theorie sollen hier nur einige Ergebnisse ohne Beweis mitgeteilt werden. Bei den Anwendungen treten oft Differentialgleichungen vom Typus

$$y' = \frac{G(x, y)}{F(x, y)} \tag{I.65}$$

auf, wobei F und G eine gemeinsame Nullstelle $x = x_0$, $y = y_0$ besitzen, sich aber in einer Umgebung dieser Nullstellen regulär verhalten. Nimmt man $x_0 = y_0 = 0$ an (was sich ja durch eine Verschiebung des Koordinatensystems erreichen läßt), so kann man die Differentialgleichung auf die Form bringen

$$y'(x) = \frac{cx + dy + g(x, y)}{ax + by + f(x, y)} \tag{I.66}$$

mit $f(0, 0) = g(0, 0) = 0$. Von f und g wird weiter vorausgesetzt, daß sie in der Nähe des Nullpunktes von „kleinerer Größenordnung" als der Abstand $r = \sqrt{x^2 + y^2}$ sind, d. h. es soll

$$\lim_{r \to 0} \frac{f}{r} = \lim_{r \to 0} \frac{g}{r} = 0 \tag{I.67}$$

sein bei beliebiger Annäherung an den Nullpunkt. Man könnte vielleicht vermuten, daß für das qualitative Verhalten der Lösungskurven in der Nähe des Nullpunktes die Funktionen f und g gegenüber den linearen Gliedern $ax + by$, $cx + dy$ ohne Einfluß sind, aber das ist nur unter Zusatzvoraussetzungen richtig. Zunächst läßt sich (I.66) ohne f und g, also

$$y' = \frac{cx + dy}{ax + by} \tag{I.68}$$

als Ähnlichkeits-Differentialgleichung ohne Schwierigkeit vollständig diskutieren[1]). Es sei hier skizziert, wie man auch auf folgende Weise (ausführlich dargestellt z. B. bei W. W. Stepanow, Lehrbuch der Differentialgleichungen, Berlin 1956, S. 71ff.) einen Überblick gewinnen kann. Man fragt nach einer Transformation $\xi = \alpha x + \beta y$, $\eta = \gamma x + \delta y$, welche die Differentialgleichung auf die Form

$$\frac{d\eta}{d\xi} = \frac{\gamma(ax + by) + \delta(cx + dy)}{\alpha(ax + by) + \beta(cx + dy)} = \frac{\lambda\eta}{\mu\xi} = \frac{\lambda(\gamma x + \delta y)}{\mu(\alpha x + \beta y)}$$

bringt, welche die Gestalt (I.63) hat, und bei der man den Charakter der Lösungen in der Umgebung des Nullpunktes bequem überblicken kann. Soll zunächst der Zähler die gewünschte Gestalt annehmen, so erhält man für γ und δ ein lineares homogenes Gleichungssystem

$$\gamma(a - \lambda) + \delta c = 0, \quad \gamma b + \delta(d - \lambda) = 0, \tag{I.69}$$

---

1) Ausführliche Durchrechnung z.B. bei K. H. Weise, Gewöhnliche Differentialgleichungen, Göttingen 1966; genauere Diskussion bei L. Bieberbach, Einführung in die Theorie der Differentialgleichungen im reellen Gebiet, Berlin 1965. Die Klassifikation geht im wesentlichen schon auf H. Poincaré zurück: Mémoire sur les courbes définies par une équation différentielle, Journ. Math. pur. et appl. (3) 7 (1881), 375–422.

welches genau dann eine nichttriviale Lösung besitzt, wenn die Determinante verschwindet:

$$\Phi(\lambda) = \begin{vmatrix} a-\lambda & b \\ c & d-\lambda \end{vmatrix} = 0. \tag{I.70}$$

Genau dieselbe Determinante tritt auf, wenn man α und β so bestimmen will, daß der Nenner die Form $\mu\xi$ annimmt.

$\Phi(\lambda) = 0$ habe die Wurzeln λ_1, λ_2. Es werde angenommen, daß die Determinante $D = ad - bc \neq 0$ ist, da im Falle $D = 0$ der Nenner in (I.68) verschwindet oder $y' = \text{const}$ wird. $D \neq 0$ bedeutet zugleich $\lambda_{1,2} \neq 0$. Die allgemeine Lösung der transformierten Differentialgleichung lautet dann

$$\eta = c \cdot |\xi|^{\lambda_2/\lambda_1}, \tag{I.71}$$

mit c als Integrationskonstante. Man hat nun verschiedene Fälle zu unterscheiden, je nachdem die Wurzeln λ_1, λ_2 reell oder komplex, einfach oder zusammenfallend sind, und ob sie im reellen Falle gleiche oder verschiedene Vorzeichen haben. Die Wurzeln sind genau dann reell, wenn die Diskriminante

$$\Delta = 4bc + (a-d)^2 \geqq 0 \tag{I.72}$$

ist; wenn $\Delta < 0$ ist, kann man γ und δ als die zu α und β konjugiert komplexen Werte, $\gamma = \overline{\alpha}$, $\delta = \overline{\beta}$ wählen und nimmt dann, um wieder im Reellen zu bleiben, noch eine Transformation $\xi^* = \dfrac{\xi+\eta}{2}$, $\eta^* = \dfrac{\xi-\eta}{2\mathrm{i}}$ vor. Das Ergebnis ist für die einzelnen Fälle in Form der folgenden Tabelle (nach Bieberbach, a. a. O.) gegeben, wobei in der Normalform wieder y, x statt η, ξ oder η^*, ξ^* geschrieben ist. Ferner hat man die Fälle zu unterscheiden, daß in den Gleichungssystemen für γ, δ und α, β alle oder nicht alle Koeffizienten verschwinden.

Nr.	D	Δ	Wurzeln	Normalform	Typ
1.		$\Delta > 0$	λ_1, λ_2 reell, $\lambda_1 \neq \lambda_2$, $\lambda_1\lambda_2 > 0$	$y' = \dfrac{\lambda_2 y}{\lambda_1 x}$	zweitangentiger Knoten
2.		$\Delta = 0$	$\lambda_1 = \lambda_2 = \lambda$ reell	$y' = \dfrac{y}{x}$	Stern
3.	$D > 0$			$y' = \dfrac{y}{x+y}$	eintangentiger Knoten
4.		$\Delta < 0$	$\lambda = \mu \pm \mathrm{i}\nu$, $\mu \neq 0$, $\nu \neq 0$, μ, ν reell	$y' = \dfrac{-\nu x + \mu y}{\mu x + \nu y}$	Strudelpunkt
5.			$\lambda = \pm \mathrm{i}\nu$, $\lambda \neq 0$, ν reell	$y' = -\dfrac{x}{y}$	Wirbelpunkt, Zentrum
6.	$D < 0$	$\Delta > 0$	λ_1, λ_2 reell, $\lambda_1\lambda_2 < 0$	$y' = \dfrac{\lambda_2 y}{\lambda_1 x}$	Sattelpunkt

Schwieriger wird die Theorie bei der allgemeineren Differentialgleichung (I.66). Unter der Kleinheitsvoraussetzung (I.67) kann man zeigen (Bieberbach, a. a. O., „Die Dominanz der Linear-Glieder“), daß die Lösungskurven von (I.66) in den Fällen Nr. 1 bis 4 in der Nähe des Nullpunktes denselben qualitativen Verlauf haben wie für die zugehörige verkürzte Gleichung (I.68). Es sei ein Beispiel gegeben, daß nicht immer der Typus erhalten bleibt: Bei der Differentialgleichung $y' = -\frac{x}{y}$ liegt im Nullpunkt ein Wirbelpunkt (Typus Nr. 5) vor; die abgeänderte Gleichung $y' = \frac{-x + yr}{y + xr}$ kann man nach (I.14) sofort auf Polarkoordinaten transformieren; man erhält die einfache Gleichung $\frac{dr}{d\varphi} + r^2 = 0$ mit den Lösungen $r = \frac{1}{\varphi + c}$, wobei c eine beliebige Konstante ist; die Lösungen verlaufen spiralförmig und der Nullpunkt ist Strudelpunkt.

26. Die Clairautsche und d'Alembertsche Differentialgleichung. Die Schar der Lösungskurven der Clairautschen Gleichung besteht aus einer Kurve mit der Gesamtheit ihrer Tangenten (vgl. die früheren Beispiele, Tangenten an die Sinuskurve in § 5, Fig. I/16 und Tangenten an eine Parabel, Fig. I/28).

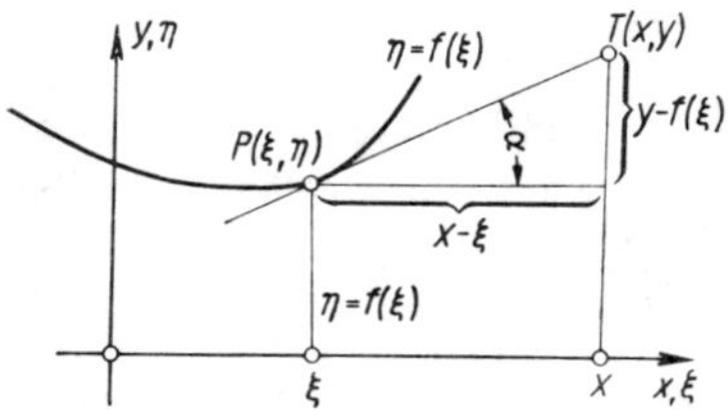

I/37. Zur Herleitung der Clairautschen Differentialgleichung

Es sei eine Kurve gegeben durch die Gleichung $y = f(x)$ mit einer in einem Intervall $a \leqq x \leqq b$ stetig differenzierbaren Funktion $f(x)$. Die Tangente im Punkt ξ hat dann die Gleichung (Fig. I/37),

$$\tan\alpha = f'(\xi) = \frac{y - f(\xi)}{x - \xi}. \tag{I.73}$$

Aus ihr und

$$y' = f'(\xi)$$

hat man ξ zu eliminieren. Es sei $\xi = g(y')$ die Umkehrfunktion zu $y' = f'(\xi)$. Dann geht (I.73) über in

$$y = xy' + \{f[g(y')] - g(y')y'\}.$$

Die geschweifte Klammer stellt eine neue Funktion $\varphi(y')$ dar. Damit lautet die Normalform für die Differentialgleichung der Tangenten einer Kurve

$$y = xy' + \varphi(y'). \tag{I.74}$$

Ist umgekehrt eine solche „Clairautsche Differentialgleichung“ mit einer stetig differenzierbaren Funktion $\varphi(y')$ vorgegeben, so erhält man ihre Lösungen durch einen Kunstgriff, indem man die Gleichung zunächst differenziert. Dadurch fällt y' heraus:

$$y' = y' + xy'' + \frac{d\varphi}{dy'}y''$$

oder

$$y''\left(x + \frac{d\varphi}{dy'}\right) = 0.$$

Diese Gleichung ist erfüllt entweder für $y'' = 0$ oder für $x + \frac{d\varphi}{dy'} = 0$. Aus der ersten Möglichkeit ergibt eine zweimalige Integration als allgemeine Lösung die Geraden $y = C_1 x + C_2$. Der zweite Parameter C_2 ist zurückzuführen auf die Erhöhung der Ordnung der Differentialgleichung infolge der Differentiation. C_1 und C_2 dürfen nicht unabhängig voneinander gewählt werden, sondern nur so, daß die Differentialgleichung (I.74) erfüllt ist, d. h. aber wegen $y' = C_1$

$$C_2 = \varphi(C_1).$$

Damit führt $y'' = 0$ auf die einparametrige Lösungsschar

$$y = C_1 x + \varphi(C_1).$$

Mit anderen Worten: man hat nur in der Clairautschen Differentialgleichung jeweils y' durch C_1 zu ersetzen.

Der zweite Faktor in der Differentialgleichung ist gerade die partielle Ableitung der linken Seite der Differentialgleichung

$$F(x, y, y') \equiv xy' + \varphi(y') - y = 0$$

nach y':

$$\frac{\partial F}{\partial y'} = x + \frac{d\varphi}{dy'} = 0.$$

Er liefert daher die Enveloppe („Einhüllende") der Geradenschar, sofern diese eine besitzt (wenn φ sogar zweimal stetig differenzierbar und $\varphi''(y') \neq 0$ ist, so existiert eine Einhüllende, vgl. v. Mangoldt-Knopp, Einführung in die Höhere Mathematik, Bd. II, 11. Aufl., Stuttgart 1958, S. 521; es steht dort noch die Bedingung

$$\begin{vmatrix} F_x & F_y \\ F_{xy'} & F_{yy'} \end{vmatrix} \neq 0;$$

diese Bedingung ist hier aber mit

$$\begin{vmatrix} y' & -1 \\ 1 & 0 \end{vmatrix} = 1$$

von selbst erfüllt).

Die Clairautsche Differentialgleichung ist in der d'Alembertschen Gleichung

$$y = x f(y') + \varphi(y') \tag{I.75}$$

als Spezialfall $f(y') \equiv y'$ enthalten; es seien f und φ stetig in einem gewissen Intervall von y'. Gilt für einen Wert $y' = c$ die Gleichung $f(c) = c$, so ist die Gerade $y = xc + \varphi(c)$ Lösung der Differentialgleichung. Die Gleichung (I.75) ist, wenn man von den Geraden $x = \text{const}$ absieht, die allgemeinste Differentialgleichung mit geradlinigen Isoklinen. Durch Zeichnen des Isoklinenfeldes kann man sich somit leicht einen Überblick über den Verlauf der Lösungskurven verschaffen. Es ist jetzt noch der Fall zu betrachten, daß $f(y') \neq y'$ ist in einem gewissen y'-Intervall. Hier kann man $y' = p$ als Parameter einführen und nach einer Darstellung der Lösungen in der Parameterform $x = x(p)$, $y = y(p)$ fragen. Aus

$$y = x f(p) + \varphi(p)$$

folgt durch Differentiation nach x:

$$\frac{dy}{dx} = p = f(p) + x\frac{df}{dp}\frac{dp}{dx} + \frac{d\varphi}{dp}\frac{dp}{dx}.$$

Daraus ergibt sich für $x(p)$ eine lineare Differentialgleichung:

$$\frac{dx}{dp}(p - f(p)) = x\frac{df}{dp} + \frac{d\varphi}{dp}. \tag{I.76}$$

Der Faktor $p - f(p)$ ist als $\neq 0$ vorausgesetzt. Nach Lösung dieser linearen Differentialgleichung hat man die gesuchte Parameterdarstellung der Lösungen

$$x = x(p), \quad y = x(p)f(p) + \varphi(p). \tag{I.77}$$

Beispiel: $y = -xy' + y'^2$. Hier ist $f(p) = -p$, $\varphi(p) = p^2$, und (I.76) lautet

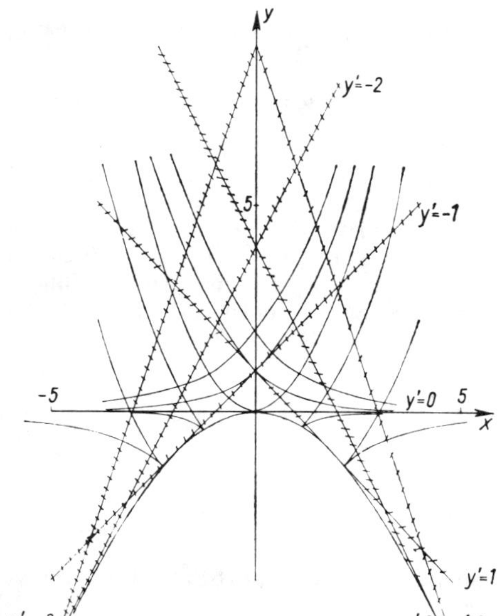

I/38. Beispiel einer d'Alembertschen Differentialgleichung

$$2p\frac{dx}{dp} = -x + 2p$$

mit der Lösung

$$x(p) = \frac{c}{\sqrt{|p|}} + \frac{2}{3}p.$$

Dann wird nach (I.77)

$$y(p) = -c\sqrt{|p|} + \frac{1}{3}p^2.$$

Fig. I/38 zeigt einige Isoklinen und einige Lösungskurven. Die Gl. (I.62) führt hier auf

$$-x + 2y' = 0$$

und Elimination von y' aus dieser Gleichung und der Differentialgleichung ergibt in diesem Falle die Gleichung für die Spitzen der Lösungskurven: $y = -\frac{1}{4}x^2$. Bei gegebenem c liegt die Spitze im Punkt

$$x = 3\cdot\sqrt[3]{\frac{c^2}{6}}, \quad y = -\frac{9}{4}\sqrt[3]{\frac{c^4}{36}}.$$

Zu den angegebenen Lösungen tritt noch die Lösung $y \equiv 0$, die sich aus der Nullstelle $p = 0$ der Gleichung $f(p) = -p = p$ ergibt.

27. Schwingungen bei einem Freiheitsgrad, Phasenkurven. Der Zustand eines mechanischen Systems mit einem Freiheitsgrad wird festgelegt durch den Wert seiner Koordinate q und der zugehörigen Geschwindigkeit $\dot{q} = \frac{dq}{dt}$ zu einem

Zeitpunkt $t = t_0$, also durch Angabe der beiden Werte $q_0 = q(t_0)$ und $\dot{q}_0 = \dot{q}(t_0)$; dabei kann q z. B. eine Länge (Entfernung aus der Ruhelage bei Schwingungen) oder ein Winkel sein. Die Bewegung des Systems wird dann durch eine Gleichung der Form

$$\ddot{q} = f(t, q, \dot{q}) \tag{I.78}$$

mit einer gegebenen Funktion f beschrieben. Man kann die Bewegung kennzeichnen durch eine nach t bezifferte Kurve in der sog. „Phasenebene", in der man q und $v = \dot{q}$ als Koordinaten aufträgt; Fig. I/39. Hat man z. B. einen in der Zeit periodischen Vorgang, etwa eine Schwingung, so ist die zugehörige Phasenkurve geschlossen und wird „unendlich oft" durchlaufen. Hängt f nicht explizit von der Zeit t ab, ist also $f = F(q, \dot{q})$, so heißt das System „autonom" und die Differentialgleichung läßt sich auf eine von erster Ordnung zurückführen. Betrachtet man nämlich v als Funktion von q, so geht mit

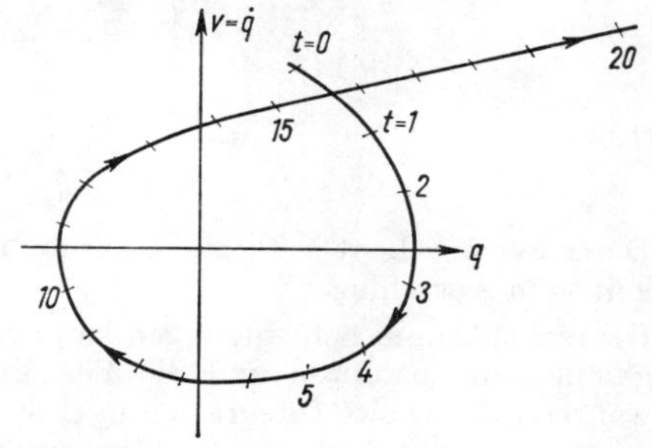

I/39. Phasenkurve

$$\ddot{q} = \frac{dv}{dt} = \frac{dv}{dq}\,\frac{dq}{dt} = v\,\frac{dv}{dq} \tag{I.79}$$

die Gleichung (I.78) über in

$$\frac{dv}{dq} = \frac{F(q, v)}{v}. \tag{I.80}$$

Durch diese Differentialgleichung erster Ordnung wird eine Kurvenschar in der Phasenebene (die „Phasenkurven") festgelegt, für deren Diskussion die Theorie der singulären Punkte oft von großem Nutzen ist, da (I.80) die Form (I.65) hat. Hängt insbesondere F nur von q allein oder von v allein ab, so kann die Differentialgleichung (I.80) unmittelbar durch Trennung der Veränderlichen integriert werden; ist z. B.

$$\ddot{q} = F(q, v) = g(q), \tag{I.81}$$

so sei

$$G(q) = \int_{q_0}^{q} g(s)\,ds \tag{I.82}$$

eine Stammfunktion von $g(q)$, und (I.80) ergibt integriert

$$\frac{v^2}{2} = G(q) + c \tag{I.83}$$

als Gleichung der Schar der Phasenkurven. Bei Vorgabe von Anfangswerten q_0, v_0 wird

$$\frac{1}{2}(v^2 - v_0^2) = G(q) - G(q_0) \quad \text{oder} \quad c = \frac{1}{2}v_0^2 - G(q_0). \tag{I.84}$$

Man kann, wenn es gewünscht wird, auch noch den zeitlichen Ablauf durch eine weitere Integration ermitteln:

$$\frac{\mathrm{d}q}{\mathrm{d}t} = v = \pm\sqrt{2(G(q)+c)} \tag{I.85}$$

$$t - t_0 = \pm\int_{q_0}^{q} \frac{\mathrm{d}q}{\sqrt{2(G(q)+c)}}. \tag{I.86}$$

Diese Formel dient z. B. zur Berechnung der Schwingungsdauer in Abhängigkeit vom Ausschlag.

Bei nichtlinearen Schwingungen kann man vielfach die erste Integration (I.83) geschlossen ausführen und die Verhältnisse in der Phasenebene diskutieren, während die zweite Integration in (I.86) oft nicht mehr geschlossen mittels elementarer Funktionen durchgeführt werden kann. Es stehen aber dann natürlich numerische und zeichnerische Näherungsverfahren zur Verfügung, insbesondere sind Integrale leicht mit großer Genauigkeit auswertbar.

28. Beispiele von Schwingungen und Phasenkurven

Beispiel 1. Pendel mit großen Ausschlägen. Ein „Fadenpendel" der Länge l und der Masse m wird im Schwerefeld durch den Auslenkungswinkel φ gegen die Ruhelage gekennzeichnet, φ entspricht dem obigen q. Bei diesem idealisierten Modell sei der „Faden" starr und seine Masse vernachlässigbar. Mit g als Schwerebeschleunigung lautet die Bewegungsgleichung (Moment der äußeren Kräfte = Massenträgheitsmoment mal Winkelbeschleunigung), Fig. I/40:

$$-lmg\sin\varphi = ml^2\ddot{\varphi}$$

oder

$$\ddot{\varphi} = -\frac{g}{l}\sin\varphi = g(\varphi). \tag{I.87}$$

Nach (I.83) erhält man sofort die Gleichung der Phasenkurven

$$v^2 = \frac{2g}{l}\cos\varphi + C. \tag{I.88}$$

Man zeichnet sich zunächst v^2 als Funktion von φ, Fig. I/41, und überblickt dann die Phasenkurven, Fig. I/42.

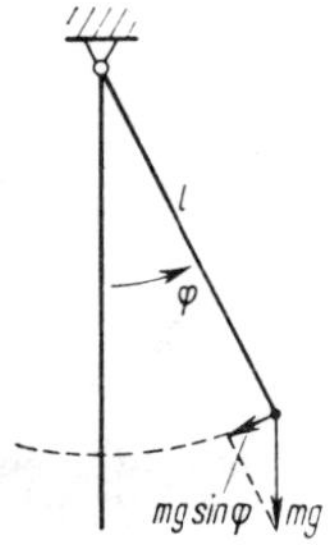

I/40. Pendel mit großen Ausschlägen

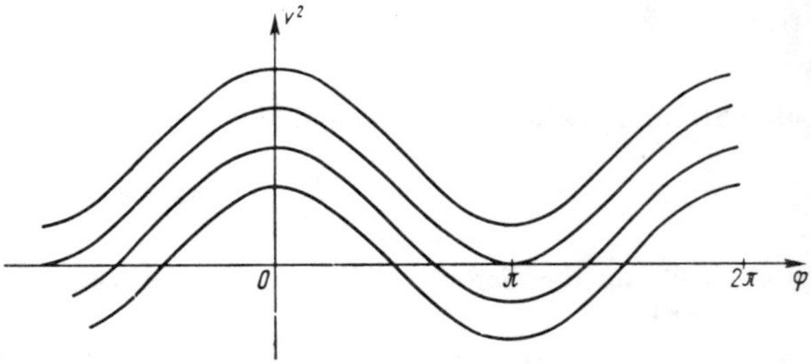

I/41. Hilfskurven für die Phasenkurven

Man erhält 3 verschiedene Kurventypen:

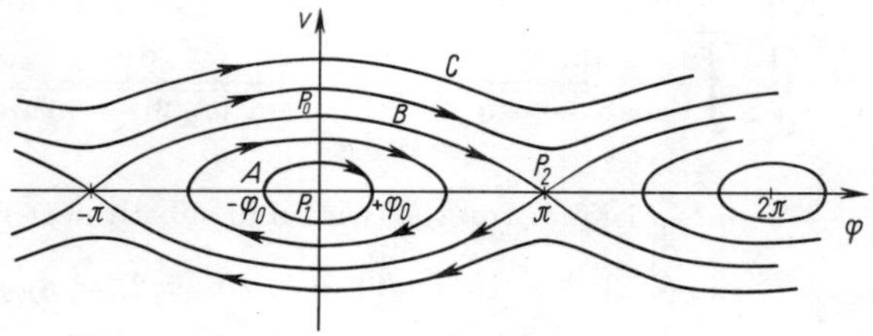

I/42. **Phasenkurven beim Pendel**

1. die Kurven vom Typ A entsprechen den eigentlichen Schwingungen des Fadenpendels (Pendelungen zwischen $-\varphi_0$ und $+\varphi_0$);
2. eine Grenzkurve vom Typ B: Dem Punkt P_0 entspricht $\varphi_0 = 0$, $v_0 = \sqrt{2\frac{g}{l}}$. Erhält das Pendel in der Ruhelage $\varphi_0 = 0$ einen Impuls mv_0 mit diesem Wert von v_0, so schlägt es bis zur instabilen Gleichgewichtslage $\varphi = \pi$ aus, die aber erst nach unendlich langer Zeit erreicht wird, wie man dem Integral (I.86) entnehmen kann;
3. die Kurven vom Typ C entsprechen vollen Umläufen.

Es liegen für die Differentialgleichung

$$\frac{dv}{d\varphi} = -\frac{g}{l}\,\frac{\sin\varphi}{v} \tag{I.89}$$

singuläre Punkte vor, wenn $v = 0$ und $\sin\varphi = 0$ ist, d. h. für Punkte der Sorte P_1, Fig. I/42, $\varphi = 2m\pi$, $v = 0$ $(m = 0, \pm 1, \ldots)$ und für Punkte der Sorte P_2, Fig. I/42, $\varphi = (2m + 1)\pi$, $v = 0 (m = 0, \pm 1, \ldots)$; P_1 ist ein Wirbelpunkt, P_2 ein Sattelpunkt.

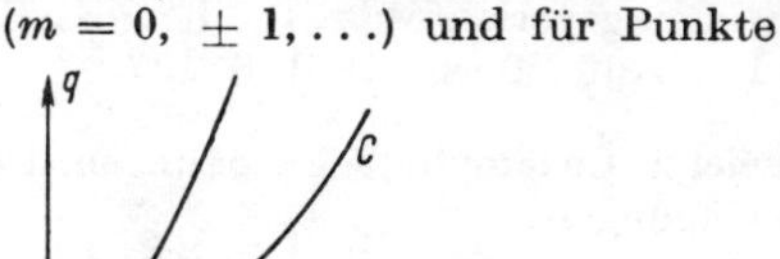

I/43. **Weg-Zeit-Linien beim Pendel**

Die Bestimmung des zeitlichen Ablaufs der Bewegung ist hier nicht mehr in geschlossener Form mit elementaren Funktionen möglich, sondern nur mit Hilfe elliptischer Funktionen; man kann aber auch den Verlauf der q-t-Kurven für die drei Typen A, B, C, Fig. I/43 durch Diskussion von (I.86) gewinnen. Die Rechnung, die zu den elliptischen Integralen führt, sei etwa für die Schwingungen vom Typ A kurz vorgeführt:

Mit $s^2 = g/l$ folgt aus (I.88), wenn als Anfangsbedingung etwa $\varphi(0) = \varphi_0$, $v(0) = 0$ gewählt wird:

$$v^2 = 2s^2(\cos\varphi - \cos\varphi_0) = \left(\frac{d\varphi}{dt}\right)^2;$$

(wegen $\dot{\varphi} < 0$ für kleine t entspricht die folgende Gleichung der Formel (I.86) mit dem Minuszeichen)

$$t = \frac{1}{s\sqrt{2}} \int_{\varphi}^{\varphi_0} \frac{du}{\sqrt{\cos u - \cos\varphi_0}} = \frac{1}{2s} \int_{\varphi}^{\varphi_0} \frac{du}{\sqrt{\sin^2(\varphi_0/2) - \sin^2(u/2)}},$$

da $\frac{1}{2}\cos u = \frac{1}{2} - \sin^2\frac{u}{2}$ ist; im Integral wird nun substituiert

$$\sin(u/2) = r, \ \sin(\varphi_0/2) = k, \ \sin(\varphi/2) = \varrho,$$

dann wird
$$st = \int_{\varrho}^{k} \frac{dr}{\sqrt{(1-r^2)(k^2-r^2)}}.$$

Setzt man noch $r = kz$, so folgt

(I.90)
$$st = \int_{\varrho/k}^{1} \frac{dz}{\sqrt{(1-k^2z^2)(1-z^2)}} = -F(k, \arcsin \varrho/k) + K(k).$$

Hierbei ist die übliche Bezeichnung

(I.91)
$$F(k,\varphi) \equiv \int_{0}^{\sin\varphi} \frac{dz}{\sqrt{(1-z^2)(1-k^2z^2)}} = \int_{0}^{\varphi} \frac{d\psi}{\sqrt{1-k^2\sin^2\psi}}, \quad K(k) = F\left(k, \frac{\pi}{2}\right)$$

für das „elliptische Integral 1. Gattung" benutzt worden; man findet Tafeln für die elliptischen Integrale z. B. in Jahnke-Emde-Lösch, Tafeln höherer Funktionen, 7. Aufl., Stuttgart 1966, und weitere Ausführungen bezüglich des Schwingungsverlaufes z. B. bei K. Klotter, Technische Schwingungslehre, Bd. I, 2. Aufl., Berlin 1951, S. 137.

Beispiel 2. Gedämpfte Schwingungen. Den in Kap. II, 15 genauer untersuchten Schwingungen

(I.92)
$$\ddot{q} + k\dot{q} + cq = 0$$

entspricht nach (I.80) die Gleichung erster Ordnung $\frac{dv}{dq} = -\frac{kv + cq}{v}$. Je nach dem Vorzeichen von k erhält man in der Phasenebene für kleines $|k|$ die Darstellung Fig. I/44;

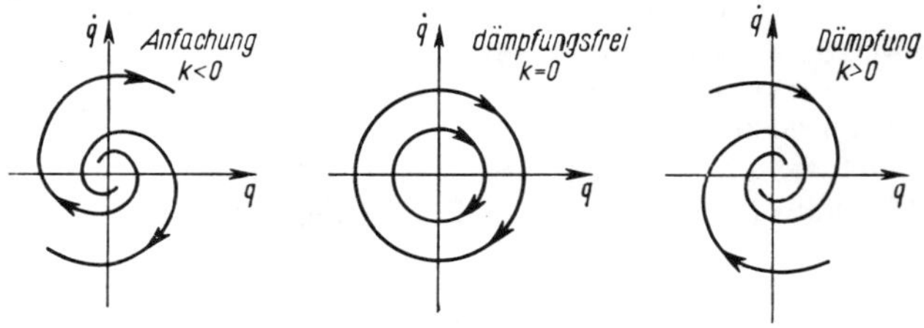

I/44. Phasenkurven bei Anfachung und bei Dämpfung

man ersieht, daß für $k > 0$ Stabilität besteht; bei einer kleinen Auslenkung aus der Gleichgewichtslage gelangt man in eine Spirale, auf der man sich wieder dem Nullpunkt (der Gleichgewichtslage) nähert. Bei $k < 0$ (Anfachung statt Dämpfung) ist dagegen die Gleichgewichtslage instabil; denn bei einer kleinen Störung kommt man in eine nach außen laufende Spirale.

Beispiel 3. Coulombsche (trockene) Reibung. Bei trockener Reibung hat man die Differentialgleichung

(I.93) $$\ddot{q} + cq + k \operatorname{sgn} \dot{q} = 0;$$

dabei ist
$$\operatorname{sgn} \dot{q} = \begin{cases} 1 \text{ für } \dot{q} > 0 \\ -1 \text{ für } \dot{q} < 0 \\ 0 \text{ für } \dot{q} = 0. \end{cases}$$

Hier lautet die zugehörige Phasengleichung

(I.94) $$\frac{dv}{dq} = \frac{-cq \mp k}{v},$$

wobei in der oberen Halbebene ($v > 0$) das obere ($-k$) und in der unteren Halbebene ($v < 0$) das untere Vorzeichen ($+k$) gilt, Fig. I/45. Man erhält, wenn man die Maßstäbe der q und $\dot{q}$-Achse geeignet wählt, Halbkreisbögen (bei anderen Maßstäben: Halbellipsen), und zwar in der oberen Halbebene mit dem Mittelpunkt A, in der unteren Halbebene mit dem Mittelpunkt B. Bei einer vollen Schwingung von einem Maximum q_0 bis zum Minimum q_1 und zum nächsten Maximum q_2 hat die Amplitude um den festen Betrag $2Q$ abgenommen, wenn Q der Strecke AB entspricht. So nehmen die Amplituden jedesmal um Q ab, bis nach endlich vielen Schwingungen ein Phasenpunkt auf der Strecke zwischen A und B erreicht wird. Dann bleibt das System in Ruhe, auch wenn q nicht den Wert 0 hat.

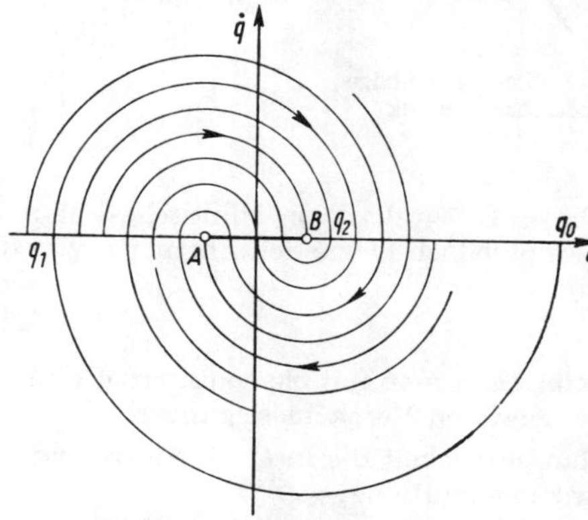

I/45. Phasenkurven bei trockener Reibung

Beispiel 4. Ein nichtlinearer Schwinger. Eine Masse m ist zwischen zwei Federn mit den Federkonstanten c bei einer Anordnung nach Fig. I/46 gelagert. Im Ruhezustand liegen die Masse und die beiden Federlängsachsen auf einer Geraden. Betrachtet werden Schwingungen der Masse senkrecht zu dieser Geraden. Die Anfangsauslenkung zur Zeit $t = 0$ sei x_0 und die Anfangsgeschwindigkeit $v_0 = \dot{x}_0 = 0$. Die rückführende Kraft

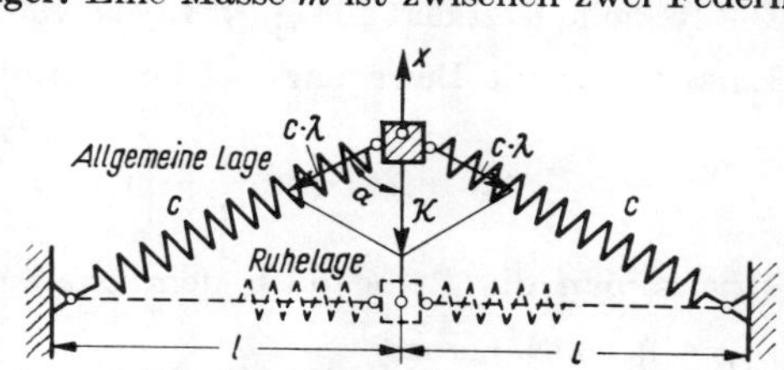

I/46. Beispiel eines nichtlinearen und auch nicht linearisierbaren Schwingungssystems

ist hier nicht proportional der Auslenkung; mit der Federverlängerung

$$\lambda = \sqrt{l^2 + x^2} - l$$

lautet die Rückstellkraft

$$K = 2c\,(\sqrt{l^2 + x^2} - l)\cos\alpha$$

mit

$$\cos\alpha = \frac{x}{\sqrt{l^2 + x^2}}$$

und die Bewegungsgleichung

$$m\ddot{x} = 2c\left(-x + \frac{lx}{\sqrt{l^2 + x^2}}\right). \tag{I.95}$$

Die Federcharakteristik hat das Aussehen von Fig. I/47.

Die Gleichung hat die Form (I.81), also kann man nach (I.83) einmal integrieren:

$$\frac{1}{2}m\dot{x}^2 = 2c\left(-\frac{x^2}{2} + l\sqrt{l^2 + x^2}\right) + C_1.$$

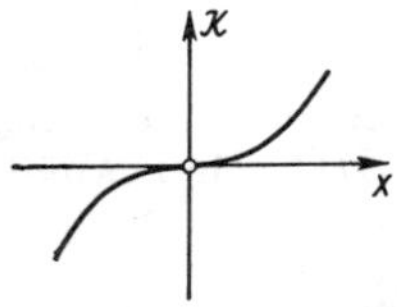

I/47. Nicht geradlinige Federcharakteristik

Die zweite Integration, die auf Gleichung (I.86) führte, ergibt hier

$$t - t_0 = \pm\int\frac{dx}{\sqrt{\frac{4c}{m}\left(-\frac{x^2}{2} + l\sqrt{l^2 + x^2} + C_2\right)}}.$$

Dieses Integral ist ein elliptisches. Man könnte es z.B. graphisch auswerten. Liegen jedoch kleine Schwingungen vor, d.h. ist

$$x \ll l,$$

dann kann man mit elementaren Mitteln noch etwas weiterkommen, allerdings bei gewissen Vernachlässigungen.

Man entwickelt die in (I.95) auftretende Wurzel nach dem binomischen Lehrsatz in eine Reihe:

$$\frac{1}{\sqrt{l^2 + x^2}} = \frac{1}{l}\left(1 + \frac{x^2}{l^2}\right)^{-\frac{1}{2}} = \frac{1}{l}\left(1 - \frac{1}{2}\frac{x^2}{l^2} + \frac{1\cdot 3}{2\cdot 4}\frac{x^4}{l^4} - \cdots\right).$$

Die Reihe konvergiert für $\frac{x^2}{l^2} < 1$, was voraussetzungsgemäß erfüllt ist.

Einsetzen in die Bewegungsgleichung ergibt die neue Differentialgleichung

$$m\ddot{x} = 2c\left(-x + \frac{lx}{l}\left[1 - \frac{1}{2}\frac{x^2}{l^2} + \frac{1\cdot 3}{2\cdot 4}\frac{x^4}{l^4} - \cdots\right]\right).$$

Bricht man die Reihe nach dem zweiten Gliede ab, so bekommt man mit $\frac{c}{m l^2} = k$ als Näherung

$$\ddot{x} = -kx^3; \tag{I.96}$$

wieder nach (I.83) erhält man bei Einarbeitung der Anfangsbedingungen $t = 0$: $x = x_0$, $\dot{x} = 0$:

$$\frac{1}{2}\dot{x}^2 = \frac{k}{4}(x_0^4 - x^4).$$

Trennung der Veränderlichen liefert

$$\pm \int_{x_0}^{x} \frac{dx}{\sqrt{\frac{k}{2}(x_0^4 - x^4)}} = \int_0^t dt = t.$$

(Bei $\pm$ ist für $x_0 > 0$ das untere Zeichen zu nehmen.)
Linksseitig steht wieder ein elliptisches Integral, das nicht elementar in geschlossener Form zu lösen ist. Gleichwohl lassen sich wichtige Einzelheiten – z. B. die Abhängigkeit der Schwingungsdauer von der Auslenkung – aus der Gleichung ohne Integration herauslesen. Für die Zeitdauer T einer Schwingung (bzw. wegen der Symmetrie nur für $T/4$) erhält man so

$$\frac{T}{4} = \int_0^{x_0} \frac{dx}{\sqrt{\frac{k}{2}(x_0^4 - x^4)}} \qquad \left(\text{für } t = \frac{T}{4} \text{ ist } x = 0\right)$$

oder mit $x = x_0 u$; $dx = x_0 du$

$$T = 4\sqrt{\frac{2}{k}}\,\frac{1}{x_0}\int_0^1 \frac{du}{\sqrt{1 - u^4}}.$$

Das bestimmte (uneigentliche, aber konvergente) Integral ist eine feste Konstante. Faßt man alle Systemkonstanten zu k^* zusammen, so wird

$$T = \frac{1}{f} = \frac{k^*}{x_0}.$$

Die Schwingungsdauer ist also hier umgekehrt proportional der Anfangsauslenkung x_0, d.h. die Frequenz f der Schwingung ist direkt proportional zum Ausschlag x_0.

29. Periodische Schwingungen autonomer ungedämpfter Systeme mit einem Freiheitsgrad. Eine für alle reellen t-Werte erklärte reellwertige Funktion $x(t)$ heißt „oszillatorisch“, wenn sie abzählbar unendlich viele Nullstellen $t_\nu (\nu = 1, 2, \ldots)$ besitzt; sie heißt „nichtoszillatorisch“, wenn sie höchstens endlich viele Nullstellen hat. Funktionen $x(t)$, die nicht identisch verschwinden, aber überabzählbar unendlich viele Nullstellen haben, werden hier nicht betrachtet. Die Funktion $x(t)$ heißt „periodisch“, wenn es eine positive Zahl p, die „Periode“, gibt mit

(I.97) $$x(t + p) = x(t) \quad \text{für alle reellen } t.$$

Für Schwingungsgleichungen der Form (I.81) gilt nun der

Satz. *Vorgelegt sei die Differentialgleichung eines autonomen Systems mit einem Freiheitsgrad und einem gegebenen (nichtlinearen) Rückstellglied $g(x)$:*

$$\ddot{x} + g(x) = 0. \tag{I.98}$$

Unter den Annahmen über die Funktion $g(x)$:

1) *$g(x)$ ist stetig für alle reellen x und $x\,g(x)$ ist „positiv definit" (d.h. $x\,g(x) > 0$ für $x \neq 0$)*, Fig. I/48,

2) (I.99) $\quad G(u) = \int_0^u g(s)\,\mathrm{d}s$ *wächst über alle Grenzen für $u \to \pm\infty$,*

ist jede nichtidentisch verschwindende Lösung $x(t)$ der Differentialgleichung periodisch in t.

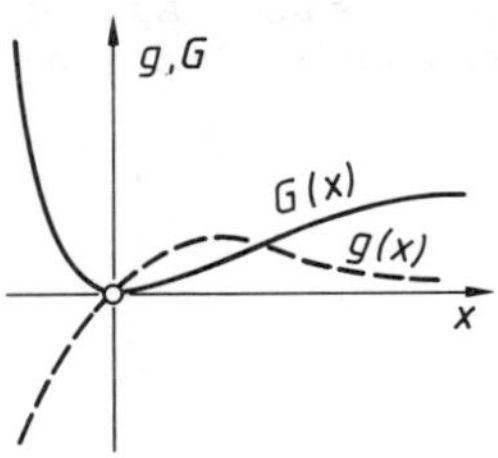

I/48. Rückstellglied $g(x)$ und Stammfunktion $G(x)$

Beweis. I. Zunächst wird die Lösung $x(t)$ der Differentialgleichung (I.98) mit den Anfangswerten

$$x(0) = 0, \quad \dot{x}(0) = v_0 > 0$$

mit gegebener positiver Anfangsgeschwindigkeit v_0 betrachtet. Mit $v = v(t) = \dot{x}(t)$ wird

$$v\,\frac{\mathrm{d}v}{\mathrm{d}x} = -\,g(x)$$

oder

$$v\,\mathrm{d}v = -\,g(x)\,\mathrm{d}x$$

wie in (I.83) über das Intervall $(0, t)$ integriert. Man erhält (wie bei (I.83), dort mit anderem Vorzeichen von g), abgesehen von einem Massenfaktor, das Energieintegral

$$\frac{1}{2}v^2 - \frac{1}{2}v_0^2 = -\,G(x) \qquad \text{oder} \qquad G(x) \leq \frac{1}{2}v_0^2.$$

$G(x) = G(x(t))$ ist also nach oben beschränkt und wegen Voraussetzung 2) bleibt auch $x(t)$ nach oben beschränkt, d.h., es gibt eine Konstante K, die von v_0 abhängen kann, mit

$$x(t) \leq K \quad \text{für alle } t.$$

Nun ist $v(t)$ eine stetige Funktion, die bei $t = 0$ den positiven Wert v_0 hat. Es sind dann 2 Fälle denkbar:

Fall A. $v(t)$ ist positiv für alle Werte $t \geq 0$.

Fall B. Es gibt bei wachsendem t eine erste Nullstelle von $v(t)$, etwa bei t_1, mit

$$v(t_1) = 0, \quad v(t) > 0 \quad \text{für } 0 \leq t < t_1. \tag{I.100}$$

Im Falle A wächst $x(t)$ streng monoton für alle $t > 0$ und besitzt, da $x(t)$ beschränkt bleibt, für $t \to +\infty$ einen positiven Grenzwert $\hat{x}$, und die 1. und 2. Ableitung von $x(t)$ gehen gegen 0 für $t \to +\infty$:

$$\lim_{t\to\infty} x(t) = \hat{x}, \quad \lim_{t\to\infty} \dot{x}(t) = 0, \quad \lim_{t\to\infty} \ddot{x}(t) = 0$$

Läßt man aber in der Differentialgleichung (I.98) $t \to +\infty$ gehen, so erhält man

$$0 = \lim_{t\to+\infty} (\ddot{x} + g(x)) = \lim_{t\to+\infty} \ddot{x}(t) + \lim_{t\to+\infty} g(x) = 0 + g(\hat{x}), \quad \text{also} \quad g(\hat{x}) = 0$$

im Widerspruch zur Voraussetzung 1) $x\,g(x) > 0$. Fall A kann also nicht eintreten, und es gibt ein $t_1 > 0$ mit (I.100).

II. Die Lösung $x(t)$ mit den Anfangsbedingungen $x(0) = 0$, $\dot{x}(0) = v_0$ wird nun durch „Spiegelung" an der Abszisse $t = t_1$ fortgesetzt zu einer Funktion $x^*(t)$, Fig. I/49,

$$x^*(t) = x(2\,t_1 - t) \quad \text{für} \quad t_1 \leq t \leq 2t_1 = t_2.$$

$x^*(t)$ ist Lösung der Differentialgleichung (I.98) und hat bei $t = t_1$ dieselben Anfangswerte wie die Funktion $x(t)$:

$$x(t_1) = x^*(t_1), \quad \dot{x}(t_1) = \dot{x}^*(t_1) = 0,$$

und stimmt daher nach dem Eindeutigkeitssatz für die Lösung von Anfangswertaufgaben mit $x(t)$ überein:

$$x^*(t) = x(t) \quad \text{für} \quad t_1 \leq t \leq 2t_1 = t_2.$$

Es gilt

$$x(2t_1) = x(t_2) = 0, \quad \dot{x}(t_2) = -\,\dot{x}(0).$$

Nun kann man auf genau dieselbe Weise durch „Punktspiegelung" $x(t)$ zu einer Funktion

$$x^{**}(t) = x(2t_2 - t)$$

für $\quad t_2 \leq t \leq 2t_2 = t_4$, Fig. I/49,

fortsetzen und erhält

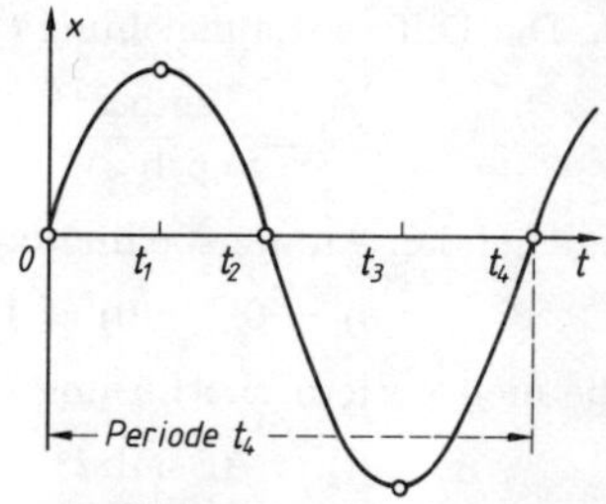

I/49. Spiegelungsprinzip zum Nachweis der Periodizität

$$x(t_4) = 0, \quad \dot{x}(t_4) = \dot{x}(0).$$

$x(t)$ hat bei t_4 dieselben Anfangswerte wie bei $t = 0$ und durch fortwährende Fortsetzung erhält man eine Lösung der Differentialgleichung mit der Periode t_4, welche nach dem Eindeutigkeitssatz durch ihre Anfangswerte eindeutig festgelegt ist.

III. Nun sei $x(t)$ eine beliebige, nicht identisch verschwindende Lösung der Differentialgleichung, welche bei $t = \tilde{t}$ die Anfangswerte

$$x(\tilde{t}) = \tilde{x}, \quad \dot{x}(\tilde{t}) = \tilde{v}$$

annimmt. Man berechnet einen Wert $\dot{x}_0$ aus

$$\dot{x}_0^2 = \tilde{v}^2 + 2G(\tilde{x}).$$

Die durch

$$\hat{x}(0) = 0, \quad \dot{\hat{x}}(0) = \dot{x}_0$$

bestimmte periodische Lösung

$$\hat{x}(t) \text{ von (I.98)}$$

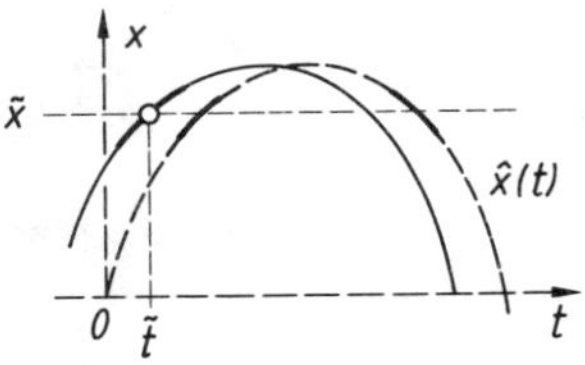

I/50. Periodizität bei beliebigen Anfangswerten

durchsetzt die Gerade $x = \tilde{x}$ mit der Steigung $\dot{x} = \pm \tilde{v}$ und kann durch Verschiebung in Richtung der t-Achse mit der herausgegriffenen Lösung $x(t)$ zur Deckung gebracht werden, Fig. I/50. $x(t)$ ist also auch periodisch und hat dieselbe Periode wie $\hat{x}(t)$.

Zusatz: Die oben im Satz genannten Voraussetzungen 1), 2) zur Sicherung der Periodizität können noch etwas gemildert, aber nicht ganz fortgelassen werden, wie die folgenden beiden Gegenbeispiele zeigen:

1. Die Anfangswertaufgabe $x(0) = 0$, $\dot{x}(0) = 1$ mit der Differentialgleichung (I.98) hat für

$$g(x) = 2\,(\tan x)\,(\cos x)^4 \operatorname{sgn} x$$

die nichtperiodische Lösung

$$x(t) = \arctan t;$$

hier ist die Bedingung 1) verletzt, vgl. Fig. I/51, es ist z.B. $g\left(\frac{\pi}{2}\right) = 0$.

2. Die Differentialgleichung (I.98) mit

$$g(x) = \frac{\sinh x}{(\cosh x)^3}$$

hat bei den Anfangsbedingungen

$$x(0) = 0, \quad \dot{x}(0) = 1$$

die nichtperiodische Lösung

$$x(t) = \operatorname{Ar\,sinh} t;$$

hier ist die Bedingung 2) nicht erfüllt.

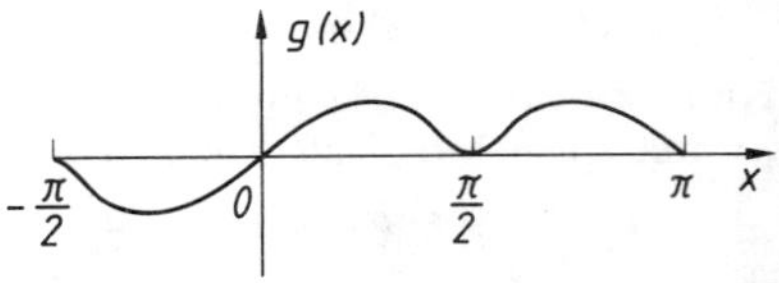

I/51. Nichtperiodizität bei Verletzung von Bedingung 1.

§ 8 Vermischte Aufgaben und Lösungen

30. Aufgaben. 1. Man stelle von folgenden Differentialgleichungen die allgemeinen Lösungen, etwa vorhandene singuläre Lösungen, sich durch besondere Einfachheit ihres analytischen Ausdruckes auszeichnende Lösungen und den Ort der Wendepunkte aller Lösungen (man differenziere die Differentialgleichung und setze $y'' = 0$) auf. Man zeichne in jedem Falle das Richtungsfeld (aus Platzgründen ist hier nur bei Aufgabe d) das Richtungsfeld wiedergegeben, Fig. I/52).

a) $y' = y \tan x - 2 \sin x;$ b) $y' = \frac{x}{x^2 - y^2 - 1};$

c) $y' = \frac{y - xy^2}{x + x^2 y};$ d) $y' = \frac{1 + xy}{1 - x^2};$

e) $xy' = y + \sqrt{4x^2 - y^2};$ f) $y' = \frac{x + y}{x - y + 2};$

g) $y' = x(1-y^2)$; h) die orthogonalen Trajektorien zu g), d.h. die Kurvenschar, welche die Lösungskurven von g) überall senkrecht schneidet. Ihre Differentialgleichung erhält man aus der von g), indem man y' durch $\frac{-1}{y'}$ ersetzt, also $y' = \frac{1}{x(y^2-1)}$;

i) $y'(y^3 - xy) = 1$; k) $y' = \frac{x}{y}\frac{1-y^2}{1-x^2}$; l) die orthogonalen Trajektorien zu k).

2. Man löse die Differentialgleichung $y' = y^2 - x^2$ mit der Anfangsbedingung $y(0) = 1$ durch einen Potenzreihenansatz

$$y = a_0 + a_1 x + a_2 x^2 + \ldots,$$

indem man die Reihe auf beiden Seiten der Differentialgleichung einsetzt und die Koeffizienten gleich hoher Potenzen von x vergleicht.

3. Man stelle die Differentialgleichung aller zur x-Achse symmetrischen Kreise auf, welche die beiden Geraden $y = \pm x \tan\alpha$ berühren (Figur dazu zeichnen!).

4. Ein Teilchen der Masse m gerät in eine Luft- oder Flüssigkeitsströmung der konstanten Geschwindigkeit v_0 und wird mitgerissen; auf das Teilchen wirkt eine Kraft $k(v_0 - v)^2$, die also dem Quadrat der Geschwindigkeitsdifferenz proportional sei. Man bestimme Weg x und Geschwindigkeit v als Funktionen der Zeit t unter den Anfangsbedingungen $x = 0$ und $v = 0$ für $t = 0$.

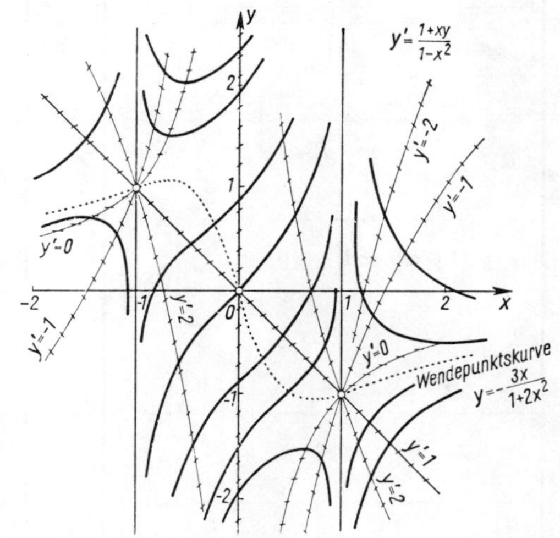

I/52. Richtungsfeld (zur Aufgabe 1/d)

5. Ein Schiff fährt mit konstantem rechtweisendem Kurs 60° (von Nord gegen Ost gezählt) auf einer „Loxodrome" von einem Punkt des Äquators aus. Welche Bahn beschreibt es auf der als kugelförmig angenommenen Erdoberfläche, Fig. I/53?

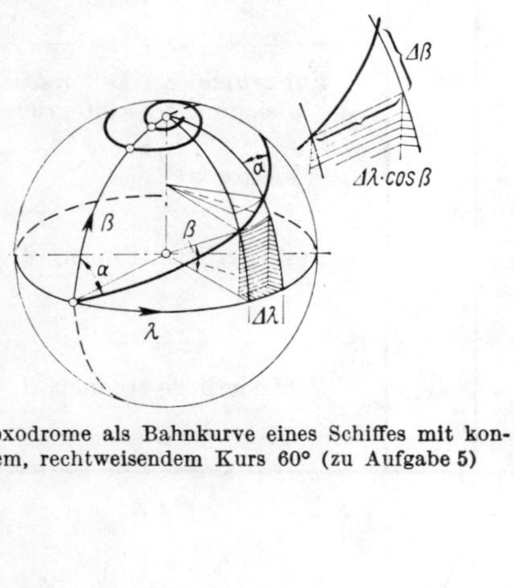

I/53. Loxodrome als Bahnkurve eines Schiffes mit konstantem, rechtweisendem Kurs 60° (zu Aufgabe 5)

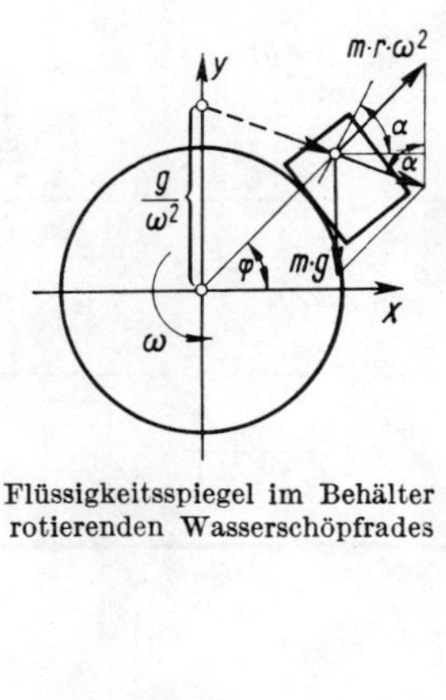

I/54. Flüssigkeitsspiegel im Behälter eines rotierenden Wasserschöpfrades

Differentialgleichungen	Nr.	Lösungsweg
$y' = y \tan x - 2 \sin x$	a)	Lineare Differentialgleichung I, § 2 (I.20)
$y'(x^2 - y^2 - 1) = x$	b)	Differentialgleichung für $x(y)$ Bernoullische Gleichung
$y'(x + x^2 y) = y - x y^2$	c)	Setze $xy = z(x)$, dann Veränderliche trennen
$y'(1 - x^2) = 1 + xy$	d)	Lineare Differentialgleichung I, § 2
$xy' = y + \sqrt{4x^2 - y^2}$	e)	Ähnlichkeitsdifferentialgleichung I, § 1
$y' = \frac{x + y}{x - y + 2}$	f)	Setze $x = \xi - 1$, $y = \eta + 1$; für $\eta(\xi)$ Ähnlichkeitsdifferentialgleichung
$y' = x(1 - y^2)$	g)	Veränderliche trennen I, § 1
$x(1 - y^2) y' = -1$	h)	Veränderliche trennen I, § 1
$y'(y^3 - xy) = 1$	i)	Für $x(y)$ lineare Differentialgleichung oder integrierender Faktor $e^{\frac{1}{2} y^2}$
$y' = \frac{x}{y} \frac{1 - y^2}{1 - x^2}$	k)	Veränderliche trennen I, § 1
$y' = \frac{y}{x} \frac{1 - x^2}{y^2 - 1}$	l)	Veränderliche trennen I, § 1

Allgemeine Lösung, c als Parameter	Singuläre Elemente	Besonders auffallende Lösungen	Wendepunkts-kurve
$y = \cos x + \frac{c}{\cos x}$		$y = \cos x$	$y = \frac{2\cos x}{2 - \cos^2 x}$
$x^2 = y^2 + y + \frac{3}{2} + c\,e^{2y}$		$x^2 = y^2 + y + \frac{3}{2}$ (Hyperbel)	$2x^2(N - y) = N^2$ mit $N = x^2 - y^2 - 1$
$x = c\,y\,e^{xy}$	$x = y = 0$ Knotenpunkt	y-Achse ($x = 0$) x-Achse ($y = 0$)	$xy = \pm\sqrt{3}$ (Hyperbeln)
$y = \frac{c + \arcsin x}{\sqrt{1 - x^2}}$ und $y = \frac{c - \ln(x + \sqrt{x^2 - 1})}{\sqrt{x^2 - 1}}$	$x = 1,\ y = -1$ und $x = -1,\ y = 1$ Sattelpunkte	$x = \pm 1$ (Geraden)	$3x +$ $+ y(2x^2 + 1) = 0$
$y = 2x \sin(\ln cx)$	$y = \pm 2x$	$y = \pm 2x$	$y = \pm\sqrt{2}x$
$\xi^2 + \eta^2 = c\,e^{2\arctan\frac{\eta}{\xi}}$ Logarithm. Spiralen	$x = -1,\ y = 1$ Strudelpunkt		
$\frac{1 + y}{1 - y} = c\,e^{x^2}$		$y = \pm 1$	$2x^2 y = 1$
$x = c\,e^{\frac{1}{3}(y^3 - 3y)}$		$x = 0$	$2y +$ $+ (1 - y^2)^2 = 0$
$e^{\frac{1}{2}y^2}(2 + x - y^2) = c$		$y^2 = x + 2$ (Parabel)	$y^4 - y^2(3 + x) +$ $+ x = 0$
$y^2 + c(1 - x^2) = 1$ (Kegelschnittbüschel)	$x = \pm 1$; $y = \pm 1$; (4 Knotenpunkte)	Kreis $x^2 + y^2 = 2$ Geraden $x = \pm 1$, $y = \pm 1$, $y = \pm x$	
$xy = c\,e^{\frac{1}{2}(x^2 + y^2)}$	$x = \pm 1$; $y = \pm 1$ (4 Wirbelpunkte)	$x = 0,\ y = 0$	

6. Wie stellt sich der Flüssigkeitsspiegel in dem Behälter eines rotierenden Wasserschöpfrades ein, Fig. I/54? (Wittenbauer-Pöschl, Aufgaben aus der Technischen Mechanik, Bd. III, Berlin 1923.)

7. Die Oberflächenform im Längsschnitt einer gestauten Wasserströmung in einem seichten Bett von parabolischem Querschnitt genügt der Differentialgleichung, Fig. I/55:

$$-\frac{\mathrm{d}h}{\mathrm{d}x} = \alpha\left[1 - \left(\frac{h_0}{h}\right)^4\right].$$

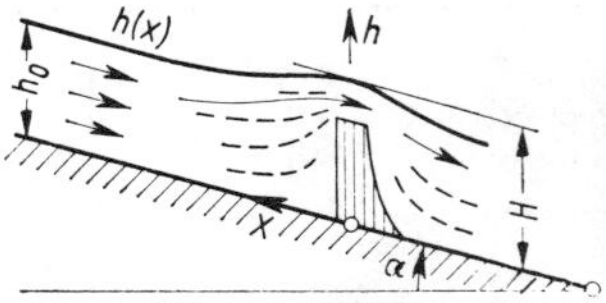

I/55. Oberflächenform im Längsschnitt einer gestauten Wasserströmung

α ist das als klein angenommene Gefälle, $h(x)$ die jeweilige Höhe im Abstand x vom Wehr, h_0 die Höhe in großer Entfernung vom Wehr, $H = h(0)$ die Höhe am Wehr. Man integriere die Differentialgleichung.

8. Ein 10 km langes Kabel hat einen Kapazitätsbelag von $C_B = 0{,}4\,\mu\mathrm{F/km}$ (also Gesamtkapazität $C = 4\cdot 10^{-6}\,\mathrm{F}$) und einen Isolationswiderstandsbelag von $R_B = 5\cdot 10^5\,\Omega/\mathrm{km}$. Wie klingen bei einer auftretenden Entladung der Strom i, die Spannung u und die Ladung q von ihren Anfangswerten i_0, u_0, q_0 ab, und nach welchen Zeiten t_1, t_2 sind sie auf 10% bzw. auf 1% herabgesunken?

31. Lösungen. 1. Siehe Seiten 70 und 71.

2. $y = 1 + x + x^2 + \frac{2}{3}x^3 + \frac{5}{6}x^4 + \frac{4}{5}x^5 + \ldots$; für die Koeffizienten a_ν erhält man die Rekursionsformel $a_{\nu+1}(\nu+1) = \sum_{\varrho=0}^{\nu} a_\varrho a_{\nu-\varrho} + \begin{cases} 0 \text{ für } \nu = 0, 1, 3, \ldots \\ -1 \text{ für } \nu = 2. \end{cases}$ Man kann daraus $|a_\nu| \leq 1$ durch vollständige Induktion beweisen; die Reihe konvergiert daher mindestens für $|x| < 1$.

3. Aus $(x-\xi)^2 + y^2 = \xi^2 \sin^2\alpha$ folgt durch Differenzieren und Eliminieren von ξ die Differentialgleichung

$$y'^2 y^2 \cos^2\alpha - 2xyy' \sin^2\alpha + y^2 - x^2 \sin^2\alpha = 0.$$

4. Die Bewegungsgleichung lautet $m\dot{v} = k(v_0 - v)^2$. Trennung der Veränderlichen liefert

$$v = v_0\left(1 - \frac{1}{1 + v_0 \dfrac{k}{m} t}\right)$$

und eine Integration

$$x = v_0 t - \frac{m}{k} \ln\left(1 + v_0 \frac{k}{m} t\right).$$

5. Mit den Bezeichnungen α, β, λ aus Fig. I/53 folgt $\tan\alpha = \dfrac{\mathrm{d}\lambda \cos\beta}{\mathrm{d}\beta}$ und damit

$$\lambda = \tan\alpha \int_0^\beta \frac{\mathrm{d}\varphi}{\cos\varphi} = \tan\alpha \ln\left[\tan\left(\frac{\beta}{2} + \frac{\pi}{4}\right)\right].$$

6. Auf ein Wasserteilchen m wirken die vertikal gerichtete Schwerkraft mg und die radial gerichtete Trägheitskraft (die „Fliehkraft“) $mr\omega^2$, Fig. I/46. Der Flüssigkeitsspiegel stellt sich senkrecht zu der Resultierenden dieser beiden Kräfte ein:

$$\tan\alpha = y' = \frac{mx\omega^2}{mg - my\omega^2}.$$

Trennung der Veränderlichen ergibt $\left(\frac{g}{\omega^2} - y\right)^2 + x^2 = \text{const}$, also einen Kreis um den Punkt $x = 0$, $y = \frac{g}{\omega^2}$.

7. $-\alpha x = h - H + \frac{h_0}{4} \ln\left(\frac{h - h_0}{H - h_0}\,\frac{H + h_0}{h + h_0}\right) + \frac{h_0}{2}\left(\operatorname{arc\,tan}\frac{H}{h_0} - \operatorname{arc\,tan}\frac{h}{h_0}\right).$

8. $\frac{di}{dt} = -\frac{1}{RC}\,i$; $i = i_0 e^{-\frac{t}{RC}}$, ebenso $u = u_0\, e^{-\frac{t}{RC}}$; $q = q_0\, e^{-\frac{t}{RC}}$.

$$t_1 = RC \ln 10 = 46 \text{ s}, \quad t_2 = 2t_1 = 92 \text{ s}.$$

Weitere Übungsaufgaben mit Lösungen in Kap. VI, § 2, Nr. 7.

II Gewöhnliche Differentialgleichungen höherer Ordnung

§ 1 Einige Typen nichtlinearer Differentialgleichungen

Bei einigen speziellen Typen nichtlinearer Differentialgleichungen kann man die Ordnung der Differentialgleichung erniedrigen.

1. Die abhängige Veränderliche y kommt nicht explizit vor. Kommt y nicht explizit vor, sondern nur differenziert,

(II.1) $$F[x, y', y'', \ldots, y^{(n)}] = 0,$$

so kann man y' als neue Funktion z einführen und erhält für z eine Differentialgleichung $(n-1)$-ter Ordnung.

Beispiel. Bewegungsvorgang. Beim Anfahren einer Lokomotive sei die Reibungskraft proportional zur Geschwindigkeit und m die Masse der Lokomotive, a die Zugkraft der Lokomotive, b eine den Reibungs- (und Luft-)widerstand kennzeichnende Konstante, $x(t)$ der bis zur Zeit t zurückgelegte Weg der Lokomotive; dann gilt die Differentialgleichung (Punkte kennzeichnen Ableitungen nach der Zeit t)

(II.2) $$m\ddot{x} = a - \dot{x}b.$$

Für $\dot{x} = v$ ergibt sich mit $m\dot{v} = a - bv$ eine lineare Differentialgleichung erster Ordnung mit der allgemeinen Lösung [die man z. B. nach (I.20) gewinnen kann] mit C_1^* als Integrationskonstante:

(II.3) $$\dot{x} = v = \frac{a}{b} - C_1^* e^{-\frac{b}{m}t}.$$

Die zweite Integration liefert

$$x = \frac{a}{b}\,t + C_1 e^{-\frac{b}{m}t} + C_2$$

als allgemeine Lösung von (II.2). Sind als Anfangsbedingungen gegeben

$$x = 0, \ \dot{x} = 0, \ \text{für } t = 0,$$

so folgt

$$\dot{x} = 0: \ C_1 = \frac{am}{b^2} \quad \text{und} \quad x = 0: \ C_2 = -\frac{am}{b^2},$$

somit als Lösung

$$x = \frac{a}{b}\left[t + \frac{m}{b}\left(e^{-\frac{b}{m}t} - 1\right)\right].$$

2. Die Gleichung $y'' = f(y)$ und das Energieintegral. Als Vorbereitung für den nächsten Typ werde speziell

$$y'' = f(y) \tag{II.4}$$

betrachtet; es wurde schon in Kap. I, 27 die Integration behandelt; doch sei wegen der Wichtigkeit dieses Typs noch eine andere Deutung der Methode vorgeführt.

Erläuterung der Methode am Energiesatz der Mechanik. In einem reibungslosen System werde eine Masse m beschleunigt durch eine Kraft $K(x)$, die eine gegebene Funktion des Ortes x sei.

Dann gilt das Newtonsche Grundgesetz

$$m\ddot{x} = K(x).$$

Ein einfaches Beispiel einer vom Orte abhängigen Kraft zeigt Fig. II/1.

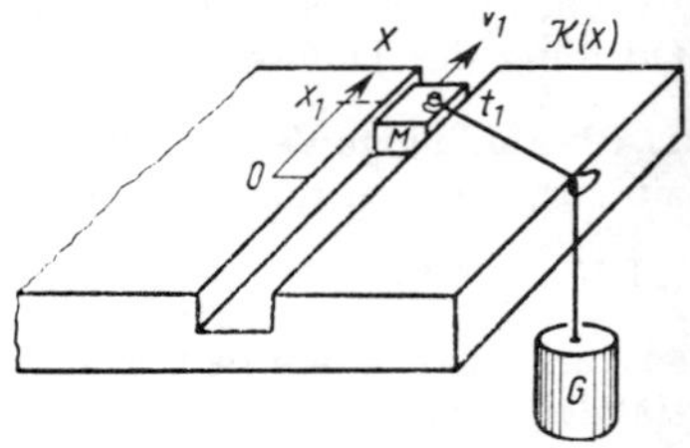

II/1. Beispiel: Kraft vom Ort abhängig

Bei der Bewegung wird kinetische Energie in potentielle Energie umgesetzt oder umgekehrt. Durch Multiplikation der Differentialgleichung mit $\dot{x}$ erhält man die Leistungsgleichung (Kraft × Geschwindigkeit = Leistung)

$$m\ddot{x}\dot{x} = K(x)\,\dot{x}.$$

Die linke Seite ist die Ableitung der kinetischen Energie T nach der Zeit:

$$T(t) = \frac{1}{2}\,m v^2 = \frac{1}{2}\,m\dot{x}^2, \quad \frac{\mathrm{d}T(t)}{\mathrm{d}t} = m\dot{x}\ddot{x}.$$

Die Arbeit A, die verwendet wird, um die kinetische Energie der Masse zu verändern, d. h. die Differenz der potentiellen Energiewerte, ist das Integral der

Leistung über die Zeit, etwa von t_1 bis t_2 (die zugehörigen Wege seien x_1, x_2):

$$\underbrace{\int_{t_1}^{t_2} m\dot{x}\ddot{x}\,\mathrm{d}t}_{} = \underbrace{\int_{t_1}^{t_2} K(x)\frac{\mathrm{d}x}{\mathrm{d}t}\,\mathrm{d}t}_{},$$

$$\int_{t_1}^{t_2} \frac{\mathrm{d}T(t)}{\mathrm{d}t}\,\mathrm{d}t = \int_{x_1}^{x_2} K(x)\,\mathrm{d}x.$$

Auf der rechten Seite wurde dabei x als neue Veränderliche eingeführt. So erhalten wir die Energiegleichung

$$\text{(II.5)} \qquad T(t_2) - T(t_1) = \frac{1}{2}mv_2^2 - \frac{1}{2}mv_1^2 = \int_{x_1}^{x_2} K(x)\,\mathrm{d}x = A;$$

d. h. links steht die Differenz der kinetischen Energiewerte in den Zeitpunkten t_2 und t_1, rechts die für die Umsetzung aufgewendete Arbeit.

In der Energiegleichung treten keine Beschleunigungen, sondern nur noch Geschwindigkeiten auf; das bedeutet aber, daß die Differentialgleichung zweiter Ordnung durch das Verfahren (Multiplikation mit $\dot{x}$ und Integration) auf eine solche erster Ordnung zurückgeführt ist.

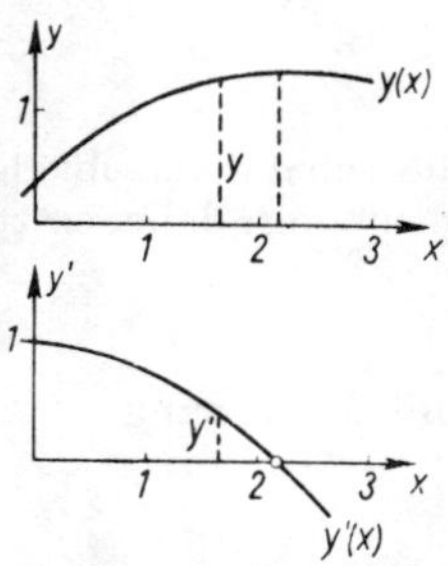

II/2. Einführung von y' als Funktion von y

3. Die allgemeine Differentialgleichung, in der x nicht explizit auftritt. In der Differentialgleichung ohne explizit auftretendes x

$$\text{(II.6)} \qquad F[y, y', y'', \ldots, y^{(n)}] = 0$$

läßt sich die Ordnung um Eins erniedrigen. Dazu faßt man y' als neue unbekannte Funktion p von y auf:

$$\text{(II.7)} \qquad y' = p[y(x)].$$

(Diese Auffassung ist möglich in Intervallen $a \leqq x \leqq b$, in denen $y' \neq 0$ ist und daher y monoton von x abhängt, und läßt sich leicht veranschaulichen, Fig. II/2, II/3.)

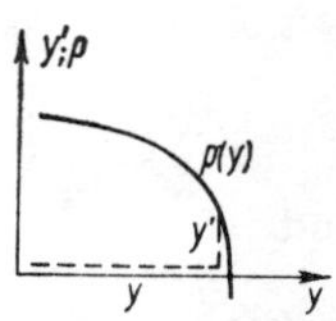

II/3. Zeichnung der Funktion $y' = p(y)$

Es folgt

$$y'' = \frac{\mathrm{d}p[y(x)]}{\mathrm{d}y}\,\frac{\mathrm{d}y}{\mathrm{d}x} = p\,\frac{\mathrm{d}p}{\mathrm{d}y}.$$

$$y''' = \frac{\mathrm{d}\left(p\,\frac{\mathrm{d}p}{\mathrm{d}y}\right)}{\mathrm{d}y}\,\frac{\mathrm{d}y}{\mathrm{d}x} = \left(\frac{\mathrm{d}p}{\mathrm{d}y}\,\frac{\mathrm{d}p}{\mathrm{d}y} + p\,\frac{\mathrm{d}^2p}{\mathrm{d}y^2}\right)p = p\left(\frac{\mathrm{d}p}{\mathrm{d}y}\right)^2 + p^2\,\frac{\mathrm{d}^2p}{\mathrm{d}y^2}.$$

Es ist ersichtlich (und unmittelbar durch vollständige Induktion zu beweisen), daß sich allgemein die n-te Ableitung $y^{(n)}$ durch $p(y)$ und seine Ableitung bis zur $(n-1)$-ten Ordnung darstellen läßt.

Beispiel. Schwinger mit quadratischem Dämpfungsglied. Bei einem Schwingungssystem wirke eine Dämpfungskraft der Größe $k\dot{x}^2$, die dem Quadrat der Geschwindigkeit $\dot{x}$ proportional ist.

Man erhält für den Hinweg ($\dot{x} > 0$) und den Rückweg ($\dot{x} < 0$) zwei verschiedene Differentialgleichungen:

$$m\ddot{x} = -cx + \begin{cases} -k\dot{x}^2 & (\text{Hinweg}; \dot{x} > 0) \\ +k\dot{x}^2 & (\text{Rückweg}; \dot{x} < 0). \end{cases} \tag{II.8}$$

Beide sind getrennt zu lösen. Bei der Gleichung für den Hinweg

$$m\ddot{x} + k\dot{x}^2 + cx = 0$$

würde eine Multiplikation mit $\dot{x}$ nicht mehr zum Ziele führen. (Es gilt hier nicht mehr der Energiesatz (II.5), sondern ein Teil der Energie geht durch Reibung in Form von Wärme verloren.)

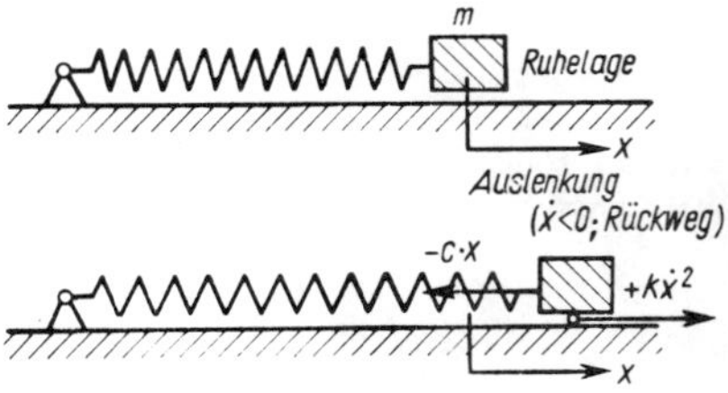

II/4. Schwinger mit Reibung

Mit $\dot{x} = p(x)$ erhält man für p die Differentialgleichung erster Ordnung

$$mp\frac{\mathrm{d}p}{\mathrm{d}x} + kp^2 + cx = 0,$$

die sich auf verschiedene Weise lösen läßt, z. B. als Bernoullische Differentialgleichung; dabei setzt man $p^2 = z$. Die inhomogene lineare Differentialgleichung

$$\frac{m}{2}\frac{\mathrm{d}z}{\mathrm{d}x} + kz + cx = 0$$

mit der Lösung

$$z(x) = -\frac{c}{k}x + \frac{mc}{2k^2}\left(1 - e^{-\frac{2k}{m}x}\right) + C^* e^{-\frac{2k}{m}x}$$

liefert

$$\dot{x} = p(x) = \pm\sqrt{z(x)} = \pm\sqrt{\frac{cm}{2k^2} - \frac{c}{k}x - C_1 e^{-\frac{2k}{m}x}}$$

und

$$t = \int \frac{\mathrm{d}x}{\pm\sqrt{\frac{cm}{2k^2} - \frac{c}{k}x - C_1 e^{-\frac{2k}{m}x}}} + C_2.$$

Man ist bei der Auswertung dieses Integrals auf graphische oder andere Näherungsverfahren angewiesen.

Analog hätten wir bei der Lösung der Differentialgleichung für den Rückweg,

$$m\ddot{x} - k\dot{x}^2 + cx = 0,$$

zu verfahren.

Die erste Lösung gilt dann jeweils in den „Halbperioden" mit positivem $\dot{x}$ bis $\dot{x} = 0$, dann schließt sich dort für negative $\dot{x}$ die zweite Lösung an. (Der Vorgang ist natürlich nicht periodisch in dem Sinne, daß es ein T gibt mit $x(t + T) = x(t)$.)

Mit anderen Worten: Für den gesamten Schwingungsvorgang müssen die Lösungen halbperiodenweise „zusammengestückelt" werden, natürlich mit entsprechenden Randbedingungen derart, daß die x- und $\dot{x}$-Werte der Lösungen an den Übergangsstellen stetig ineinander übergehen.

4. Die Differentialgleichung enthält nur die Verhältnisse $\frac{y^{(\nu)}}{y}$. Bei der Differentialgleichung

$$F\left(x, \frac{y'}{y}, \frac{y''}{y}, \frac{y'''}{y}, \ldots, \frac{y^{(n)}}{y}\right) = 0 \tag{II.9}$$

macht man den Ansatz $u(x) = \frac{y'}{y}$. Die Ableitungen von u lassen sich immer wieder durch Quotienten der Form $\frac{y^{(\nu)}}{y}$ ausdrücken, wie man allgemein leicht durch vollständige Induktion beweisen kann:

$$u' = \frac{y''y - y'y'}{y^2} = \frac{y''}{y} - \left(\frac{y'}{y}\right)^2,$$

$$u'' = \frac{y'''}{y} - 3\,\frac{y'}{y}\,\frac{y''}{y} + 2\left(\frac{y'}{y}\right)^3 \quad \text{usw.}$$

Somit wird also

$$\frac{y'}{y} = u, \quad \frac{y''}{y} = u' + u^2, \quad \frac{y'''}{y} = u'' + 3u'u + u^3 \quad \text{usw.} \tag{II.10}$$

Beim Einsetzen entsteht eine neue Differentialgleichung in u von der Ordnung $n - 1$. Einen Sonderfall stellt die homogene lineare Differentialgleichung zweiter Ordnung mit Funktionen von x als Koeffizienten dar:

$$p_2(x)y'' + p_1(x)y' + p_0(x)y = 0.$$

Dividiert man nämlich durch y, so ergibt sich nach (II.10)

$$u' + p(x)u + u^2 = r(x) \quad \text{mit} \quad p(x) = \frac{p_1(x)}{p_2(x)} \quad \text{und} \quad r(x) = -\frac{p_0(x)}{p_2(x)}$$

eine Riccatische Differentialgleichung für u, vgl. (I.22).

Die Möglichkeit der Reduktion einer Differentialgleichung auf die erste Ordnung ist insbesondere deshalb von Wert, weil sich dann ein Richtungsfeld zeichnen läßt.

§ 2 Grundlegende Sätze über lineare Differentialgleichungen

5. Bezeichnungen. Ein sehr wichtiger Typ von Differentialgleichungen höherer Ordnung ist die lineare Differentialgleichung. Sie hat, vgl. (I.15), die allgemeine Form

$$p_n(x)y^{(n)} + p_{n-1}(x)y^{(n-1)} + \cdots + p_1(x)y' + p_0(x)y = r(x). \tag{II.11}$$

Die ganze linke Seite der Gleichung schreibt man auch kurz symbolisch $L[y]$, also:

$$L[y] \equiv \sum_{\nu=0}^{n} p_\nu(x)y^{(\nu)} = r(x). \tag{II.12}$$

Darin bedeutet die nullte Ableitung $y^{(0)}$ die Funktion y selbst. Die p_ν und r seien dabei in einem Intervall $[a, b]$ gegebene stetige Funktionen von x. Wie in Kap. I, § 2 nennen wir die Differentialgleichung **homogen** im Falle $r(x) \equiv 0$, andernfalls **inhomogen**. Ist $p_n(x) \neq 0$ in $[a, b]$, so kann man (II.12) durch $p_n(x)$ dividieren, und man erhält wieder eine Gleichung mit stetigen Koeffizienten, für die der Satz in Kap. I, 20 anwendbar ist; nach diesem Satz ist dann durch Vorgabe der Anfangswerte $y^{(q)}(x_0) = y_0^{(q)}$ für $q = 0, 1, \ldots, n-1$, wobei natürlich x_0 in $[a, b]$ liegen soll, eindeutig eine Lösung $y(x)$ der Differentialgleichung festgelegt. Wenn nichts anderes gesagt wird, wird im folgenden $p_n(x) \neq 0$ vorausgesetzt.

$L[y]$ ist ein **linearer homogener Differentialausdruck** mit den Eigenschaften: Sind y und z zwei n-mal stetig differenzierbare Funktionen und ist a eine beliebige Konstante, so gilt

$$\text{(II.13)} \quad \begin{cases} L[y+z] = \sum_{\nu=0}^{n} p_\nu(x)\{y^{(\nu)} + z^{(\nu)}\} = L[y] + L[z], \\ L[ay] = \sum_{\nu=0}^{n} p_\nu(x) \cdot a y^{(\nu)} = aL[y], \end{cases}$$

insbesondere $\quad L[-y] = -L[y]$.

6. Der Überlagerungssatz

Die Differenz $z(x) = y_1(x) - y_2(x)$ zweier beliebiger Lösungen $y_1(x)$ und $y_2(x)$ einer inhomogenen Differentialgleichung ist eine Lösung der zugehörigen homogenen Differentialgleichung;

denn es folgt unmittelbar nach (II.13)

$$L[z] = L[y_1 - y_2] = L[y_1] - L[y_2] = 0,$$

da y_1 und y_2 der inhomogenen Gleichung genügen

$$L[y_1] = r(x), \quad L[y_2] = r(x);$$

z genügt also der homogenen Gleichung.

Nun lassen wir $y_1(x)$ alle Lösungen von (II.12) durchlaufen. Ziehen wir von der Gesamtheit aller dieser Lösungen — d. h. von der allgemeinen Lösung $y_1(x)$ — einer inhomogenen linearen Differentialgleichung eine beliebige spezielle Lösung $y_2(x)$ der inhomogenen Gleichung ab, so erhalten wir die allgemeine Lösung $z(x)$ der zugehörigen homogenen Differentialgleichung.

Denn ist z^* irgendeine Lösung der homogenen Gleichung, so ist $z^* + y_2$ eine Lösung der inhomogenen Gleichung, also unter den Funktionen y_1 enthalten; d. h. z^* ist auch unter den Funktionen z enthalten.

Der Satz gewinnt jedoch besondere Wichtigkeit in der Umkehrung:

Überlagerungssatz: *Wir erhalten die allgemeine Lösung einer inhomogenen linearen Differentialgleichung als Summe aus der allgemeinen Lösung der zugehörigen homogenen Differentialgleichung und einer beliebigen speziellen Lösung der inhomogenen Differentialgleichung.*

Damit haben wir die Aufsuchung der allgemeinen Lösung der vollständigen linearen Differentialgleichung aufgespalten in zwei Teilprobleme, nämlich erstens die Ermittlung der allgemeinen Lösung der zugehörigen homogenen oder „verkürzten" Gleichung und zweitens das Aufsuchen einer speziellen Lösung für die inhomogene Gleichung.

7. Reduktion der Ordnung einer linearen Differentialgleichung. *Die Ordnung der linearen Differentialgleichung*

$$L[y] \equiv \sum_{\nu=0}^{n} p_\nu(x)\, y^{(\nu)} = r(x)$$

läßt sich um eins erniedrigen, wenn sich eine spezielle Lösung $y_1(x)$ der zugehörigen homogenen Differentialgleichung ermitteln läßt (das gilt allerdings nicht für die triviale Lösung $y \equiv 0$, wir schreiben $y_1 \not\equiv 0$) *durch den Produktansatz*

(II.14) $$y(x) = y_1(x)\, z(x).$$

Man bildet die einzelnen Ausdrücke $p_\nu(x)\, y^{(\nu)}$ und addiert sie (abgekürzt durch Einführung neuer Funktionen $P_\nu(x)$ geschrieben):

$$p_0 y = p_0 y_1 z$$
$$p_1 y' = p_1 y_1' z + p_1 y_1 z'$$
$$\cdots\cdots\cdots\cdots\cdots\cdots\cdots\cdots$$
$$p_n y^{(n)} = p_n y_1^{(n)} z + p_n \binom{n}{1} y_1^{(n-1)} z' + p_n \binom{n}{2} y_1^{(n-2)} z'' + \cdots + p_n \binom{n}{n-1} y_1' z^{(n-1)} + p_n y_1 z^{(n)}$$

$$\sum = L[y] = L[y_1] z + P_1(x) z' + \cdots + P_n(x) z^{(n)} = r(x).$$

Da nach Voraussetzung $L[y_1] = 0$ ist und die $P_\nu(x)$ bekannte Funktionen von x sind, erhält man die um eine Ordnung reduzierte Differentialgleichung für $z' = u$:

$$L^*[u] = P_n(x) u^{(n-1)} + P_{n-1}(x) u^{(n-2)} + \cdots + P_2(x) u' + P_1(x) u = r(x).$$

Läßt sich auch hier wieder eine spezielle nichttriviale Lösung $u_1(x)$ der homogenen Gleichung ermitteln, so daß $L^*[u_1] = 0$ ist, so kann man das Verfahren mit dem neuen Ansatz

$$u(x) = u_1(x)\, v(x)$$

wiederholen und fortsetzen, bis eine lineare Differentialgleichung erster Ordnung vorliegt, die sich nach Kap. I, 9 lösen läßt.

Beispiel. $$y'' - y = 1.$$

Die zugehörige homogene Gleichung $y'' - y = 0$ hat, wie man unmittelbar sieht, die Lösung $y_1(x) = \mathrm{e}^x$. Der Ansatz

$$y = \mathrm{e}^x \cdot z, \quad y' = \mathrm{e}^x (z + z'), \quad y'' = \mathrm{e}^x (z + 2z' + z'')$$

führt mit $z' = u$ auf $\mathrm{e}^x (2z' + z'') = \mathrm{e}^x (2u + u') = 1$ mit der Lösung

$$u = c_1^* \,\mathrm{e}^{-2x} + \mathrm{e}^{-x} = z';$$

dann wird

$$z = c_1 + c_2 e^{-2x} - e^{-x}, \qquad y = e^x z = c_1 e^x + c_2 e^{-x} - 1.$$

In Kap. II, 11 ergibt sich ein schnellerer Weg zur Auffindung dieser Lösung. Das geht natürlich genau so bei der allgemeinen linearen Differentialgleichung zweiter Ordnung

$$p_2(x)y'' + p_1(x)y' + p_0(x)y = r(x).$$

Kennt man von dieser eine spezielle Lösung $y_1(x) \not\equiv 0$ der homogenen Gleichung $L[y_1] = 0$, so läßt sich die allgemeine Lösung der inhomogenen Ausgangsgleichung allein durch Quadraturen ermitteln.

Der Ansatz $y(x) = y_1(x)z(x)$ und $z'(x) = u(x)$ führt auf

$$P_2(x)u' + P_1(x)u = r.$$

Ihre allgemeine Lösung laute

$$z' = u = \varphi_1(x) + C_2\varphi_2(x).$$

Dabei ist $\varphi_1(x) \equiv 0$ im Falle $r(x) \equiv 0$.

Integration liefert

$$z = \int \varphi_1(x)\,dx + C_2 \int \varphi_2(x)\,dx + C_1.$$

Damit wird

$$y = \underbrace{y_1 \int \varphi_1 dx}_{\psi(x)} + C_2 \underbrace{y_1 \int \varphi_2 dx}_{y_2(x)} + C_1 y_1$$

oder abgekürzt

$$y = C_1 y_1(x) + C_2 y_2(x) + \psi(x).$$

Im Falle $r(x) \equiv 0$ wird $\psi(x) \equiv 0$, es muß also die Funktion $y_2(x)$ der homogenen Gleichung $L[y_2] = 0$ genügen.

Entsprechend erhält man nach der Induktionsmethode für die Differentialgleichung n-ter Ordnung (II.12) Lösungen in der Form

$$\text{(II.15)} \qquad y = C_1 y_1(x) + C_2 y_2(x) + \cdots + C_n y_n(x) + \psi(x).$$

Der nächste Paragraph soll uns Aufschluß über die Bauart der allgemeinen Lösung geben, denn wir wissen ja noch nicht, ob in dieser Form (II.15) alle Lösungen der Differentialgleichung enthalten sind.

§ 3 Fundamentalsysteme einer linearen Differentialgleichung

8. Lineare Abhängigkeit von Funktionen. Wenn man Lösungen einer linearen Differentialgleichung (II.12) mit n freien Konstanten C_k in der Form (II.15) gefunden hat, wobei die $y_k(x)$ verschiedene spezielle Lösungen der homogenen Gleichung und $\psi(x)$ eine spezielle Lösung der inhomogenen Gleichung darstellen, so ist es sinnvoll zu fordern, daß die y_k „voneinander linear unabhängig" sein sollen. Wären etwa zwei der y_k proportional zueinander, oder würde sich eine Funktion y_k, abgesehen von konstanten Faktoren, additiv aus mehreren anderen zusammensetzen, so könnte man das Glied mit y_k fortlassen und erhielte einen Ausdruck mit weniger freien Konstanten C_q.

Definition: *Die n in einem Intervall J $(a < x < b)$ definierten Funktionen*

$$y_1(x), \ldots, y_n(x)$$

heißen in J voneinander „linear abhängig", wenn ein System von Konstanten $\alpha_1, \alpha_2, \ldots, \alpha_n$ existiert – wobei jedoch nicht alle $\alpha_k = 0$ sein dürfen – derart, daß in J

$$\alpha_1 y_1 + \cdots + \alpha_n y_n \equiv 0 \tag{II.16}$$

wird; andernfalls heißen sie in J voneinander „linear unabhängig".

Etwas anders ausgedrückt lautet die Definition:

Die Funktionen $y_\nu(x)$ (für $\nu = 1, \ldots, n$) heißen im Intervall J genau dann voneinander linear unabhängig, wenn aus

$$\sum_{\nu=1}^{n} \alpha_\nu y_\nu(x) \equiv 0$$

in J folgt, daß die Konstanten α_ν sämtlich verschwinden.

Beispiele linearer Abhängigkeit. 1. Haben wir als Lösungen einer homogenen Differentialgleichung dritter Ordnung gefunden

$$y_1 = x, \quad y_2 = x^2, \quad y_3 = 4x - x^2,$$

so wird mit $\alpha_1 = -4$, $\alpha_2 = \alpha_3 = 1$ (als einer von unendlich vielen Möglichkeiten):

$$-4 \cdot x + 1 \cdot x^2 + 1 \cdot (4x - x^2) \equiv 0.$$

Die Funktionen y_1, y_2, y_3 sind also (in jedem Intervall) voneinander linear abhängig und nicht geeignet, die allgemeine Lösung der homogenen Differentialgleichung zu erfassen. In diesem Beispiel sind je zwei Funktionen noch nicht linear abhängig voneinander, erst in der Kombination zu dritt liegt lineare Abhängigkeit vor.

2. Oft lassen sich lineare Abhängigkeiten unmittelbar erkennen. So sind Potenzausdrücke x^n, x^m für $n \neq m$ linear unabhängig, ebenso z. B. $\sin x$ und $\sin 2x$. Bei der Verbindung von Exponentialfunktionen mit trigonometrischen Funktionen und Hyperbelfunktionen ist es ratsam, besonders aufzupassen.

3. Die Funktionen x und $x - 1$ sind in keinem Intervall voneinander linear abhängig.

4. Gegeben sei die lineare homogene Differentialgleichung dritter Ordnung:

$$y'''(1 - 2x \cot 2x) - 4xy'' + 4y' = 0.$$

Da y nicht explizit auftritt, ist $y = \text{const}$, z. B. $y_1 = 1$, eine Lösung. Angenommen, man hätte durch Probieren als weitere Lösungen gefunden

$$y_2 = \cos 2x \quad \text{und} \quad y_3 = \sin^2 x,$$

so ist doch

$$y = C_1 \cdot 1 + C_2 \cos 2x + C_3 \sin^2 x$$

nicht die allgemeine Lösung, denn y_1, y_2 und y_3 sind voneinander linear abhängig wegen

$$\cos 2x \equiv 1 - 2 \sin^2 x.$$

y_3 bringt also gegenüber y_1 und y_2 kein „neues Blut" in die Lösung hinein. Der Vollständigkeit halber sei noch die richtige allgemeine Lösung der Differentialgleichung angegeben:

$$y = C_1 + C_2 \cos 2x + C_3 x^2.$$

Es sei noch auf die Bedeutung der Angabe eines Intervalls J hingewiesen. J darf auch einseitig oder beidseitig ins Unendliche gehen; bei den Differentialgleichungen der folgenden Nummern ist J oft die ganze reelle Achse, dann schreiben wir $J = (-\infty, +\infty)$. Die lineare Abhängigkeit kann durchaus von der Wahl des Intervalls abhängen. Z. B. sind die Funktionen $y_1(x) = x$ und $y_2(x) = |x|$, Fig. II/5, im Intervall (0,1) linear abhängig (dort sind sie identisch) ebenfalls im Intervall $(-1, 0)$, aber im Intervall $(-1, +1)$ sind sie linear unabhängig, denn $\alpha_1 x + \alpha_2 |x| \equiv 0$ für $-1 < x < 1$ ist nur durch $\alpha_1 = \alpha_2 = 0$ erfüllbar.

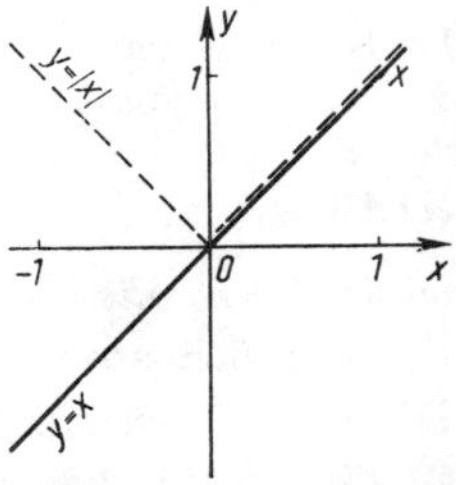

II/5. Einfluß des Intervalles auf lineare Abhängigkeit von Funktionen

Definition eines Fundamentalsystems: Ein System von n speziellen in einem Intervall J voneinander linear unabhängigen Lösungen einer homogenen Differentialgleichung n-ter Ordnung

$$y_1, y_2, \ldots, y_n$$

nennt man ein Fundamentalsystem der Differentialgleichung.

9. Die Wronskische Determinante für lineare Unabhängigkeit von Funktionen. Es gibt ein Kriterium für lineare Unabhängigkeit von n Lösungen $y_1, \ldots, y_n$ einer homogenen Differentialgleichung n-ter Ordnung. Es seien zunächst $y_1(x), \ldots, y_n(x)$ irgendwelche in einem Intervall (a, b) gegebene, $(n-1)$-mal stetig differenzierbare Funktionen. Nun werde vorausgesetzt, daß sie in (a, b) voneinander linear abhängig sind; es gibt also Konstanten C_k, die nicht sämtlich $= 0$ sind, so daß die Kombination

$$y = C_1 y_1 + C_2 y_2 + \cdots + C_n y_n \equiv 0 \tag{II.17}$$

identisch in (a, b) verschwindet; dann trifft dasselbe auch zu für die Ableitungen

$$\begin{array}{l} y' = C_1 y_1' + C_2 y_2' + \cdots + C_n y_n' \equiv 0 \\ \quad\vdots \\ y^{(n-1)} = C_1 y_1^{(n-1)} + C_2 y_2^{(n-1)} + \cdots + C_n y_n^{(n-1)} \equiv 0. \end{array} \tag{II.18}$$

Dies ist ein homogenes lineares Gleichungssystem von n Gleichungen für n Größen $C_1, C_2, \ldots, C_n$. Es besitzt eine nichttriviale Lösung, also muß die Determinante des Gleichungssystems (und zwar an jeder Stelle x des Intervalls) den Wert Null haben; sie heißt die „Wronskische Determinante“:

$$D = \begin{vmatrix} y_1 & y_2 & \cdots & y_n \\ y_1' & y_2' & \cdots & y_n' \\ \cdots & \cdots & \cdots & \cdots \\ \cdots & \cdots & \cdots & \cdots \\ y_1^{(n-1)} & y_2^{(n-1)} & \cdots & y_n^{(n-1)} \end{vmatrix} \tag{II.19}$$

Nun ist das identische Verschwinden der Wronskischen Determinante zwar eine notwendige, aber keineswegs hinreichende Bedingung für lineare Abhängigkeit der Funktionen $y_1, \ldots, y_n$. Z. B. sind die in $(-1, +1)$ definierten stetig differenzierbaren Funktionen $y_1 = x^3$, $y_2 = |x|^3$ voneinander linear unabhängig und ihre Wronskische Determinante verschwindet trotzdem identisch:

$$\begin{vmatrix} x^3 & x^2\,|x| \\ 3x^2 & 3x\,|x| \end{vmatrix} \equiv 0.$$

Wenn man aber zusätzlich voraussetzt, daß die $y_1, \ldots, y_n$ Lösungen einer homogenen Differentialgleichung n-ter Ordnung der betrachteten Art sind, so ist das Verschwinden der Wronski-Determinante ein Kriterium für lineare Abhängigkeit. Das soll jetzt noch präzisiert werden.

Es seien $y_1(x), \ldots, y_n(x)$ in einem Intervall (a, b) Lösungen der homogenen Differentialgleichung

$$L[y] \equiv \sum_{\nu=0}^{n} p_\nu(x) y^{(\nu)}(x) = 0, \tag{II.20}$$

wobei wie früher $p_\nu(x)$ in (a, b) gegebene stetige Funktionen mit $p_n(x) \neq 0$ sind. Die nach (II.19) gebildete Wronskische Determinante D der Funktionen y_k genügt dann einer einfachen Differentialgleichung. Um sie aufzustellen, wird die Ableitung von D gebildet. Eine Determinante differenziert man, indem man jeweils eine Zeile differenziert, während die übrigen Zeilen ungeändert bleiben, und dann die n so entstehenden Determinanten addiert. Es ist also

$$\frac{\mathrm{d}D}{\mathrm{d}x} = \begin{vmatrix} y_1' & \ldots & y_n' \\ y_1' & \ldots & y_n' \\ y_1'' & \ldots & y_n'' \\ \ldots & \ldots & \ldots \\ y_1^{(n-1)} & \ldots & y_n^{(n-1)} \end{vmatrix} + \begin{vmatrix} y_1 & \ldots & y_n \\ y_1'' & \ldots & y_n'' \\ y_1'' & \ldots & y_n'' \\ \ldots & \ldots & \ldots \\ y_1^{(n-1)} & \ldots & y_n^{(n-1)} \end{vmatrix} + \cdots + \begin{vmatrix} y_1 & \ldots & y_n \\ y_1' & \ldots & y_n' \\ y_1'' & \ldots & y_n'' \\ \ldots & \ldots & \ldots \\ y_1^{(n)} & \ldots & y_n^{(n)} \end{vmatrix}$$

Die ersten $(n-1)$ Determinanten auf der rechten Seite verschwinden, weil jeweils 2 Zeilen einander gleich sind; es bleibt also nur die letzte Determinante übrig. In dieser wird die letzte Zeile mit $p_n(x)$ multipliziert, wodurch der Wert der Determinante ebenfalls auf das $p_n(x)$-fache wächst; sodann wird die erste Zeile mit $p_0(x)$, die zweite Zeile mit $p_1(x), \ldots$ und die $(n-1)$-te Zeile mit $p_{n-2}(x)$ multipliziert und zur n-ten Zeile addiert, wobei sich der Wert der Determinante ja nicht ändert. Es werden also die Glieder der letzten Zeile ersetzt durch

$$p_n(x) y_k^{(n)} + \sum_{\nu=0}^{n-2} p_\nu(x) y_k^{(\nu)}. \qquad (k = 1, \ldots, n)$$

Nach der Differentialgleichung (II.20) ist das aber gerade gleich $-p_{n-1}(x) y_k^{(n-1)}$, so daß man den Faktor $-p_{n-1}$ aus der Determinante herausziehen kann und wieder die ursprüngliche Wronskische Determinante erhält; es ist also

$$\frac{\mathrm{d}D}{\mathrm{d}x} = -\frac{p_{n-1}(x)}{p_n(x)} D. \tag{II.21}$$

Diese lineare Differentialgleichung erster Ordnung für D hat die Lösung

$$D(x) = D(x_0)e^{-\int\limits_{x_0}^{x} \frac{p_{n-1}(s)}{p_n(s)}\,ds}, \tag{II.22}$$

wobei x_0 eine beliebig in (a, b) gewählte Stelle ist. Ist mithin D an einer Stelle x_0 gleich Null (bzw. $\neq 0$), so ist D im ganzen Intervall (a, b) gleich Null (bzw. $\neq 0$), da der e-Faktor stets $\neq 0$ ist; die Wronskische Determinante der n Lösungen $y_1, \ldots, y_n$ verschwindet also entweder identisch oder nirgends im Intervall (a, b). Oben wurde bewiesen: Sind die y_k in (a, b) linear abhängig, so verschwindet D identisch. Es gilt aber auch die Umkehrung: Verschwindet D an einer Stelle x_0 in (a, b) (und damit identisch), so sind die y_k in (a, b) linear abhängig. Da $D(x_0) = 0$ ist, hat das Gleichungssystem (II.17) (II.18), angeschrieben für die Stelle x_0, eine nicht triviale Lösung $C_1, \ldots, C_n$, und die mit diesen Konstanten gebildete Funktion

$$\varphi(x) = \sum_{k=1}^{n} C_k y_k(x)$$

ist eine Lösung der homogenen Differentialgleichung mit den Anfangswerten an der Stelle x_0

$$\varphi(x_0) = \varphi'(x_0) = \cdots = \varphi^{(n-1)}(x_0) = 0.$$

Diese Anfangswertaufgabe hat aber die Lösung $y \equiv 0$, und da die Anfangswertaufgabe eindeutig lösbar ist, muß $\varphi \equiv 0$ sein in (a, b), d. h. die Lösungen $y_k(x)$ sind linear abhängig. Somit gilt der

Satz. *n Lösungen $y_1(x), \ldots, y_n(x)$ einer homogenen linearen Differentialgleichung n-ter Ordnung* (II.20) *mit in einem Intervall (a, b) stetigen Koeffizienten $p_\nu(x)$ und $p_n(x) \neq 0$ bilden genau dann ein Fundamentalsystem, d. h. sind genau dann voneinander linear unabhängig, wenn ihre Wronskische Determinante* (II.19) *an einer beliebig herausgegriffenen Stelle x_0 des Intervalls von Null verschieden ist.*

10. Allgemeine Lösung einer linearen Differentialgleichung. Es ergibt sich nun die Frage, ob in der Gestalt (II.15) $y = C_1 y_1(x) + \cdots + C_n y_n(x) + \psi(x)$, wobei $\psi(x)$ eine spezielle Lösung der inhomogenen Differentialgleichung (II.12) war, alle Lösungen der Differentialgleichung (II.12) erfaßt sind, wenn die y_k ein Fundamentalsystem bilden.

Nach dem allgemeinen Existenz- und Eindeutigkeitssatz (Kap. I, § 6) hat die lineare Differentialgleichung (II.12) eine und nur eine Lösung, welche die vorgegebenen Anfangswerte

$$y(x_0) = y_0, \quad y'(x_0) = y_0', \ldots, y^{(n-1)}(x_0) = y_0^{(n-1)} \tag{II.23}$$

annimmt. Wenn nun in der Form (II.15) durch geeignete Wahl der C_k beliebige vorgegebene Anfangsbedingungen (II.23) erfüllt werden können, so müssen in dieser Form alle Lösungen der Differentialgleichung enthalten sein (denn jede willkürlich herausgegriffene Lösung der Differentialgleichung muß ja gewisse

Anfangswerte haben, und sie ist durch diese Anfangswerte eindeutig festgelegt). Man erhält für die C_k ein lineares Gleichungssystem

(II.24) $$\sum_{k=1}^{n} C_k\, y_k^{(\nu)}(x_0) + \psi^{(\nu)}(x_0) = y_0^{(\nu)}. \qquad (\nu = 0, 1, \ldots, n-1)$$

Die Determinante dieses Gleichungssystems ist gerade die Wronskische Determinante $D(x_0)$ der Funktionen y_k. Sie ist von Null verschieden, da die y_k ein Fundamentalsystem bilden. Das Gleichungssystem hat also eine (eindeutig bestimmte) Lösung C_k. Es ist also tatsächlich (II.15) die allgemeine Lösung der Differentialgleichung (II.12).

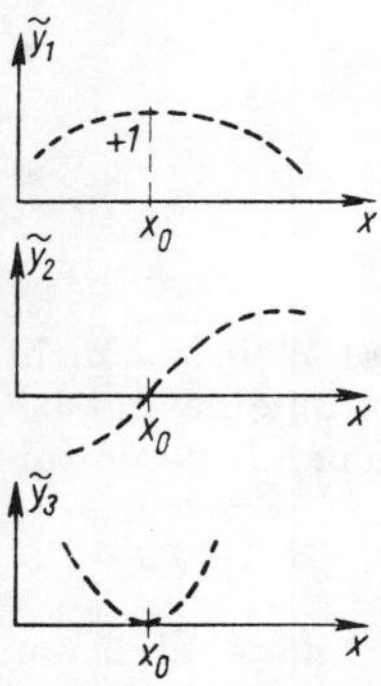

II/6. Festlegung eines speziellen Fundamentalsystems durch bestimmte Anfangsbedingungen

Die Existenz eines Fundamentalsystems wird zugleich mitgezeigt, wenn wir ein „normiertes Fundamentalsystem" konstruieren:

Wir wählen zunächst die Anfangsbedingungen

$$y = 1, \quad y' = y'' = y''' = \cdots = y^{(n-1)} = 0$$

an der Stelle $x = x_0$, Fig. II/6.

Dann gibt es auf Grund des allgemeinen Existenzsatzes eine spezielle Lösung $\tilde{y}_1$, die diese Anfangsbedingungen erfüllt. Analog gibt es eine andere spezielle Lösung $\tilde{y}_2$, welche die Anfangsbedingungen

$$y = 0, \quad y' = 1, \quad y'' = y''' = \cdots = y^{(n-1)} = 0$$

an der Stelle $x = x_0$ befriedigt, Fig. II/6.

Allgemein existiert ein $\tilde{y}_k$ mit

$$y = y' = \cdots = y^{(k-2)} = 0, \quad y^{(k-1)} = 1, \quad y^{(k)} = y^{(k+1)} = \cdots = y^{(n-1)} = 0$$

an der Stelle $x = x_0$. Die zugehörige Wronskische Determinante (für $x = x_0$)

$$D = \begin{vmatrix} 1 & 0 & \ldots & 0 \\ 0 & 1 & \ldots & 0 \\ \ldots & \ldots & \ldots & \ldots \\ 0 & 0 & \ldots & 1 \end{vmatrix} = 1$$

ist von Null verschieden, die $y_k(x)$ bilden also ein Fundamentalsystem. Dieses normierte System gestattet es, für die homogene Differentialgleichung die Lösung der Anfangswertaufgabe mit den Anfangswerten (II.23) unmittelbar anzugeben:

(II.25) $$y = y_0 \tilde{y}_1(x) + y_0' \tilde{y}_2(x) + y_0'' \tilde{y}_3(x) + \cdots + y_0^{(n-1)} \tilde{y}_n(x).$$

Beispiel 1. Man stellt durch Einsetzen unmittelbar fest, daß (für $\omega \neq 0$)

(II.26) $$y_1 = \cos \omega x \quad \text{und} \quad y_2 = \sin \omega x$$

der Differentialgleichung

(II.27) $$y'' + \omega^2 y = 0$$

genügen. Ihre Wronskische Determinante, etwa an der Stelle $x = 0$, ist von Null verschieden,

$$\begin{vmatrix} 1 & 0 \\ 0 & \omega \end{vmatrix} = \omega \neq 0.$$

Also lautet die allgemeine Lösung von (II.27)

$$y = C_1 \cos \omega x + C_2 \sin \omega x. \tag{II.28}$$

Ein normiertes Fundamentalsystem für die Stelle $x = 0$ bilden die Funktionen

$$\tilde{y}_1 = \cos \omega x, \quad \tilde{y}_2 = \frac{1}{\omega} \sin \omega x; \tag{II.29}$$

daher ist

$$y = y_0 \cos \omega x + \frac{y'_0}{\omega} \sin \omega x$$

die Lösung der Anfangswertaufgabe (II.27) für $y(0) = y_0$, $y'(0) = y'_0$.

Beispiel 2. Die Aufstellung eines Fundamentalsystems auf diese Weise ist nicht mehr gesichert, wenn die Differentialgleichung für $x = x_0$ eine Singularität besitzt. Es sei z. B. die allgemeine Lösung einer linearen homogenen Differentialgleichung zweiter Ordnung

$$y = C_1 x + C_2 x^2. \tag{II.30}$$

Obwohl beide speziellen Lösungen $y_1 = x$ und $y_2 = x^2$ völlig regulär sind, lassen sich die Anfangsbedingungen $y = 1$ und $y' = 0$ für $x = 0$ durch keine von ihnen erfüllen, auch nicht durch eine Linearkombination.

Der Sachverhalt wird sofort geklärt durch Aufstellen der zugehörigen Differentialgleichung zweiter Ordnung, die man aus den speziellen Lösungen und ihren Ableitungen in Determinantenform leicht erhält:

$$\begin{vmatrix} y & y' & y'' \\ x & 1 & 0 \\ x^2 & 2x & 2 \end{vmatrix} = x^2 y'' - 2xy' + 2y = 0. \tag{II.31}$$

Bei $x = 0$ verschwindet der Koeffizient $p_n(x) = x^2$ der höchsten Ableitung. Trotz regulärer Lösungen ist die Differentialgleichung an der Stelle $x = 0$ singulär. Hier erweist sich die Bedeutung der Koeffizientenbedingung

$$p_n(x) \neq 0.$$

Demgegenüber läßt sich das Fundamentalsystem für die Stelle $x_0 = 1$ sofort angeben; dort lautet ein „normiertes Fundamentalsystem"

$$\tilde{y}_1 = 2x - x^2, \quad \tilde{y}_2 = -x + x^2.$$

§ 4 Lineare Differentialgleichungen mit konstanten Koeffizienten

11. Lösungsansatz und charakteristische Gleichung. Von den linearen Differentialgleichungen sind die mit konstanten Koeffizienten p_ν (und $p_n \neq 0$) besonders wichtig:

$$L[y] \equiv \sum_{\nu=0}^{n} p_\nu y^{(\nu)}(x) = r(x). \tag{II.32}$$

Sie treten in den Anwendungen häufig auf, und ihre allgemeine Lösung läßt sich stets durch Quadraturen ermitteln. Für die homogene Gleichung ($r(x) \equiv 0$)

$$L[y] \equiv \sum_{\nu=0}^{n} p_\nu y^{(\nu)}(x) = 0 \tag{II.33}$$

liegt es entsprechend dem von früher bekannten Beispiel der Differentialgleichung $y' - ky = 0$ mit der Lösung $y(x) = C\mathrm{e}^{kx}$ nahe, auch hier einen Ansatz

$$y = \mathrm{e}^{kx}, \quad y' = k\mathrm{e}^{kx}, \ldots, y^{(n)} = k^n \mathrm{e}^{kx} \tag{II.34}$$

zu versuchen, wobei k noch zu bestimmen ist.

Da e^{kx} für keinen endlichen Exponenten Null wird, kann man durch e^{kx} dividieren und erhält damit die sogenannte charakteristische Gleichung:

$$P(k) \equiv p_n k^n + p_{n-1} k^{n-1} + \cdots + p_1 k + p_0 = 0. \tag{II.35}$$

Das ist eine algebraische Gleichung n-ten Grades für k. Man erhält sie formal aus der Differentialgleichung dadurch, daß man die $y^{(\nu)}$ durch k^ν ersetzt. Ihre n Wurzeln mögen sein:

$$k_1, k_2, \ldots, k_n.$$

Zunächst werde der Fall betrachtet, daß alle Wurzeln voneinander verschieden sind. Es dürfen dabei auch komplexe Werte auftreten. Die weitere Behandlung bei komplexen Wurzeln folgt später (Beispiel 2).

Somit hat man n verschiedene spezielle Lösungen

$$y_1 = \mathrm{e}^{k_1 x}, \; y_2 = \mathrm{e}^{k_2 x}, \ldots, y_n = \mathrm{e}^{k_n x}.$$

Diese bilden ein Fundamentalsystem, wie man durch Ausrechnung der Wronskischen Determinante D feststellt. Man bildet D etwa an der Stelle $x = 0$:

$$D = \begin{vmatrix} 1 & 1 & \ldots & 1 \\ k_1 & k_2 & \ldots & k_n \\ k_1^2 & k_2^2 & \ldots & k_n^2 \\ \ldots & \ldots & \ldots & \ldots \\ k_1^{n-1} & k_2^{n-1} & \ldots & k_n^{n-1} \end{vmatrix} = \prod_{r>s} (k_r - k_s) = (k_2 - k_1)(k_3 - k_1)(k_3 - k_2) \ldots (k_n - k_1) \ldots (k_n - k_{n-1}).$$

Das ist eine „Vandermondesche Determinante"; sie hat den angegebenen Wert des Produkts aller möglichen Differenzen zweier verschiedener k_ν-Werte (vgl. z. B. v. Mangoldt-Knopp, Einführung in die Höhere Mathematik, Band I, 11. Auflage, Stuttgart 1958, S. 75) und ist daher von Null verschieden; die y_ν sind also voneinander linear unabhängig. Daher lautet hier die allgemeine Lösung von (II.33)

$$y = C_1 \mathrm{e}^{k_1 x} + C_2 \mathrm{e}^{k_2 x} + \cdots + C_n \mathrm{e}^{k_n x} \tag{II.36}$$

mit C_ν als freien Konstanten.

Beispiel 1. Zu der Differentialgleichung

$$y''' - 7y' + 6y = 0$$

gehört die charakteristische Gleichung

$$k^3 - 7k + 6 = 0.$$

Sie hat die Wurzeln $k_1 = 1$, $k_2 = 2$ und $k_3 = -3$.

Damit lautet die allgemeine Lösung der Differentialgleichung

$$y = C_1 e^x + C_2 e^{2x} + C_3 e^{-3x}.$$

Beispiel 2. Die Schwingungsgleichung; komplexe Wurzeln der charakteristischen Gleichung. Für die schon durch (II. 26) gelöste Differentialgleichung

(II.37) $$y'' + y = 0$$

hat die charakteristische Gleichung

$$k^2 + 1 = 0$$

die Wurzeln $$k_{1,2} = \pm i.$$

Somit lautet die allgemeine Lösung zunächst:

$$y = C_1 e^{ix} + C_2 e^{-ix}.$$

Hier treten komplexe Lösungen der Form $y(x) = u(x) + iv(x)$ auf. Hat eine lineare homogene Differentialgleichung $L[y] = 0$ mit reellen Koeffizienten eine solche komplexe Lösung, so sind Realteil $u(x)$ und Imaginärteil $v(x)$ einzeln ebenfalls Lösungen der Differentialgleichung; denn es ist

$$L[y] = L[u + iv] = L[u] + iL[v] = 0,$$

also ist $L[u] = L[v] = 0$. Ferner ist dann auch $Cy(x)$ für eine beliebige komplexe Konstante $C = A + iB$ eine Lösung der Differentialgleichung, da in

$$Cy = (A + iB)(u + iv) = Au + iAv + iBu - Bv$$

jeder einzelne der 4 rechts stehenden Terme die Differentialgleichung erfüllt. Komplexe Wurzeln treten nun allgemein bei (II.35), da die gegebenen Koeffizienten p_ν als reell vorausgesetzt werden, nie einzeln, sondern stets paarweise konjugiert komplex in der Form auf

$$k_1 = a + ib, \quad k_2 = a - ib.$$

Das zeigt auch obiges Beispiel. In der allgemeinen Lösung steht damit

$$y = C_1 e^{(a+ib)x} + C_2 e^{(a-ib)x} + \dots$$

oder $$y = C_1 e^{ax} e^{ibx} + C_2 e^{ax} e^{-ibx} + \dots .$$

Mit Hilfe der „Eulerschen Formel“:

$$e^{\pm iz} = \cos z \pm i \sin z$$

folgt $$y = e^{ax}\{(C_1 + C_2)\cos bx + (C_1 i - C_2 i)\sin bx\} + \dots .$$

C_1 und C_2 dürfen beliebig komplex sein; mit den neuen Konstanten

$$C_1 + C_2 = C_1^*$$

$$C_1 \mathrm{i} - C_2 \mathrm{i} = C_2^*$$

erhält man

$$y = \mathrm{e}^{ax}(C_1^* \cos bx + C_2^* \sin bx) + \cdots.$$

Hier dürfen C_1^*, C_2^* komplex sein; wenn wir uns aber für Lösungen in reeller Form interessieren, greifen wir den Realteil heraus, d. h. C_1^* und C_2^* werden dann als reelle Konstanten angesehen. Die lineare Unabhängigkeit von $\mathrm{e}^{ax} \cos bx$ und $\mathrm{e}^{ax} \sin bx$ kann man mit Hilfe der Wronskischen Determinante sofort zeigen.

Bei dem Ausgangsbeispiel (II.37) kommt man dann auf die von früher her bekannte Lösung

$$y = C_1^* \cos x + C_2^* \sin x.$$

12. Mehrfache Nullstellen der charakteristischen Gleichung. Nun kann aber auch der Fall eintreten, daß mehrfache Nullstellen der algebraischen Gleichung (II.35) vorkommen, also etwa bei einer zweifachen Nullstelle

$$k_1 = k_2; \quad k_1 \neq k_m \quad \text{für} \quad m = 3, \ldots, n.$$

Da hierfür die speziellen Lösungen

$$y_1 = \mathrm{e}^{k_1 x} \quad \text{und} \quad y_2 = \mathrm{e}^{k_2 x}$$

gleich sind, fehlt für ein Fundamentalsystem noch eine Lösung. Sind alle n Wurzeln gleich

$$k_1 = k_2 = \cdots = k_n,$$

so fehlen noch $n - 1$ weitere Lösungen. Sei allgemein k_1 eine r-fache Nullstelle von (II.35) und $y_1(x) = \mathrm{e}^{k_1 x}$. Die für ein Fundamentalsystem „fehlenden" Funktionen kann man ermitteln durch Anwendung des in § 2, Gl. (II.14) besprochenen „Reduktionsansatzes"

$$y(x) = y_1(x) z(x),$$

also:

$$\begin{array}{ll|l}
y &= \mathrm{e}^{k_1 x} z & \cdot p_0 \\
y' &= \mathrm{e}^{k_1 x}(k_1 z + z') & \cdot p_1 \\
y'' &= \mathrm{e}^{k_1 x}(k_1^2 z + 2k_1 z' + z'') & \cdot p_2 \\
\multicolumn{2}{l}{\cdots\cdots\cdots\cdots\cdots\cdots\cdots\cdots\cdots\cdots} & \cdot \\
y^{(n)} &= \mathrm{e}^{k_1 x}\left[k_1^n z + \binom{n}{1} k_1^{n-1} z' + \cdots + z^{(n)}\right] & \cdot p_n
\end{array}$$

Die in den Klammern auftretenden Koeffizienten sind die Binomialkoeffizienten. Es wird wie angegeben mit $p_0, p_1, \ldots, p_n$ multipliziert und addiert. Man erhält dann in (II.33) bei $L[y] = L[y_1 z]$ als Faktor von $\mathrm{e}^{k_1 x}$:

$$\underbrace{z(p_0 + p_1 k_1 + p_2 k_1^2 + \cdots + p_n k_1^n)}_{(\mathrm{I})} +$$

$$+ z' \underbrace{\left(p_1 + \binom{2}{1} p_2 k_1 + \binom{3}{1} p_3 k_1^2 + \cdots + \binom{n}{1} p_n k_1^{n-1}\right)}_{(\mathrm{II})} +$$

$$+ z'' \underbrace{\left(p_2 + \binom{3}{2} p_3 k_1 + \binom{4}{2} p_4 k_1^2 + \cdots + \binom{n}{2} p_n k_1^{n-2}\right)}_{(\mathrm{III})} + \cdots + z^{(n)} \underbrace{(p_n)}_{(\mathrm{N}+1)}.$$

Die mit (I) bezeichnete Klammer ist wieder das charakteristische Polynom $P(k)$ von (II.35) an der Stelle k_1. Klammer (II) stellt seine erste Ableitung nach k an der Stelle k_1 dar, Klammer (III) die zweite Ableitung, dividiert durch 2!. usw. bis zur Klammer (N + 1), der n-ten Ableitung von $P(k)$ nach k an der Stelle k_1, dividiert durch $n!$:

(II.38)
$$L[e^{k_1 x} z] = e^{k_1 x} \left\{ z P(k_1) + \frac{z'}{1!} \frac{dP(k_1)}{dk} + \frac{z''}{2!} \frac{d^2 P(k_1)}{dk^2} + \cdots + \frac{z^{(n)}}{n!} \frac{d^n P(k_1)}{dk^n} \right\}.$$

Ist k_1 eine einfache Nullstelle von $P(k)$, so ist Klammer (I) gleich Null. Ist k_1 eine zweifache Nullstelle, dann verschwindet für sie auch die erste Ableitung von P nach k.

Allgemein verschwinden für eine r-fache Nullstelle k_1 die Ableitungen bis einschließlich der $(r-1)$-ten Ordnung:

$$P(k) = \frac{dP(k_1)}{dk} = \frac{d^2 P(k_1)}{dk^2} = \cdots = \frac{d^{r-1} P(k_1)}{dk^{r-1}} = 0.$$

Die Differentialgleichung für z beginnt also erst mit der r-ten Ableitung und hat somit die Form:

$$q_r z^{(r)} + \cdots + q_n z^{(n)} = 0.$$

Es ist daher ein beliebiges Polynom von höchstens $(r-1)$-tem Grade eine Lösung der Differentialgleichung für z:

$$z = C_1 + C_2 x + \cdots + C_r x^{r-1},$$

und damit hat die Ausgangs-Differentialgleichung (II.33) die Lösung

$$y = e^{k_1 x} z = e^{k_1 x}(C_1 + C_2 x + \cdots + C_r x^{r-1}).$$

Hat das charakteristische Polynom (II.35) allgemein die voneinander verschiedenen Nullstellen $k_1, \ldots, k_s$ mit den Vielfachheiten

$$r_1, \ldots, r_s \quad \text{mit} \quad r_1 + \cdots + r_s = n,$$

so hat die Differentialgleichung (II.33) die n Lösungen

(II.39)
$$e^{k_1 x}, \quad x e^{k_1 x}, \ldots, x^{r_1 - 1} e^{k_1 x}, \ldots, e^{k_s x}, \quad x e^{k_s x}, \ldots, x^{r_s - 1} e^{k_s x}.$$

Treten z. B. zwei doppelte Nullstellen $k_1 = k_2$ und $k_3 = k_4$ auf, so hat entsprechend die Differentialgleichung (II.33) die Lösung

$$y = e^{k_1 x}(C_1 + C_2 x) + e^{k_3 x}(C_3 + C_4 x) + C_5 e^{k_5 x} + \cdots + C_n e^{k_n x}.$$

Nun muß aber noch gezeigt werden, daß die neu hinzugenommenen Lösungen der Form $x^s e^{kx}$ gerade die gesuchte Ergänzung zu einem Fundamentalsystem bilden, d. h. daß die Funktionen (II.39) voneinander linear unabhängig sind, daß also keine nicht-triviale lineare Kombination der Funktionen (II.39) identisch verschwinden kann. Wir zeigen allgemeiner, daß eine Beziehung

$$\text{(II.40)} \qquad \sum_{j=1}^{s} P_j(x) e^{k_j x} \equiv 0,$$

wobei $P_j(x)$ Polynome sind, nur bestehen kann, wenn alle Polynome $P_j(x) \equiv 0$ sind. Wenn es nämlich eine Beziehung (II.40), in der nicht alle P_j verschwinden, gäbe, so kann man annehmen, daß etwa $P_1(x)$ nicht $\equiv 0$ ist. Division von (II.40) durch $e^{k_s x}$ ergibt

$$\text{(II.41)} \qquad \sum_{j=1}^{s-1} P_j(x) e^{(k_j - k_s)x} + P_s(x) \equiv 0.$$

P_j habe den Grad g_j; dann wird (II.41) $(g_s + 1)$-mal nach x differenziert. Dabei fällt $P_s(x)$ heraus. Ein Term $P_j(x)e^{\alpha x}$ ergibt beim Differenzieren $Q_j(x)e^{\alpha x}$, wobei $Q_j(x)$ wieder ein Polynom, und zwar für $\alpha \neq 0$ von demselben Grad wie $P_j(x)$ ist. Wegen $k_j \neq k_s$ für $j \neq s$ ist $\alpha \neq 0$ hier stets erfüllt. Es entsteht also nach $(g_s + 1)$-maligem Differenzieren eine Gleichung der Form

$$\text{(II.42)} \qquad \sum_{j=1}^{s-1} P_j^*(x) e^{(k_j - k_s)x} \equiv 0$$

mit: Grad von P_j^* = Grad von P_j.

Dieses Verfahren wird fortgesetzt; man dividiert diese Gleichung durch

$$e^{(k_{s-1} - k_s)x}$$

und differenziert $(g_{s-1} + 1)$-mal, dann fällt auch P_{s-1}^* hinaus, und man erhält eine Gleichung von der Form (II.42), wobei die Summe nur noch über j von 1 bis $s - 2$ läuft und neue Polynome als Faktoren auftreten, die aber stets denselben Grad behalten, da die Exponential-Funktionen die Gestalt $e^{\alpha x}$ haben mit $\alpha \neq 0$ (es ist stets α die Differenz zweier k_ν-Werte). Bei Fortführung des Verfahrens kommt man schließlich zu einer Gleichung

$$\tilde{P}_1(x) e^{(k_1 - k_2)x} \equiv 0,$$

wobei $\tilde{P}_1(x)$ denselben Grad hat wie $P_1(x)$ und somit nicht $\equiv 0$ sein kann. Eine solche Gleichung kann aber nicht bestehen.

Beispiel. Zu der z. B. bei Stabilitäts- und Schwingungsuntersuchungen sich ergebenden linearen homogenen Differentialgleichung

$$y^{\mathrm{IV}} + 4y'' + 4y = 0$$

lautet die charakteristische Gleichung

$$k^4 + 4k^2 + 4 = (k^2 + 2)^2 = 0$$

mit den beiden Doppelwurzeln $k_1 = k_2 = \sqrt{2}\mathrm{i}$, $k_3 = k_4 = -\sqrt{2}\mathrm{i}$. Daher hat man als allgemeine Lösung

$$y = \mathrm{e}^{\sqrt{2}\mathrm{i}x}(C_1 + C_2 x) + \mathrm{e}^{-\sqrt{2}\mathrm{i}x}(C_3 + C_4 x)$$

oder, unter Verwendung der Eulerschen Formel,

$$y = C_1^* \cos\sqrt{2}x + C_2^* \sin\sqrt{2}x + C_3^* x \cos\sqrt{2}x + C_4^* x \sin\sqrt{2}\,x .$$

Der durch die Differentialgleichung erfaßte Schwingungsvorgang ist, wie die Lösung zeigt, instabil, denn der dritte und vierte Term bleiben für $x \to \infty$ nicht beschränkt. Der Vergleich der Funktionsbilder für die vereinfachten Funktionen

$$y = \sin x \quad \text{und} \quad y = x \sin x$$

veranschaulicht diesen Sachverhalt, Fig. II/7.

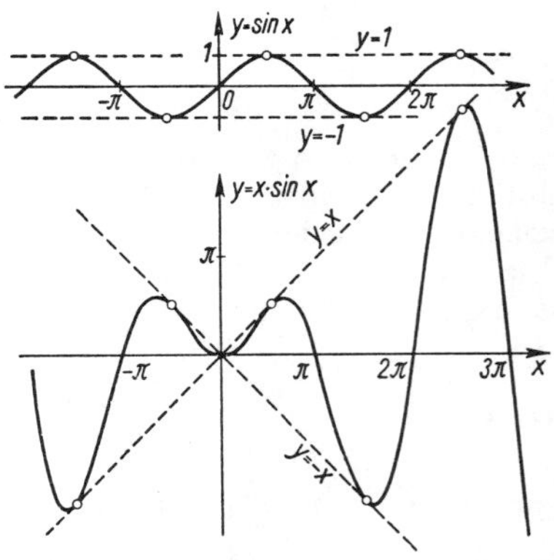

II/7. Lösungen bei einer Doppelwurzel der charakteristischen Gleichung

13. Stabilitätskriterium. *Die Realteile der Nullstellen entscheiden über die Stabilität.*

Die speziellen Lösungen haben die allgemeine Form

$$y_\nu = x^{q_\nu} \mathrm{e}^{k_\nu x}.$$

1. Ist darin k_ν eine reelle, positive Wurzel, so wächst die Exponentialfunktion monoton und unbeschränkt, für wachsendes x geht $y_\nu \to \infty$ für $x \to \infty$.

2. Ist k_ν eine reelle, negative Wurzel, so klingt y_ν bei wachsendem x gegen Null ab, da die Abnahme von $\mathrm{e}^{k_\nu x}$ das Anwachsen der Potenz x^{q_ν} überwiegt.

3. Ist k_ν komplex und einfach, also $k_\nu = a + \mathrm{i}b$ (dazu gehört stets auch die „konjugiert komplexe Wurzel“ $\bar{k}_\nu = a - \mathrm{i}b$), so treten Schwingungen auf (e^{ax} läßt sich hierbei ausklammern).
a) Ist dabei a positiv, dann wachsen die Schwingungen unbeschränkt.
b) Ist a negativ, dann klingen die Schwingungen ab.
c) Ist a gleich Null, dann bleiben die Schwingungsamplituden konstant.

4. Ist k_ν komplex und mehrfach, dann klingen die Lösungen für negatives a ab, wachsen aber für positives a und für $a = 0$ unbeschränkt an. Zusammenfassend können wir somit sagen:

Satz. *Das vorgelegte System ist stabil, d. h. alle Lösungen der Differentialgleichung* (II.33) *bleiben bei wachsendem x dann und nur dann beschränkt, wenn keine Nullstelle k_ν des charakteristischen Polynoms* (II.35) *einen positiven Realteil $a > 0$ hat (also insbesondere keine reelle positive Wurzel vorhanden ist) und wenn die etwaigen imaginären Nullstellen $k_\nu = ib$ (für $a = 0$) einfach sind.*

14. Die Gleichung für erzwungene Schwingungen. Ein in der Technik häufig vorkommender Fall ist der der gedämpften erzwungenen Schwingung. Er tritt auf, wenn ein gedämpftes schwingungsfähiges System durch äußere, z. B. in der Zeit periodische, Einflüsse erregt wird. Ein mechanisches Beispiel etwa liefert die Schraubenwelle eines Schiffes, die in einem von ihrer Eigenfrequenz im allgemeinen abweichenden Rhythmus infolge der Rüttel- und Stampfbewegungen des Schiffes erregt wird. Das gilt sowohl für die transversalenBiegeschwingungen als auch für die longitudinalen Dehnungsschwingungen und für die Torsionsschwingungen der Welle.

Mit $P(t)$ als erregender Kraft erhält man unter der Annahme einer geschwindigkeitsproportionalen Dämpfung für die schwingende Größe x, die etwa die Auslenkung aus der Ruhelage angibt, die Differentialgleichung

(II.43) $$m\ddot{x} + k\dot{x} + cx = P(t).$$

m ist darin die schwingende Masse, k die Dämpfungskonstante und c die spezifische Rückstellkraft. Hat die Erregung P, die etwa harmonisch sei, die Amplitude P_0 und die Kreisfrequenz ω

$$P(t) = P_0 \cos \omega t,$$

so lautet (II.43)

(II.44) $$m\ddot{x} + k\dot{x} + cx = P_0 \cos \omega t.$$

Schwingungen in einem elektrischen Stromkreis. Es besteht eine ins einzelne gehende Analogie zwischen mechanischen und elektrischen Schwingungen, man kann geradezu mechanischen Schwingungssystemen elektrische zuordnen und umgekehrt (eine Tabelle zum „Übersetzen" der einzelnen Größen findet sich z. B. bei K. W. Wagner, Einführung in die Lehre von den Schwingungen und Wellen, Wiesbaden 1947, S. 131). Auf eine Differentialgleichung von genau demselben Typus wie (II.44) führt die Berechnung des nachfolgenden elektrischen Reihenschwingkreises, Fig. II/8.

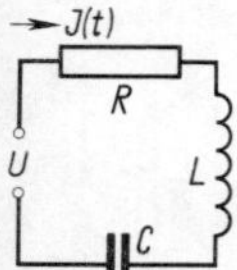

II/8. Elektrischer Schwingungskreis

J = Augenblickswert des Stromes als Funktion der Zeit t, R = Ohmscher Widerstand als „Dämpfung", L = Induktivität als „Trägheit", C = Kapazität als reziproke „Elastizität", $U(t) = U_m \sin \omega t$ sei die angelegte elektromotorische Kraft. Der innere Widerstand sei vernachlässigt oder in R einbezogen. Die Augenblicksspannung am Kondensator sei $U_C = U_C(t)$.

Dann gilt nach der Kirchhoffschen Regel für einen Umlauf

$$U_C + L\frac{\mathrm{d}J}{\mathrm{d}t} + RJ = U(t);$$

kombiniert mit der Kondensatorgleichung $J = C\,\dfrac{\mathrm{d}U_C}{\mathrm{d}t}$, folgt für die Spannung die Differentialgleichung

$$L\ddot{U}_C + R\dot{U}_C + \frac{1}{C}U_C = \frac{1}{C}U_m \sin \omega t \qquad \text{(II.45)}$$

in voller Analogie zu (II.44); denn ob rechts cos oder sin steht, hängt nur von der Wahl des Nullpunktes für die Zeitzählung ab. Entsprechend erhält man für den Stromverlauf abermals denselben Differentialgleichungstyp:

$$L\ddot{J} + R\dot{J} + \frac{1}{C}J = \dot{E} = U_m\,\omega \cos \omega t.$$

15. Lösung der homogenen Schwingungsgleichung. Der Ansatz für die Lösung der zu (II.44) gehörigen homogenen Differentialgleichung

$$x = e^{\lambda t}$$

führt auf die quadratische Gleichung $m\lambda^2 + k\lambda + c = 0$ mit den Wurzeln

$$\lambda_{1,2} = -\frac{k}{2m} \pm \frac{1}{2m}\sqrt{k^2 - 4\,c\,m}\,.$$

Je nach der Größe der Dämpfung k werden die Wurzeln reell oder komplex. Im folgenden seien m, k, c positiv.

1. Fall: Schwache Dämpfung. Für

$$k^2 < 4cm$$

ist die Wurzel imaginär.
Mit der Abkürzung

$$\frac{1}{2m}\sqrt{k^2 - 4cm} = \mathrm{i}\nu, \quad \lambda_{1,2} = -\frac{k}{2m} \pm \mathrm{i}\nu$$

lautet nach Anwendung der Eulerschen Formel die allgemeine Lösung der homogenen Differentialgleichung

$$x = e^{-\frac{k}{2m}t}(C_1 \cos \nu t + C_2 \sin \nu t)\,. \qquad \text{(II.46)}$$

Die zunächst formal eingeführte Größe ν erweist sich hier als die Kreisfrequenz der gedämpften Schwingung. Mit dem Additionstheorem des Kosinus läßt sich dafür schreiben

$$x = e^{-\frac{k}{2m}t} A \cos(\nu t - \varepsilon)\,.$$

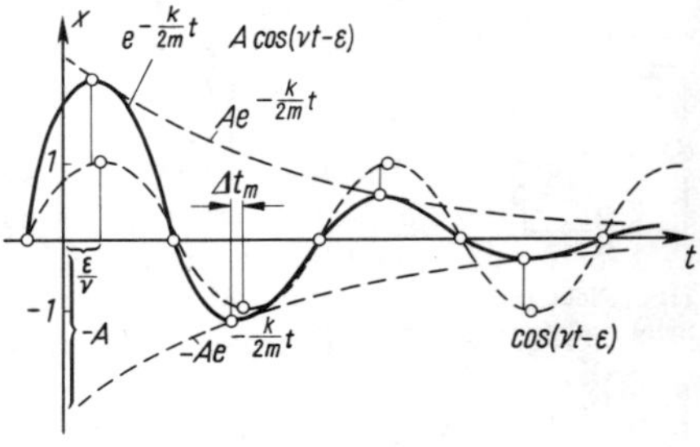

II/9. Lösung der Schwingungsgleichung bei schwacher Dämpfung

Darin ist $A = \sqrt{C_1^2 + C_2^2}$ und $\varepsilon = \arctan \frac{C_2}{C_1}$ die Phase.

Mit wachsender Zeit t wird der Faktor $e^{-\frac{k}{2m}t}$ monoton kleiner und strebt gegen Null, die Amplitude klingt exponentiell ab, Fig. II/9.

Die Extremwerte der gedämpften Schwingung bekommt man durch Differentiation und Nullsetzen:

$$\dot{x} = A\,\mathrm{e}^{-\frac{k}{2m}t}\left\{-\frac{k}{2m}\cos(\nu t-\varepsilon) - \nu\sin(\nu t-\varepsilon)\right\} = 0\,.$$

Hieraus folgt für die Zeit $t = t_n$ eines Extremwertes

$$\tan(\nu t_n - \varepsilon) = -\frac{k}{2m\nu}$$

oder bei Beachtung der Periodizität

$$t_n = \frac{1}{\nu}\left\{n\pi + \varepsilon - \operatorname{arc\,tan}\frac{k}{\nu\cdot 2m}\right\}\ (n = 0, 1, 2\ldots).$$

Die zeitliche Differenz Δt_n gegenüber den Extrempunkten der reinen Kosinus-Schwingung ist also konstant, Fig. II/9,

$$\Delta t_n = \frac{1}{\nu}\operatorname{arc\,tan}\frac{k}{\nu\cdot 2m}\,.$$

2. Fall: Starke Dämpfung. Für starke Dämpfung $k^2 > 4cm$ sind die Wurzeln $\lambda_{1,2}$ negativ reell, und es ergibt sich als allgemeine Lösung

$$x = C_1\mathrm{e}^{\lambda_1 t} + C_2\mathrm{e}^{\lambda_2 t};\quad \lambda_1 < 0,\quad \lambda_2 < 0,$$

die Überlagerung zweier abklingender Exponentialfunktionen, Fig. II/10. Schwingungen treten dabei nicht mehr auf. Es lassen sich jedoch die Konstanten so wählen, daß noch ein Nulldurchgang zustande kommt, Fig. II/11.

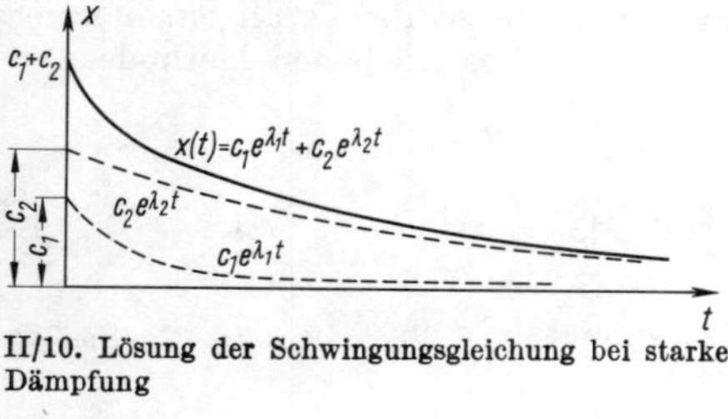

II/10. Lösung der Schwingungsgleichung bei starker Dämpfung

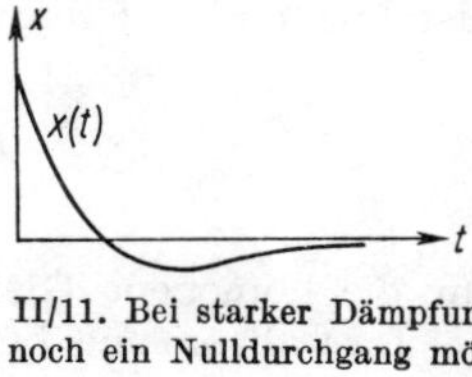

II/11. Bei starker Dämpfung ist noch ein Nulldurchgang möglich

3. Fall: Aperiodischer Grenzfall. Ist schließlich $k^2 = 4cm$, so erhält man zwei gleiche Nullstellen $\lambda_1 = \lambda_2 = \lambda$ und damit als allgemeine Lösung der Differentialgleichung:

$$x = (C_1 + C_2 t)\,\mathrm{e}^{\lambda t}.$$

Man hat quantitativ das gleiche Verhalten wie bei starker Dämpfung.

§ 5 Bestimmung einer speziellen Lösung der inhomogenen linearen Differentialgleichung

Die eben behandelten Fälle sind die Abklingungsvorgänge eines dämpfungsbehafteten Systems ohne Fremdeinfluß, d. h. mathematisch „ohne Störungsfunktion" $P(t)$ wie in (II.43).

Um den Einfluß einer Erregung $P(t)$ zu erfassen, braucht man nach dem Überlagerungssatz aus Kap. II, 6 eine spezielle Lösung der inhomogenen Differentialgleichung.

Es gibt mehrere Wege zur Gewinnung einer solchen speziellen Lösung:

1. Wenn man die allgemeine Lösung der homogenen Differentialgleichung kennt, kann man mit Hilfe des Reduktionsverfahrens von Kap. II, 7 die Differentialgleichung auf eine lineare Gleichung erster Ordnung zurückführen, deren Lösung in geschlossener Form nach Kap. I, 9 möglich ist.

2. Wenn die allgemeine Lösung der homogenen Differentialgleichung bekannt ist, kann man auch das Verfahren der Variation der Konstanten anwenden, welches in Kap. II, 16 beschrieben wird und zu dessen Durchführung Quadraturen nötig sind. Wenn also ein Fundamentalsystem der homogenen Gleichung vorliegt, kann man stets die Lösung der inhomogenen Gleichung durch Quadraturen erzwingen.

3. Für viele bei den Anwendungen vorkommende Fälle kann man jedoch mit der „Faustregel" sehr rasch eine spezielle Lösung der inhomogenen Gleichung gewinnen. Die Faustregel ist aber keine allgemeine Methode und führt keineswegs immer zum Ziel. In den Fällen, in denen sie aber eine Lösung liefert, ist sie gewöhnlich sehr viel einfacher und führt viel rascher zum Ziel als die Methoden 1 und 2.

Der geübte Rechner wird daher gewöhnlich die Faustregel zu benutzen versuchen, und erst, wenn diese ohne Erfolg ist, zu den umständlichen, aber bei bekanntem Fundamentalsystem auf jeden Fall ein Ergebnis liefernden Methoden 1 und 2 greifen.

16. Das Verfahren der Variation der Konstanten. Es ist die Verallgemeinerung der in Kap. I, 9 für Gleichungen erster Ordnung beschriebenen Methode. Bei der linearen Differentialgleichung

$$L[y] = \sum_{\nu=0}^{n} p_\nu(x)\, y^{(\nu)}(x) = r(x) \tag{II.47}$$

sei für die homogene Gleichung ein Fundamentalsystem $y_1, y_2, y_3, \ldots, y_n$ bekannt. Ihre allgemeine Lösung lautet also

$$y = C_1 y_1 + C_2 y_2 + \cdots + C_n y_n .$$

Entsprechend dem Verfahren in Kap. I, 9 werden auch hier die Konstanten C_μ durch noch zu bestimmende Funktionen $C_\mu(x)$ ersetzt, man macht also für eine spezielle Lösungsfunktion $u(x)$ der inhomogenen Gleichung den Ansatz

$$u = C_1(x) y_1 + C_2(x) y_2 + \cdots + C_n(x) y_n .$$

Auf diese Weise ist der Lösungsansatz überbestimmt, denn man sucht ja nicht n unbekannte Funktionen $C_\mu(x)$, sondern nur eine Lösungsfunktion. Man versucht daher noch $n - 1$ zweckmäßig gewählte Bedingungen vorzuschreiben, und zwar, daß gewisse bei der Bildung der Ableitungen $u', \ldots, u^{(n-1)}$ auftretende Ausdrücke verschwinden, so daß das Einsetzen von $u, u', \ldots, u^{(n)}$ in die Differentialgleichung ein übersichtliches Ergebnis liefert. So verlangt man z. B. als erste Bedingung bei der Bildung von

$$u' = C_1 y_1' + \cdots + C_n y_n' + C_1' y_1 + \cdots + C_n' y_n,$$

daß der zweite Teil $C_1' y_1 + \cdots + C_n' y_n = 0$ sein soll.
Dann bleibt nur

$$u' = C_1 y_1' + \cdots + C_n y_n',$$

und die nächste Differentiation läßt sich übersichtlich durchführen. Entsprechend geht man bei den weiteren Ableitungen vor und verlangt allgemein

$$\text{(II.48)} \qquad C_1' y_1^{(\nu)} + \cdots + C_n' y_n^{(\nu)} = 0 \quad \text{für} \quad \nu = 0,1 \ldots, n-2.$$

Dann wird

$$u^{(\nu)} = C_1 y_1^{(\nu)} + \cdots + C_n y_n^{(\nu)} \quad \text{für} \quad \nu = 0,1, \ldots, n-1,$$

$$u^{(n)} = C_1 y_1^{(n)} + \cdots + C_n y_n^{(n)} + C_1' y_1^{(n-1)} + \cdots + C_n' y_n^{(n-1)}.$$

Setzt man alle diese Ableitungen in die inhomogene Differentialgleichung ein, so erhält man

$$L[u] = C_1 \underbrace{L[y_1]}_{=0} + C_2 \underbrace{L[y_2]}_{=0} + \cdots + C_n \underbrace{L[y_n]}_{=0} + \sum_{\mu=1}^{n} C_\mu' y_\mu^{(n-1)} p_n(x) = r(x);$$

denn die y_μ sind spezielle Lösungen der homogenen Gleichung. Somit ergibt sich als weitere Bedingung für die C'_μ

$$\text{(II.49)} \qquad C_1' y_1^{(n-1)} + \cdots + C_n' y_n^{(n-1)} = \frac{r(x)}{p_n(x)}.$$

(II.48) und (II.49) stellen zusammen ein System von n Gleichungen für die n Unbekannten $C_\mu'(x)$ dar.

Die Koeffizientendeterminante dieses Gleichungssystems ist nun aber genau die Wronskische Determinante (II.19) des Fundamentalsystems der y_ν und daher von Null verschieden. Die Gleichungen sind demgemäß eindeutig auflösbar und gestatten die Berechnung der $C_1'(x), C_2'(x), \ldots, C_n'(x)$, die sich damit zugleich als stetig und somit auch als integrierbar erweisen.

Durch Integration erhält man daraus die Funktionen

$$\text{(II.50)} \qquad C_\mu(x) = \int_{x_0}^{x} C_\mu'(\xi)\,d\xi + C_\mu^*, \quad (\mu = 1, 2, \ldots, n).$$

Durch Hinzunahme der Integrationskonstanten C_μ^* ergibt sich nach dem Einsetzen die allgemeine Lösung der vollständigen Differentialgleichung.

17. Die „Faustregel". Für das Aufsuchen einer speziellen Lösung für eine inhomogene lineare Differentialgleichung gibt es eine Faustregel (mit den zu Beginn dieses Paragraphen schon genannten Vor- und Nachteilen), die besagt, daß in zahlreichen Fällen der Funktionstypus einer speziellen Lösung derselbe ist wie der der Störungsfunktion $r(x)$ oder genauer: Bei der Differentialgleichung (II.47) leite man $r(x)$ insgesamt ν-mal ab und multipliziere die Ableitungen mit den entsprechenden $p_\nu(x)$ und ermittle, ob sie zu einer allgemeinen Funktionenklasse gehören, z. B. ob nur e-Funktionen auftreten oder ob nur trigonometrische Funktionen vorkommen, ob etwa stets Produkte aus beiden Funktionsarten vorliegen oder ob vielleicht nur Potenzen von x vorkommen usw.

Man wählt dann als Ansatz die Linearkombination

$$y(x) = \sum_{\varrho} C_\varrho \varphi_\varrho(x).$$

Darin bedeuten die C_ϱ durch Identifizierung der Differentialgleichung zu bestimmende Konstanten und die $\varphi_\varrho(x)$ Funktionen aus der Funktionenklasse. Es sind nachstehend einige Arten von Ansätzen für lineare Differentialgleichungen mit konstanten Koeffizienten zusammengestellt:

Störungsfunktion: $r(x) =$	Zugehöriger spezieller Ansatz: $y(x) =$
a	A
x^n; $a_0 + a_1x + a_2x^2 + \cdots + a_nx^n$	$A_0 + A_1x + A_2x^2 + \cdots + A_nx^n$
$a\mathrm{e}^{\lambda x}$	$A\mathrm{e}^{\lambda x}$
$a \sin mx$; $a \cos mx$; $a_0 \cos mx + a_1 \sin mx$	$A_0 \cos mx + A_1 \sin mx$
$a\mathrm{e}^{\lambda x} \cos mx$; $a\mathrm{e}^{\lambda x} \sin mx$; $a_0\mathrm{e}^{\lambda x} \cos mx + a_1\mathrm{e}^{\lambda x} \sin mx$	$A_0\mathrm{e}^{\lambda x} \cos mx + A_1\mathrm{e}^{\lambda x} \sin mx$

Liegen Linearkombinationen dieser Störungsfunktionen vor, so hat man auch als Ansatz eine entsprechende Linearkombination zu wählen. Ist z. B.

$$r(x) = \mathrm{e}^{3x} + 4 \sin 2x + x^2,$$

so setzt man an:

$$y(x) = A_0\mathrm{e}^{3x} + A_1 \cos 2x + A_2 \sin 2x + A_3 + A_4x + A_5x^2.$$

Eine recht nützliche und allgemeine Form ergibt sich aus (II.38), wenn man dort $z = x^s$ einsetzt:

Mit dem linearen Differentialausdruck L nach (II.32) mit konstanten Koeffizienten p_ν und dem charakteristischen Polynom $P(k)$ nach (II.35) folgt dann

$$\text{(II.51)} \qquad L[\mathrm{e}^{kx} x^s] = \left\{x^s P(k) + \binom{s}{1} x^{s-1} P'(k) + \binom{s}{2} x^{s-2} P''(k) + \cdots + \binom{s}{n} x^{s-n} P^{(n)}(k)\right\} \mathrm{e}^{kx}.$$

Ist $k = k_1$ eine r-fache Wurzel von $P(k) = 0$, also

$$P(k) = P'(k) = \cdots = P^{(r-1)}(k) = 0,$$

aber $P^{(r)}(k) \neq 0$, so erhält rechts e^{kx} als Faktor ein Polynom vom Grad $s - r$, falls s eine natürliche Zahl $\geq r$ ist. Gl. (II.51) gilt auch, wenn s keine natürliche Zahl ist. Ein Beispiel für die Anwendung dieser Formel bringt Nr. 19.

Wendet man die *Faustregel* auf die Gleichung für die erzwungene Schwingung (II.44) an:

$$m\ddot{x} + k\dot{x} + cx = P_0 \cos \omega t,$$

so setzt man für die spezielle Lösung an

$$x = a \cos \omega t + b \sin \omega t,$$

denn bei zweimaliger Ableitung der Störungsfunktion treten nur diese Funktionsarten auf.

18. Einführung einer komplexen Differentialgleichung. Unter Einbeziehung der Rechnung mit komplexen Größen kommt man im letzten Beispiel jedoch schneller zum Ziel. Die Störungsfunktion

$$r(x) = P_0 \cos \omega t$$

ist nämlich der Realteil der komplexen Funktion (nach der Eulerschen Identität)

$$P_0 e^{i\omega t} \equiv \underbrace{P_0 \cos \omega t}_{\text{Realteil}} + i \underbrace{P_0 \sin \omega t}_{\text{Imaginärteil}}.$$

Man schreibt dann auch abgekürzt

$$P_0 \cos \omega t = \mathrm{Re}(P_0 e^{i\omega t}), \quad P_0 \sin \omega t = \mathrm{Im}(P_0 e^{i\omega t}).$$

Damit lautet die Differentialgleichung

$$m\ddot{x} + k\dot{x} + cx = \mathrm{Re}(P_0 e^{i\omega t}).$$

Löst man an Stelle dieser Differentialgleichung die zunächst komplizierter scheinende Gleichung mit der komplexen – also um das imaginäre Glied erweiterten – Störungsfunktion

$$m\ddot{x} + k\dot{x} + cx = P_0 \cos \omega t + i P_0 \sin \omega t = P_0 e^{i\omega t},$$

so erhält man auch eine komplexe spezielle Lösung von der Form

$$x(t) = u(t) + i v(t).$$

Beim Einsetzen von $x(t)$ in die Differentialgleichung, deren Koeffizienten als reell vorausgesetzt werden, liefert dann $u(t)$ den Realteil und $v(t)$ den Imaginärteil der Störungsfunktion.

Sucht man daher nach der Lösung der auf eine komplexe Störungsfunktion erweiterten Differentialgleichung den reellen Teil der Lösung heraus, so hat man die gesuchte spezielle Lösung der Ausgangsdifferentialgleichung.

Welche Arbeitsersparnis man so erzielt, möge der Leser beim Durchrechnen des rein reellen Ansatzes selbst feststellen. Man setzt also

$$x = C e^{i\omega t}$$

in die Differentialgleichung ein:

$$-mC\omega^2 + kCi\omega + Cc = P_0$$

und erhält

$$C = \frac{P_0}{c - m\omega^2 + ik\omega}.$$

Die Erweiterung mit dem konjugiert komplexen Nenner ermöglicht die Trennung von Re (C) und Im (C), da durch diesen Kunstgriff der Nenner reell wird:

$$C = \frac{P_0}{(c - m\omega^2) + ik\omega} \cdot \frac{c - m\omega^2 - ik\omega}{(c - m\omega^2) - ik\omega} = P_0 \frac{c - m\omega^2 - ik\omega}{(c - m\omega^2)^2 + k^2\omega^2}.$$

Mit den Abkürzungen α, β (der Nenner werde zunächst als $\neq 0$ vorausgesetzt)

(II.52)
$$C = P_0 \left[\underbrace{\frac{c - m\omega^2}{(c - m\omega^2)^2 + k^2\omega^2}}_{\alpha} + i \underbrace{\frac{-k\omega}{(c - m\omega^2)^2 + k^2\omega^2}}_{\beta} \right],$$
$$C = P_0 (\alpha + i\beta)$$

lautet die spezielle Lösung für die komplexe Störungsfunktion

$$x = P_0(\alpha + i\beta) e^{i\omega t}.$$

Jetzt wird der reelle Teil herausgesucht:

$$x = P_0(\alpha + i\beta)(\cos\omega t + i\sin\omega t),$$
$$x = P_0(\alpha\cos\omega t - \beta\sin\omega t) + i\underbrace{(\ldots)}$$

interessiert nicht!

Um nun die allgemeine Lösung zu erhalten, addiert man nach dem Überlagerungssatz Kap. II, 6 die allgemeine Lösung (II.46) der homogenen Differentialgleichung und die spezielle Lösung der vollständigen Differentialgleichung:

(II.53)
$$x = e^{-\frac{k}{2m}t}(C_1 \cos\nu t + C_2 \sin\nu t) + P_0(\alpha\cos\omega t - \beta\sin\omega t).$$

Es überlagern sich eine gedämpfte Schwingung, die nur für den Einschwingvorgang praktisch von Bedeutung ist, und die ungedämpfte erzwungene Schwingung, die schließlich allein zurückbleibt, Fig. II/12. Beide haben im allgemeinen verschiedene Kreisfrequenzen und verschiedene Amplituden. Die Konstanten C_1 und C_2 dienen zur Anpassung an die Anfangsbedingungen.

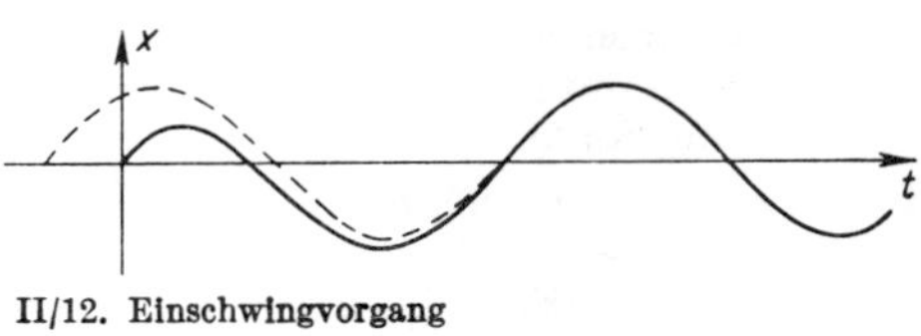

II/12. Einschwingvorgang

19. Der Resonanzfall. Nun ist noch der Fall zu behandeln, daß der Nenner in (II.52) verschwindet: $(c - m\omega^2)^2 + k^2\omega^2 = 0$.

Das tritt ein, wenn gleichzeitig $c - m\omega^2 = 0$ und $k\omega = 0$ sind; wegen $\omega \neq 0$ muß dann $k = 0$, d.h. das System ungedämpft sein; und $\omega^2 = \frac{c}{m}$ besagt, daß die Erregerfrequenz gleich der Eigenfrequenz des betreffenden Systems ist. Dieser Fall heißt der „Resonanzfall". Die Differentialgleichung lautet dann also

(II.54) $$m\ddot{x} + cx = P_0 \cos \omega t \quad \text{mit} \quad \omega^2 = \frac{c}{m}.$$

Auch hier ist die komplexe Erweiterung der rechten Seite der Differentialgleichung zweckmäßig:

(II.55) $$m\ddot{x} + cx = P_0 e^{i\omega t}.$$

Die Faustregel versagt hier, wie oben festgestellt wurde; aber Formel (II.51) ist anwendbar. Es ist $k = i\omega$ eine Wurzel des charakteristischen Polynoms; soll auf der rechten Seite e^{kt} [in (II.51) ist jetzt t statt x zu schreiben] mit einer Konstanten multipliziert auftreten, so hat man $s = 1$ zu wählen. Der Ansatz $x = Cte^{i\omega t}$ liefert beim Einsetzen in (II.55) $2iC\omega m e^{i\omega t} = P_0 e^{i\omega t}$ oder

$$x = -i\frac{P_0}{2m\omega} te^{i\omega t} = -i\frac{P_0}{2m\omega} t\cos \omega t + \frac{P_0}{2m\omega} t \sin \omega t.$$

Der reelle Teil ist die gesuchte spezielle Lösung der reellen inhomogenen Ausgangsgleichung

(II.56) $$x = \frac{P_0}{2m\omega} t \sin \omega t$$

und stellt eine Schwingung dar, deren Amplitude mit der Zeit linear, also unbegrenzt, anwächst, Fig. II/7.

§ 6 Die Eulersche Differentialgleichung

20. Lösungsansatz und charakteristische Gleichung. Ein weiterer integrabler Typ der linearen Differentialgleichungen mit nicht konstanten Koeffizienten ist die Eulersche Differentialgleichung

$$p_0 y + p_1 x y' + p_2 x^2 y'' + \cdots + p_n x^n y^{(n)} = r(x).$$

Die p_ν seien gegebene Konstanten mit $p_n \neq 0$.

Nach Kap. II, 16 genügt es, die homogene Gleichung

(II.57) $$\sum_{\nu=0}^{n} p_\nu x^\nu y^{(\nu)} = 0,$$

zu behandeln.

Der naheliegende Ansatz

(II.58) $$y = x^r, \quad y' = rx^{r-1}, \quad y'' = r(r-1)x^{r-2}, \ldots,$$
$$y^{(n)} = r(r-1)(r-2)\cdots(r-n+1)x^{r-n}$$

führt nach der Ausklammerung und Kürzung von x^r auf die charakteristische Gleichung

(II.59) $p_0 + p_1 r + p_2 r(r-1) + \cdots + p_n r(r-1)(r-2)\cdots(r-n+1) = 0.$

Das ist eine algebraische Gleichung n-ten Grades mit den Wurzeln

$$r_1, r_2, r_3, \ldots, r_n.$$

Sind alle Wurzeln voneinander verschieden, so lautet die allgemeine Lösung der Differentialgleichung

$$y = C_1 x^{r_1} + C_2 x^{r_2} + \cdots + C_n x^{r_n}.$$

Man hätte nun noch nachzuweisen, daß die Potenzen $x^{r_1}, \ldots, x^{r_n}$ tatsächlich voneinander linear unabhängig sind; man kann sich jedoch diesen (an sich nicht schweren) Nachweis und die Untersuchung der Komplikationen für den Fall mehrfacher Wurzeln der charakteristischen Gleichung sparen, wenn man die Differentialgleichung (II.57) auf eine lineare Gleichung mit konstanten Koeffizienten zurückführt, bei der die Verhältnisse bereits in § 4 vollständig diskutiert wurden. Diese Zurückführung leistet die Transformation für $x > 0$ (für $x < 0$ ersetzt man x durch $-x$)

(II.60) $$z = \ln x, \quad x = \mathrm{e}^z, \quad \frac{\mathrm{d}x}{\mathrm{d}z} = \mathrm{D}x = x,$$

dabei ist das Symbol D für die Differentiation nach z eingeführt worden.

Es ist dann

$$\mathrm{D}y = \frac{\mathrm{d}y}{\mathrm{d}z} = \frac{\mathrm{d}y}{\mathrm{d}x}\frac{\mathrm{d}x}{\mathrm{d}z} = xy'$$

$$\mathrm{D}^2 y = \mathrm{D}(xy') = xy' + xy'' \cdot x$$

oder

$$x^2 y'' = \mathrm{D}^2 y - xy' = \mathrm{D}^2 y - \mathrm{D}y = \mathrm{D}(\mathrm{D}-1)y.$$

Allgemein wird für die q-te Ableitung

(II.61) $$x^q y^{(q)} = \mathrm{D}(\mathrm{D}-1)\ldots(\mathrm{D}-q+1)y.$$

Diese Regel läßt sich sofort durch vollständige Induktion von q auf $q+1$ beweisen, indem man beiderseits mit $D - q$ multipliziert:

$$(\mathrm{D}-q)x^q y^{(q)} = \mathrm{D}(x^q y^{(q)}) - q x^q y^{(q)} = q x^q y^{(q)} + x^q y^{(q+1)} \cdot x - q x^q y^{(q)}$$
$$= x^{q+1} y^{(q+1)}.$$

Andererseits ist $(\mathrm{D}-q)x^q y^{(q)} = \mathrm{D}(\mathrm{D}-1)\ldots(\mathrm{D}-q)y$. Die Transformation ergibt also die neue Differentialgleichung mit konstanten Koeffizienten für die Funktion $v(z) = y(\mathrm{e}^z)$

(II.62) $$\sum_{\nu=0}^{n} p_\nu \mathrm{D}(\mathrm{D}-1)\ldots(\mathrm{D}-\nu+1)v = 0.$$

Die charakteristische Gleichung (II.35) für diese ist identisch mit der charakteristischen Gleichung (II.59), jedoch stehen jetzt die Ergebnisse der Theorie von § 4 zur Verfügung: Sind die Wurzeln $r_1, \ldots, r_n$ voneinander verschieden, so bilden $x^{r_1}, \ldots, x^{r_n}$ ein Fundamentalsystem; ist r_1 eine p-fache Wurzel, so sind

$$e^{r_1 z}, \; z e^{r_1 z}, \ldots, z^{p-1} e^{r_1 z}$$

oder transformiert x^{r_1}, $(\ln x) x^{r_1}, \ldots, (\ln x)^{p-1} x^{r_1}$ Lösungen von (II.57).

21. Beispiele. 1.

$$x^3 y''' - 3x^2 y'' + 6xy' - 6y = 0.$$

Der Ansatz

$$y = x^r$$

führt auf

$$r^3 - 6r^2 + 11r - 6 = 0$$

mit den Wurzeln $r_1 = 1$, $r_2 = 2$, $r_3 = 3$. Die allgemeine Lösung lautet daher

$$y = C_1 x + C_2 x^2 + C_3 x^3.$$

2. Kommen konjungiert komplexe Wurzeln vor

$$r_1 = a + \mathrm{i}b, \quad r_2 = a - \mathrm{i}b,$$

so formt man die speziellen Lösungen

$$x^{r_1} = x^{a+\mathrm{i}b} = x^a x^{\mathrm{i}b}, \quad x^{r_2} = x^{a-\mathrm{i}b} = x^a x^{-\mathrm{i}b}$$

nach der Eulerschen Formel (Kap. II, 11) um

$$x^{\pm \mathrm{i}b} = e^{\pm (\ln x)\mathrm{i}b} = \cos(b \ln x) \pm \mathrm{i} \sin(b \ln x).$$

Man erhält dann mit $C_1^* = C_1 + C_2$ und $C_2^* = \mathrm{i} C_1 - \mathrm{i} C_2$ die Lösung

(II.63) $$y = x^a [C_1^* \cos(b \ln x) + C_2^* \sin(b \ln x)] + \cdots,$$

z. B. bei

$$x^2 y'' - xy' + 2y = 0$$

führt der Ansatz

$$y = x^r$$

auf

$$r^2 - 2r + 2 = 0, \quad \text{also } r_{1,2} = 1 \pm \mathrm{i}.$$

Aus

$$y = C_1 x^{1+\mathrm{i}} + C_2 x^{1-\mathrm{i}}$$

folgt die allgemeine Lösung in reeller Gestalt

$$y = x [C_1^* \cos(\ln x) + C_2^* \sin(\ln x)].$$

3.

$$x^2 y'' + 3xy' + y = 0.$$

Der Ansatz

$$y = x^r$$

führt auf

$$r^2 + 2r + 1 = (r+1)^2 = 0, \quad \text{also} \quad r_1 = r_2 = -1.$$

Es treten gleiche Wurzeln auf. Daher lautet die allgemeine Lösung

$$y(x) = \frac{C_1}{x} + C_2 \frac{\ln x}{x}.$$

§ 7 Systeme linearer Differentialgleichungen

In den Anwendungen treten häufig Systeme linearer gewöhnlicher Differentialgleichungen auf. Selbst in den Fällen, in denen man ein solches System durch Elimination von Unbekannten in eine einzelne gleichwertige Differentialgleichung höherer Ordnung überführen kann, ist es oft zweckmäßiger, das System unmittelbar in Angriff zu nehmen. Daher seien hier kurz einige Eigenschaften solcher Systeme dargestellt.

22. Beispiel: Schwingungen eines Kraftfahrzeugs (Kopplungsarten). Es sollen die vertikalen Schwingungen eines Wagens berechnet werden, wobei der Wagen idealisiert als ein starrer Stab auf 2 elastischen Stützen aufgefaßt werde, Fig. II/13, es werden also jeweils die Vorderradfedern und die Hinterradfedern zu einer einzelnen Feder mit der Federkonstanten c_1 bzw. c_2 zusammengefaßt. Es werden nur kleine Schwingungen mit kleinen Auslenkungen x_1, x_2 an den Angriffsstellen P_1, P_2 der Federn und kleinem Schrägstellungswinkel φ betrachtet, so daß man in erster Näherung annehmen kann, jeder Punkt des Stabes schwinge auf einer senkrechten Geraden. Der Schwerpunkt S des Stabes habe die Entfernungen l_1, l_2 von den Punkten P_1, P_2 und die senkrechte Auslenkung x aus der Ruhelage. Nach dem Schwerpunktssatz bewegt sich der Schwerpunkt so, als ob die Gesamtmasse M des Stabes in ihm vereinigt wäre und die Kräfte, hier die Federkräfte $-c_1x_1$ und $-c_2x_2$, an ihm angreifen würden:

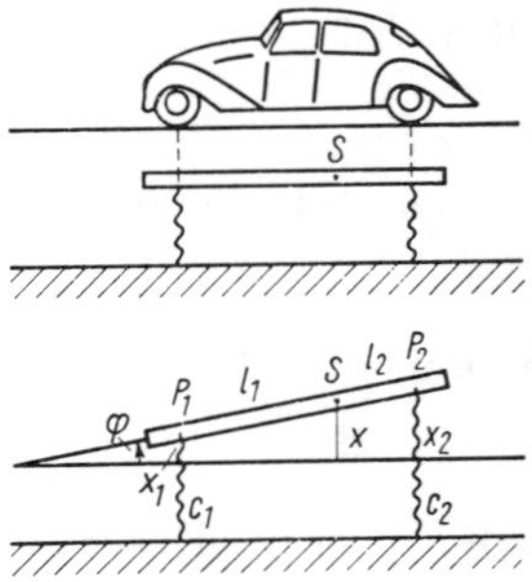

II/13. Schwingungen eines Kraftfahrzeugs

(II.64) $$M\ddot{x} = -c_1x_1 - c_2x_2.$$

Hat der Stab das Massenträgheitsmoment Θ bezüglich des Schwerpunktes S, so hat man als Gleichung für den Winkel φ [vgl. (III.52)]

(II.65) $$\Theta\ddot{\varphi} = c_1x_1l_1 - c_2x_2l_2.$$

Bei kleinen Auslenkungen wird gesetzt

$$x_1 = x - l_1\varphi, \qquad x_2 = x + l_2\varphi,$$

$$x = \frac{l_2x_1 + l_1x_2}{l_1 + l_2}, \quad \varphi = \frac{x_2 - x_1}{l_1 + l_2}.$$

Setzt man diese Ausdrücke für x_1 und x_2 in (II.64) (II.65) ein, so folgt das System von 2 Differentialgleichungen zweiter Ordnung für x und φ

(II.66) $$M\ddot{x} = -a_{11}x - a_{12}\varphi$$

$$\Theta\ddot{\varphi} = -a_{21}x - a_{22}\varphi$$

mit den Abkürzungen:

$$a_{11} = c_1 + c_2, \quad a_{12} = a_{21} = c_2l_2 - c_1l_1, \quad a_{22} = c_1l_1^2 + c_2l_2^2.$$

Wenn zufällig die Abmessungen des Systems $a_{12} = 0$ ergeben, erscheint das System (II.66) „entkoppelt", und man hätte eine Differentialgleichung für x

allein und eine für φ allein. Im allgemeinen Fall $a_{12} \neq 0$ aber ist das System „ausschlagsgekoppelt geschrieben". Es hat aber keinen Sinn, das System „ausschlagsgekoppelt" zu nennen; denn man kann die Gleichungen (II.66) durch Auflösen nach x und φ

$$x = \alpha_{11}\ddot{x} + \alpha_{12}\ddot{\varphi}$$
$$\varphi = \alpha_{21}\ddot{x} + \alpha_{22}\ddot{\varphi}$$

sofort „beschleunigungsgekoppelt" schreiben und man kann auch, wie die Gleichung (II.72) zeigt, das System ganz „entkoppelt" beschreiben. Es werde für das folgende angenommen, daß die Gleichungen (II.66) noch nicht entkoppelt sind, $a_{12} \neq 0$, $a_{21} \neq 0$, und daß a_{12} und a_{21} gleiches Vorzeichen haben, $a_{12}a_{21} > 0$ (Es darf jetzt $a_{12} \neq a_{21}$ sein). Zur Lösung der Differentialgleichungen (II.66) macht man den Ansatz von „Eigenschwingungen", bei denen x und φ im gleichen Rhythmus, d. h. mit gleicher Frequenz und gleicher Phase schwingen:

$$x = A_1 \cos \omega t, \quad \varphi = A_2 \cos \omega t;$$

dann gehen die Gleichungen (II.66) nach Fortlassen des Faktors $\cos \omega t$ über in

(II.67) $$\begin{aligned} (a_{11} - M\omega^2) A_1 + \qquad & a_{12}A_2 = 0 \\ a_{21} A_1 \qquad + (a_{22} - & \Theta\omega^2) A_2 = 0. \end{aligned}$$

Diese beiden linearen homogenen Gleichungen für A_1, A_2 haben genau dann eine nichttriviale Lösung, wenn die Determinante verschwindet:

(II.68) $$\begin{vmatrix} a_{11} - M\omega^2 & a_{12} \\ a_{21} & a_{22} - \Theta\omega^2 \end{vmatrix} = 0.$$

Das ist die „Frequenz-Gleichung"

(II.69) $$M\Theta\omega^4 - (Ma_{22} + \Theta a_{11})\omega^2 + D = 0 \quad \text{mit} \quad D = a_{11}a_{22} - a_{12}a_{21},$$

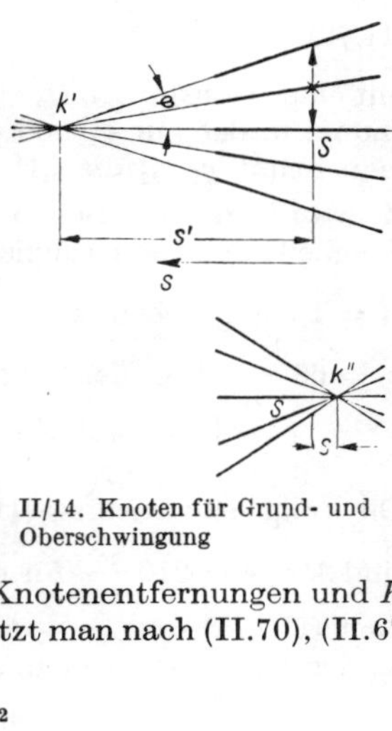

II/14. Knoten für Grund- und Oberschwingung

welche die Quadrate ω'^2 und ω''^2 der beiden Eigenkreisfrequenzen ω' und ω'' als Wurzeln hat. Es wird sich zeigen, daß die Gleichung zwei verschiedene (und im Falle $D > 0$, $a_{11} > 0$, $a_{22} > 0$ sogar positive) Wurzeln hat; es sei somit etwa $0 < \omega' < \omega''$. Die zu ω' gehörige Schwingung heißt die „Grundschwingung", zu ω'' gehört die „Oberschwingung". Zu jeder dieser beiden Schwingungen gehört ferner ein bestimmtes Verhältnis

(II.70) $$\frac{A_1}{A_2} = \frac{x}{\varphi} = s$$

der Amplituden. $x = \varphi s$ bedeutet, daß bei der Schwingung der Stab (oder seine Verlängerung) dauernd durch einen festen Punkt, den Knoten, geht; es seien s', s'' die zu ω' bzw. ω'' gehörenden Knotenentfernungen und K' bzw. K'' die entsprechenden Knoten, Fig. II/14. Ersetzt man nach (II.70), (II.67)

(II.70a) $$\frac{a_{21} A_1}{A_2} = a_{21} s = \Theta\omega^2 - a_{22}$$

die Größe ω^2 durch s, so geht (II.69) über in

$$M a_{21} s^2 + (M a_{22} - \Theta a_{11}) s - \Theta a_{12} = 0. \tag{II.71}$$

Aus dieser quadratischen Gleichung für s folgt $s' s'' = -\frac{\Theta a_{12}}{M a_{21}} < 0$, es sind s' und s'' reell und haben verschiedenes Vorzeichen, die Knoten K', K'' liegen zu verschiedenen Seiten des Schwerpunktes S. Damit ist auch $\omega'^2 \neq \omega''^2$, und ω'^2 und ω''^2 sind reell. Im Falle $D > 0$ haben dann ω'^2 und ω''^2 nach (II.69) gleiches Vorzeichen und können für $a_{22} > 0$ nach (II.70a) nicht beide negativ sein.

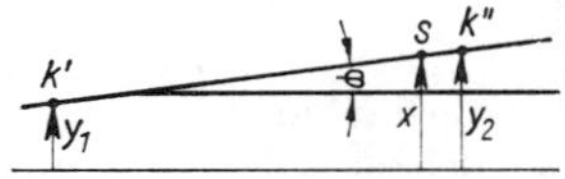

II/15. Einführung der Hauptkoordinaten

Nun werden als neue Koordinaten zur Beschreibung des Systems die Auslenkungen y_1, y_2 an den Knotenpunkten eingeführt, Fig. II/15, durch

$$y_1 = x - s'\varphi, \quad y_2 = x - s''\varphi, \quad y_2 - y_1 = \hat{s}\,\varphi,$$

wobei $\hat{s} = s' - s''$ die Entfernung der beiden Knoten voneinander bedeutet. Damit wird

$$x = \frac{-s'' y_1 + s' y_2}{\hat{s}}, \quad \varphi = \frac{y_2 - y_1}{\hat{s}},$$

und die Gleichungen (II.66) gehen über in

$$\begin{aligned} -M s'' \ddot{y}_1 + M s' \ddot{y}_2 &= (a_{11} s'' + a_{12}) y_1 - (a_{11} s' + a_{12}) y_2 \\ -\Theta \ddot{y}_1 + \Theta \ddot{y}_2 &= (a_{21} s'' + a_{22}) y_1 - (a_{21} s' + a_{22}) y_2 . \end{aligned}$$

Eliminiert man aus diesen Gleichungen $\ddot{y}_2$ (obere Gleichung mit Θ, untere Gleichung mit $-Ms'$ multiplizieren und addieren), so fällt wegen (II.71) auch y_2 heraus, d. h. es entsteht eine Gleichung der Form

$$M\Theta \hat{s}\, \ddot{y}_1 = C y_1 \tag{II.72}$$

mit einer Konstanten C; ebenso erhält man durch Elimination von $\ddot{y}_1$ eine Gleichung, in der nur $\ddot{y}_2$ und y_2 auftreten, d. h. die Gleichungen sind entkoppelt; man nennt y_1, y_2 die „Hauptkoordinaten" des Systems.

Zahlenbeispiel. Bei einem Personenkraftwagen sei das Gewicht 15 kN, das Trägheitsmoment bezüglich des Schwerpunktes sei durch den Trägheitsradius $i_s = 1{,}2$ m gegeben, also $\Theta = M i_s^2$; mit $l_1 = 1{,}2$ m, $l_2 = 1{,}8$ m, $c_1 = 70 \frac{\text{kN}}{\text{m}}$, $c_2 = 60 \frac{\text{kN}}{\text{m}}$. Die Gleichungen (II.66) lauten hier (ohne Maßeinheiten)

$$-M\ddot{x} = 130\,x + 24\,\varphi, \quad -\Theta\,\ddot{\varphi} = 24\,x + 295{,}2\,\varphi.$$

Die Frequenz-Gleichung (II.69) liefert $M\omega'^2 = 125 \frac{\text{kN}}{\text{m}}$ für die Grundschwingung und $M\omega''^2 = 210 \frac{\text{kN}}{\text{m}}$ für die Oberschwingung. Die Knoten errechnen sich dann nach (II.70a) zu $s' = -4{,}8$ m, $s'' = 0{,}3$ m. Führt man die Auslenkungen y_1, y_2 an den Knotenstellen ein, so erhält man die entkoppelten Gleichungen

$$-M\,\ddot{y}_1 = 210\,y_1, \quad -M\ddot{y}_2 = 125\,y_2 .$$

23. Fundamentalsystem von Lösungen. Die Theorie der Systeme linearer Differentialgleichungen gewinnt in neuerer Zeit steigend an Bedeutung für die Anwendungen. Für ihre rationelle Darstellung sind die Matrizen das angepaßte mathematische Hilfsmittel. Es kann hier jedoch aus Platzgründen weder eine Einführung in den Matrizenkalkül noch eine Wiedergabe der Theorie der Systeme mit derselben Ausführlichkeit wie in den anderen Nummern gegeben werden. Da aber für viele Zwecke die Matrizentheorie grundlegend ist, auch für physikalische Vorgänge, und man z. B. eine Einteilung der kleinen Schwingungen (vgl. Nr. 27) am übersichtlichsten mit Matrizen durchführt, soll hier doch der mathematische Gedankengang kurz angegeben werden; Leser, die mit der Matrizenrechnung nicht vertraut sind oder denen die Darstellung in diesen Nummern zu knapp gehalten sind, mögen Kap. II, 23 bis 29 überschlagen, sie werden hier späterhin nicht als bekannt vorausgesetzt.

Vorgelegt sei ein lineares System von n Differentialgleichungen erster Ordnung für n unbekannte Funktionen $y_1(x), \ldots, y_n(x)$:

(II.73) $$y_j'(x) = \sum_{k=1}^{n} a_{jk}(x) y_k(x) + r_j(x), \quad (j = 1, \ldots, n).$$

Die $a_{jk}(x)$ und $r_j(x)$ sind gegebene, in einem Intervall $a \leqq x \leqq b$ stetige Funktionen; sind die $r_j(x) \equiv 0$ in (a, b), so heißt das System homogen, andernfalls inhomogen.

Mit der Matrizenbezeichnung

(II.74) $$y(x) = \begin{pmatrix} y_1(x) \\ \vdots \\ y_n(x) \end{pmatrix}, \quad r(x) = \begin{pmatrix} r_1(x) \\ \vdots \\ r_n(x) \end{pmatrix}, \quad A(x) = \begin{pmatrix} a_{11}(x) \ldots a_{1n}(x) \\ \cdots\cdots\cdots\cdots \\ a_{n1}(x) \ldots a_{nn}(x) \end{pmatrix}$$

schreibt sich das System (II.73) kürzer:

(II.75) $$y'(x) = A(x)\, y(x) + r(x).$$

Nach dem allgemeinen Existenz- und Eindeutigkeitssatz aus Kap. I,20 gibt es bei Vorgabe von Anfangswerten $y(x_0)$ an der Stelle $x = x_0$ [mit x_0 in (a, b)] genau eine Lösung von (II.75), die diese Anfangswerte annimmt (wir sagen kurz „Lösung" statt „Lösungssystem"). Zunächst werde das homogene System $r(x) \equiv 0$ betrachtet, und von diesem mehrere, etwa n verschiedene Lösungen

$$y_{(1)},\ y_{(2)},\ \ldots,\ y_{(n)}.$$

Jede dieser Lösungen hat n Komponenten, etwa $y_{(j)} = \begin{pmatrix} y_{1j} \\ \vdots \\ y_{nj} \end{pmatrix}$.

Stellt man diese „Spalten-Vektoren" $y_{(j)}$ nebeneinander, so erhält man eine Matrix Y:

(II.76) $$Y(x) = (y_{(1)}(x), \ldots, y_{(n)}(x)) = \begin{pmatrix} y_{11}(x) & \ldots & y_{1n}(x) \\ \cdots & \cdots & \cdots \\ y_{n1}(x) & \ldots & y_{nn}(x) \end{pmatrix}.$$

Da jede Spalte für sich eine Lösung ist, gilt auch

(II.77) $$Y'(x) = A(x) \cdot Y(x).$$

Nun definiert man: Die Lösungen $y_{(j)}$ bilden ein „Hauptsystem" oder „Fundamentalsystem", wenn die Determinante D von $Y(x)$ für irgendein x_0 aus (a, b) nicht verschwindet:

(II.78) $$D(x_0) = \det Y(x_0) \neq 0.$$

Ist nun $C = (c_{jk})$ eine nichtsinguläre Matrix (d. h. eine Matrix mit nicht verschwindender Determinante, $\det C \neq 0$) aus konstanten Zahlen c_{jk}, so ist mit $Y(x)$ auch $Y(x)C$ ebenfalls eine Matrix, deren Spalten Lösungen sind, da man Lösungen überlagern und mit konstanten Faktoren multiplizieren kann, und sie dabei Lösungen bleiben. Mit Y ist dann auch YC ein Hauptsystem wegen

(II.79) $$\det(Y(x_0)C) = \det Y(x_0) \det C \neq 0.$$

$D(x)$ genügt nun genau wie die Wronskische Determinante in Kap. II, 9 einer homogenen linearen Differentialgleichung erster Ordnung. Faßt man nämlich D als Funktion ihrer Elemente y_{jk} auf, so gilt

$$D'(x) = \frac{dD(x)}{dx} = \sum_{j,k=1}^{n} \frac{\partial D(x)}{\partial y_{jk}} \frac{dy_{jk}}{dx}.$$

Es ist $\frac{\partial D}{\partial y_{jk}}$ die adjungierte Unterdeterminante Y_{jk} von D bezüglich des Elementes y_{jk} und (nach (II.77)) ist $\frac{dy_{jk}}{dx} = \sum_{l=1}^{n} a_{jl}\, y_{lk}$. Mit dem Kroneckerschen Symbol

$$\delta_{jl} = \begin{cases} 0 & \text{für } j \neq l \\ 1 & \text{für } j = l \end{cases}$$

wird daher $$D'(x) = \sum_{j,l=1}^{n} a_{jl} \sum_{k=1}^{n} Y_{jk}\, y_{lk} = \sum_{j,l=1}^{n} a_{jl}\, \delta_{jl}\, D;$$

denn die innere Summe stellt nach dem Entwicklungssatz für Determinanten nach den Elementen einer Zeile D selbst dar für $j = l$ und verschwindet für $j \neq l$; es bleiben also von der Summe nur die Glieder mit $j = l$ übrig:

(II.80) $$D'(x) = S_A(x) \cdot D(x) \quad \text{mit} \quad S_A(x) = \sum_{j=1}^{n} a_{jj}(x).$$

S_A ist die Summe der Elemente in der Hauptdiagonale oder die „Spur" der Matrix A.

Wie in (II.22) folgt daraus

(II.81) $$D(x) = D(x_0) \cdot e^{\int_{x_0}^{x} S_A(t)\,dt}$$

Diese Form enthält (II.22) als Spezialfall. Wie dort gilt auch hier:

$D(x_0) \neq 0$ bedeutet, daß $D(x)$ in (a, b) nirgends verschwindet;
$D(x_0) = 0$ bedeutet das identische Verschwinden von $D(x)$ in (a, b).

24. Lösung des inhomogenen Systems mit Hilfe der Variation der Konstanten. Das ist eine Verallgemeinerung von Kap. II, 16. Wie dort sei ein Fundamentalsystem $Y(x)$ von Lösungen der homogenen Gleichungen (II.77) bekannt, und gesucht wird eine Lösung der inhomogenen Gleichungen (II.75) in der Form

$$y(x) = Y(x) z(x), \tag{II.82}$$

wobei $z(x)$ wiederum ein Vektor ist.

Einsetzen in (II.75) führt auf

$$Y'(x) z(x) + Y(x) z'(x) = A(x)\, Y(x) z(x) + r(x).$$

Wegen (II.77) heben sich auf beiden Seiten die links stehenden Terme fort, und es bleibt

$$z'(x) = Y^{-1}(x) r(x), \tag{II.83}$$

wobei die inverse Matrix Y^{-1} wegen $D(x) \neq 0$ für alle x aus (a, b) existiert. Damit hat man eine spezielle Lösung der inhomogenen Gleichungen:

$$y(x) = Y(x) \cdot \left[z(x_0) + \int_{x_0}^{x} Y^{-1}(t) r(t)\, \mathrm{d}t \right], \tag{II.84}$$

wobei man zugleich den konstanten Vektor $z(x_0)$ so wählen kann, daß vorgegebene Anfangswerte $y(x_0)$ angenommen werden; man hat

$$z(x_0) = Y^{-1}(x_0) \cdot y(x_0). \tag{II.85}$$

25. Matrix A konstant, charakteristische Zahlen der Matrix. Von besonderer Wichtigkeit für die Anwendungen, insbesondere für die Theorie der kleinen Schwingungen von mechanischen Systemen um Gleichgewichtslagen, aber auch sonst für mechanische und elektrische Schwingungen, sind die Systeme mit konstanten Koeffizienten, $a_{jk} = \text{const}$.

Wie in Kap. II, 11 werde zunächst nach Lösungen der homogenen Gleichungen

$$y' = A y \tag{II.86}$$

der Form (den „Eigenbewegungen" des Systems)

$$y(x) = v \cdot \mathrm{e}^{k(x-x_0)}, \quad y'(x) = v k \mathrm{e}^{k(x-x_0)} \tag{II.87}$$

gefragt, wobei k eine feste, noch zu bestimmende Zahl und v ein konstanter Spaltenvektor sei. Einsetzen in (II.86) ergibt nach Fortheben des e-Faktors

$$(A - kE) v = 0, \tag{II.88}$$

wobei $E = (\delta_{jk})$ die n-reihige Einheitsmatrix ist.

Diese n homogenen Gleichungen für die n Komponenten von v haben genau dann eine nichttriviale Lösung (und nur eine solche interessiert), wenn die „Frequenzdeterminante" verschwindet:

$$\text{(II.89)} \qquad \varphi(k) = \det(A - kE) = \begin{vmatrix} a_{11} - k & a_{12} & \dots & a_{1n} \\ a_{21} & a_{22} - k & \dots & a_{2n} \\ \dots & \dots & \dots & \dots \\ a_{n1} & a_{n2} & \dots & a_{nn} - k \end{vmatrix} = 0.$$

Diese „charakteristische Gleichung" besitzt n Wurzeln $k_1, \dots, k_n$, die „charakteristischen Zahlen der Matrix A", zu denen sich jeweils ein nicht identisch verschwindender „Eigenvektor" $v_{(1)}, \dots, v_{(n)}$ der Matrix A berechnen läßt; sofern die k_j voneinander verschieden sind, erhält man sicher n verschiedene solche Eigenvektoren; wenn die k_j aber teilweise einander gleich sind, können die im folgenden genannten Komplikationen eintreten.

26. Die drei Hauptklassen in der Theorie der quadratischen Matrizen. Im folgenden werde der Begriff „lineare Abhängigkeit von Vektoren" als bekannt vorausgesetzt. Die Ergebnisse der Theorie gelten auch im Falle, daß die Elemente a_{jk} der Matrix A nicht reell, sondern komplex sind; die Sätze werden zunächst so formuliert, wie sie im Reellen gelten, und die kleinen Modifikationen, die im Komplexen hinzutreten, da dort z. B. „unitär" an Stelle von „orthogonal" tritt, werden jeweils in eckigen Klammern angedeutet. Es sei an den Begriff der Orthogonalität erinnert: 2 Vektoren v, w mit den Komponenten v_j, w_j heißen zueinander orthogonal [unitär], wenn

$$\text{(II.90)} \qquad \sum_{j=1}^{n} v_j w_j = 0 \qquad \left[\text{bzw.} \ \sum_{j=1}^{n} v_j \overline{w}_j = 0\right]$$

gilt, wobei durch Überstreichen der Übergang zu den konjugiert komplexen Zahlen bezeichnet wird. Den Übergang zur „gestürzten" oder „transponierten" oder an der Hauptdiagonale gespiegelten Matrix bezeichnet man durch einen Strich: $A = (a_{jk})$, $A' = (a_{kj})$.

Dann kann man folgende Klassifikation der Matrizen vornehmen:

1. A heißt eine „normale" Matrix, wenn A ein System von n voneinander linear unabhängigen paarweise zueinander orthogonalen [bzw. unitären] Eigenvektoren besitzt. Im Anhang werden einige weitere Kennzeichnungen der normalen Matrizen bewiesen: A ist genau dann normal, wenn A mit A' [bzw. $\overline{A}'$] vertauschbar ist, d. h. wenn $AA' = A'A$ [bzw. $A\overline{A}' = \overline{A}'A$] gilt. Die normalen Matrizen sind zugleich genau diejenigen Matrizen, die sich durch eine orthogonale [bzw. unitäre] Transformation mittels einer Matrix U auf Diagonalgestalt bringen lassen, d. h. $U^{-1}AU = D$ ist eine Diagonalmatrix (die nur in der Hauptdiagonale von Null verschiedene Elemente besitzen kann). Dabei heißt eine Matrix U orthogonal [bzw. unitär], wenn $U'U = E$ [bzw. $\overline{U'}U = E$] die Einheitsmatrix E ergibt, vgl. hierzu z. B. W. Schmeidler, Vorträge über Determinanten und Matrizen mit Anwendungen in Physik und Technik, Berlin 1949.

Die normalen Matrizen enthalten einen für die Anwendungen äußerst wichtigen Spezialfall: die reellen symmetrischen [bzw. hermiteschen] Matrizen. Eine Matrix A heißt symmetrisch [bzw. hermitesch], wenn $A = A'$ [bzw. $A = \overline{A}'$] oder $a_{jk} = a_{kj}$ [bzw. $a_{jk} = \overline{a}_{kj}$] gilt, wenn also die Matrix bei Spiegelung an der Hauptdiagonale in sich selbst [bzw. in die konjugiert komplexe Matrix] übergeht. Daß diese Matrizen normal sind, d. h. daß es n Eigenvektoren mit den gewünschten Eigenschaften gibt, wird in der Theorie der „Hauptachsentransformation" der quadratischen Formen in der analytischen Geometrie bewiesen (hier im Anhang, vgl. auch z. B. E. Sperner, Einführung in die Analytische Geometrie und Algebra, 2. Teil, Göttingen 1952, S. 133).

2. Wenn eine Matrix A überhaupt noch n voneinander linear unabhängige Eigenvektoren $v_{(j)}$ besitzt, so heißt sie „normalisierbar". Diese Matrizen enthalten die normalen als Spezialfall, bilden also eine umfassendere Klasse; sie sind, wie wieder hier zunächst ohne Beweis mitgeteilt sei (Beweis im Anhang), zugleich genau diejenigen Matrizen, die sich durch eine nichtsinguläre Transformation mittels einer Matrix P mit $\det P \neq 0$ auf Diagonalgestalt $P^{-1}AP = D$ bringen lassen. Die $v_{(j)}$ können als Basisvektoren eines im allgemeinen schiefwinkligen Koordinatensystems dienen, so daß sich ein beliebiger Vektor z nach den $v_{(j)}$ „entwickeln", d. h. als lineare Kombination der $v_{(j)}$ darstellen läßt. In der älteren klassischen Literatur sind die normalisierbaren Matrizen genau diejenigen mit „linearen Elementarteilern".

3. Wenn eine Matrix A nicht mehr n voneinander linear unabhängige Eigenvektoren besitzt, so heißt sie „nicht normalisierbar". Es ist hier, wie ohne Beweis genannt sei, mittels nichtsingulärer Transformationen mit Matrizen P nicht mehr möglich, A auf Diagonalgestalt zu transformieren, sondern auf die „Jordansche Normalform" (bei der direkt „rechts" neben den Hauptdiagonalgliedern an gewissen Stellen statt 0 eine 1 steht, sonst aber alle Glieder außerhalb der Hauptdiagonale verschwinden). Diese Matrizen können nur auftreten, wenn (II.89) mehrfache Wurzeln k_j hat.

Man stellt auf folgende systematische Weise fest, in welche Klasse eine gegebene Matrix A gehört: (oft kann man dies einer Matrix unmittelbar ansehen, z. B. die reellen symmetrischen Matrizen gehören, wie schon betont, sämtlich in Klasse 1 der normalen Matrizen). Man berechnet die n Wurzeln k_j der charakteristischen Gleichung (II.89). Sind sie alle voneinander verschieden, so gehört A in Klasse 2 oder seinen Unterfall 1. Man löse nun zu jedem der erhaltenen k_j-Werte das homogene Gleichungssystem (II.88) und stelle fest, wieviele voneinander linear unabhängige Vektoren man dabei erhält und ob diese Vektoren paarweise zueinander orthogonal [bzw. unitär] sind oder nicht. Damit hat man dann zugleich die Eingruppierung in eine der drei Klassen.

Beispiele: 1. $A = \begin{pmatrix} a & b \\ b & c \end{pmatrix}$, mit reellen a, b, c, ist reell symmetrisch, also erst recht normal.

2. $A = \begin{pmatrix} 1 & 1 \\ 0 & 2 \end{pmatrix}$ ist normalisierbar, da A zwei verschiedene charakteristische Zahlen, $k_1 = 1$, $k_2 = 2$ besitzt, aber A ist nicht normal; denn man rechnet leicht nach: $A' = \begin{pmatrix} 1 & 0 \\ 1 & 2 \end{pmatrix}$ und $AA' = \begin{pmatrix} 2 & 2 \\ 2 & 4 \end{pmatrix}$ ist verschieden von $A'A = \begin{pmatrix} 1 & 1 \\ 1 & 5 \end{pmatrix}$.

3. $A = \begin{pmatrix} a & 1 \\ 0 & a \end{pmatrix}$ ist bei beliebigem reellen oder komplexen a nicht normalisierbar, denn $k = a$ ist doppelte Wurzel von (II.89) und aus

$$0 \cdot v_1 + 1 \cdot v_2 = 0, \quad 0 \cdot v_1 + 0 \cdot v_2 = 0$$

ergibt sich nur die einparametrige Schar von Eigenvektoren

$$v = c \cdot \begin{pmatrix} 1 \\ 0 \end{pmatrix} \qquad \text{mit beliebigem } c.$$

27. Anwendung auf die Schwingungslehre. Wenn A normalisierbar ist, gibt es also n voneinander linear unabhängige Eigenvektoren $v_{(j)}$, wobei $v_{(j)}$ zur charakteristischen Zahl k_j gehört. Ein beliebiger Anfangsvektor $y(x_0)$ ist mithin als Linearkombination der $v_{(j)}$ darstellbar:

(II.91) $$y(x_0) = \sum_{j=1}^{n} b_j v_{(j)}.$$

Eine durch diese Anfangswerte eindeutig bestimmte Lösung der homogenen Gleichung lautet

(II.92) $$y(x) = \sum_{j=1}^{n} b_j v_{(j)} e^{k_j (x - x_0)}.$$

Da die $v_{(j)}$ linear unabhängig sind, ist ihre Determinante

$$D = \det(v_{(1)}, \ldots, v_{(n)}) \neq 0;$$

sie ist zugleich die Determinante der Lösungen $v_{(j)} e^{k_j (x - x_0)}$ für $x = x_0$, welche somit ein Hauptsystem bilden. Es gilt daher die fundamentale Fallunterscheidung:

Satz: *Ein physikalisches System führe auf ein System von Differentialgleichungen erster Ordnung mit konstanten Koeffizienten $y' = Ay$. Wenn die Matrix $A = (a_{jk})$ normalisierbar ist (das ist z. B. der Fall, wenn A reell symmetrisch ist), so läßt sich die allgemeine Lösung durch Überlagerung aus den Eigenbewegungen des Systems gewinnen und hat die Gestalt* (II.92). *Ist dagegen A nicht normalisierbar, so gibt es nicht genügend Eigenbewegungen, um durch Überlagerung den allgemeinen Zustand des Systems beschreiben zu können.*

Das weitere kann jetzt nur noch ohne Beweis mitgeteilt werden. Man fragt natürlich, was dann an die Stelle der fehlenden Eigenvektoren tritt. Das sind die „Hauptvektoren“ höherer Stufe, die zu „säkularen“ Bewegungen führen. (Ausführliche Darstellung z. B. in L. Collatz, Eigenwertaufgaben mit technischen Anwendungen, Leipzig 1949, S. 312ff.) Ein nicht identisch verschwindender Vektor h heißt ein Hauptvektor von A, wenn es eine ganze Zahl $r \geqq 1$ und eine (reelle oder komplexe) Zahl k gibt mit

(II.93) $$(A - kE)^r h = 0,$$

und zwar heißt h ein Hauptvektor der Stufe r, wenn r die kleinste Zahl mit einer solchen Eigenschaft ist. Die Eigenvektoren sind Hauptvektoren der Stufe 1. Als mögliche Zahlen k können nur die charakteristischen Zahlen von A auftreten. Dann gilt der Darstellungssatz: Ein beliebiger Vektor z läßt sich stets als Summe von Hauptvektoren darstellen. Ist h_r ein Hauptvektor der Stufe r und zur charakteristischen Zahl k, so ist

(II.94) $$\left(h_r + \frac{t}{1!} h_{r-1} + \frac{t^2}{2!} h_{r-2} + \cdots + \frac{t^{r-1}}{(r-1)!} h_1\right) e^{kt}$$

mit $$(A - kE) h_s = h_{s-1} \quad (\text{für } s = r, r-1, \ldots, 2)$$

Lösung der homogenen Differentialgleichungen; die zu einem beliebig gegebenen Anfangszustand $y(x_0)$ gehörige Lösung der Differentialgleichungen erhält man dann so: $y(x_0)$ läßt sich als Summe von Hauptvektoren schreiben

$$y(x_0) = h_{r_1} + h_{r_2} + \cdots + h_{r_p}$$

und $y(x)$ ist dann die Summe der zu den einzelnen $h_{r_1}, h_{r_2}, \ldots, h_{r_p}$ gehörigen Lösungen (II.94).

28. Beispiel eines physikalischen Systems mit nicht normalisierbarer Matrix. Es werde ein einfaches mechanisches System nach Fig. II/16 betrachtet, in dem zwei auf geradliniger Bahn befindliche Massen m_1, m_2 (kleine Auslenkungen x_1, x_2) durch eine Feder verbunden und außerdem geschwindigkeitsproportionale Dämpfungen vorhanden sind. Mit den Bezeichnungen von Fig. II/16 lauten die Bewegungsgleichungen

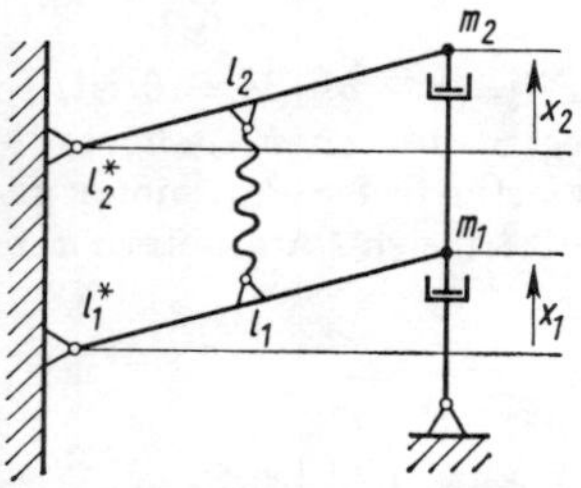

II/16. Schwingungssystem mit nichtnormalisierbarer Matrix

$$\begin{aligned} m_1 \ddot{x}_1 &= d(x_2 - x_1) - k_1 \dot{x}_1 + k_2(\dot{x}_2 - \dot{x}_1) \\ m_2 \ddot{x}_2 &= d(x_1 - x_2) \qquad\qquad + k_2(\dot{x}_1 - \dot{x}_2), \end{aligned}$$

wobei d der Federkonstante proportional ist. Setzt man der Einfachheit halber $m_1 = m_2$, $k_1 = k_2$, $\frac{d}{m_1} = 1$, $\frac{k_1}{m_1} = 1$, so folgt für den Vektor y mit den Komponenten $(x_1, x_2, \dot{x}_1, \dot{x}_2)$ das System von Differentialgleichungen erster Ordnung $\dot{y} = Ay$ mit der Matrix

$$A = \begin{pmatrix} 0 & 0 & 1 & 0 \\ 0 & 0 & 0 & 1 \\ -1 & 1 & -2 & 1 \\ 1 & -1 & 1 & -1 \end{pmatrix}.$$

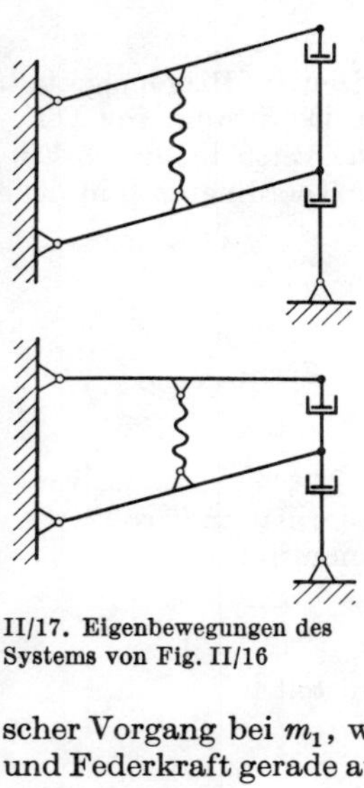
II/17. Eigenbewegungen des Systems von Fig. II/16

Hier lautet die charakteristische Gleichung (II.89) $k(k+1)^3 = 0$; zu $k = 0$ und zu $k = -1$ gibt es jeweils nur die Eigenvektoren

$$C\begin{pmatrix} 1 \\ 1 \\ 0 \\ 0 \end{pmatrix} \text{ und } C^*\begin{pmatrix} 1 \\ 0 \\ -1 \\ 0 \end{pmatrix}$$

mit C und C^* als freien Konstanten. Zu diesen Eigenvektoren gehören die in Fig. II/17 angedeuteten „Eigenbewegungen“: $k = 0$ bedeutet Auslenkung ohne Geschwindigkeit. Beide Massen sind ausgelenkt, die Feder ist entspannt, und es erfolgt keine Rückkehr in die Ruhelage, und zu $k = -1$ gehört ein aperiodischer Vorgang bei m_1, während m_2 in Ruhe bleibt. Bei m_2 heben sich Dämpfung und Federkraft gerade auf. Diese beiden Eigenbewegungen reichen nicht aus, um durch Überlagerung den allgemeinen Bewegungszustand zu liefern. Hier gibt es zu $k = -1$ Hauptvektoren 2. und 3. Stufe. Z. B. erhält man h_3 so: es ist

$$(A - (-1)E)^3 = \begin{pmatrix} 1 & 0 & 1 & 0 \\ 0 & 1 & 0 & 1 \\ -1 & 1 & -1 & 1 \\ 1 & -1 & 1 & 0 \end{pmatrix}^3 = \begin{pmatrix} 1 & 0 & 1 & 1 \\ 1 & 0 & 1 & 1 \\ 0 & 0 & 0 & 0 \\ 0 & 0 & 0 & 0 \end{pmatrix}.$$

Lösung von $(A + E)^3 h_3 = 0$ sind die Vektoren

$$h_3 = \begin{pmatrix} a \\ b \\ c \\ -a-c \end{pmatrix},$$

wo a, b, c an sich freie Konstanten sind; wenn aber $f = a - b + c = 0$ ist, so reduziert sich h_3 auf einen Hauptvektor niedrigerer Stufe. Zu h_3 gehört die Lösung (II.94) mit 3 freien Parametern und ein vierter freier Parameter gehört zu dem Eigenvektor mit $k = 0$, so daß man mit 4 freien Parametern a, b, f, C die Lösung erhält

$$y = \begin{pmatrix} a & +t(b+f) & -\frac{t^2}{2}f \\ b & -tf & \\ b+f-a & +t(-2f-b) & +\frac{t^2}{2}f \\ -b-f & +tf & \end{pmatrix} e^{-t} + \begin{pmatrix} C \\ C \\ 0 \\ 0 \end{pmatrix},$$

die sich beliebigen Anfangsbedingungen anpassen läßt und daher die allgemeine Lösung des vorgelegten Systems darstellt.

29. Transformation normaler und normalisierbarer Matrizen auf Diagonalgestalt. Es werden dieselben Bezeichnungen wie in Nr. 26 und das System von Differentialgleichungen $y' = Ay$ zugrunde gelegt. Nun werde versucht, durch Einführung neuer Koordinaten (lineare Transformation der Koordinaten y in neue Koordinaten z mit Hilfe einer konstanten Matrix T)

$$y = Tz \tag{II.95}$$

das Gleichungssystem zu entkoppeln, d. h. auf eine neue Form

$$z' = \hat{A} z \tag{II.96}$$

zu bringen, wobei $\hat{A}$ eine Diagonalmatrix ist. Die Transformation T soll natürlich nicht singulär, d. h. $\det T \neq 0$ sein, dann erhält man mit

$$y' = Tz', \quad z' = T^{-1}ATz$$

für die Matrix $\hat{A}$ in dem neuen Koordinatensystem unmittelbar

$$\hat{A} = T^{-1}AT. \tag{II.97}$$

Bezeichnet man die Spaltenvektoren der Matrix T mit $t_1, \ldots, t_n$, so werde dieses symbolisch in folgender Form geschrieben:

$$T = (t_1 \mid \ldots \mid t_n).$$

Wählt man nun insbesondere in der Matrix T als den j-ten Spaltenvektor $t_j = y_j$ einen Eigenvektor y_j der Matrix A, also

$$A y_j = k_j y_j, \tag{II.98}$$

so gilt nach der Definition des Produktes einer Matrix mit einem Vektor $T e_j = t_j$, (es bedeuten $e_1, \ldots, e_n$ die Einheitsvektoren) also auch $e_j = T^{-1} t_j$ und nach Formel (II.97) wird

$$\hat{A} e_j = T^{-1} A T e_j = T^{-1} A t_j = k_j T^{-1} t_j = k_j e_j. \tag{II.99}$$

Nun bedeutet aber $\hat{A} e_j$ gerade die j-te Spalte von $\hat{A}$, und diese enthält nach der letzten Gleichung in der Hauptdiagonale die Zahl k_j und sonst nur Nullen.

Setzt man nun die Matrix A als normalisierbar voraus, d. h. besitzt sie n voneinander unabhängige Eigenvektoren $y_1, \ldots, y_n$, so kann man alle $t_j = y_j$ wählen und erhält eine Transformationsmatrix T, die nicht singulär ist, derart, daß in $\hat{A}$ in jeder Spalte nur als Hauptdiagonalglied ein k_j auftritt und alle übrigen Elemente der betreffenden Spalte Nullen sind, d. h. $\hat{A}$ hat die gewünschte Diagonalgestalt

$$\hat{A} = \begin{pmatrix} k_1 & 0 & \ldots & 0 \\ 0 & k_2 & \ldots & 0 \\ \cdot & \cdot & \cdot & \cdot \\ 0 & 0 & \ldots & k_n \end{pmatrix} = (k_j\, \delta_{j,l}). \tag{II.100}$$

Bei dem nun folgenden Beweis werde A als normal vorausgesetzt, und zwar werde dafür die Definition zugrunde gelegt, daß A mit $\overline{A'}$ vertauschbar ist, daß also

$$A \overline{A'} = \overline{A'} A \tag{II.101}$$

gilt. Wenn eine Matrix A hermitesch ist, d. h. wenn $A = \overline{A'}$ ist, liegt ein Spezialfall der normalen Matrix vor.

Ist U eine beliebige unitäre Matrix, d. h. gilt nach Nr. 26 $\overline{U'} = U^{-1}$ und damit auch $|\det \overline{U'}| = |\det U| = 1$, so ist U nicht singulär, und es möge bei der unitären Transformation U die Matrix A in B nach $B = U^{-1} A U$ übergehen. Daraus folgt mit Benutzung der Regel für die Stürzung des Produkts beliebiger Matrizen CD nach $(CD)' = D'C'$ unmittelbar $\overline{B'} = U^{-1} \overline{A'} U$. Die Gleichungen lassen sich natürlich auch nach A und $\overline{A'}$ auflösen, z. B. $A = U B U^{-1}$. Man erkennt, daß genau dann $B = \overline{B'}$ ist, wenn $A = \overline{A'}$ ist, d. h. bei einer unitären Transformation bleibt die Eigenschaft einer Matrix, hermitesch zu sein, invariant. Weiter folgt unmittelbar

$$\begin{cases} B \overline{B'} = U^{-1} A \overline{A'} U \\ \overline{B'} B = U^{-1} \overline{A'} A U, \end{cases}$$

d. h. es ist genau dann $B\overline{B'} = \overline{B'}B$, wenn $A\overline{A'} = \overline{A'}A$ ist, oder anders ausgedrückt, bei unitären Transformationen bleibt die Eigenschaft einer Matrix, normal zu sein, invariant.

Nun soll die Eigenschaft einer normalen Matrix, daß sie durch eine unitäre Transformation auf Diagonalgestalt transformierbar ist, durch vollständige Induktion von $n-1$ auf n bewiesen werden. Für eine einreihige Matrix ist die Aussage richtig, man kann dann als unitäre Matrix die Einheitsmatrix nehmen. A besitzt mindestens eine charakteristische Zahl k_1 und einen zugehörigen Eigenvektor y_1, der bereits normiert sei (d. h. die Betragsquadrate der Komponenten haben die Summe 1). Dann lassen sich weitere Vektoren $z_2, \ldots, z_n$ so wählen, daß die Matrix $T = (y_1 \mid z_2 \mid \ldots \mid z_n)$ unitär ist. Man braucht nur y_1 durch die Vektoren $z_2, \ldots, z_n$ zu einem ONS (Orthonormalsystem) von Vektoren zu ergänzen. Geht bei der Transformation T die Matrix A in eine neue Matrix $F = T^{-1}AT$ über, so hat F den Einheitsvektor e_1 als Eigenvektor zur charakteristischen Zahl k_1 nach $Fe_1 = k_1 e_1$ [nach (II.99)], und nach den Überlegungen am Anfang dieses Anhangs hat F also die Gestalt

(II.102) $$F = \left(\begin{array}{c|c} k_1 & f_2 \ldots f_n \\ \hline 0 & \\ \cdot & C \\ \cdot & \\ 0 & \end{array}\right),$$

wobei die weiteren in der ersten Zeile stehenden Elemente mit $f_2, \ldots, f_n$ und die $(n-1)$-reihige quadratische Restmatrix mit C bezeichnet sind. Dann hat $\overline{F'}$ die Gestalt

$$\overline{F'} = \left(\begin{array}{c|c} \overline{k_1} & 0 \ldots 0 \\ \hline \overline{f_2} & \\ \cdot & \overline{C'} \\ \cdot & \\ \overline{f_n} & \end{array}\right),$$

und da bei einer unitären Transformation die Normalheit erhalten bleibt, gilt $F\overline{F'} = \overline{F'}F$.

Von den hier stehenden Matrizen auf beiden Seiten wird nur das erste Hauptdiagonalglied gebraucht. Man rechnet sofort nach

$$F\overline{F'} = \left(\begin{array}{c|c} |k_1|^2 + \sum_{\nu=2}^{n} |f_\nu|^2 & \ldots \\ \hline \ldots & \ldots \end{array}\right), \qquad \overline{F'}F = \left(\begin{array}{c|c} |k_1|^2 & \ldots \\ \hline \ldots & \ldots \end{array}\right).$$

Es gilt also

$$|k_1|^2 + \sum_{\nu=2}^{n} |f_\nu|^2 = |k_1|^2$$

oder $f_2 = \cdots = f_n = 0$. Die transformierte Matrix hat also die Gestalt

$$F = \left(\begin{array}{c|c} k_1 & 0 \dots 0 \\ \hline 0 & \\ \cdot & C \\ \cdot & \\ 0 & \end{array}\right),$$

und da sich bei Bildung der Produkte $F\overline{F'}$, $\overline{F'}F$ die erste Zeile und die weiteren Zeilen nicht miteinander vermischen, gilt auch $C\overline{C'} = \overline{C'}C$, d. h. C ist eine $(n-1)$-reihige normale Matrix. Für $(n-1)$-reihige normale Matrizen sollte aber nach Induktionsannahme die Transformierbarkeit auf Diagonalgestalt mittels unitärer Matrizen bereits gelten. Es gibt also eine unitäre Matrix R mit $R^{-1}CR = \tilde{D}$, wobei $\tilde{D}$ eine Diagonalmatrix ist

$$\tilde{D} = \begin{pmatrix} d_2 & & 0 \\ & \ddots & \\ 0 & & d_n \end{pmatrix}.$$

Nun wird die Matrix R durch „Ränderung" zu einer n-reihigen (ebenfalls unitären) Matrix S ergänzt

$$S = \left(\begin{array}{c|c} 1 & 0 \dots 0 \\ \hline 0 & \\ \cdot & R \\ \cdot & \\ 0 & \end{array}\right).$$

Dann wird die Matrix F durch die unitäre Transformation S auf Diagonalgestalt transformiert: $S^{-1}FS = D$, wobei die Diagonalmatrix D die Hauptdiagonalelemente $k_1, d_2, \dots, d_n$ hat.

Nun wird die Matrix $U = TS$ gebildet. Die unitären Matrizen bilden bezüglich der Multiplikation eine Gruppe, das Produkt zweier unitärer Matrizen TS ist wieder unitär, wie man unmittelbar nachrechnet:

$$\overline{U'}U = (\overline{TS})'TS = \overline{S'}\,\overline{T'}TS = \overline{S'}S = E.$$

Durch U wird die Ausgangsmatrix A auf die Diagonalgestalt D transformiert: $U^{-1}AU = S^{-1}T^{-1}ATS = S^{-1}FS = D$. Führt man also neue Koordinaten z durch $y = Uz$ ein, wobei die Matrix U die Spaltenvektoren $u_1, \dots, u_n$ haben möge, $U = (u_1 | \dots | u_n)$, so lautet für die transformierte Matrix D die Eigenwertaufgabe $Dz_j = d_j z_j$ mit $d_1 = k_1$. Diese besitzt die Einheitsvektoren e_j als Eigenvektoren. Transformiert man auf das Koordinatensystem y zurück, so gehen die e_j in die Eigenvektoren $y_j = u_j$ über, und da U eine unitäre Matrix ist, besitzt also die Ausgangsmatrix A ein Orthonormalsystem von paarweise zueinander unitären Eigenvektoren. Da die charakteristischen Zahlen dabei nicht geändert werden, gilt $d_j = k_j$ auch für $j = 2, \dots, n$.

Nun läßt sich auch gleich die Umkehrung zeigen. Es sei jetzt A eine Matrix, welche ein Orthonormalsystem von zueinander paarweise unitären Eigenvektoren y_j besitzt. Dann ist also $U = (y_1 | \dots | y_n)$ eine unitäre Matrix, welche A auf die Diagonalgestalt

$$\text{(II.103)} \qquad D = \begin{pmatrix} k_1 & & & 0 \\ & k_2 & & \\ & & \ddots & \\ 0 & & & k_n \end{pmatrix} = U^{-1} A U$$

transformiert. Eine Diagonalmatrix ist aber stets eine normale Matrix (denn nach der Definition eines Matrizenproduktes gilt unmittelbar $D\overline{D'} = \overline{D'}D$), und da bei unitären Transformationen die Normalheit erhalten bleibt, ist also auch A eine normale Matrix. Bei einer Matrix A sind also die Eigenschaften, daß $A\overline{A'} = \overline{A'}A$ gilt und daß ein ONS von paarweise zueinander unitären Eigenvektoren vorhanden ist, gleichwertig.

Nun sei A hermitesch, d. h. $A = \overline{A'}$, und es sei y_j ein Eigenvektor von A zur charakteristischen Zahl k_j, $A y_j = k_j y_j$. Man kann dann die Zahl $s = \overline{y_j'} A y_j$ bilden, die eine Matrix mit nur einem Element darstellt und daher gleich der gespiegelten Matrix ist. Es gilt also $s = \overline{y_j'} A y_j = s' = (\overline{y_j'} A y_j)' = y_j' A' \overline{y_j} = \overline{s}$, und $s = \overline{s}$ bedeutet, daß s reell ist. Andererseits gilt $s = \overline{y_j'} k_j y_j = k_j \, | y_j |^2$. Da bei einem Eigenvektor nicht alle Komponenten verschwinden dürfen, ist $| y_j |^2$ als Quadrat der Länge des Eigenvektors positiv; es ist mithin k_j reell.

Nun wird auch die Umkehrung gezeigt. Es sei A eine normale Matrix mit nur reellen charakteristischen Zahlen k_j. Sie läßt sich unitär auf Diagonalgestalt nach (II.103) bringen. Eine Diagonalmatrix D mit reellen Hauptdiagonalelementen ist aber hermitesch: $D = \overline{D'}$, und da bei unitären Transformationen die Eigenschaft einer Matrix, hermitesch zu sein, invariant ist, ist auch A hermitesch. Die hermiteschen Matrizen sind also dadurch gekennzeichnet, daß sie unter den normalen Matrizen genau diejenigen mit lauter reellen charakteristischen Zahlen sind.

Ist A eine beliebige reelle Matrix, d. h. eine Matrix mit reellen Elementen a_{jk} und besitzt A eine reelle charakteristische Zahl k_j, so braucht ein zugehöriger Eigenvektor y_j keineswegs reell zu sein. Aber der Vektor w_j, der als Komponenten die Realteile der einzelnen Komponenten von y_j hat, $w_j = \operatorname{Re} y_j$, (bzw. $\operatorname{Im} y_j$, falls $\operatorname{Re} y_j = 0$ sein sollte), ist ein reeller Eigenvektor von A zur charakteristischen Zahl k_j. Es gibt also bei einer reellen Matrix zu einer reellen charakteristischen Zahl k_j stets auch mindestens einen reellen Eigenvektor. Man erhält nun aber die Hauptachsentransformation der reellen symmetrischen Matrizen A nicht einfach aus dem Satz über die hermiteschen Matrizen, indem man von allen Größen die Realteile nimmt; denn wenn zwei komplexe Eigenvektoren zueinander unitär sind, so sind ihre Realteile im allgemeinen nicht zueinander orthogonal; wohl aber erhält man die Aussage, daß eine reelle symmetrische Matrix ein Orthonormalsystem von reellen Eigenvektoren besitzt, daß ihre charakteristischen Zahlen k_j sämtlich reell sind und die Matrix durch eine

reelle orthogonale Transformation auf Diagonalgestalt gebracht werden kann, indem man die Beweise dieser Nummer noch einmal im Reellen wiederholt, also einfach überall die Querstriche wegläßt, unitär durch orthogonal, normal durch normal-reell ersetzt usw.
Insgesamt kommt man so zu folgender Charakterisierung der einzelnen Typen von Matrizen:

<table>
<tr><th rowspan="2">Matrix A</th><th rowspan="2">Kennzeichnung mit Hilfe von $A', \bar{A}, \bar{A}'$</th><th rowspan="2" colspan="2">A ist mit Hilfe einer Matrix T auf $\hat{A} = T^{-1} A T$ transformierbar</th><th colspan="2">ONS = Orthonormalsystem
EV = Eigenvektoren</th></tr>
<tr><th colspan="2">A besitzt</th></tr>
<tr><td>reell symmetrisch</td><td>$A = A' = \bar{A}$</td><td>T reell orthogonal</td><td rowspan="2">$\hat{A}$ reelle Diagonalmatrix</td><td>ein reelles ONS von EV</td><td rowspan="2">nur reelle charakteristische Zahlen k_j</td></tr>
<tr><td>hermitesch</td><td>$A = \bar{A}'$</td><td rowspan="2">T unitär</td><td rowspan="2">ein ONS von EV</td></tr>
<tr><td>normal</td><td>$A\bar{A}' = \bar{A}'A$</td><td rowspan="2">$\hat{A}$ Diagonalmatrix</td><td></td></tr>
<tr><td>normalisierbar</td><td></td><td rowspan="2">T nichtsingulär</td><td>n linear unabhängige EV</td><td></td></tr>
<tr><td>nicht normalisierbar</td><td></td><td>$\hat{A}$ Jordansche Normalform</td><td colspan="2">nicht n linear unabhängige EV, aber Hauptvektoren von höherer als 1. Stufe</td></tr>
</table>

§ 8 Lineare Differentialgleichungen mit periodischen Koeffizienten

30. Technische Beispiele für Differentialgleichungen mit periodischen Koeffizienten. In neuerer Zeit haben die Differentialgleichungen mit periodischen Koeffizienten eine große Bedeutung erlangt. Hier sollen nur lineare Systeme solcher Differentialgleichungen betrachtet werden; in der Matrizen-Schreibweise der Gleichung (II.75) mögen alle gegebenen Funktionen dieselbe Periode, etwa 2π, haben:

$$\text{(II.104)} \quad y'(x) = A(x)y(x) + r(x) \quad \text{mit} \quad A(x+2\pi) = A(x), \; r(x+2\pi) = r(x)\,.$$

Beispiel 1. Meßtechnik. Durch periodische Erschütterung eines Meßinstrumentes kann eine falsche Einstellung des Zeigers hervorgerufen werden. Betrachtet man den Zeiger des Instrumentes als Pendel, so kann jede beliebige Lage des Zeigers stabil werden, wenn der Aufhängepunkt in passender Richtung und mit geeigneter Frequenz periodisch bewegt wird. Das System werde schematisiert dargestellt als physikalisches Pendel im Schwerefeld, mit Trägheitsmoment θ, Gewicht G, Masse m und Abstand s vom Drehpunkt O zum Schwerpunkt S, wobei der Drehpunkt auf einer mit der Lotrechten den Winkel δ einschließenden Geraden eine harmonische Bewegung mit dem Weg $u \cos \Omega t$ ausführt, Fig. II/18

(nach K. Klotter, Technische Schwingungslehre, Bd. I, 2. Aufl. Berlin-Göttingen-Heidelberg 1951, S. 355).
Ist $\hat{\varphi}$ der jeweilige Winkel der Geraden OS mit der Lotrechten, so lautet die Bewegungsgleichung in einem mit der Führung mitbewegten Koordinatensystem

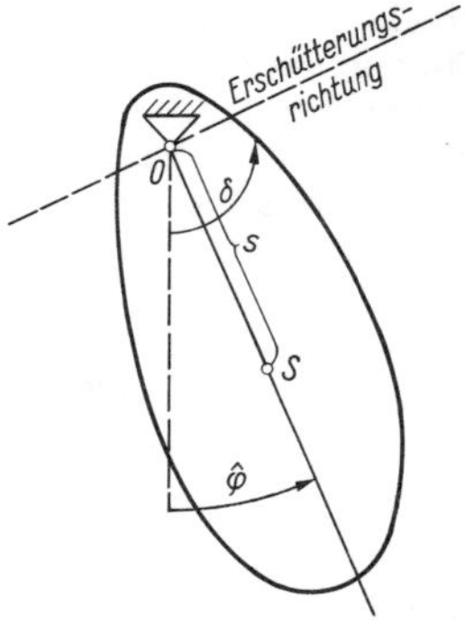

II/18.
Periodische Erschütterung eines physikalischen Pendels im Schwerefeld

(II.105) $\theta\ddot{\hat{\varphi}} + Gs\sin\hat{\varphi} - m u s \Omega^2 \sin(\delta - \hat{\varphi})\cos\Omega t = 0;$

für kleine Bewegungen $\varphi(t)$ in der Nähe einer festen Mittellage α mit $\hat{\varphi} = \alpha + \varphi$, $\varphi \ll 1$ kann man (II.105) linearisieren:

$$\text{(II.106)}\quad \theta\ddot{\varphi} + \varphi(Gs\cos\alpha + m u s \Omega^2 \cos(\delta - \alpha)\cos\Omega t) = -Gs\sin\alpha + m u s \Omega^2 \sin(\delta - \alpha)\cos\Omega t.$$

Im Spezialfall, daß Mittellage und Erschütterungsrichtung in der Lotrechten liegen, $\delta = 0$ und $\alpha = 0$ oder $\alpha = \pi$, reduziert sich diese Gleichung auf die einfache Mathieusche Differentialgleichung, vgl. (II.116)

$$\text{(II.107)}\quad \theta\ddot{\varphi} \pm \varphi(Gs + m u s \Omega^2 \cos\Omega t) = 0.$$

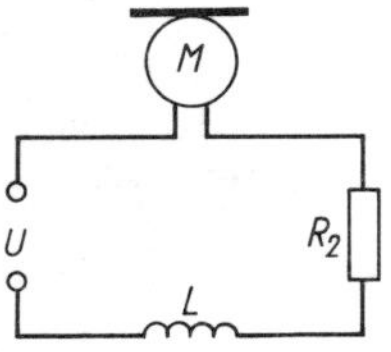

II/19.
Mikrofonstromkreis

Beispiel 2. Bei Klotter a. a. O. sind verschiedene weitere Beispiele, Druckstab unter pulsierenden Längskräften, Saite mit variabler Spannung usw. aufgeführt.

Beispiel 3. Ein Mikrofonstromkreis enthalte eine Stromquelle U, ein Mikrofon M mit dem Widerstand $R_M = R_0 + R_1 \cos\omega t$, wenn es mit der Kreisfrequenz ω besprochen wird, einen weiteren Ohmschen Widerstand R_2 und eine Selbstinduktion L, Abb. II/19. Für die Stromstärke i gilt dann die Differentialgleichung

$$L\frac{\mathrm{d}i}{\mathrm{d}t} + (R_0 + R_1\cos\omega t + R_2)i = U.$$

31. Periodische Lösungen des homogenen Systems. Zunächst werde das zu (II.104) gehörige homogene System von Differentialgleichungen betrachtet

$$\text{(II.108)}\quad y'(x) = A(x)y(x) \quad \text{mit} \quad A(x + 2\pi) = A(x),$$

es sei genau wie in (II.76)

$$\text{(II.109)}\quad Y(x) = (y_{(1)}(x), \ldots, y_{(n)}(x)) \quad \text{mit} \quad \det Y(x) \neq 0$$

eine Matrix, deren Spaltenvektoren $y_{(\nu)}(x)$ ein Fundamentalsystem bilden.

Nach den Ergebnissen von Nr. 23 ist dann auch $Y(x + 2\pi)$ eine Matrix mit einem Fundamentalsystem von Spaltenvektoren, und jedes $y_{(\nu)}(x + 2\pi)$ ist eine Linearkombination aus den $y_{(1)}(x), \ldots, y_{(n)}(x)$, d. h. es gibt eine „Übergangsmatrix“ $B = (b_{jk})$ mit konstanten Zahlen b_{jk} und $\det B \neq 0$ mit

(II.110) $$Y(x + 2\pi) = Y(x) B.$$

Jede Lösung $y(x)$ von (II.108) läßt sich nun mit Hilfe eines konstanten Vektors w durch die $y_{(\nu)}(x)$ darstellen:

$$y(x) = Y(x) \cdot w,$$

und es gilt dann

$$y(x + 2\pi) = Y(x + 2\pi) w = Y(x) \cdot B \cdot w.$$

Es interessiert nun, ob es Lösungen $y(x)$ gibt, die sich bei Ablauf einer Periode bis auf einen konstanten Faktor k reproduzieren:

(II.111) $$y(x + 2\pi) = k y(x).$$

Man nennt solche Lösungen für $k = 1$ „periodische Lösungen 1. Art“ und für $k \neq 1$ (auch für komplexes k) „periodische Lösungen 2. Art“, obwohl die periodischen Lösungen 2. Art nur dann periodisch sind, wenn es eine natürliche Zahl r gibt mit $k^r = 1$ (k ist dann eine „r-te Einheitswurzel“). Für $k = -1$ nennt man die Lösung halbperiodisch. Aus

$$Y(x) B w = k Y(x) w$$

folgt wegen $\det Y(x) \neq 0$ die bekannte Eigenwertgleichung wie in (II.88):

(II.112) $$B w = k w.$$

Daher gilt der

Satz: *Das homogene System von Differentialgleichungen* (II.108) *mit periodischen Koeffizienten besitzt mindestens eine periodische Lösung 2. Art* $y(x)$ *mit*

(II.113) $$y(x + 2\pi) = e^{2\pi\mu} y(x),$$

wobei der „charakteristische Exponent“ μ sich aus einer charakteristischen Zahl k der Übergangsmatrix B nach $k = e^{2\pi\mu}$ berechnet. Eine periodische Lösung 1. Art $y(x + 2\pi) = y(x)$ existiert genau dann, wenn $k = 1$ charakteristische Zahl der Übergangsmatrix B ist.

Dieser Satz enthält das Floquetsche Theorem, welches G. Floquet 1884 für eine einzelne Differentialgleichung höherer Ordnung bewies.

32. Stabilität. Mit Hilfe der Jordanschen Normalform kann man leicht die Struktur der Lösungen genauer beschreiben. Es sei wie in (II.97) T eine konstante nichtsinguläre Matrix, die B in die Jordansche Normalform $\hat{B} = J$ (vgl. Nr. 26, Fall 3) überführt:

(II.114) $$\hat{B} = T^{-1} B T = J.$$

Dabei besteht J aus einer Anzahl von „Jordankästchen“ und hat die auf S. 122 ersichtliche Form.

Wenn die Matrix B normalisierbar ist, ist J eine Diagonalmatrix und enthält in der Hauptdiagonale die charakteristischen Zahlen von B und sonst nur Nullen.

$Y(x)T$ ist nun wieder eine Matrix, deren Spalten ein Fundamentalsystem bilden:

$$Z(x) = Y(x)T = (z_{(1)}(x), \ldots, z_{(r_1)}(x), \ldots),$$

und es wird

$$J = \left[\begin{array}{c|c|c} \begin{matrix} k_1 & 1 & & 0 \\ & \ddots & \ddots & \\ & & \ddots & 1 \\ 0 & & & k_1 \end{matrix} & 0 & 0 \\ \hline 0 & \begin{matrix} k_2 & 1 & & 0 \\ & \ddots & \ddots & \\ & & \ddots & 1 \\ 0 & & & k_2 \end{matrix} & 0 \\ \hline 0 & 0 & \ldots \end{array}\right] \begin{matrix} \} \; r_1 \text{ Zeilen} \\ \\ \} \; r_2 \text{ Zeilen} \\ \\ \end{matrix}$$

(II.115) $Z(x + 2\pi) = Y(x + 2\pi)T =$
$Y(x)BT = Z(x)T^{-1}BT = Z(x)J$

oder für ein Jordankästchen ausgeschrieben:

$$\begin{aligned} z_{(1)}(x + 2\pi) &= k_1 z_{(1)}(x) \\ z_{(2)}(x + 2\pi) &= k_1 z_{(2)}(x) + z_{(1)}(x) \\ &\ldots\ldots\ldots\ldots \\ z_{(r_1)}(x + 2\pi) &= k_1 z_{(r_1)}(x) + z_{(r_1-1)}(x). \end{aligned}$$

Ist die Matrix B normalisierbar, so gibt es n voneinander unabhängige Lösungen $z_{(\nu)}(x)$ (für $\nu = 1, 2, \ldots, n$), die sämtlich periodische Lösungen 1. oder 2. Art sind.

Definition: Das System (II.108) heißt „stabil", wenn jede Lösung für $x \to +\infty$ beschränkt bleibt, und „labil", wenn es mindestens eine Lösung gibt, die für $x \to +\infty$ nicht beschränkt bleibt.

Nun gilt nach (II.115)

$$Z(x + 2m\pi) = Z(x)J^m \qquad (m = 1, 2, 3, \ldots).$$

Bei der Bildung von J^m potenzieren sich die einzelnen Jordankästchen für sich und vermischen sich nicht. Die m-te Potenz eines einzelnen Kästchens lautet, wenn man k, r statt k_1, r_1 schreibt, für $m > r$

$$\begin{bmatrix} k^m & \binom{m}{1} k^{m-1} & \binom{m}{2} k^{m-2} \ldots & \binom{m}{r-1} k^{m-r+1} \\ 0 & k^m & \binom{m}{1} k^{m-1} \ldots & \\ \ldots & \ldots & \ldots & \ldots \\ 0 & 0 & 0 \ldots & k^m \end{bmatrix}$$

Hieraus folgt für das asymptotische Verhalten des zu diesem Jordankästchen gehörigen Anteils $z_{(p)}(x)$ $(p = 1, 2, \ldots, r)$:

für $|k| < 1$ geht $z_{(p)}(x) \to 0$ für $x \to +\infty$

für $|k| = 1$ und $r = 1$ bleibt $z_{(1)}(x)$ beschränkt, für $r > 1$ aber bleibt $z_{(r)}(x)$ nicht beschränkt

für $|k| > 1$ bleibt $z_{(p)}(x)$ für $x \to +\infty$ nicht beschränkt.

Ist die Matrix B normalisierbar, so kann man einfach formulieren: Stabilität liegt genau dann vor, wenn alle charakteristischen Zahlen k von B Beträge $|k| \leqslant 1$ haben.

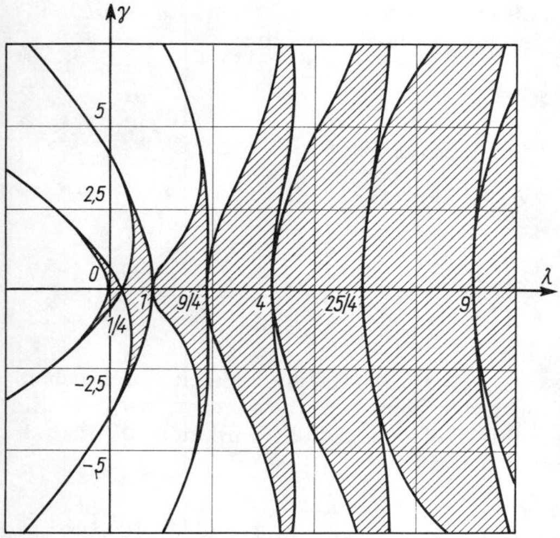

II/20. Struttsche Karte

Die Stabilitätsverhältnisse sind besonders untersucht worden bei der Mathieuschen Differentialgleichung

(II.116) $y''(x) + (\lambda + \gamma \cos x) y(x) = 0,$

welche ein Spezialfall der Hillschen Differentialgleichung

(II.117) $y'' + (\lambda + \varphi(x))\, y = 0$ mit $\varphi(x + 2\pi) = \varphi(x)$

ist. Wie verwickelt die Verhältnisse dabei werden, zeigt die „Struttsche Karte", Fig. II/20 (K. Klotter a. a. O., S. 366), bei welcher in einer λ—γ-Ebene die Bereiche mit Wertepaaren λ, γ, für welche (II.116) stabil ist, schraffiert sind.

33. Periodische Lösungen beim inhomogenen System. Die Betrachtungen schließen jetzt wieder direkt an Nr. 31 an und benötigen nicht die Jordansche Normalform. Die Lösung der Anfangswertaufgabe des inhomogenen Systems (II.104)

$$y'(x) = A(x) y(x) + r(x), \quad y = y(0) \quad \text{für} \quad x = 0$$

lautet nach (II.84) (II.85)

(II.118) $$y(x) = Y(x)\left[Y^{-1}(0) y(0) + \int_0^x Y^{-1}(s) r(s)\, ds\right].$$

Hier interessiert die Frage, ob es periodische Lösungen gibt; das ist gleichbedeutend mit $y(2\pi) = y(0)$; mit (II.110) besagt dies

$$y(0) \equiv Y(0) Y^{-1}(0) y(0) = Y(0) B [Y^{-1}(0) y(0) + q] \quad \text{mit} \quad q = \int_0^{2\pi} Y^{-1}(s) r(s)\, ds;$$

wegen $\det Y(0) \neq 0$ folgt hieraus

(II.119) $$(B - E)\, Y^{-1}(0) y(0) = -Bq.$$

Man erhält damit die Fallunterscheidung:

Fall 1: Es ist $\det(B - E) \neq 0$, d. h. es hat B nicht die charakteristische Zahl 1. Dann sind $Y^{-1}(0) y(0)$ und damit $y(0)$ eindeutig festgelegt; das inhomogene System hat für jedes $r(x)$ genau eine periodische Lösung und insbesondere $y \equiv 0$ für $r \equiv 0$.

Fall 2: Es ist $\det(B - E) = 0$, es hat B die charakteristische Zahl 1; das homogene System besitzt nichttriviale periodische Lösungen 1. Art, und das inhomogene System besitzt je nach dem vorgegebenen $r(x)$ keine oder ∞ viele periodische Lösungen. In diesem Fall kann Resonanz auftreten: Es sei $p(t)$ eine nichttriviale periodische Lösung der homogenen Gleichung:

$$p' = A(x)p;$$

dann hat das inhomogene System mit der rechten Seite $r(x) = p(x)$

$$y' = A(x)y + p(x)$$

die Lösung

$$y(x) = x p(x), \tag{II.120}$$

wie man unmittelbar verifiziert.

34. Beispiel für die Stabilitätstheorie. Als einfachstes geschlossen durchrechenbares Beispiel werde ein dämpfungsfreier Schwinger betrachtet, bei dem die Rückstellkraft in periodischen Zeitintervallen abgestellt wird und als Periode des ganzen äußeren Ablaufs werde 1 gewählt, also

$$\left.\begin{array}{ll} u'' + a^2 u = 0 \text{ für } 0 < x < b, & \text{allgemein für } m < x < m + b \\ u'' \qquad\quad = 0 \text{ für } b < x < 1, & \text{allgemein für } m + b < x < m + 1, \end{array}\right\} m = 0, 1, 2, \ldots$$

Natürlich kann man das auch als System für einen Vektor $y = \begin{pmatrix} u \\ u' \end{pmatrix}$ schreiben. Bei vorgegebenen Anfangswerten $u(0) = u_0$, $u'(0) = u_0'$ lautet im ersten Intervall $0 < x < b$

$$y = \begin{pmatrix} u_0 \cos(ax) + \dfrac{u_0'}{a} \sin(ax) \\ -a u_0 \sin(ax) + u_0' \cos(ax) \end{pmatrix}$$

mit dem Endwert

$$y(b) = \begin{pmatrix} u_0 \cos(ab) + \dfrac{u_0'}{a} \sin(ab) \\ -a u_0 \sin(ab) + u_0' \cos(ab) \end{pmatrix} = \begin{pmatrix} u_b \\ u_b' \end{pmatrix};$$

mit diesen Werten als neuen Anfangswerten im Intervall $b < x < 1$ integriert man $u'' = 0$ und erhält dort $y(x) = \begin{pmatrix} u_b + u_b'(x - b) \\ u_b' \end{pmatrix}$ und damit am Endpunkt $x = 1$ der Periode

$$y(1) = \begin{pmatrix} u_0[\cos(ab) - a(1 - b)\sin(ab)] + u_0'\left[\dfrac{1}{a}\sin(ab) + (1 - b)\cos(ab)\right] \\ -u_0 a \sin(ab) \qquad\qquad\qquad + u_0' \cos(ab) \end{pmatrix}$$

$$= B \begin{pmatrix} u_0 \\ u_0' \end{pmatrix}.$$

Die Faktoren von u_0, bzw. u_0' sind die Elemente der Übergangsmatrix B. Nun sind die charakteristischen Zahlen k der Matrix B zu berechnen, also die Nullstellen von

$$\varphi(k) = \det(B - kE)$$

$$= \begin{vmatrix} \cos(ab) - a(1-b)\sin(ab) - k & \frac{1}{a}\sin(ab) + (1-b)\cos(ab) \\ -a\sin(ab) & \cos(ab) - k \end{vmatrix} = 0;$$

es wird

$$\varphi(k) = k^2 - 2\varrho k + 1 = 0$$

mit

$$2\varrho = 2\cos(ab) - a(1-b)\sin(ab).$$

Die Wurzeln $k = \varrho \pm (\varrho^2 - 1)^{1/2}$ sind für $|\varrho| < 1$ komplex und liegen auf dem Einheitskreise, das System ist dann stabil; für $|\varrho| > 1$ ist eine Wurzel k dem Betrage nach größer als 1, das System ist dann instabil. Die in Fig. II/21 schraffierten Stabilitätsbereiche werden von den Labilitätsbereichen durch die Kurven $2\varrho = 2\cos(ab) - a(1-b)\sin(ab) = \pm 2$ abgegrenzt, die Randgerade $b = 0$ gehört zum Instabilitätsbereich; die Kurven $\varrho = \pm 1$ bestehen aus den Hyperbeln $ab = p\pi\,(p = 1, 2, 3, \ldots)$ und aus weiteren Ästen mit der Parameterdarstellung (mit p als Parameter)

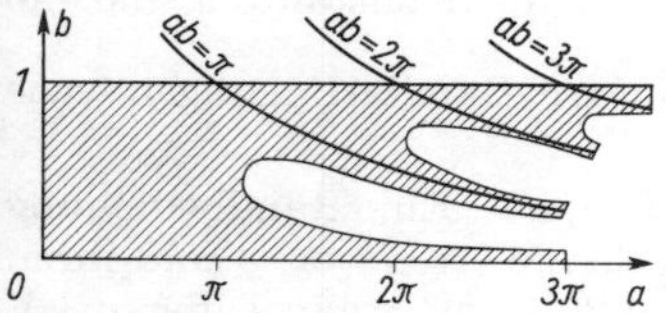

II/21. Stabilitätsbereiche

$$a = p + \frac{2(\cos p \pm 1)}{\sin p}, \quad b = \frac{p}{a}.$$

III Rand-, insbesondere Eigenwertaufgaben

1. Anfangswertaufgaben und Randwertaufgaben. Bezüglich der Anpassung der n freien Konstanten in der allgemeinen Lösung einer Differentialgleichung n-ter Ordnung an die besonderen, z. B. physikalischen oder technischen Gegebenheiten einer speziellen Aufgabe unterscheidet man drei grundsätzliche Arten von Aufgaben: 1. Anfangswertaufgaben, 2. Randwertaufgaben, insbesondere 3. Eigenwertaufgaben.

Von einer Anfangswertaufgabe spricht man, wenn alle Bedingungen sich auf dasselbe x (oder etwa bei zeitlichen Vorgängen auf denselben Zeitpunkt t) beziehen. Das letztere ist beispielsweise der Fall bei vielen Aufgaben aus der Dynamik.

Für $x = x_0$ ist dann

(III.1) $$y(x_0) = y_0, \quad y'(x_0) = y_0', \quad y''(x_0) = y_0'', \ldots, \quad y^{(n-1)}(x_0) = y_0^{(n-1)}$$

vorgegeben, vgl. die Beispiele bei der Schwingungsgleichung in Kap. II, 14.

Randwertaufgaben kommen im Gegensatz zu Anfangswertaufgaben gewöhnlich erst bei Differentialgleichungen von wenigstens zweiter Ordnung vor. Während sich die Anfangsbedingungen auf eine einzige Stelle x_0 beziehen, spricht man von Randbedingungen, sobald in den vorgeschriebenen Gleichungen zur Bestimmung der Integrationskonstanten die Werte der unbekannten Funktion oder ihrer Ableitungen an mindestens zwei Stellen vorkommen. Bei Differentialgleichungen zweiter Ordnung sind folgende Bezeichnungen gebräuchlich: man nennt die Aufgabe bei den Bedingungen

$y(x_0) = y_0, \quad y(x_1) = y_1$ eine Randwertaufgabe erster Art

$y'(x_0) = y'_0, \quad y'(x_1) = y'_1$ eine Randwertaufgabe zweiter Art

$$\left.\begin{array}{l} c_0 y(x_0) + d_0 y'(x_0) = a \\ c_1 y(x_1) + d_1 y'(x_1) = b \end{array}\right\}$$ eine Randwertaufgabe dritter Art oder Sturmsche Randwertaufgabe.

Es können aber auch ganz andersartige Randbedingungen auftreten, z. B. die der Periodizität:

$$y(x_0) = y(x_1), \quad y'(x_0) = y'(x_1), \ldots, \quad y^{(n-1)}(x_0) = y^{(n-1)}(x_1)$$

oder Integralbedingungen: $\int_{x_0}^{x_1} y(x)\,p(x)\,\mathrm{d}x = a$, wobei die Konstante a und die Funktion $p(x)$ gegeben sind, oder auch „nichtlineare Randbedingungen" wie z. B. $y(x_0) \cdot y'(x_0) = 1$.

Eine nichtlineare Randbedingung tritt auch in (III.6) auf. Eine Randbedingung heißt dabei linear, wenn sie in allen vorkommenden Werten von y und ihren Ableitungen linear ist. Die Randwertaufgabe heißt linear, wenn Differentialgleichung und Randbedingungen linear sind, andernfalls heißt sie nichtlinear.

§ 1 Beispiele linearer Randwertaufgaben

2. Ein Träger. Mehrere Felder der Differentialgleichung. Randwertprobleme treten bei zahlreichen Aufgaben aus der Statik auf. Als Beispiel sei die Berechnung der Durchbiegung $y(x)$ eines teilweise mit einer Streckenlast belasteten, beiderseits eingespannten Trägers von konstanter Biegesteifigkeit, Fig. III/1, genannt.

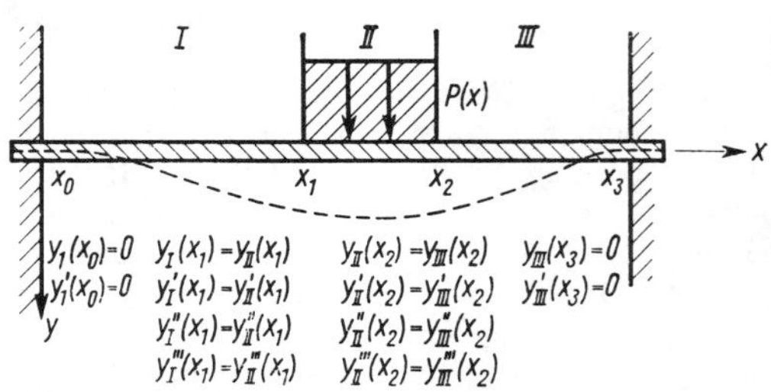

III/1. Beiderseits eingespannter Träger mit Streckenlast

Da das System (mehrfach) statisch unbestimmt ist, hat man zur Berechnung der Biegemomentenverteilung (die man für die Spannungsberechnung braucht) Betrachtungen über die elastische Formänderung mit heranzuziehen. Diese führen auf die Differentialgleichung vierter Ordnung:

$$\text{(III.2)} \qquad y^{\mathrm{IV}} = \frac{p(x)}{EJ}.$$

Wegen der Unstetigkeitsstellen der Belastungsdichte $p(x)$ bei x_1 und x_2 setzt man diese Differentialgleichung dreimal getrennt für die Bereiche I, II und III an. Man erhält dann drei allgemeine Lösungen mit je vier, insgesamt also zwölf freien Konstanten. Die Anpassung der Lösungen an den bestimmten Fall geschieht durch die zwölf Randbedingungen, die in der Fig. III/1 an die zugehörigen Stellen herangeschrieben sind.

Durchbiegung eines Trägers mit Einzellast. Als einfaches Beispiel einer Randwertaufgabe mit mehreren Teilintervallen soll die Durchbiegung eines 3 m langen Trägers auf zwei Stützen berechnet werden, der nach Fig. III/2 mit einer

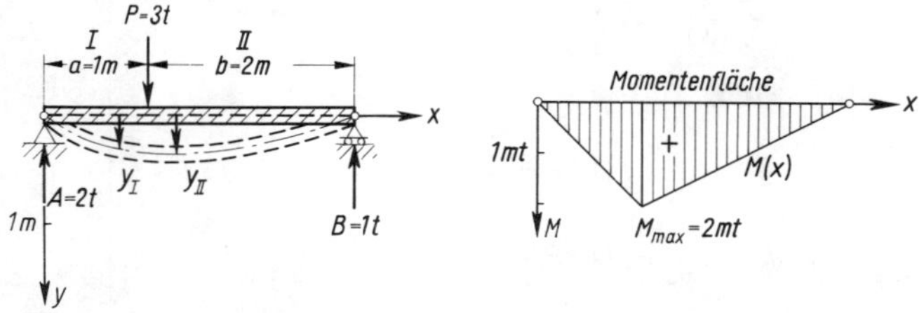

III/2. Gelenkig gelagerter Träger mit Einzellast

Kraft von 3 t belastet wird. Das Eigengewicht des Trägers sei vernachlässigt. Sein axiales Flächen-Trägheitsmoment J, der Elastizitätsmodul E des verwendeten Materials und damit auch die Biegesteifigkeit $\alpha = EJ$ seien konstant. Wegen der Sprungstelle der Querkraft bzw. der Knickstelle des Biegemomentes $M(x)$ im Angriffspunkt der Kraft teilt man den Träger in zwei Intervalle I und II ein, um getrennt für sie die Differentialgleichung anzusetzen, zu lösen und vermittels der Randbedingungen die Lösungen der Gesamtaufgabe anzupassen.

Die Differentialgleichung für die Durchbiegung lautet $-\alpha y'' = M$.

Die Auflagerkräfte A und B lassen sich unmittelbar hinschreiben:

$$A = 2\,\mathrm{t}, \quad B = 1\,\mathrm{t}.$$

Die Momentenverteilung für die beiden Bereiche ist dann (1 m als Längeneinheit, 1 t als Krafteinheit)

$$M(x) = \begin{cases} 2x & \text{für } 0 \leqq x \leqq 1 \quad \text{(Bereich I)}, \\ 3 - x & \text{für } 1 \leqq x \leqq 3 \quad \text{(Bereich II)}. \end{cases}$$

Die Differentialgleichungen für die Intervalle lauten damit

$$\alpha y_{\mathrm{I}}'' = -\,2x \qquad \text{für Bereich I,}$$
$$\alpha y_{\mathrm{II}}'' = -\,(3 - x) \quad \text{für Bereich II.}$$

Die zweifache Integration liefert die allgemeinen Lösungen

$$\alpha y_{\mathrm{I}} = -\frac{x^3}{3} + C_1 x + C_2 \qquad \text{für Bereich I,}$$
$$\alpha y_{\mathrm{II}} = -\frac{3x^2}{2} + \frac{x^3}{6} + C_3 x + C_4 \quad \text{für Bereich II.}$$

Die Randbedingungen fordern

$$\left.\begin{aligned} y_{\mathrm{I}}(0) &= 0 \\ y_{\mathrm{II}}(3) &= 0 \end{aligned}\right\} \text{keine Durchbiegung an den Auflagerstellen,}$$

$$\left.\begin{aligned} y_{\mathrm{I}}(1) &= y_{\mathrm{II}}(1) \\ y'_{\mathrm{I}}(1) &= y'_{\mathrm{II}}(1) \end{aligned}\right\} \text{Durchbiegung und Neigung sind an der Laststelle stetig.}$$

Kurze Rechnung liefert für die Konstanten die Werte

$$C_1 = \frac{5}{3}, \quad C_2 = 0, \quad C_3 = \frac{19}{6}, \quad C_4 = -\frac{1}{2}.$$

Damit lautet die Lösung

$$y_{\mathrm{I}} = \frac{1}{6EJ}(10x - 2x^3),$$

$$y_{\mathrm{II}} = \frac{1}{6EJ}(x-3)(x^2 - 6x + 1).$$

Man erhält zwei sich an der Stelle $x = 1$ berührende und durchdringende kubische Parabeln $y_{\mathrm{I}}(x)$ und $y_{\mathrm{II}}(x)$. Um von den Trägerkonstanten freizukommen, wurde als Ordinate $Y = y \cdot 6EJ$ eingeführt (Fig. III/3).

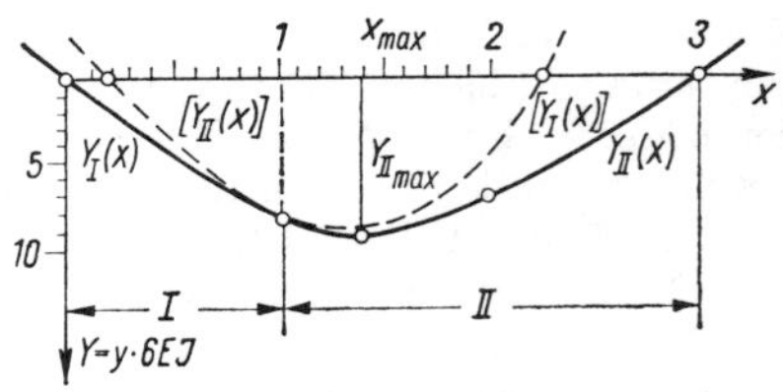

III/3. Die Durchbiegung des Trägers setzt sich in beiden Feldern aus zwei verschiedenen kubischen Parabeln zusammen

Die durchgezeichnete Kurve ist die „zusammengestückelte" spezielle Lösung. Sie stellt also die Durchbiegung dar. Im Bereich I hat allein $Y_{\mathrm{I}}(x)$, im Bereich II allein $Y_{\mathrm{II}}(x)$ Gültigkeit.

Die maximale Durchsenkung an der Stelle $x_{\max}$ – also nicht im Angriffspunkt der Kraft – errechnet sich aus $Y_{\mathrm{II}\,\max}$ zu

$$y_{\max} = Y_{\mathrm{II}\,\max} \cdot \frac{1}{6EJ} \approx 8{,}71 \cdot \frac{1}{6EJ} \approx \frac{1{,}45}{EJ}.$$

3. Die Anzahl der Lösungen bei linearen Randwertaufgaben. An einem einfachen Beispiel seien die typischen Fälle bei linearen Randwertproblemen vorgeführt. Die Differentialgleichung

$$y'' + y = 0$$

hat die allgemeine Lösung

$$y = C_1 \cos x + C_2 \sin x.$$

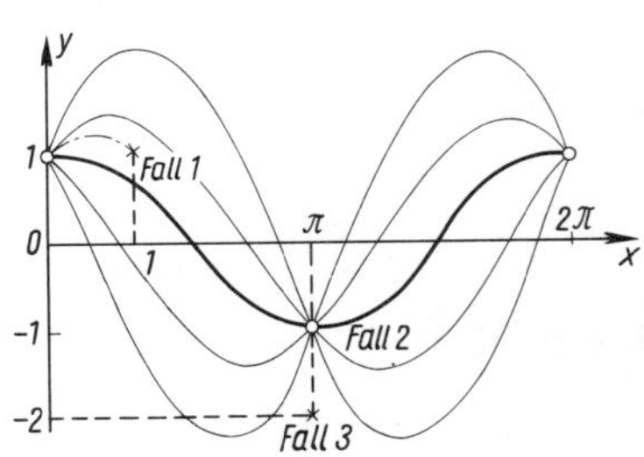

III/4. Lineare Randwertaufgaben mit keiner, einer Lösung und unendlich vielen Lösungen

F a l l 1: Die Randbedingungen seien

$$y(0) = 1, \quad y(1) = 1.$$

Man setzt sie zur Bestimmung der Konstanten in die allgemeine Lösung ein:

$$1 = C_1 \cos 0 + C_2 \sin 0 = C_1 \cdot 1 + C_2 \cdot 0, \text{ also } C_1 = 1$$

und

$$1 = C_1 \cos 1 + C_2 \sin 1, \text{ also } C_2 = \frac{1 - \cos 1}{\sin 1} \approx 0{,}5463.$$

Somit lautet die spezielle Lösung (in Fig. III/4 strichpunktiert)

$$y = \cos x + \frac{1 - \cos 1}{\sin 1} \sin x \approx \cos x + 0{,}5463 \sin x.$$

Fall 2: Die Randbedingungen:

$$y(0) = 1, \quad y(\pi) = -1$$

ergeben

$$1 = C_1 \cos 0 + C_2 \sin 0 = C_1 \cdot 1 + C_2 \cdot 0,$$

$C_1 = 1$ und

$$-1 = C_1 \cos \pi + C_2 \sin \pi = 1 \cdot (-1) + C_2 \cdot 0,$$

$C_2 =$ unbestimmt.

Die Konstante C_2 kann also jeden beliebigen Wert annehmen, die Gleichung ist stets erfüllt. C_2 läßt sich durch die Randbedingungen nicht eindeutig festlegen. Man erhält als Lösung $y = \cos x + C_2 \sin x$ nicht eine einzelne Kurve, sondern eine einparametrige Kurvenschar. Derartige Lösungen sind praktisch wegen der verbleibenden unendlichen Vieldeutigkeit meist unbrauchbar, wenngleich sie gegenüber der allgemeinen Lösung auch bereits eine Verringerung der Lösungsmannigfaltigkeiten bedeuten.

Fig. III/4 zeigt, daß in unserem Beispiel die eine Randbedingung $y(\pi) = -1$ zufällig auf einen Knotenpunkt der mit der anderen Randbedingung bereits festgelegten Lösungsschar trifft, d. h. bei Vorgabe einer der beiden Randbedingungen ist die andere von selbst erfüllt.

Fall 3: Die Randbedingungen

$$y(0) = 1, \quad y(\pi) = -2$$

führen auf

$$C_1 = 1 \quad \text{und} \quad -2 = C_1 \cos \pi + C_2 \sin \pi = 1\,(-1) + C_2 \cdot 0.$$

Die Konstante C_2 läßt sich auf keine Weise so festlegen, daß die Gleichung erfüllt wird, d. h. es existiert für diese Randbedingungen keine Lösung. Der Sachverhalt ist unmittelbar verständlich, wenn man in Fig. III/4 den Punkt aufsucht, der durch die zweite Randbedingung festgelegt wird.

Bezüglich der Anzahl der Lösungen sind hier dieselben Fälle aufgetreten wie bei Systemen linearer Gleichungen, nämlich 1. eine eindeutige Lösung oder 2. unendlich viele Lösungen oder 3. keine Lösung.

In Nr. 8 wird dieser Sachverhalt noch genauer untersucht.

§ 2 Beispiele nichtlinearer Randwertaufgaben

4. Differentialgleichung der Kettenlinie. Als Beispiel für ein Integral als Randbedingung sei die Ermittlung der Seilkurve oder Kettenlinie genannt; diese Kurve nimmt ein nur unter dem Einfluß der Schwerkraft durchhängendes, in den Punkten (x_1, y_1) und (x_2, y_2) befestigtes homogenes ideal biegsames Seil an, Fig. III/5.

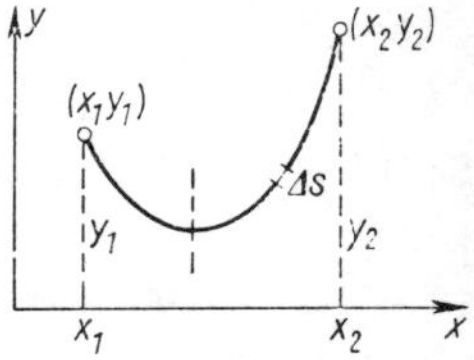

III/5. Randwertaufgabe eines an zwei Punkten aufgehängten Seiles

Ist γ das spezifische Gewicht, F der Querschnitt des Seiles und s die von einem festgewählten Punkt des Seiles aus gezählte Bogenlänge auf dem Seile, so hat das Bogenelement Δs das Gewicht, Fig. III/6,

$$G = \gamma F \Delta s.$$

An ihm greifen die Kräfte S_1 und S_2 mit den Komponenten in horizontaler Richtung (H_1 und H_2) und in vertikaler Richtung (V_1 und V_2), sowie das Gewicht G an. Die Gleichgewichtsbedingungen ergeben

$$H_1 = H_2 = \text{const} = H, \quad V_1 + G - V_2 = 0.$$

Da V eine Funktion von x ist, kann man schreiben

$$V(x) + G - V(x + \Delta x) = 0.$$

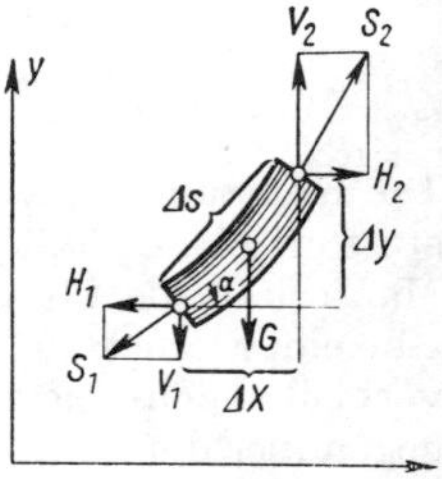

III/6. Die an einem Seilelement angreifenden Kräfte

Aus der nach dem zweiten Gliede abgebrochenen Taylor-Entwicklung

$$\gamma F \Delta s + V(x) = V(x + \Delta x) \approx V(x) + V'(x) \Delta x$$

wird beim Grenzübergang $\Delta x \to 0$

$$V'(x) = \gamma F \frac{\mathrm{d}s}{\mathrm{d}x}.$$

Nun gilt

$$V(x) = H \tan \alpha = H y'(x), \quad \text{also} \quad V'(x) = H y''(x).$$

Einsetzen ergibt $H y'' = \gamma F \frac{\mathrm{d}s}{\mathrm{d}x}$. Mit $\frac{\mathrm{d}s}{\mathrm{d}x} = \sqrt{1 + y'^2}$, und mit der Abkürzung

$$\frac{\gamma F}{H} = a$$

lautet somit die Differentialgleichung der Seilkurve

(III.3) $$y'' = a \sqrt{1 + y'^2}.$$

Lösung der Differentialgleichung und Anpassung an die Randbedingungen. Für die Funktion $z(x) = y'(x)$ lassen sich die Veränderlichen trennen:

$$a \,\mathrm{d}x = \frac{\mathrm{d}z}{\sqrt{1 + z^2}}.$$

Integration liefert

(III.4) $$z = y' = \sinh a (x + C_1).$$

Die zweite Integration ergibt

$$y = C_2 + \frac{1}{a} \cosh a(x + C_1).$$

Als Randbedingungen hat man zunächst

$$\text{(III.5)} \qquad y(x_1) = y_1, \quad y(x_2) = y_2.$$

Ferner ist aber noch die Bedingung vorgeschrieben, daß die Länge des zwischen den Aufhängepunkten befindlichen Seiles l betragen muß, Fig. III/7. Daher kommt als Nebenbedingung noch das Bogenlängenintegral hinzu:

$$\text{(III.6)} \qquad \int_{x_1}^{x_2} \sqrt{1 + y'^2}\, dx = l.$$

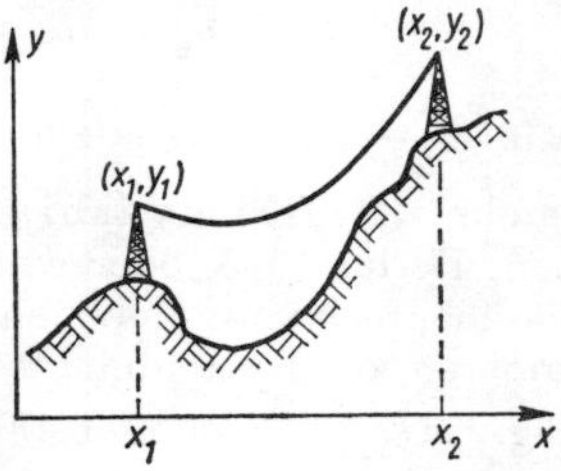

III/7. Kettenlinie bei 2 Aufhängepunkten ungleicher Höhe

Man hat also drei Randbedingungen (III.5), (III.6), dafür aber in der zu lösenden Differentialgleichung (III.3) noch den unbekannten Parameter a, der mit dem Horizontalzug H zusammenhängt.

Setzt man den Wert für y' nach (III.4) ein, so vereinfacht sich wegen

$$\text{(III.7)} \qquad \cosh^2 \varphi - \sinh^2 \varphi \equiv 1$$

das Integral zu

$$\text{(III.8)} \qquad \int_{x_1}^{x_2} \cosh a(x + C_1)\, dx = \frac{1}{a} [\sinh a(x + C_1)]_{x_1}^{x_2} = l.$$

Für den konkreten Fall bestimmter Koordinatenwerte und einer bestimmten Länge l bekommt man auf diese Weise drei transzendente Gleichungen für C_1, C_2 und a.

Bei kleinem Durchhang kann man die Kettenlinie durch eine Parabel annähern, bei großem Durchhang muß man aber mit den hyperbolischen Funktionen rechnen. Man kann nun leicht das System der 3 Gleichungen in 3 neue Gleichungen überführen, aus denen sich die Unbekannten a, C_1, C_2 nacheinander bestimmen lassen: Aus (III.5) und (III.8) folgen unter Benutzung der Additionstheoreme der hyperbolischen Funktionen:

$$y_2 - y_1 = \frac{1}{a} [\cosh a(x_2 + C_1) - \cosh a(x_1 + C_1)]$$

$$= \frac{2}{a} \sinh a \frac{x_2 - x_1}{2} \cdot \sinh a \left(\frac{x_2 + x_1}{2} + C_1\right),$$

$$l = \frac{1}{a} [\sinh a(x_2 + C_1) - \sinh a(x_1 + C_1)]$$

$$= \frac{2}{a} \sinh a \frac{x_2 - x_1}{2} \cdot \cosh a \left(\frac{x_2 + x_1}{2} + C_1\right).$$

Hier kann man C_1 sofort eliminieren, wenn man (III.7) benutzt. C_1 fällt heraus, wenn man die Gleichungen quadriert, also l^2 und $(y_2 - y_1)^2$ bildet und subtrahiert. Man erhält dann eine transzendente Gleichung, in der als Unbekannte nur noch die Größe a auftritt:

$$\text{(III.9)} \qquad \frac{2}{a} \sinh \left(a \frac{x_2 - x_1}{2} \right) = \sqrt{l^2 - (y_2 - y_1)^2}.$$

Sind die beiden Aufhängepunkte gleich hoch, $y_1 = y_2$, so wird die Wurzel auf der rechten Seite einfach gleich l.

Zahlenbeispiel:

$$x_1 = y_1 = 0, \quad x_2 = 200\,[\text{m}], \quad y_2 = 100\,[\text{m}], \quad l = 250\,[\text{m}].$$

Mit $\frac{x_2 - x_1}{2} a = 100a = z$ lautet (III.9) $\frac{\sinh z}{z} = 1{,}1456$. Mit Hilfe von Funktionstafeln (z.B. K. Hayashi, Fünfstellige Tafeln der Kreis- und Hyperbelfunktionen, Berlin 1955, oder auch Hütte, Des Ingenieurs Taschenbuch) oder eines Taschenrechners findet man $z = 0{,}9155$, und daraus kann man dann auch die anderen, die Kettenlinie festlegenden Daten a, C_1, C_2 berechnen.

Fig. III/7 gibt eine maßstäbliche Skizze der so ermittelten Kettenlinie

$$y = -122{,}71 + 109{,}23 \cosh [0{,}009155\,(x - 53{,}72)].$$

5. Die Differentialgleichung $y'' = y^2$. Zum Studium der Erscheinungen bei nichtlinearen Randwertaufgaben diene die Differentialgleichung[1])

$$y'' = y^2$$

mit den Randbedingungen

$$y(0) = 0, \quad y(A) = B,$$

wobei A und B zunächst noch nicht weiter festgelegt werden.

Der Versuch, die Differentialgleichung unmittelbar zu integrieren, führt auf

$$\text{(III.9a)} \qquad \frac{1}{2} y'^2 = \frac{y^3}{3} + C,$$

$$\int \frac{dy}{\sqrt{C_1 + \frac{2}{3} y^3}} = x + C_2.$$

Das ist ein elliptisches Integral; die Lösung läßt sich nicht in geschlossener Form durch elementare Funktionen angeben.

In diesem Falle wie in vielen anderen Fällen ist es jedoch möglich, durch direkte Untersuchung der Differentialgleichung einen Überblick über die Lösungen zu gewinnen.

---

[1]) Die Funktion $u(x) = -y(x)$, die der Differentialgleichung $u'' = -u^2$ genügt, kann man als stationäre Temperaturverteilung in einem Stab (mit x als Längskoordinate) deuten, und zwar ist $u(x)$ die Übertemperatur gegenüber der Umgebung, wobei in dem Stabe pro Zeiteinheit eine Wärmemenge erzeugt wird, die u^2 proportional ist, etwa infolge chemischer oder anderer Vorgänge. Die Enden des Stabes werden auf den konstanten Temperaturen $u(0) = 0$, $u(A) = -B$ gehalten. Je nach den Werten von A und B kann es 0, 1 oder 2 Lösungen der Randwertaufgabe geben, wobei im letzten Falle nur eine Lösung einer stabilen Temperaturverteilung entspricht.

Dazu werde zunächst nicht die vorgegebene Randwertaufgabe, sondern eine Anfangswertaufgabe für den bereits festgelegten Punkt

$$y(0) = 0$$

betrachtet, vorerst etwa mit der zweiten Anfangsbedingung

$$y'(0) = -1.$$

Die auf diese Weise ausgewählte spezielle Lösung läßt sich auf Grund der Differentialgleichung leicht diskutieren. Die Differentialgleichung

$$y'' = y^2$$

besagt, daß die Steigungsänderung einer gesuchten Funktion dem Quadrat dieser Funktion gleich sein soll, es liegt ähnlich der Parabel eine rein konkave Kurve vor. Ferner zeigt die Betrachtung der Zwischenlösung (III.9a), daß jedem positiven y einer speziellen Kurve zwei nur dem Vorzeichen nach verschiedene Steigungswerte zukommen. Für die herausgegriffene Kurve ist gemäß den Anfangswerten $C = \frac{1}{2}$; also

$$y' = \sqrt{\frac{2}{3} y^3 + 1}\,.$$

Die Steigung ist Null (Minimum!) bei

$$y = \sqrt[3]{-\frac{3}{2}} = -1{,}145.$$

Für $y < -1{,}145$ existieren keine reellen Steigungswerte mehr.

Die Kurve verläuft symmetrisch zu der Ordinate durch ihr Minimum, Fig. III/8. Nun kann man durch eine lineare Verzerrung der Abszissen- und Ordinatenmaßstäbe einen quantitativen Zusammenhang zwischen den verschiedenen Lösungskurven erhalten. In einem neuen Koordinatensystem ξ, η, das aus dem xy-System durch die affine Verzerrung hervorgeht,

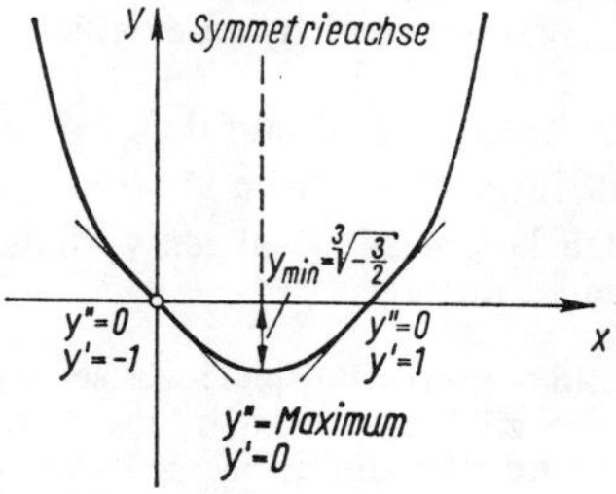

III/8. Typus der Lösungen von $y'' = y^2$ durch den Nullpunkt

$$x = a\xi, \quad y = b\eta, \quad dx = a\,d\xi, \quad dy = b\,d\eta,$$

mit

$$\frac{dy}{dx} = \frac{b}{a}\frac{d\eta}{d\xi}, \qquad \frac{d^2y}{dx^2} = \frac{b}{a}\frac{d\frac{d\eta}{d\xi}}{d\xi}\frac{d\xi}{dx} = \frac{b}{a^2}\frac{d^2\eta}{d\xi^2}$$

lautet die Differentialgleichung

$$\frac{d^2\eta}{d\xi^2} = a^2 b\,\eta^2.$$

Setzt man

$$a^2 b = 1 \quad \text{oder} \quad b = \frac{1}{a^2}, \quad \text{d. h.} \quad x = a\xi, \quad y = \frac{\eta}{a^2},$$

so erhält man wieder die Ausgangsdifferentialgleichung, diesmal in ξ, η-Koordinaten.

Liegt eine Lösung vor, so erhält man daraus eine andere, indem man alle x-Werte mit a multipliziert und alle y-Werte durch a^2 dividiert. Verdoppelt man beispielsweise alle x-Werte, so hat man alle y-Werte zu vierteln. Für $a = -1$ werden die x-Werte negativ, die y-Werte erfahren keine Änderung.

Anzahl der Lösungen der Randwertaufgabe. Somit ist man in der Lage, die Schar der durch den Koordinatenursprung laufenden Lösungskurven zu zeichnen (Fig. III/9).

Die Schar besitzt eine Einhüllende, die, hyperbelartig im dritten und vierten Quadranten verlaufend, die x-Achse und die negative y-Achse als Asymptoten hat. Durch die Hüllkurven wird die xy-Ebene in einen oberen und einen unteren Bereich eingeteilt. Der obere Bereich ist zweifach von Lösungen überdeckt. Im unteren Bereich existieren keine reellen vom Nullpunkt ausgehenden Lösungen.

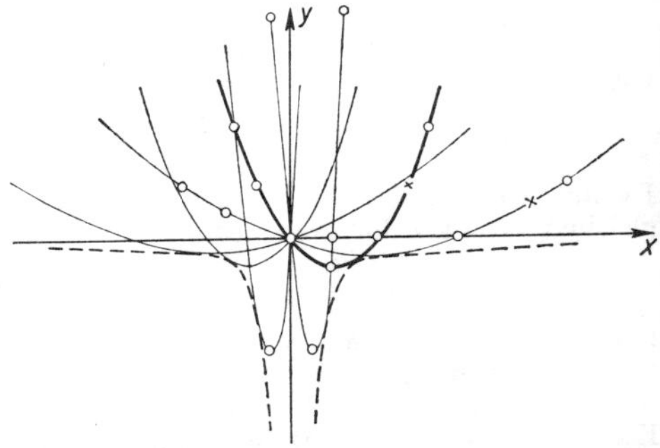

III/9. Zweideutige Lösbarkeit der Randwertaufgabe

Bezieht man jetzt die zweite Randbedingung $y(A) = B$ mit in die Betrachtung ein, so folgt:

1. Liegt der durch die zweite Randbedingung vorgegebene Punkt $P(A, B)$ in dem oberen Bereich, so existieren zwei verschiedene reelle Lösungen der Randwertaufgabe.
2. Liegt $P(A, B)$ auf der Hüllkurve, dann existiert nur eine reelle Lösung.
3. Liegt $P(A, B)$ im unteren Bereich, so existiert keine reelle Lösung.

Ob komplexe Lösungen vorhanden sind, läßt sich ohne eingehendere Untersuchungen nicht aussagen.

Ein weiteres Beispiel: Es sei noch ein Beispiel genannt, bei dem man die Lösungen explizit durch elementare Funktionen angeben und somit leicht eine vollständige Diskussion durchführen kann. Die Differentialgleichung

$$y'' + 6yy'^3 = 0$$

hat die allgemeine Lösung $x = y^3 + c_1 y + c_2$ mit c_1, c_2 als frei wählbaren Konstanten. Ferner gehören als Grenzfälle die Geraden $y = \text{const}$ zu den Lösungen. Es wird nach Lösungen gefragt, welche die Randwerte $y(0) = 1, y(A) = B$ annehmen, und zwar sind nur solche Funktionen $y = f(x)$ als Lösungen zugelassen, die in dem durch $x = 0$ und $x = A$ begrenzten offenen Intervall eindeutig und zweimal stetig differenzierbar sind; Funktionen, die graphisch dargestellt durch Verläufe wie C_1 oder C_2, Fig. III/10, wiedergegeben werden, sind somit nicht als Lösungen der Randwertaufgabe mit den Randwerten

$$y(x_1) = y_1, \quad y(x_2) = y_2$$

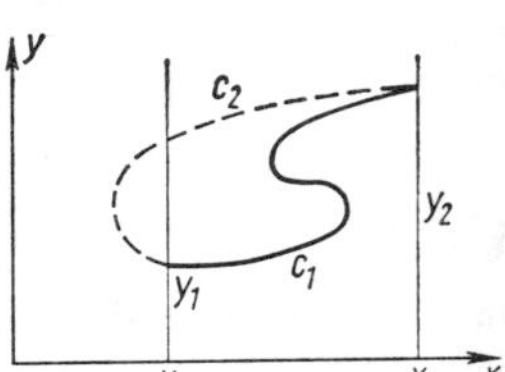

III/10. Zum Begriff der Lösung einer Randwertaufgabe

anzusehen. Die Randbedingung $y(0) = 1$ sondert aus der allgemeinen Lösung die Schar der kubischen Parabeln $x = y^3 + c_1 y - 1 - c_1$ mit c_1 als Scharparameter und als Grenzfall die Gerade $y = 1$ aus. Diese Kurven bedecken die volle x-y-Ebene schlicht und lückenlos; in dem oben angegebenen Sinn ist jedoch keineswegs die Randwertaufgabe mit $y(A) = B$ bei beliebigem A und B lösbar, sondern nur dann, wenn der Punkt $x = A$, $y = B$ einem der beiden in Fig. III/11 durch Schraffur gekennzeichneten abgeschlossenen Bereiche $\mathfrak{B}_1$, $\mathfrak{B}_2$ (ohne den Punkt $x = 0$, $y = 1$) angehört; wenn der Punkt $x = A$, $y = B$ außerhalb dieser Bereiche liegt, entstehen Lösungen nach Art von Fig. III/10, die ausgeschlossen waren. $\mathfrak{B}_1$, $\mathfrak{B}_2$ werden begrenzt von den Lösungskurven $x = y^3 - 3y + 2$, $x = y^3 - 1$ und der Kurve der Umkehrstellen, in denen die Tangenten an die Lösungskurven senkrecht zur x-Achse stehen: $x = -2y^3 + 3y^2 - 1$ (diese Kurve ist in Fig. III/11 dickgestrichelt.)

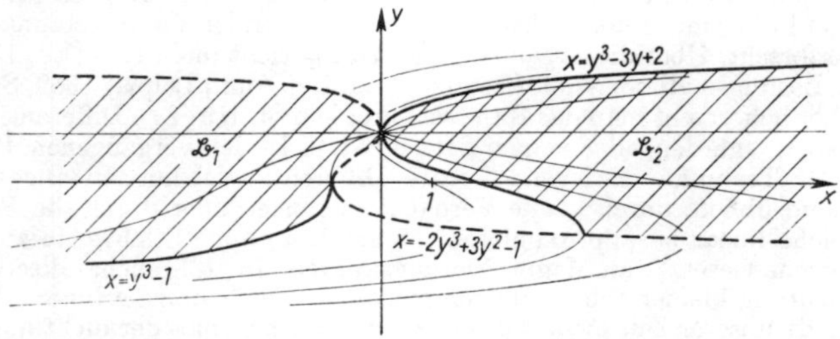

III/11. Lösbarkeitsverhältnisse bei einer nichtlinearen Randwertaufgabe

6. Abzählbar unendlich viele Lösungen der Randwertaufgabe bei $y'' = -y^3$. Wie verwickelt die Verhältnisse bezüglich der Überdeckung liegen können, zeigt die Differentialgleichung

(III.10) $$y'' = -y^3$$

für die Randwerte

$$y(0) = 0, \quad y(A) = B.$$

Sie beschreibt im Prinzip etwa den Schwingungsvorgang einer Masse zwischen zwei Federn bei kleinen Ausschlägen, vgl. Fig. I/42 und Gleichung (I.78). Die Randwertaufgabe kann auf dieselbe Art wie bei dem ersten Beispiel aus Nr. 5 behandelt werden, indem man von den Anfangswerten $y(0) = 0$, $y'(0) = -1$ ausgeht. Die Transformation liefert wie oben

$$x = a\xi, \qquad y = \frac{\eta}{a}.$$

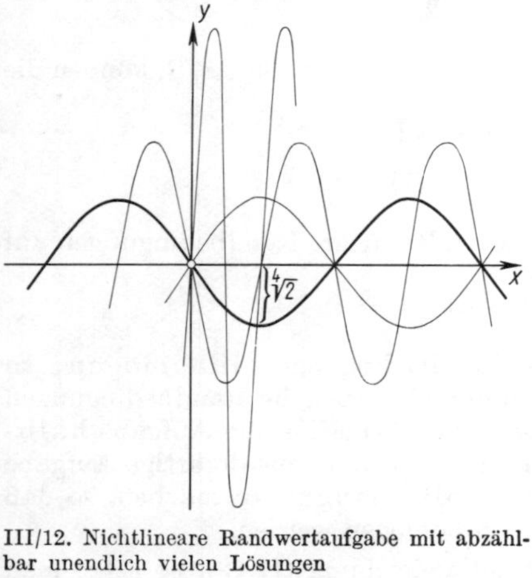

III/12. Nichtlineare Randwertaufgabe mit abzählbar unendlich vielen Lösungen

Wir erhalten die Fig. III/12. Die Schar überdeckt das gesamte Feld unendlich vielfach reell.

Durch einen vorgegebenen zweiten Randwert $y(A) = B$ laufen unendlich viele, jedoch d i s k r e t e Lösungskurven, nicht etwa ein Kontinuum von Lösungen. Damit entspricht einem festen zweiten Randwert eine bestimmte unendliche Folge von Anfangssteigungen im Nullpunkt

$$y'(0) = y'_{0,n} \quad (n = 0, 1, 2, \ldots).$$

Umgekehrt sind jedoch beliebige überbestimmte Randwertaufgaben von der Form

$$y(0) = 0, \quad y'(0) = d, \quad y(a) = b$$

trotz der unendlichfachen Überdeckung des Feldes normalerweise nicht lösbar, da zu einer bestimmten Anfangssteigung im Koordinatennullpunkt eine und nur eine Lösung gehört.

Was in der Tat das Kriterium dafür ist, daß eine Differentialgleichung

(III.11) $$y'' = f(x, y, y')$$

höheren als ersten Grades mit für zwei Stellen vorgegebenen Randwerten etwa n Lösungen besitzt, ist bisher nur unter zusätzlichen einschränkenden Voraussetzungen über die Funktion f erforscht. Über die Ergebnisse vgl. den Bericht in E. Kamke, Differentialgleichungen, Lösungsmethoden und Lösungen, Bd. I, 6. Aufl., Leipzig 1959, S. 277—281. Demgegenüber beherrscht man das Randwertproblem für lineare Differentialgleichungen weit besser, vgl. den allgemeinen Satz in Nr. 8. In den vergangenen Jahrzehnten wurden in der Technik vorwiegend lineare Differentialgleichungen angewendet. Es war weitgehend üblich, durch kleine Vernachlässigungen oder durch die Betrachtung kleiner Bereiche linear zu approximieren. Es sei, um einige Stichworte zu geben, an das „Hookesche Gesetz", an Magnetisierungskurven, an Röhrencharakteristiken und an die Betrachtung kleiner Schwingungen mechanischer Systeme erinnert. Der technische Fortschritt unserer Zeit zwingt uns dazu, auch das Gebiet der nichtlinearen Differentialgleichungen mehr in den Kreis unserer Betrachtungen einzubeziehen. Man ist bei der Lösung derartiger Differentialgleichungen allerdings oft auf Näherungsverfahren angewiesen.

§ 3 Die Alternative bei linearen Randwertaufgaben gewöhnlicher Differentialgleichungen

7. Halbhomogene und vollhomogene Randwertaufgaben. Der Schreibweise für die lineare Differentialgleichung (II.12) entsprechend schreibt man lineare Randbedingungen in der Form

(III.12) $$U_\mu[y] = V_\mu, \quad (\mu = 1, 2, \ldots, n).$$

Darin bedeuten die U_μ gegebene lineare Differentialausdrücke; z. B. können die Randbedingungen lauten

$$U_1[y]_{x=0} \equiv y(0) = 1,$$

$$U_2[y]_{x=1} \equiv y''(1) + 2y'(1) = 0.$$

Bei elastischer Bettung eines Trägers treten z. B. lineare Randbedingungen auf in der Form

$$U_1[y]_{x=0} \equiv y(0) + ay'(0) = k.$$

Sind die Differentialgleichung und die Randbedingungen inhomogen, so lassen sich entweder die Differentialgleichung oder aber die Randbedingungen homogen machen. Man nennt nach dieser Transformation die Aufgabe halbhomogen. Es ist jedoch im allgemeinen nicht möglich, eine derartige Aufgabe völlig homogen oder, wie man auch sagt, vollhomogen zu machen, so daß Differentialgleichung und Randbedingungen homogen werden.

Ist $\psi(x)$ eine spezielle Lösung der Differentialgleichung (II.12), so setze man $y = \psi + z$. Dann folgt für z die homogene Differentialgleichung

$$L[z] = 0.$$

Ist umgekehrt ψ^* eine Funktion, welche die inhomogenen Randbedingungen

$$U_\mu[\psi^*] = V_\mu$$

erfüllt, jedoch nicht der Differentialgleichung zu genügen braucht, so wird durch $y = \psi^* + w$ die Randwertaufgabe in eine neue Aufgabe für w transformiert, bei welcher die Randbedingungen homogen sind:

$$U_\mu[w] = 0.$$

Beispiel: Vorgelegt sei die Randwertaufgabe

$$y'' + y = 1, \quad y(0) = 1, \quad y(1) = 2.$$

Die spezielle Lösung der inhomogenen Differentialgleichung $y = 1$ läßt sich leicht erraten. Mit $y = 1 + z$ erhält man für z die Randwertaufgabe

$$z'' + z = 0, \quad z(0) = 0, \quad z(1) = 1$$

mit einer homogenen Differentialgleichung.

Eine den Randbedingungen genügende spezielle Funktion ist sofort angebbar, z. B. $\psi^* = 1 + x$. Mit $y = 1 + x + w$ folgt dann

$$w'' + w = -x,$$

und die Randbedingungen werden homogen: $w(0) = 0, \quad w(1) = 0$.

8. Die allgemeine Alternative. Es soll nun ein Kriterium für die Lösbarkeit einer linearen Randwertaufgabe

$$L[y] = 0, \quad U_\mu[y] = V_\mu \quad (\mu = 1, \ldots, n)$$

abgeleitet werden. Die Differentialgleichung habe die allgemeine Lösung

$$y = C_1 y_1 + C_2 y_2 + \cdots + C_n y_n,$$

mit $y_1, y_2, y_3, \ldots, y_n$ als Fundamentalsystem. Die Anpassung an die linearen Randbedingungen erfolgt durch Einsetzen:

$$U_\mu[y] = C_1 U_\mu[y_1] + C_2 U_\mu[y_2] + \cdots + C_n U_\mu[y_n] = V_\mu.$$

Damit liegt ein lineares Gleichungssystem von n Gleichungen für die n Unbekannten $C_1, C_2, \ldots, C_n$ vor. Über die Auflösbarkeit dieses Gleichungssystems entscheidet die Determinante der Koeffizienten:

$$\text{(III.13)} \qquad \Delta = \begin{vmatrix} U_1[y_1] & U_1[y_2] \ldots & U_1[y_n] \\ U_2[y_1] & U_2[y_2] \ldots & U_2[y_n] \\ \cdot & \cdot & \cdot \\ \cdot & \cdot & \cdot \\ \cdot & \cdot & \cdot \\ U_n[y_1] & U_n[y_2] \ldots & U_n[y_n] \end{vmatrix}$$

Ist $\Delta \neq 0$, so ist das Randwertproblem eindeutig lösbar, wie auch immer die V_μ sein mögen.

Ist $\Delta = 0$, so ist das Randwertproblem im allgemeinen nicht lösbar. Nur für bestimmte V_μ existieren Lösungen, und wenn überhaupt, dann aber gleich unendlich viele. (Vgl. das Beispiel in Nr. 3, zweiter Fall.)

Bei einem vollhomogenen Problem sind alle $V_\mu = 0$, dann ergeben sich folgende Möglichkeiten:

Ist $\Delta \neq 0$, so existiert nur die triviale Lösung $y \equiv 0$.
Ist $\Delta = 0$, so besitzt das Randwertproblem „nichttriviale Lösungen".
Auf diesen Fall der Eigenwertaufgabe geht § 5 ein.

Beispiel: Bei dem halbhomogenen Problem

$$y'' - y = 0$$

mit den Randbedingungen

$$y(0) + y'(0) = V_1 = 2, \quad y(0) + y(1) = V_2 = 4$$

und dem Fundamentalsystem

$$y_1 = e^x, \quad y_2 = e^{-x}$$

erhält man aus dem allein zu betrachtenden homogenen Bestandteil der Randbedingungen die Determinante

$$\Delta = \begin{vmatrix} 2 & 0 \\ 1 + e & 1 + \frac{1}{e} \end{vmatrix} = 2\left(1 + \frac{1}{e}\right) \neq 0 .$$

Das Randwertproblem ist also für alle V_μ eindeutig lösbar, insbesondere gibt es für $V_1 = V_2 = 0$ nur die triviale Lösung $y \equiv 0$.

§ 4 Lösung von Randwertaufgaben mit Hilfe der Greenschen Funktion

9. Einfachste Beispiele Greenscher Funktionen. 1. Es gibt Lösungsformeln für Randwertaufgaben; eine solche soll im Falle der besonders einfachen Randwertaufgabe

(III.14) $$-y'' = f(x), \quad y(0) = y(l) = 0$$

vorgerechnet werden (es wird $-y''$ und nicht y'' geschrieben, damit später die Greensche Funktion $\geqq 0$ ausfällt). Dabei sei $l > 0$ gegeben und $f(x)$ eine im Intervall $[0, l]$ gegebene, etwa stetige Funktion. Lösungen der Differentialgleichung kann man durch zweimalige Integration von $f(x)$ aufstellen; man kann aber an Stelle eines derartigen zweifachen Integrals auch ein einfaches der folgenden Art setzen: Es ist

(III.15) $$y^* = -\int_0^x (x - \xi) f(\xi)\, d\xi$$

eine spezielle Lösung der Differentialgleichung; denn benutzt man die Regel zur Differentiation eines solchen Integrals

(III.16) $$\frac{d}{dx} \int_{u(x)}^{v(x)} g(t, x)\, dt = \int_{u(x)}^{v(x)} \frac{\partial g(t, x)}{\partial x}\, dt + g(v(x), x) v'(x) - g(u(x), x) u'(x)$$

(vgl. etwa v. Mangoldt-Knopp, Einführung in die Höhere Mathematik, Bd. III, 10. Aufl., Stuttgart 1958, S. 337), so gilt

$$y^{*\prime} = -\int_0^x f(\xi)\,d\xi, \quad y^{*\prime\prime} = -f(x).$$

Mithin lautet die allgemeine Lösung der Differentialgleichung:

$$y = \int_0^x (\xi - x) f(\xi)\,d\xi + c_1 + c_2 x \tag{III.17}$$

mit c_1, c_2 als frei wählbaren Konstanten. Die Randbedingung $y(0) = 0$ verlangt $c_1 = 0$, und $y(l) = 0$ ergibt

$$c_2 = -\frac{1}{l}\int_0^l (\xi - l) f(\xi)\,d\xi. \tag{III.18}$$

Somit wird

$$y(x) = \int_0^x (\xi - x) f(\xi)\,d\xi - \int_0^l \frac{x}{l}(\xi - l) f(\xi)\,d\xi.$$

Schreibt man das zweite Integral in der Form

$$\int_0^l \cdots = \int_0^x \cdots + \int_x^l \cdots,$$

so entsteht

$$y(x) = \int_0^x \frac{\xi}{l}(l - x) f(\xi)\,d\xi + \int_x^l \frac{x}{l}(l - \xi) f(\xi)\,d\xi. \tag{III.19}$$

Man kann nun diese beiden Integrale wieder in eines zusammenfassen, wenn man eine Funktion, die sog. „Greensche Funktion" $G(x, \xi)$ einführt, die verschieden definiert ist, je nachdem $x \geqq \xi$ oder $x \leqq \xi$ ist:

$$G(x, \xi) = \begin{cases} \dfrac{\xi}{l}(l - x) & \text{für} \quad \xi \leqq x \\[2ex] \dfrac{x}{l}(l - \xi) & \text{für} \quad \xi \geqq x. \end{cases} \tag{III.20}$$

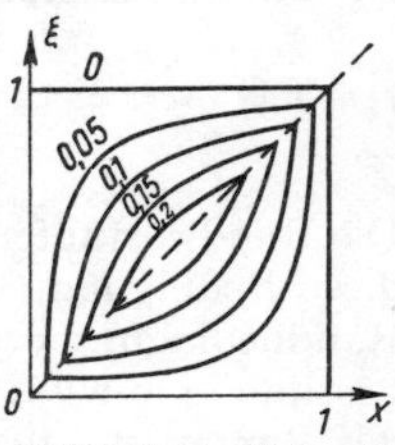

III/13. Höhenlinien für die Greensche Funktion (III.20)

Dann kann man schreiben

$$y(x) = \int_0^l G(x, \xi) f(\xi)\,d\xi. \tag{III.21}$$

Die Greensche Funktion ist für $l = 1$ in Fig. III/13 durch Höhenlinien veranschaulicht. Sie ist stetig im Quadrat $0 \leqq x, \xi \leqq 1$, aber die partielle Ableitung $\dfrac{\partial G}{\partial x}$ macht bei konstantem ξ, wenn man x in wachsendem Sinne die Stelle $x = \xi$ überschreiten läßt, einen Sprung von der Größe -1.

2. Nun werde bei der Randwertaufgabe (III.14) lediglich eine Randbedingung geändert; die Durchrechnung von

$$\text{(III.22)} \qquad -y'' = f(x), \qquad y(0) = y'(l) = 0$$

verläuft wie im vorigen Fall, und zwar wörtlich genau so bis zur Formel (III.17) mit $c_1 = 0$; jedoch $y'(l) = 0$ bedingt jetzt

$$c_2 = \int_0^l f(\xi)\,d\xi = \int_0^x f(\xi)\,d\xi + \int_x^l f(\xi)\,d\xi,$$

und die Lösung lautet

$$\text{(III.23)} \qquad y(x) = \int_0^x \xi f(\xi)\,d\xi + \int_x^l x f(\xi)\,d\xi.$$

Hierfür läßt sich genau wieder die einheitliche Formel (III.21) angeben, wenn man diesmal die Greensche Funktion definiert durch

$$\text{(III.24)} \qquad G(x, \xi) = \begin{cases} \xi & \text{für} \quad \xi \leqq x \\ x & \text{für} \quad \xi \geqq x. \end{cases}$$

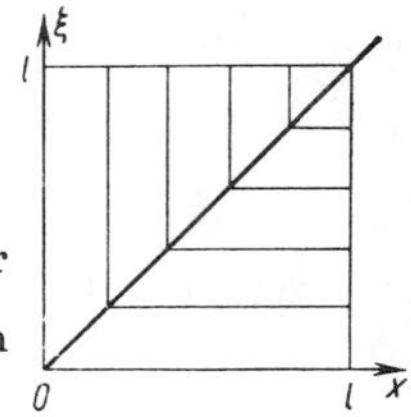

III/14. Höhenlinien für die Greensche Funktion (III.24)

G ist in Fig. III/14 durch Höhenlinien dargestellt. Auch hier ist G stetig, aber $\frac{\partial G}{\partial x}$ macht wie im vorigen Beispiel einen Sprung von der Größe -1.

3. Schließlich sei noch ein Fall durchgerechnet, in dem die Randwertaufgabe nur für gewisse Funktionen $f(x)$ lösbar ist und man mit einer „Greenschen Funktion im erweiterten Sinn" arbeiten muß. Ein solcher Fall tritt ein bei den Randbedingungen der Periodizität:

$$\text{(III.25)} \qquad y(0) - y(l) = y'(0) - y'(l) = 0.$$

Die zweite Randbedingung verlangt

$$\text{(III.26)} \qquad \int_0^l f(\xi)\,d\xi = 0.$$

Die Randwertaufgabe ist also nur dann lösbar, wenn die gegebene Funktion $f(x)$ diese Bedingung (III.26) erfüllt, was nunmehr vorausgesetzt werde. Die erste Randbedingung ergibt für c_2 den durch (III.18) gegebenen Wert. c_1 bleibt unbestimmt; mit $y(x)$ ist auch $y(x) + c_1$ bei beliebigem konstanten c_1 eine Lösung der Randwertaufgabe. Das Ergebnis lautet also:

Die Randwertaufgabe ist bei den Bedingungen (III.25) nur dann lösbar, wenn $f(x)$ die Gleichung (III.26) erfüllt, und hat dann die unendlich vielen Lösungen (mit c_1 als freier Konstante)

$$y(x) = c_1 + \int_0^l G(x, \xi) f(\xi)\,d\xi,$$

wobei $G(x, \xi)$ durch (III.20) gegeben ist.

10. Die Greensche Funktion als Einflußfunktion. Die Durchbiegung $y(x)$ eines Trägers (Koordinate x in Längsrichtung des Trägers) von der Biegesteifigkeit $\alpha(x) = EJ(x)$ und mit der Belastungsdichte $p(x)$, Fig. I/2, genügt der Differentialgleichung vierter Ordnung

(III.27) $$[\alpha(x)y''(x)]'' = p(x) = f(x);$$

oder bei konstanter Biegesteifigkeit

$$\alpha y^{\mathrm{IV}}(x) = f(x).$$

Ist der Träger an den Stellen $x = 0$ und $x = l$ momentenfrei gelagert, so hat man die Randbedingungen

(III.28) $$y(0) = y(l) = y''(0) = y''(l) = 0.$$

Ist nun an Stelle der Belastung mit der Dichte $p(x)$ nur eine Einzellast der Größe 1 an der Stelle $x = \xi$ vorhanden, so erfährt der Träger eine Durchsenkung, die sich nach der Methode von Nr. 2 ohne weiteres berechnen läßt und die mit $G(x, \xi)$ bezeichnet werde. $G(x, \xi)$ ist dabei die „Greensche Funktion" der Randwertaufgabe oder die „Einflußfunktion" und gibt also die Durchbiegung an der Stelle x, wenn an der Stelle ξ die Last 1 wirkt; man kann nun folgende Plausibilitätsbetrachtungen anstellen: Wirkt an der Stelle $x = \xi$ nicht die Last 1, sondern $f(\xi)\Delta\xi$, so wird die Durchsenkung an der Stelle x zu $G(x, \xi)f(\xi)\Delta\xi$, und ist über die ganze Länge des Trägers eine Last mit der Dichte $f(\xi)$ verteilt, so erhält man die gesamte Durchbiegung an der Stelle x in der Form

(III.29) $$y(x) = \int_0^l G(x, \xi)f(\xi)\,d\xi,$$

d. h. die Lösung der Randwertaufgabe (III.27) (III.28) erscheint in Gestalt dieses Integrals, in derselben Form wie (III.21), nur hat hier die Greensche Funktion eine andere Gestalt; nach obiger Definition kann man sie ohne weiteres berechnen und erhält für konstantes $\alpha = EJ$

(III.30) $$G(x, \xi) = \begin{cases} \dfrac{1}{6EJl}\,\xi(x-l)\,(x^2+\xi^2-2lx) & \text{für} \quad \xi \leqq x \\[2ex] \dfrac{1}{6EJl}\,x(\xi-l)\,(x^2+\xi^2-2l\xi) & \text{für} \quad \xi \geqq x \end{cases}$$

(für $\xi = 1$, $l = 3$ erhält man genau das Ergebnis von Nr. 2 als Spezialfall, dort war an Stelle der Last 1 die Belastung $P = 3t$ gewählt).

Zeichnet man sich für ein festes ξ die Greensche Funktion $y = G(x, \xi)$ mit den ersten drei Ableitungen y', y'', y''' auf, so entsteht Fig. III/15; die zweite Ableitung y'' gibt bis auf einen Faktor die bekannte dreiecksförmige Momentenverteilung für eine Einzellast, und die dritte Ableitung, welche (ebenfalls bis auf einen Faktor) die Querkraftverteilung angibt, hat an der Stelle ξ einen Sprung von der Größe $\frac{1}{EJ}$, der charakteristisch für die Greensche Funktion ist.

11. Allgemeine Definition der Greenschen Funktion. Nunmehr werde die allgemeine lineare Randwertaufgabe in halbhomogener Form, die sich nach Nr. 7 normalerweise herstellen läßt, zugrunde gelegt: Zu der Differentialgleichung (II.12)

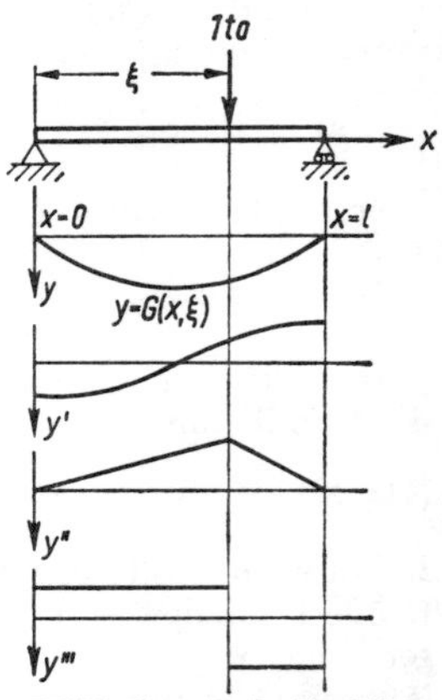

III/15. Greensche Funktion als Einflußfunktion und ihre Ableitungen

(III.31) $$L[y] \equiv \sum_{\nu=0}^{n} p_\nu(x) y^{(\nu)} = r(x)$$

treten homogene Randbedingungen

(III.32) $$U_\mu[y] = 0, \quad (\mu = 1, 2, \ldots, n).$$

In diesen sollen nur zwei Randstellen $x = a$ und $x = b$ mit $b > a$ auftreten. Wie stets werden auch hier die p_ν und r in (a, b) als stetig und $p_n(x) \neq 0$ vorausgesetzt. Das Ziel ist, eine Greensche Funktion $G(x, \xi)$ zu konstruieren, welche die Lösung der Randwertaufgabe in der Integralgestalt

(III.33) $$y(x) = \int_a^b G(x, \xi) r(\xi) \, d\xi$$

liefert. (Dieser Gedanke, Randwertaufgaben mit Hilfe einer Greenschen Funktion in Integralgestalt zu lösen, wird auch bei partiellen Differentialgleichungen viel angewandt, vgl. z.B. Kap. V, § 2, Nr. 5.) Es wird nun die Greensche Funktion durch folgende Forderungen definiert:

1. $G(x, \xi)$ erfüllt bei festem ξ als Funktion von x die Randbedingungen $U_\mu[G] = 0$ und die homogene Differentialgleichung $L[G] = 0$ für alle x mit Ausnahme des Punktes $x = \xi$.

2. Es werden die Abkürzungen $G^{(\nu)}(x, \xi) = \dfrac{\partial^\nu G(x, \xi)}{\partial x^\nu}$ für die partiellen Ableitungen von G eingeführt. Diese Ableitungen für $\nu = 1, 2, \ldots, n-2$ sowie G selbst sind im ganzen Quadrat $a \leqq x, \xi \leqq b$ stetige Funktionen von x und ξ.

3. Die $(n-1)$-te Ableitung $G^{(n-1)}(x, \xi)$ existiert in den beiden Dreiecken

$$D_1(a \leqq x < \xi \leqq b) \quad \text{und} \quad D_2(a \leqq \xi < x \leqq b),$$

Fig. III/16. Bei Annäherung an die „kritische Gerade" g der Punkte $x = \xi$ existieren Grenzwerte als einseitige Ableitungen (einmal geht x „von rechts" her gegen ξ und einmal „von links")

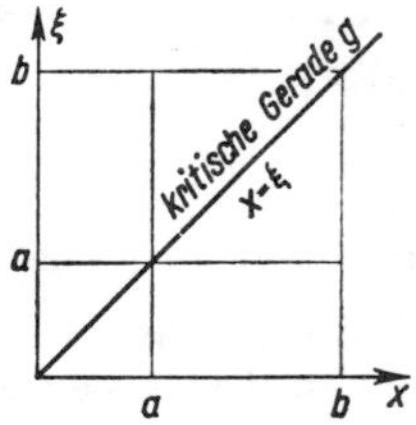

III/16. Zur Definition der Greenschen Funktion

(III.34) $$G^{(n-1)}(\xi + 0, \xi) = \lim_{\substack{x \to \xi \\ x \geqq \xi}} G^{(n-1)}(x, \xi),$$

$$G^{(n-1)}(\xi - 0, \xi) = \lim_{\substack{x \to \xi \\ x \leqq \xi}} G^{(n-1)}(x, \xi),$$

und diese Grenzwerte unterscheiden sich um $\dfrac{1}{p_n(\xi)}$, d. h. die $(n-1)$-te Ableitung macht einen Sprung von dieser Größe:

(III.35) $$G^{(n-1)}(\xi + 0, \xi) - G^{(n-1)}(\xi - 0, \xi) = \frac{1}{p_n(\xi)}.$$

Diese Grenzwerte sollen unabhängig davon sein, ob man sich in Richtung der x- oder der ξ-Achse einem Punkt der kritischen Geraden nähert, d. h. es soll

(III.36) $$G^{(n-1)}(\xi + 0, \xi) = G^{(n-1)}(\xi, \xi - 0), \quad G^{(n-1)}(\xi - 0, \xi) = G^{(n-1)}(\xi, \xi + 0)$$

gelten (die verschiedenen Annäherungen sind in Fig. III/17 durch Pfeile angedeutet).

Es soll nun gezeigt werden, daß es eine solche Greensche Funktion, die allen diesen Forderungen genügt, unter einer Zusatzvoraussetzung wirklich gibt und wie man sie konstruieren kann, wenn man ein Fundamentalsystem

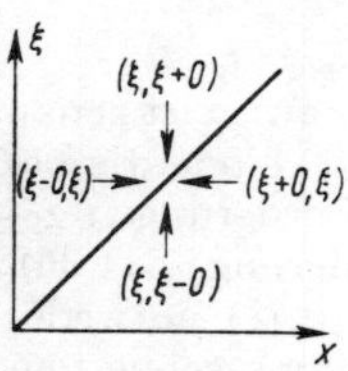

III/17. Zur Sprungbeziehung bei der Greenschen Funktion

$$y_1(x), \ldots, y_n(x)$$

der homogenen Differentialgleichung kennt. Es sei also

$$L[y_1] = \cdots = L[y_n] = 0.$$

Da G in jedem der beiden Dreiecke D_1, D_2 für $\xi = \text{const}$ der homogenen Differentialgleichung genügen soll, muß sie in diesen Dreiecken die Gestalt haben (mit verschiedenen Konstanten $c_j^{(1)}$ und $c_j^{(2)}$ in den beiden Dreiecken):

(III.37) $$G(x, \xi) = \begin{cases} \sum_{j=1}^{n} c_j^{(1)} y_j(x) = \sum_{j=1}^{n} (a_j + b_j) y_j(x) \text{ in } D_1, \text{ d.h. für } x < \xi, \\ \sum_{j=1}^{n} c_j^{(2)} y_j(x) = \sum_{j=1}^{n} (a_j - b_j) y_j(x) \text{ in } D_2, \text{ d.h. für } x > \xi. \end{cases}$$

Hierbei sind $a_j = \frac{1}{2}\left(c_j^{(1)} + c_j^{(2)}\right)$ und $b_j = \frac{1}{2}\left(c_j^{(1)} - c_j^{(2)}\right)$ als Abkürzungen eingeführt; a_j und b_j sind noch zu bestimmende Funktionen von ξ. Die $b_j(\xi)$ erhält man aus dem geforderten Verhalten an der kritischen Geraden. G soll stetig sein, also muß $\sum_{j=1}^{n} b_j y_j(\xi) = 0$ sein; allgemein verlangt die Stetigkeit der ν-ten Ableitung:

(III.38) $$\sum_{j=1}^{n} b_j y_j^{(\nu)}(\xi) = 0 \quad \text{für} \quad \nu = 0, 1, \ldots, n-2.$$

Die $(n-1)$-te Ableitung dagegen soll gemäß (III.35) einen Sprung machen:

(III.39) $$\sum_{j=1}^{n} b_j y_j^{(n-1)}(\xi) = -\frac{1}{2p_n(\xi)}.$$

(III.38) (III.39) stellen n lineare Gleichungen für die n Unbekannten b_j dar; die Koeffizienten-Determinante ist wieder genau die Wronskische Determinante (II.19) und ist von Null verschieden, da die y_j ein Fundamentalsystem bilden. Die Gleichungen sind also eindeutig auflösbar und ergeben Funktionen $b_j(\xi)$ unabhängig von den Randbedingungen.

Aus den Randbedingungen sind nun die $a_j(\xi)$ zu berechnen. G soll die homogenen Randbedingungen erfüllen, es soll also gelten

$$U_\mu[G] = \sum_{j=1}^{n}(a_j \pm b_j)\,U_\mu[y_j] = 0.$$

Hierbei soll das obere Zeichen $+$ gelten, wenn in der betreffenden Randbedingung die Randstelle $x = a$ verwendet wird, und das untere Zeichen $-$, wenn die Randstelle $x = b$ verwendet wird. Somit erhält man für die $a_j(\xi)$ das lineare Gleichungssystem

$$\sum_{j=1}^{n} a_j\,U_\mu[y_j] = \mp \sum_{j=1}^{n} b_j\,U_\mu[y_j] \qquad (\mu = 1,\ldots,n).$$

Es kommt nun auf die Determinante Δ dieses Gleichungssystems an; Δ ist genau die Determinante (III.13); wenn $\Delta \neq 0$ ist, so lassen sich die $a_j(\xi)$ eindeutig berechnen, und es existiert eine Greensche Funktion, die allen Forderungen genügt, auch der bei der Konstruktion nicht benutzten Forderung (III.36). Wenn dagegen $\Delta = 0$ ist, ist das Gleichungssystem für die $a_j(\xi)$ entweder unlösbar oder hat ∞ viele Lösungen. Dieser Ausnahmefall ist uns schon von Nr. 8 her bekannt, in diesem Falle besitzt die Randwertaufgabe ebenfalls keine oder ∞ viele Lösungen; es liegt der „Eigenwertfall" vor, die Determinante tritt (leicht abgewandelt) als Eigenwertdeterminante in (III.46) auf.

12. Die Lösungsformel für die Randwertaufgabe. Nun soll gezeigt werden, daß im Falle $\Delta \neq 0$ die durch die Greensche Funktion in der Integralformel (III.33) definierte Funktion

$$Y(x) = \int_a^b G(x,\xi)\,r(\xi)\,\mathrm{d}\xi$$

tatsächlich die Randwertaufgabe (III.31) (III.32) löst. Wiederholte Differentiation ergibt

$$Y^{(\nu)}(x) = \int_a^b G^{(\nu)}(x,\xi)\,r(\xi)\,\mathrm{d}\xi \quad \text{für} \quad \nu = 0,1,\ldots,n-1.$$

Bildet man jedoch $Y^{(n)}(x)$, so ist zu beachten, daß $G^{(n-1)}$ bei $x = \xi$ den Sprung (III.35) hat. Man teilt dementsprechend das Integral auf in 2 Integrale, von a bis x und von x bis b. Dann ergibt die Differentiation

$$\frac{\mathrm{d}}{\mathrm{d}x}\int_a^x G^{(n-1)}(x,\xi)\,r(\xi)\,\mathrm{d}\xi = \int_a^x G^{(n)}(x,\xi)\,r(\xi)\,\mathrm{d}\xi + G^{(n-1)}(x, x-0)\,r(x)$$

und analog beim Integral von x bis b, so daß insgesamt entsteht

$$Y^{(n)}(x) = \int_a^x G^{(n)}(x,\xi)\,r(\xi)\,\mathrm{d}\xi + G^{(n-1)}(x, x-0)\,r(x)$$
$$+ \int_x^b G^{(n)}(x,\xi)\,r(\xi)\,\mathrm{d}\xi - G^{(n-1)}(x, x+0)\,r(x).$$

Mit der Sprungbedingung (III.35) und (III.36) folgt daraus

$$Y^{(n)}(x) = \int_a^b G^{(n)}(x, \xi) r(\xi) \mathrm{d}\xi + \frac{r(x)}{p_n(x)}.$$

Nun kann man $L[Y]$ bilden:

$$L[Y] = \sum_{\nu=0}^{n} p_\nu(x) Y^{(\nu)} = \int_a^b \left\{ \sum_{\nu=0}^{n} p_\nu(x) G^{(\nu)}(x, \xi) \right\} r(\xi) \mathrm{d}\xi + r(x).$$

In der geschweiften Klammer steht gerade $L[G]$, also Null für alle $x \neq \xi$; das Integral verschwindet daher, denn bei der Integration ist die isolierte Stelle $x = \xi$ belanglos; es bleibt nur $L[Y] = r(x)$, d.h. Y erfüllt die inhomogene Differentialgleichung (III.31). Mit G erfüllt auch Y die Randbedingungen; Y ist damit als Lösung der Randwertaufgabe erkannt.

Mit Hilfe der Lösungsformel (III.33) können lineare und auch gewisse Typen nichtlinearer Randwertaufgaben in äquivalente Probleme mit „Integralgleichungen" übergeführt werden. Ist z. B. die Differentialgleichung

(III.40) $$L[y] = \sum_{\nu=0}^{n} p_\nu y^{(\nu)} = \Phi(x, \lambda, y, y', \ldots, y^{(q)})$$

mit den homogenen Randbedingungen

(III.32) $$U_\mu[y] = 0 \qquad (\mu = 1, \ldots, n)$$

vorgelegt, und besitzt $L[y]$ bei den Randbedingungen (III.32) eine Greensche Funktion $G(x, \xi)$, so ist y Lösung der Gleichung

(III.41) $$y(x) = \int_a^b G(x, \xi) \Phi\big(\xi, \lambda, y(\xi), y'(\xi), \ldots, y^{(q)}(\xi)\big) \mathrm{d}\xi,$$

λ ist hierbei zunächst lediglich als Parameter mitgeführt. Treten auf der rechten Seite die Ableitungen $y', \ldots, y^{(q)}$ auf, so nennt man (III.41) eine „Integro-Differentialgleichung", tritt rechts y, aber keine Ableitung auf, so heißt (III.41) eine „Integralgleichung".

Von den Integralgleichungen sind die linearen Gleichungen

(III.42) $$y(x) = f(x) - \lambda \int_a^b K(x, \xi) y(\xi) \mathrm{d}\xi,$$

wobei λ ein Parameter, $f(x)$ eine in (a, b) gegebene, etwa stetige Funktion, der „Kern" $K(x, \xi)$ eine im Quadrat $a \leqq x, \xi \leqq b$ gegebene stetige Funktion und $y(x)$ gesucht ist, genauer untersucht; die Darstellung ihrer Theorie würde hier zu weit führen. (Eine ausführliche Darstellung bei W. Schmeidler, Integralgleichungen mit Anwendungen in Physik und Technik, 2. Aufl. Leipzig 1955, 611 S., dort findet man auch weitere Literaturangaben.) Die Theorie der Integralgleichungen ist in vieler Hinsicht abgerundeter als die der Differentialgleichungen; man braucht sich nicht um Randbedingungen zu kümmern, und Differentialgleichungen verschieden hoher Ordnung entsprechen demselben Typ von Integralgleichungen.

§ 5 Beispiele von Eigenwertaufgaben

13. Die vollhomogene Randwertaufgabe. Vollhomogene Randwertaufgaben haben normalerweise, d. h. wenn nicht gerade die Determinante (III.13) verschwindet, nur die triviale Lösung $y \equiv 0$. Wenn aber bei einer solchen Aufgabe noch ein Parameter λ in der Differentialgleichung oder in den Randbedingungen auftritt, so kann man nach denjenigen Werten dieses Parameters λ fragen, für die die Randwertaufgabe eine nichttriviale Lösung, die dann „Eigenfunktion" genannt wird, besitzt. Der zugehörige Wert von λ heißt „Eigenwert". Bei vielen technischen Aufgaben tritt der Parameter λ selbst linear auf, und zwar als Faktor bei der unbekannten Funktion oder einigen der Differentialausdrücke. Ordnet man die homogene lineare Differentialgleichung nach Ausdrücken mit und ohne Parameter λ, so erhält man die allgemeine Form

(III.43) $$L[y] = \lambda M[y]$$

oder ausführlicher

(III.44) $$\sum_{\nu=0}^{n} p_\nu(x)\, y^{(\nu)}(x) = \lambda \sum_{\nu=0}^{n} q_\nu(x)\, y^{(\nu)}(x)$$

mit gegebenen Funktionen $p_\nu(x)$, $q_\nu(x)$.

Die Randbedingungen lauten

(III.45) $$U_\mu[y] = 0 \qquad (\mu = 1, \ldots, n).$$

Auch hier könnte man nach Gliedern mit und ohne λ ordnen; man kann allgemein schreiben $U_\mu[y, \lambda] = 0$; in vielen praktisch vorkommenden Fällen tritt λ nicht explizit in den Randbedingungen auf; die Lösungen der homogenen Gleichung (III.43) hängen von λ ab, es sei $y_1(x, \lambda), \ldots, y_n(x, \lambda)$ ein Fundamentalsystem von (III.43); die allgemeine Lösung von (III.43) lautet dann

$$y = \sum_{j=1}^{n} C_j y_j(x, \lambda),$$

und die C_j sind genau wie in Nr. 8 so zu bestimmen, daß die Randbedingungen (III.45) erfüllt sind. Man erhält so ein homogenes Gleichungssystem von n Gleichungen für die n Unbekannten C_j:

$$\sum_{j=1}^{n} C_j U_\mu[y_j(x, \lambda), \lambda] = 0 \qquad (\mu = 1, \ldots, n),$$

das genau dann eine nichttriviale Lösung C_j hat und daher genau dann zu einer nichttrivialen Lösung $y(x)$ führt, wenn die Determinante (die „Frequenzdeterminante") verschwindet:

(III.46) $$\Delta(\lambda) = \begin{vmatrix} U_1[y_1(x, \lambda), \lambda] \ldots U_1[y_n(x, \lambda), \lambda] \\ \ldots\ldots\ldots\ldots\ldots\ldots\ldots\ldots \\ U_n[y_1(x, \lambda), \lambda] \ldots U_n[y_n(x, \lambda), \lambda] \end{vmatrix} = 0.$$

Dies ist die Bedingungsgleichung („Frequenzgleichung") für die Eigenwerte λ. Man kann mehr aussagen, wenn man Sätze aus der Funktionentheorie verwendet; die Differentialgleichung hängt linear und damit holomorph („analytisch") von λ ab, und daher sind auch die $y_j(x, \lambda)$, wenn man sie durch feste, von λ unabhängige Anfangsbedingungen festlegt, holomorphe Funktionen von λ; hängen auch die $U_\mu\,[y, \lambda]$ holomorph von λ ab (das ist insbesondere der Fall, wenn λ in den U_μ nicht explizit vorkommt), so ist auch $\Delta(\lambda)$ holomorph in λ und ist als ganze Funktion in λ entweder identisch Null (dann ist jeder Wert von λ Eigenwert) oder $\Delta(\lambda)$ besitzt höchstens abzählbar ∞ viele isolierte Nullstellen ohne Häufungspunkt im Endlichen. Man kann also dann die Eigenwerte λ, sofern überhaupt solche existieren, nach der Größe ihrer Beträge ordnen und numerieren: $\lambda_1, \lambda_2, \ldots$ mit

$$0 \leqq |\lambda_1| \leqq |\lambda_2| \leqq |\lambda_3| \leqq \ldots. \qquad \text{(III.47)}$$

Solche Eigenwertaufgaben treten z. B. auf bei der Lösung von Stabilitätsaufgaben, wie der Beulung und Knickung, dem seitlichen Ausweichen eingespannter Stäbe, den Schwingungen eines Seiles u. a. m.

Eulersche Knicklast. Als Beispiel für ein einfaches Eigenwertproblem sei die klassische Aufgabe der Berechnung der Eulerschen Knicklast gewählt. Ein (senkrechter) unten eingespannter Stab mit dem Elastizitätsmodul E und dem etwa konstanten axialen Flächen-Trägheitsmoment J werde in Richtung seiner Längsachse durch die Kraft P belastet. Gefragt ist nach der Last P, bei welcher der Stab aus seiner Anfangslage seitlich ausweicht. Die freie Länge des Stabes sei l. Es ist zweckmäßig, den Koordinaten-Anfangspunkt als den Angriffspunkt der Kraft P in einer ausgelenkten Lage zu wählen, Fig. III/18.

Die Differentialgleichung für die Durchbiegung lautet

$$y'' = -\frac{M(x)}{EJ}. \qquad \text{(III.48)}$$

Das Biegemoment ist nach Fig. III/18 $M(x) = Py$, und damit erhält man die homogene Differentialgleichung

$$y'' = -\frac{Py}{EJ} = -k^2 y \qquad \text{(III.49)}$$

mit den gleichfalls homogenen Randbedingungen:

Für $x = 0$ ist $y = 0$, für $x = l$ ist $y' = 0$.

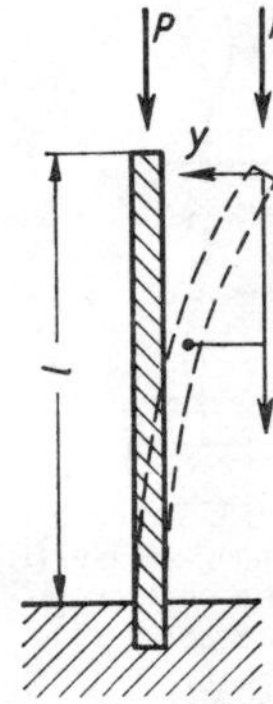

III/18. Ausknicken eines einseitig eingespannten Stabes

Die Aufgabe ist also vollhomogen. P ist der gesuchte Parameter. Ferner tritt ein Parameter k^2 (als Abkürzung für P/EJ) auf, der genau die Rolle eines Eigenwertes spielt; es wird nach denjenigen Werten von P (oder von $\lambda = k^2$) gefragt, für die die Randwertaufgabe eine nichttriviale Lösung $y(x)$ besitzt, für die also eine ausgelenkte, von der geradlinigen Form verschiedene Gleichgewichtslage des Stabes möglich ist.

Die allgemeine Lösung von (III.49) lautet

$$y = C_1 \cos kx + C_2 \sin kx.$$

Aus der ersten Randbedingung $y(0) = 0$ folgt $C_1 = 0$. Damit bleibt als Lösung nur

$$y = C_2 \sin kx.$$

Die zweite Randbedingung ergibt:

$$y' = kC_2 \cos kx; \qquad 0 = kC_2 \cos kl.$$

Diese Gleichung ist erfüllt für

1. $k = 0$, d. h.: die Last ist Null.
2. $C_2 = 0$, das ergibt nur die hier nicht interessierende triviale Lösung $y \equiv 0$ des gerade bleibenden Stabes.

(III.50) 3. $kl = \frac{\pi}{2}, \frac{3\pi}{2}, \frac{5\pi}{2}, \ldots, \frac{(2r-1)}{2}\pi$ für $r = 1, 2, 3, \ldots$.

Damit erhält man gemäß $P = EJk^2$ eine abzählbar unendliche Folge von Lastwerten, für die – wie es zunächst scheint – allein eine seitliche Ausbiegung auftritt:

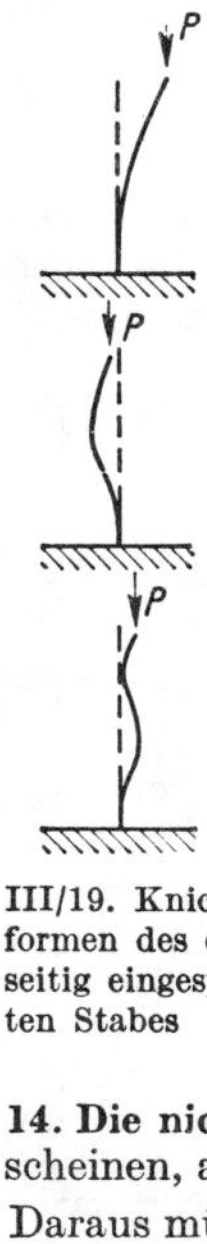

III/19. Knickformen des einseitig eingespannten Stabes

$$P_1 = EJ\left(\frac{\pi}{2l}\right)^2 = \frac{\pi^2 EJ}{4l^2} \qquad \text{(Eulersche Knicklast!)}$$

$$P_2 = EJ\left(\frac{3\pi}{2l}\right)^2 = \frac{9\pi^2 EJ}{4l^2},$$

$$\cdots\cdots\cdots\cdots\cdots\cdots$$

$$P_r = EJ(2r-1)^2 \frac{\pi^2}{4l^2}.$$

In allen diesen Fällen ist die Größe von C_2 ohne Einfluß auf die Erfüllung der Gleichung. C_2 bestimmt vielmehr nur – wie die Lösung zeigt – die Amplitude der von dem Stab eingenommenen Sinuskurve, Fig. III/19.

Von allen diesen Werten für P hat jedoch nur der erste praktische Bedeutung. Er führt den Namen „Eulersche Knicklast". Alle anderen Werte ergeben instabile Auslenkungsformen, die nur bei besonderen Vorsichtsmaßnahmen experimentell nachweisbar sind. Normalerweise schlagen die labilen Formen bei kleinen Störungen von selbst in die stabile Form um. Es mag betont sein, daß auch die triviale Lösung natürlich eine weitere Möglichkeit für beliebige Werte der Last P bleibt.

14. Die nichtlineare Randwertaufgabe. Es könnte nach den bisherigen Betrachtungen scheinen, als trete die elastische Verformung des Stabes nur für gewisse Lasten auf.

Daraus müßte man das paradoxe Verhalten folgern, daß der Stab bei wachsender Last nur für ganz bestimmte – die eben berechneten – Lasten sich in der jeweils entsprechenden Art verformt, um für alle Zwischenwerte in die Ausgangslage zurückzuschnellen. Hierin äußert sich mathematisch die Tatsache, daß im Ansatz bereits eine Vernachlässigung in Form einer Linearisierung der Differentialgleichung für kleine y vorhanden war. Genauer hätte die Differentialgleichung nämlich angesetzt werden müssen:

$$\text{Krümmung} = -\frac{\text{Biegemoment}}{\text{Biegesteifigkeit}},$$

also

(III.51)
$$\frac{y''}{\sqrt{1+y'^2}^3} = -\frac{M(x)}{EJ}.$$

Die Behandlung dieser vervollständigten Differentialgleichung ist in geschlossener Form mit Hilfe von elliptischen Funktionen möglich, soll hier jedoch nicht durchgeführt werden. Die maximale Auslenkung y_{max} als Funktion der Last P ergibt dann im Prinzip ein Bild nach Fig. III/20. Darin stellt allein die Kurve 1 den stabilen Verlauf dar, während 2 und 3 die instabilen, immerhin vorhandenen labilen Möglichkeiten angeben. Durch die Vernachlässigung von y'^2 gegen 1 erhält man an Stelle dieser für alle P erklärten, von P_2 bis P_3 dreideutigen, allgemein von P_r bis P_{r+1} $(r+1)$-deutigen Funktion nur Funktionswerte für die diskrete P-Folge: $P_1, P_2, P_3, \ldots, P_r, \ldots$, wobei jedem P_r gleich ein unendliches Kontinuum von y_{max}-Werten zugeordnet ist. (Praktisch kann natürlich y_{max} gewisse Grenzen nicht überschreiten.) Die gestrichelten Geraden 1a, 2a, 3a geben diese Zustände wieder.

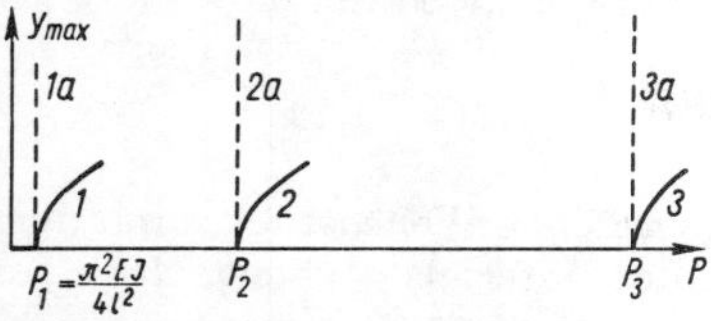

III/20. Maximale Auslenkung als Funktion der Belastung beim einseitig eingespannten Stabe

Die Aufgabe zeigt, wie wichtig es ist, die Tragweite und die Zulässigkeitsgrenze der Linearisierung einer Differentialgleichung in jedem Einzelfalle zu untersuchen. Die linearisierte Differentialgleichung liefert in den gestrichelten Linien 1a, 2a, 3a die Tangenten an die genauen Kurven 1, 2, 3, sie liefert also in einem genügend schmalen Streifen um die P-Achse richtige Ergebnisse, insbesondere werden die Eigenwerte, d. h. hier die Knicklasten als „Verzweigungspunkte", exakt erfaßt, aber ein richtiges Gesamtbild über die Erscheinungen beim Knickproblem vermag die linearisierte Gleichung nicht zu geben.

15. Partielle Differentialgleichungen. Zu berechnen seien die Eigenfrequenzen der Drehschwingungen einer einseitig eingespannten Welle, an deren freien Ende sich ein Schwungrad befindet.

Der Verdrehungswinkel φ jedes Querschnittes der Welle gegenüber dem Querschnitt an der Einspannung ist bei Schwingungen sowohl eine Funktion der Stelle x als auch der Zeit t, Fig. III/21.

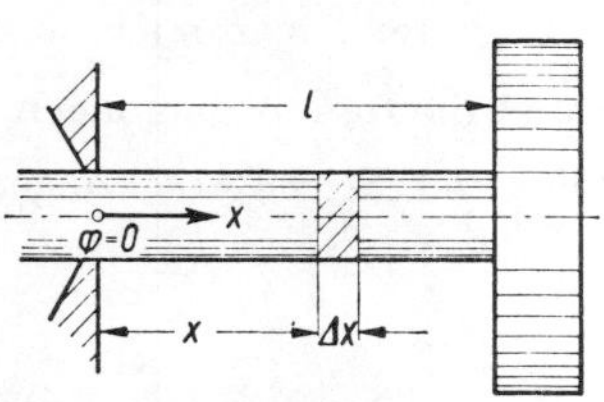

III/21. Torsionsschwingungen von Wellen mit aufgesetzten Drehmassen

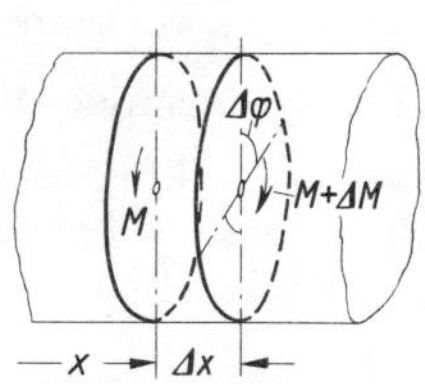

III/22. Drehwinkel und Momente an einem herausgegriffenen Wellenstück

Im Ruhezustand ist $\varphi(x, t) \equiv 0$. Der Gedankengang zur Ableitung der Bewegungsgleichung (III.53) kann hier nur kurz angedeutet werden:

An einem Stück Δx der Welle greifen Momente M und $M + \Delta M$, Fig. III/22, an. Der Querschnitt an der Stelle $x + \Delta x$ sei gegenüber dem an der Stelle x um $\Delta\varphi$ verdreht. Mit

$$M = G J_p \frac{\partial \varphi}{\partial x}$$

(G = „Schubmodul", J_p = „Polares Flächenträgheitsmoment" der Querschnittsform) und (Taylor-Entwicklung)

$$M + \Delta M = G J_p \frac{\partial \varphi}{\partial x} + G J_p \frac{\partial^2 \varphi}{\partial x^2} \Delta x + \dots$$

bleibt als bei der Drehung wirksames Moment nur der „Überschuß"

$$\Delta M \approx G J_p \frac{\partial^2 \varphi}{\partial x^2} \Delta x ,$$

welcher der Winkelbeschleunigung des herausgegriffenen Wellenstückes mit dem Massenträgheitsmoment $\Delta \Theta = \mu J_p \Delta x$ (Dichte des Materials μ) dient. Nach der Bewegungsgleichung

(III.52) Drehmoment = Massenträgheitsmoment × Winkelbeschleunigung $\ddot{\varphi}$

folgt

$$G J_p \frac{\partial^2 \varphi}{\partial x^2} \Delta x = \mu J_p \Delta x \frac{\partial^2 \varphi}{\partial t^2} ,$$

oder mit der Abkürzung $G = \mu c^2$ die „Wellengleichung"

$$\frac{\partial^2 \varphi}{\partial t^2} = c^2 \frac{\partial^2 \varphi}{\partial x^2} , \tag{III.53}$$

in der c (vgl. Kap. V, Nr. 2) die Fortpflanzungsgeschwindigkeit der Wellen bedeutet.

Die Randbedingungen lauten: Für $x = 0$ ist $\varphi = 0$ und für

$$x = l \quad \text{ist} \quad M_l = G J_p \left(\frac{\partial \varphi}{\partial x} \right)_{x=l} = - \Theta \left(\frac{\partial^2 \varphi}{\partial t^2} \right)_{x=l} ,$$

wobei Θ das gesamte Massenträgheitsmoment des Endstücks, hier also z. B. des Schwungrades, bezeichnet. Das negative Vorzeichen besagt, daß das Drehmoment im Sinne verkleinernder φ-Werte wirkt. Schreibt man noch abgekürzt $\frac{G J_p}{\Theta} = A$, so erhält man die Wellengleichung und die Randbedingungen in der Gestalt (wobei Punkte Ableitungen nach der Zeit t und Striche Ableitungen nach der Ortskoordinate x bedeuten)

$$\ddot{\varphi} = c^2 \varphi'' ,$$

$$\varphi(0, t) = 0,$$

$$\ddot{\varphi}(l, t) = - A \varphi'(l, t).$$

Schrödingergleichung. Eigenwertaufgaben sind in der theoretischen Physik zu großer Bedeutung gelangt. Ohne daß hier die einzelnen Größen erklärt werden können, sei die in der Quantenmechanik fundamentale zeitabhängige Schrödinger-Gleichung

$$- \frac{\hbar^2}{2m} \Delta \psi + V(x) \psi = i \hbar \frac{\partial \psi}{\partial t}$$

genannt, wobei $\psi(x, t)$ eine vom Orte $x = (x_1, x_2, x_3)$ und der Zeit t abhängende Größe, $V(x)$ das gegebene ortsabhängige Potential und $\hbar$ und m Konstanten sind. Mit dem Ansatz für exponentielle Zeitabhängigkeit

$$\psi(x, t) = \varphi(x)\, e^{-i(E/\hbar)t}$$

erhält man die zeitunabhängige Schrödinger-Gleichung

$$\text{(III.54)} \qquad -\frac{\hbar^2}{2m}\Delta\varphi + (V(x) - E)\,\varphi = 0 \quad \text{für } x \in B$$

mit E als „Energie-Eigenwert". Dabei ist B der betrachtete Bereich im x_1-x_2-x_3-Raum. Ist B der ganze dreidimensionale Raum R^3, so kann man als Randbedingung für φ fordern, daß φ „im Unendlichen" so stark verschwindet, daß φ über den R^3 (im Lebesgueschen Sinne) quadratisch integrabel sein soll. Ist B ein endlicher Bereich, z.B. ein endlicher Zylinder Z, so kann man als „1. Randwertaufgabe" $\varphi = 0$ am Rande ∂B fordern, aber auch andere Randbedingungen werden betrachtet.

Wird in (III.54) $V(x) = 0$ gesetzt, so erhält man die sogenannte Helmholtzsche Gleichung

$$\Delta\varphi + \lambda\varphi = 0 \quad \text{für } x \in B$$

mit dem Eigenwert $\lambda = \frac{2mE}{\hbar^2}$; auch hier wird oft die Randbedingung $\varphi = 0$ auf ∂B gefordert. Für einen endlichen Bereich B ist dies zugleich die mathematische Formulierung für akustische Schwingungen in einem Bereich B bei festen Wänden. (An Öffnungen setzt man gewöhnlich im einfachsten Falle $\frac{\partial\varphi}{\partial n} = 0$ mit n als äußerer Normalen.)

16. Der Bernoulli-Ansatz für Eigenschwingungen. Die allgemeine Lösung der Wellengleichung (III. 53) lautet

$$\varphi = w_1(x + ct) + w_2(x - ct),$$

wobei w_1 und w_2 willkürliche Funktionen sein können, vgl. Kap. V, Gl. (V.6). Hier lautet jedoch die Aufgabe, aus der Mannigfaltigkeit aller Lösungen die möglichen Eigenschwingungen herauszusuchen, d. h. man sucht nicht einen beliebigen Schwingungsvorgang, sondern jene Fälle, für die alle Teilchen der Welle im gleichen Rhythmus schwingen, das entspricht dem „Bernoullischen Produktansatz", durch den man die partiellen Ableitungen zu trennen versucht:

$$\varphi(x, t) = y(x) f(t),$$
$$\ddot{\varphi}(x, t) = y(x)\ddot{f}(t),$$
$$\varphi''(x, t) = y''(x) f(t).$$

(III.53) geht dann über in

$$y(x)\ddot{f}(t) = c^2 y''(x) f(t).$$

Jetzt lassen sich die Veränderlichen trennen

$$\text{(III.55)} \qquad c^2 \frac{y''(x)}{y(x)} = \frac{\ddot{f}(t)}{f(t)}.$$

Diese Gleichung zwischen einer Funktion von x allein und einer Funktion von t allein muß für alle Kombinationen der Argumente x und t gelten. Wird z. B. $t = \text{const}$ gesetzt, so muß gleichwohl die Beziehung für alle x gelten, ebenso umgekehrt. Das kann aber nur dann der Fall sein, wenn beide Seiten ein und derselben Konstanten k gleich sind. Damit zerfällt die partielle Differentialgleichung in die beiden über den Parameter k gekoppelten gewöhnlichen Differentialgleichungen

(III.56) $$\ddot{f}(t) = k f(t)$$

und

(III.57) $$y''(x) = \frac{k}{c^2}\, y(x).$$

Da – jedenfalls für die erste Gleichung – Schwingungsvorgänge zu erwarten sind, zeigt der Vergleich mit der Differentialgleichung für die harmonische Schwingung [vgl. (II.27)], daß wohl die Konstante k negativ ausfallen wird, was die weitere Rechnung auch bestätigt. Es empfiehlt sich daher $k/c^2 = -a^2$ zu setzen:

$$\ddot{f}(t) = -a^2 c^2 f(t),$$

$$y''(x) = -a^2 y(x).$$

Nun sind noch die Randbedingungen umzuschreiben:

$$\varphi(0, t) = 0 = y(0) f(t)$$

soll für alle t-Werte gelten; $f(t)$ soll aber nicht identisch Null sein, da sonst $\varphi \equiv 0$ ist; man kann daher durch $f(t)$ dividieren und erhält:

$$y(0) = 0.$$

Ähnlich geht die zweite Bedingung

$$\ddot{\varphi}(l, t) = -A \varphi'(l, t),$$

oder $$y(l)\ddot{f}(t) = -A y'(l) f(t)$$

mit (III.56) über in

$$-a^2 c^2 y(l) = -A y'(l).$$

Damit liegt für $y(x)$ wieder eine Eigenwertaufgabe vor. Es ist nach denjenigen Werten des Parameters $\lambda = a^2$ gefragt, für die die Randwertaufgabe

$$y'' + \lambda y = 0,$$

$$y(0) = 0,$$

$$\lambda y(l) - \frac{A}{c^2}\, y'(l) = 0$$

eine nicht identisch verschwindende Lösung $y(x)$ besitzt. Dies ist zugleich ein Beispiel für Auftreten des Eigenwertes in den Randbedingungen.

Durchrechnung der Eigenwertaufgabe. Die allgemeine Lösung der Gleichung für $y(x)$ lautet

$$y = C_1 \cos ax + C_2 \sin ax.$$

Die erste Randbedingung $y(0) = 0$ liefert wieder $C_1 = 0$, und damit folgt als Lösung $y = C_2 \sin ax$.

Mit der zweiten Randbedingung ergibt sich

$$-a^2c^2C_2 \sin al = -AC_2 a \cos al.$$

Für $C_2 = 0$ würde man nur die triviale Lösung $y(x) \equiv 0$ erhalten.

Ist jedoch $C_2 \neq 0$, so bekommt man für $z = al$ die transzendente Gleichung

(III.58) $$z \tan z = \frac{Al}{c^2}.$$

Diese Gleichung hat eine unendliche Folge von diskreten Nullstellen $z_1, z_2, z_3, \ldots$, zu deren angenäherter Ermittlung man die beiden Funktionen $z \tan z$ und $\frac{Al}{c^2}$ in einer graphischen Darstellung zum Schnitt bringen kann, Fig. III/23. Zu jedem dieser z-Werte gehören ein bestimmter Wert von a und von k und nach (III.56) eine Eigenkreisfrequenz ω der Welle (es ist nach (II.27) $-k = \omega^2$). Zu jedem z_j gehört eine bis auf einen konstanten Faktor eindeutig bestimmte Eigenfunktion y_j; Fig. III/24 zeigt die ersten drei Eigenfunktionen.

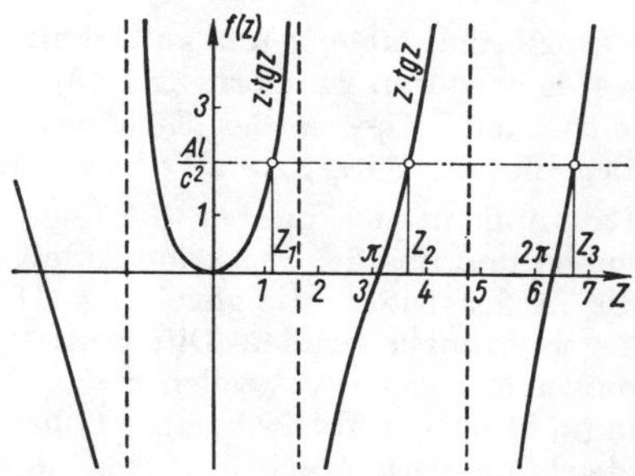

III/23. Graphische Lösung der transzendenten Frequenzgleichung

Die allgemeine Schwingung der Welle. Die in der Welle im allgemeinen auftretenden Schwingungen sind Überlagerungen der möglichen Eigenschwingungen

$$\sin\left(\frac{z_j}{l}\,x\right).\,[\cos \omega_j(t - t_0)] \quad \text{mit } \omega_j = \frac{c}{l}\,z_j$$

und t_0 als freier Konstante. Ihr jeweiliger Anteil hängt dabei ab vom Anfangszustand der Welle, d. h. von der Auslenkung $g(x) = \varphi(x, 0)$ und der Auslenkungsgeschwindigkeit $h(x) = \dot{\varphi}(x, 0)$ zur Zeit $t = 0$. Wenn man den Anfangszustand nach den Eigenfunktionen entwickeln kann, d. h. wenn es Konstanten g_j und h_j gibt mit

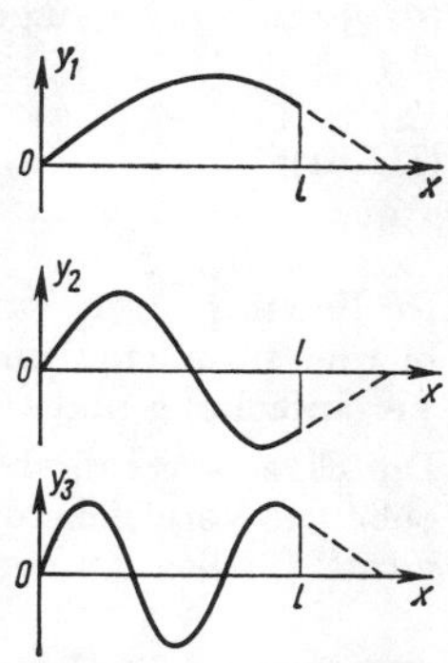

III/24. Die ersten 3 Eigenfunktionen

(III.59) $$g(x) = \sum_{j=1}^{\infty} g_j y_j(x), \quad h(x) = \sum_{j=1}^{\infty} h_j y_j(x),$$

so kann man die Lösung in Gestalt der Reihe schreiben

(III.60) $$\varphi(x, t) = \sum_{j=1}^{\infty} \left\{ g_j y_j(x) \cos \omega_j t + h_j \frac{y_j(x)}{\omega_j} \sin \omega_j t \right\}.$$

Es stellt sich somit als wichtige Frage heraus: Kann man gegebene (etwa stetige und evtl. auch stetig differenzierbare) Funktionen nach den Eigenfunktionen einer Eigenwertaufgabe entwickeln? Wenn der Anfangszustand nicht exakt mit dem einer Eigenschwingung übereinstimmt, wenn also mehrere Eigenschwingungen zusammenwirken, sind die Gesamtschwingungen im allgemeinen nicht periodisch, denn die Eigenwerte stehen zueinander im allgemeinen in irrationalen Verhältnissen. (So ist beispielsweise die Funktion $\sin x + \sin \sqrt{2}x$ nicht periodisch, im Gegensatz zu $\sin x + \sin 2x$). Es ist dann $\varphi(x, t)$ mit konstantem x eine sogenannte „fastperiodische“ Funktion von t.

§ 6 Eigenwertaufgaben und Orthonormalsysteme

17. Selbstadjungierte und volldefinite Eigenwertaufgaben. Die Eigenwertaufgabe werde wieder in der Form (III.43) bis (III.45) zugrunde gelegt. Es gibt eine weit entwickelte Theorie der Eigenwertaufgaben, hier können nur einige einfache Begriffe und Sätze, zum Teil ohne Beweis, genannt werden.

Es empfiehlt sich hierbei, die folgenden Bezeichnungen, die sich sehr bewährt haben und aus der Funktionalanalysis stammen, zu verwenden. L und M sind die in der Differentialgleichung (III.43) $L[y] = \lambda M[y]$ auftretenden und als gegeben anzusehenden Differentialoperatoren. Die Randbedingungen (III.45) mögen sich auf zwei Stellen $x = a$ und $x = b$ beziehen. Eine Funktion $u(x)$, die in (a, b) stetige Ableitungen so hoher Ordnung besitzt, wie sie in der Differentialgleichung vorkommen und welche die Randbedingungen erfüllt, ohne jedoch selbst identisch zu verschwinden, möge eine „Vergleichsfunktion“ heißen. Sind $u(x)$ und $v(x)$ zwei Vergleichsfunktionen, so werden zwei „innere Produkte“ (u, v) und $\langle u, v\rangle$ eingeführt durch die Definition:

$$\langle u, v\rangle = \int_a^b u L[v]\,\mathrm{d}x, \quad (u, v) = \int_a^b u M[v]\,\mathrm{d}x. \tag{III.61}$$

In diesem ganzen Paragraphen bedeuten die Klammern (u, v), $\langle u, v\rangle$ stets die hier ein für allemal angegebenen Integrale; diese Bezeichnungsweise hat sehr zur Vereinfachung und Übersichtlichkeit beigetragen.

Die Eigenwertaufgabe (III.43) (III.45) heißt „selbstadjungiert“, wenn für zwei beliebige Vergleichsfunktionen $u(x)$, $v(x)$ stets die Symmetrie oder „Kommutativität“ für beide inneren Produkte gilt:

$$\langle u, v\rangle = \langle v, u\rangle, \quad (u, v) = (v, u). \tag{III.62}$$

Die Eigenwertaufgabe (III.43) (III.45) heißt „volldefinit“, wenn für jede Vergleichsfunktion $u(x)$ gilt

$$\langle u, u\rangle > 0, \quad (u, u) > 0. \tag{III.63}$$

Ob für eine vorgelegte Eigenwertaufgabe die Beziehungen (III.62) (III.63) gelten oder nicht, kann man im allgemeinen leicht mit Hilfe von Teilintegrationen feststellen, vgl. das folgende Beispiel.

Beispiel: Für die Torsionsschwingungen einer rotierenden Scheibe der veränderlichen Dicke $h(x)$, Fig. III/25 (genauere Betrachtungen bei C. B. Biezeno – R. Grammel, Technische Dynamik, 2. Aufl., Bd. II, Berlin-Göttingen-Heidelberg 1953 S. 2ff.) erhält man die Eigenwertaufgabe

$$\text{(III.64)}\qquad \begin{aligned} -\frac{\mathrm{d}}{\mathrm{d}x}\,[x^3 h(x) y'(x)] &= \lambda x^3 h(x) y(x), \\ c y(x_0) - y'(x_0) &= 0, \quad y(l) = 0. \end{aligned}$$

λ ist der gesuchte Eigenwert, er ist proportional zum Quadrat der Kreisfrequenz der Eigenschwingungen; c ist eine gegebene positive Konstante. x_0 und l sind aus den Abmessungen der Scheibe zu entnehmen. Mit den Abkürzungen

$$x^3 h(x) = p(x), \quad y(x_0) = y_0, \qquad y'(x_0) = y_0', \quad y(l) = y_l,$$

ordnet sich die Eigenwertaufgabe in die allgemeine Bezeichnungsweise ein mit

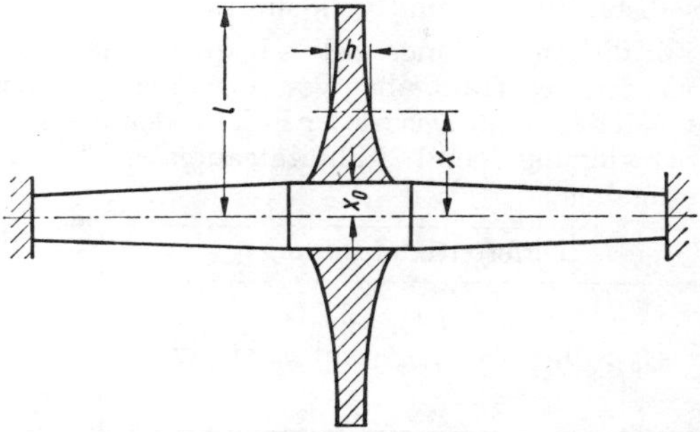

III/25. Torsionsschwingungen einer rotierenden Scheibe veränderlicher Dicke

$$\text{(III.65)}\qquad \begin{aligned} L[y] &= -(py')', \quad M[y] = py, \\ U_1[y] &= cy_0 - y'_0, \quad U_2[y] = y_l. \end{aligned}$$

Vergleichsfunktionen sind hier alle im Intervall (x_0, l) zweimal stetig differenzierbaren, die Randbedingungen erfüllenden Funktionen $u(x)$ mit Ausnahme von $u \equiv 0$. Nun wird einfach durch Einsetzen festgestellt, ob (III.62) und (III.63) gelten, wobei die Integrale notfalls durch Teilintegration umgeformt werden. Es ist nach der Definition (III.61)

$$\langle u, v\rangle = -\int_{x_0}^{l} u(pv')'\,\mathrm{d}x = -[u(pv')]_{x_0}^{l} + \int_{x_0}^{l} u'pv'\,\mathrm{d}x.$$

u und v sollen hierbei die Randbedingungen erfüllen, also ist $u(l) = 0$ und $v'(x_0) = cv(x_0)$; somit wird

$$\langle u, v\rangle = cp(x_0)u(x_0)v(x_0) + \int_{x_0}^{l} p(x)u'(x)v'(x)\,\mathrm{d}x.$$

Die rechte Seite ist nun symmetrisch in u und v, es ist also $\langle u, v\rangle = \langle v, u\rangle$. Ferner folgt jetzt

$$\langle u, u\rangle = cp(x_0)\cdot[u(x_0)]^2 + \int_{x_0}^{l} p(x)[u'(x)]^2\,\mathrm{d}x.$$

Es ist also $\langle u, u\rangle$ sicher $\geqq 0$. Es kann $\langle u, u\rangle$ nur dann $= 0$ sein, wenn $u(x_0) = 0$ und $u'(x) \equiv 0$ ist; dann müßte aber $u = \text{const}$, und zwar wegen $u(x_0) = 0$ sogar

$u \equiv 0$ sein, was jedoch bei Vergleichsfunktionen ausgeschlossen ist. Somit ist $\langle u, u\rangle > 0$ für jede Vergleichsfunktion $u(x)$. Einfacher sind die Betrachtungen bei dem Ausdruck $M[y]$. Hier wird

$$(u, v) = \int_{x_0}^{l} u p v \,\mathrm{d}x, \quad (u, u) = \int_{x_0}^{l} p u^2 \,\mathrm{d}x,$$

und man sieht die Symmetrie $(u, v) = (v, u)$ und die Definitheit $(u, u) > 0$ für Vergleichsfunktionen u unmittelbar. Die Eigenwertaufgabe (III.64) ist also selbstadjungiert und volldefinit.

Für die Anwendungen ist es bequem, für einige häufiger vorkommende Klassen von Eigenwertaufgaben von vornherein zu wissen, daß sie selbstadjungiert und volldefinit sind. Das ist der Fall bei den in der folgenden Tabelle stehenden, viele Schwingungs- und Stabilitätsaufgaben bei Trägern umfassenden Eigenwertaufgaben.

Differentialgleichung	Randbedingungen
$-(f_0(x)y')' = \lambda g_0(x) y$ $f_0 > 0,\ g_0 > 0;\ f_0'$ und g_0 stetig	$y(a) - c_1 y'(a) = 0,\ y(b) + c_2 y'(b) = 0$ mit $c_1 \geqq 0,\ c_2 \geqq 0$ oder $y(a) = y'(b) = 0$
$(f_0(x)y'')'' - (f_1(x)y')' + f_2(x)y = \lambda g_0(x) y$ $f_0 > 0,\ f_j \geqq 0,\ g_0 > 0,\ f_0'',\ f_1',\ f_2,\ g_0$ stetig	$y(a) = y(b) = y^{(i)}(a) = y^{(j)}(b) = 0$ für $i = 1$ oder 2; $j = 1$ oder 2 oder (im Falle $f_1(b) = 0$): $y(a) = y'(a) = y''(b) = y'''(b) = 0.$

18. Orthogonalität der Eigenfunktionen. Die Eigenwertaufgabe (III.43) (III.45) werde nun weiterhin als selbstadjungiert und volldefinit vorausgesetzt. Dann kann die Zahl Null kein Eigenwert sein. Denn gäbe es zu $\lambda = 0$ eine zugehörige, nicht identisch verschwindende Eigenfunktion $y(x)$ mit $L[y] = 0$, so wäre $\langle y, y\rangle = \int_a^b y L[y] \mathrm{d}x = 0$, während für jede Vergleichsfunktion, also auch für y, gelten muß $\langle y, y\rangle > 0$. Es kann mithin auch nicht der Fall eintreten, daß jede Zahl Eigenwert ist, es lassen sich also nach (III.47) die Eigenwerte, sofern überhaupt solche existieren, nach der Größe ihrer Beträge ordnen. Nun sollen

$$y_1, y_2, \ldots \quad \text{zu} \quad \lambda_1, \lambda_2, \ldots$$

gehörige Eigenfunktionen bedeuten, also nicht mehr wie bisher ein Fundamentalsystem; es gilt also, wenn nunmehr zur weiteren Vereinfachung der Schreibweise Lu und Mu statt $L[u]$ und $M[u]$ geschrieben werden,

$$Ly_j = \lambda_j M y_j. \tag{III.66}$$

Multipliziert man (III.66) mit y_k und integriert über das Intervall (a, b), so folgt unter Benutzung der Abkürzungen (III.61)

$$\langle y_k, y_j\rangle = \lambda_j (y_k, y_j). \tag{III.67}$$

Vertauscht man hier die Indizes j und k, so gilt

$$\langle y_j, y_k \rangle = \lambda_k (y_j, y_k);$$

da die inneren Produkte symmetrisch sind, erhält man bei Substraktion dieser beiden Gleichungen

$$(\lambda_j - \lambda_k)(y_j, y_k) = 0. \tag{III.68}$$

Ist nun $\lambda_j \neq \lambda_k$, so folgt

$$(y_j, y_k) = 0. \tag{III.69}$$

Nach (III.67) gilt dann auch

$$\langle y_j, y_k \rangle = 0. \tag{III.70}$$

Man nennt nun zwei Funktionen $u(x)$, $v(x)$ zueinander „orthogonal", wenn

$$\int_a^b u(x) v(x) \, dx = 0 \tag{III.71}$$

ist, und man nennt sie „in verallgemeinertem Sinn orthogonal", wenn

$$(u, v) = \int_a^b u M v \, dx = 0 \tag{III.72}$$

ist; es gilt also der

Satz: *Ist die Eigenwertaufgabe* (III.43) (III.45) *selbstadjungiert, so sind zwei zu voneinander verschiedenen Eigenwerten gehörige Eigenfunktionen in verallgemeinertem Sinne zueinander orthogonal. Es gilt*

$$(y_j, y_k) = \langle y_j, y_k \rangle = 0 \quad \text{für} \quad \lambda_j \neq \lambda_k. \tag{III.73}$$

Setzt man in (III.67) $y_k = y_j$, so erhält man

$$\langle y_j, y_j \rangle = \lambda_j (y_j, y_j). \tag{III.74}$$

Man bezeichnet nun den mit einer Vergleichsfunktion $u(x)$ gebildeten Quotienten

$$R u = \frac{\langle u, u \rangle}{(u, u)} \tag{III.75}$$

als den „Rayleighschen Quotienten". Der Nenner kann wegen der Definitheit (III.63) nicht verschwinden. Nach (III.63) sind in R Zähler und Nenner positiv, also ist $R > 0$ für alle Vergleichsfunktionen. Nach (III.74) ist

$$\lambda_j = R y_j, \tag{III.76}$$

d. h. es gilt der

Satz: *Ist die Eigenwertaufgabe* (III.43) (III.45) *volldefinit, so sind alle vorhandenen Eigenwerte reell und sogar positiv.*

19. Orthonormalsystem. Im gewöhnlichen Punktraum von 3 oder von n Dimensionen kann man rechtwinklige Koordinaten einführen, man kann zueinander paarweise senkrechte („orthogonale") Einheitsvektoren $\mathfrak{e}_j$ als „Basis" zugrunde legen, so daß jeder beliebige Vektor $\mathfrak{v}$ nach diesen Einheitsvektoren $\mathfrak{e}_j$ „entwickelbar“, d.h. als Linearkombination darstellbar ist:

(III.77) $$\mathfrak{v} = \sum_{j=1}^{n} v_j \mathfrak{e}_j \quad \text{mit} \quad v_j = (\mathfrak{v}, \mathfrak{e}_j).$$

Im „Raum der Funktionen“, bei dem man noch genauer festlegen müßte, welche Funktionen $v(x)$ man zulassen möchte, können in ziemlich allgemeinen Fällen die Eigenfunktionen $y_j(x)$ als Basis geeignet sein, um für Funktionen $v(x)$ die Darstellung zu ermöglichen

(III.78) $$v(x) = \sum_{j=1}^{\infty} v_j y_j(x) \quad \text{mit} \quad v_j = (v, y_j).$$

Man hätte dann die Funktion $v(x)$ nach den Eigenfunktionen $y_j(x)$ „entwickelt“, und die Konstanten v_j entsprächen den Koordinaten; man nennt die v_j dann die Entwicklungskoeffizienten oder „Fourier-Koeffizienten“. Ein sehr bekannter Spezialfall ist die Entwicklung einer Funktion $f(x)$, welche die Periode 2π hat:

(III.79) $$f(x + 2\pi) = f(x),$$

nach den trigonometrischen Funktionen $\cos mx$ und $\sin mx$, welche die Eigenfunktionen sind von

(III.80) $$y'' + \lambda y = 0, \quad y(0) - y(2\pi) = 0, \quad y'(0) - y'(2\pi) = 0.$$

Im obigen Falle des Punktraumes haben die Basisvektoren die Länge 1 und stehen aufeinander senkrecht, d. h. es gilt

(III.81) $$(\mathfrak{e}_j, \mathfrak{e}_k) = \delta_{jk} = \begin{cases} 1 & \text{für } j = k \\ 0 & \text{für } j \neq k. \end{cases}$$

Macht man für irgendeinen Vektor $\mathfrak{v}$ den Ansatz $\mathfrak{v} = \sum_{k=1}^{n} v_k \mathfrak{e}_k$ mit konstanten v_j, und bildet man auf beiden Seiten das innere Produkt mit dem Einheitsvektor $\mathfrak{e}_j$, so entsteht

$$(\mathfrak{v}, \mathfrak{e}_j) = \sum_{k=1}^{n} v_k (\mathfrak{e}_k, \mathfrak{e}_j) = \sum_{k=1}^{n} v_k \delta_{kj} = v_j,$$

d. h., daß die Entwicklungskoeffizienten v_j die einfache, schon in (III.77) genannte Form haben, hängt mit der Gleichung (III.81) zusammen. Man sagt, daß die Vektoren $\mathfrak{e}_j$ ein „Orthonormalsystem“ bilden, kurz ONS geschrieben.

Nun soll auch im Funktionenraum nach Orthonormalsystemen gefragt werden. Es seien $z_1(x)$, $z_2(x)$, ... endlich oder unendlich viele in einem Intervall (a, b) gegebene Funktionen derart, daß mit der früher eingeführten „Metrik“ (w_1, w_2) gebildet werden kann, wobei w_1, w_2 Linearkombinationen der Form $w = \sum_{j=1}^{p} a_j z_j$ mit endlich vielen der z_j sind. Es ist zweckmäßig, noch die „Norm“ eines Elementes $z = z(x)$ einzuführen durch

(III.82) $$\| z \| = + \sqrt{(z, z)}.$$

Von der Metrik wird vorerst nur benutzt, daß $\| z \| \geqq 0$ ist und daß $\| z \| = 0$ nur für $z(x) \equiv 0$ gilt. Dann gestattet es das „Orthonormalisierungsverfahren“

von Erhard Schmidt, ein neues System von Funktionen $Z_j(x)$ einzuführen, welches ein ONS ist und wobei sich jedes Z_j als Linearkombination aus endlich vielen $z_k(x)$ darstellen läßt. Die $z_k(x)$ werden dabei als $\not\equiv 0$ und als voneinander linear unabhängig vorausgesetzt. Man führt dazu Hilfsfunktionen $\varphi_j(x)$ ein. Man setzt:

$$Z_1 = \frac{z_1}{\| z_1 \|}, \qquad \text{dann ist} \quad \| Z_1 \| = 1$$

$$\varphi_2 = z_2 - Z_1(z_2, Z_1), \qquad \text{dann ist} \quad (\varphi_2, Z_1) = 0$$

$$Z_2 = \frac{\varphi_2}{\| \varphi_2 \|}, \qquad \text{dann ist} \quad \| Z_2 \| = 1.$$

So fährt man fort; es sei schon bekannt, daß $Z_1, Z_2, \ldots, Z_{m-1}$ orthonormal sind, dann setzt man

$$\text{(III.83)} \qquad \varphi_m = z_m - \sum_{j=1}^{m-1} Z_j(z_m, Z_j), \qquad Z_m = \frac{\varphi_m}{\| \varphi_m \|} \qquad (m = 1, 2, \ldots).$$

Es kann nicht $\varphi_m \equiv 0$ sein, da sonst z_m eine Linearkombination aus $z_1, \ldots, z_{m-1}$ wäre; es waren aber die z_j als voneinander linear unabhängig vorausgesetzt. Dann ist

$$(\varphi_m, Z_k) = (z_m, Z_k) - \sum_{j=1}^{m-1} \underbrace{(Z_j, Z_k)}_{\delta_{jk}} (z_m, Z_j) = 0 \quad \text{für} \quad k = 1, \ldots, m-1.$$

Es bilden also die Z_j tatsächlich ein ONS.

Nun werden wieder Eigenwertaufgaben betrachtet. Es kann dabei eintreten, daß ein Eigenwert λ mehrfach ist und zu ihm die linear unabhängigen Eigenfunktionen $z_1, z_2, \ldots$ gehören. Da Linearkombinationen von Eigenfunktionen, die zu demselben Eigenwert λ gehören, wieder, sofern sie nicht $\equiv 0$ sind, Eigenfunktionen zum Eigenwert λ sind, kann man nach dem eben beschriebenen Orthonormalisierungsverfahren die $z_1, z_2, \ldots$ durch Eigenfunktionen $Z_1, Z_2, \ldots$ mit $(Z_j, Z_k) = \delta_{jk}$ ersetzen in dem Sinne, daß jede Linearkombination der z_j sich auch als Linearkombination der Z_j schreiben läßt. Da ferner Eigenfunktionen y, z, die zu verschiedenen Eigenwerten gehören, nach (III.73) stets $(y, z) = 0$ erfüllen, kann man also bei einer Eigenwertaufgabe der in Nr. 18 betrachteten Art stets ein ONS von Eigenfunktionen $y_j(x)$ auswählen mit

$$\text{(III.84)} \qquad (y_j, y_k) = \delta_{jk} = \begin{cases} 0 & \text{für } j \neq k \\ 1 & \text{für } j = k. \end{cases}$$

Bei der Eigenwertaufgabe (III.80) für die trigonometrischen Funktionen gehört zum Eigenwert $\lambda_1 = 0$ die Eigenfunktion $y_1 = \text{const}$, alle anderen Eigenwerte $\lambda = m^2$ (für $m = 1, 2, \ldots$) sind doppelt; hier bedeutet

$$\text{(III.85)} \qquad (y_j, y_k) = \int_a^b y_j(x) y_k(x) \, dx$$

mit $a = 0$, $b = 2\pi$. Ein ONS bilden die Eigenfunktionen

$$\text{(III.86)} \qquad \frac{1}{\sqrt{2\pi}}, \quad \frac{1}{\sqrt{\pi}} \cos mx, \quad \frac{1}{\sqrt{\pi}} \sin mx \qquad (m = 1, 2, \ldots).$$

Intervall (a, b)	Belegungsfunktion $p(x)$	Name	Bezeichnung und Darstellung	Differentialgleichung
$(-1, 1)$	$\frac{1}{\sqrt{1-x^2}}$	Tschebyscheffsche Polynome (1. Art)	$T_n(x)$ $= \cos(n \arccos x)$ $= G_n\left(0, \frac{1}{2}, \frac{1-x}{2}\right)$	$(x^2-1)y''$ $+ xy'$ $- n^2 y = 0$
$(-1, 1)$	1	Legendresche Polynome (Kugelfunktionen 1. Art)	$P_n(x)$ $= \frac{1}{2^n n!} \frac{d^n(x^2-1)^n}{dx^n}$ $= G_n\left(1, 1, \frac{1-x}{2}\right)$	$(x^2-1)y''$ $+ 2xy'$ $- n(n+1)y = 0$
$(-1, 1)$	$\sqrt{1-x^2}$	Tschebyscheffsche Polynome 2. Art	$S_n(x)$ $= \frac{\sin[(n+1)\arccos x]}{\sqrt{1-x^2}}$ $= (n+1)\, G_n\left(2, \frac{3}{2}, \frac{1-x}{2}\right)$	$(x^2-1)y''$ $+ 3xy'$ $- n(n+2)y = 0$
$(0,1)$	$(1-x)^{p-q}$ $\cdot x^{q-1}$ $p > q-1$ $q > 0$	Jakobische oder hypergeometrische Polynome	$G_n(p, q, x)$ $= \frac{x^{1-q}(1-x)^{q-p} z^{(n)}}{q(q+1)\ldots(q+n-1)}$ $z = x^{q+n-1}(1-x)^{p+n-q}$	$x(1-x)y''$ $+ [q-(p+1)x]y'$ $+ (p+n)ny = 0$
$(0, \infty)$	e^{-x}	Laguerresche Polynome	$L_n(x) = e^x \frac{d^n(x^n e^{-x})}{dx^n}$	xy'' $+ (1-x)y'$ $+ ny = 0$
$(-\infty, \infty)$	e^{-x^2}	Hermitesche Polynome	$H_n(x)$ $= (-1)^n e^{x^2} \frac{d^n(e^{-x^2})}{dx^n}$	y'' $- 2xy'$ $+ 2ny = 0$

Erzeugende Funktion	Normierungs-integral	Die ersten Polynome
$\frac{1-rx}{1-2rx+r^2} = \sum_{n=0}^{\infty} T_n(x)\, r^n$	$\int_{-1}^{1} \frac{T_n^2(x)\,dx}{\sqrt{1-x^2}} = \begin{cases} \pi & \text{für } n=0 \\ \frac{\pi}{2} & \text{für } n \geqq 1 \end{cases}$	$T_0 = 1,\ T_1 = x$ $T_2 = 2x^2 - 1$ $T_3 = 4x^3 - 3x$ $T_4 = 8x^4 - 8x^2 + 1$
$\frac{1}{\sqrt{1-2rx+r^2}} = \sum_{n=0}^{\infty} P_n(x)\, r^n$	$\int_{-1}^{1} P_n^2(x)\,dx = \frac{2}{2n+1}$	$P_0 = 1,\ P_1 = x$ $P_2 = \frac{1}{2}(3x^2 - 1)$ $P_3 = \frac{1}{2}(5x^3 - 3x)$ $P_4 = \frac{1}{8}(35x^4 - 30x^2 + 3)$
$\frac{1}{1-2rx+r^2} = \sum_{n=0}^{\infty} S_n(x)\, r^n$	$\int_{-1}^{1} \sqrt{1-x^2}\, S_n^2(x)\,dx = \frac{\pi}{2}$	$S_0 = 1,\ S_1 = 2x$ $S_2 = 4x^2 - 1$ $S_3 = 8x^3 - 4x$ $S_4 = 16x^4 - 12x^2 + 1$
$\left(\frac{r-1+W}{x}\right)^{q-1} \cdot \left(\frac{r+1-W}{1-x}\right)^{p-q} \cdot \frac{1}{(2r)^{p-1}\, W} = \sum_{n=0}^{\infty} \binom{q+n-1}{n} G_n r^n$ mit $W^2 = (1-r)^2 + 4rx$	$\int_{0}^{1} (1-x)^{p-q} x^{q-1} G_n^2\,dx = \frac{n!\,\Gamma^2(q)}{(p+2n)} \cdot \frac{\Gamma(p-q+n+1)}{\Gamma(p+n)\,\Gamma(q+n)}$	$G_0 = 1,\ G_1 = 1 - \frac{p+1}{q}x$ $G_2 = 1 - 2\frac{p+2}{q}x + \frac{(p+2)(p+3)}{q(q+1)}x^2$ $G_3 = 1 - 3\frac{p+3}{q}x + 3\frac{(p+3)(p+4)}{q(q+1)}x^2 - \frac{(p+3)(p+4)(p+5)}{q(q+1)(q+2)}x^3$
$\frac{e^{\frac{-xr}{1-r}}}{1-r} = \sum_{n=0}^{\infty} \frac{L_n(x)}{n!} r^n$	$\int_{0}^{\infty} e^{-x} L_n^2(x)\,dx = (n!)^2$	$L_0 = 1,\ L_1 = -x + 1$ $L_2 = x^2 - 4x + 2$ $L_3 = -x^3 + 9x^2 - 18x + 6$ $L_4 = x^4 - 16x^3 + 72x^2 - 96x + 24$
$e^{-r^2+2rx} = \sum_{n=0}^{\infty} \frac{H_n(x)}{n!} r^n$	$\int_{-\infty}^{\infty} e^{-x^2} H_n^2(x)\,dx = 2^n n!\,\sqrt{\pi}$	$H_0 = 1,\ H_1 = 2x$ $H_2 = 4x^2 - 2$ $H_3 = 8x^3 - 12x$ $H_4 = 16x^4 - 48x^2 + 12$

Orthogonalsysteme mit Polynomen. Eine Reihe wichtiger, bei den Anwendungen auftretender orthogonaler Funktionensysteme ist auf folgende Weise erhältlich: Es ist in einem Intervall (a, b), welches auch ein- oder beidseitig unendlich sein darf, eine positive „Belegungsfunktion“ $p(x)$ gegeben, und es sind die Potenzen $1, x, x^2, \ldots$ nach dem Erhard Schmidtschen Orthonormalisierungsverfahren für die Metrik

$$(u, v) = \int_a^b p(x) u(x) v(x) \, dx \tag{III.87}$$

durch ein System von Polynomen $Q_0(x)$, $Q_1(x)$, ... zu ersetzen. Im einfachsten Fall einer Belegungsfunktion $p(x) \equiv 1$ und etwa im Intervall $(-1, 1)$ erhält man für die $Q_n(x)$ die Legendreschen Polynome $P_n(x)$, die in Kap. IV, § 1 genauer besprochen werden. Es mag hier genügen, in der vorstehenden Tabelle einige weitere oft gebrauchte Fälle zusammenzustellen; es sind jeweils die ersten Polynome angegeben, ferner Differentialgleichungen, denen die Polynome genügen, andere Darstellungsweisen und die „erzeugende Funktion“, deren Bedeutung am Beispiel der Legendreschen Polynome in Kap. IV, 2 gezeigt ist.

20. Approximation im Mittel. Es sei nun $y_1, y_2, \ldots$ ein beliebiges ONS, und es soll eine etwa stetige Funktion $v(x)$ „möglichst gut“ durch eine Linearkombination aus den ersten p Funktionen des Systems mit passend zu wählenden Konstanten a_j

$$\Phi = \sum_{j=1}^{p} a_j y_j \tag{III.88}$$

angenähert werden. Man muß dazu festlegen, was „möglichst gut“ heißen soll. Manchmal wünscht man eine Annäherung im Tschebyscheffschen Sinne, daß die Maximalabweichung von $|v - \Phi|$ im Intervall $[a, b]$ so klein wie nur möglich ausfalle. Hier soll jedoch eine Art „mittlerer Abweichung“ möglichst klein werden, und zwar möge

$$\| v - \Phi \| = \min \tag{III.89}$$

gefordert werden oder gleichbedeutend damit

$$(v - \Phi, v - \Phi) = \min. \tag{III.90}$$

Für die Metrik (III.85) ist dies die Methode des kleinsten mittleren Fehlerquadrats:

$$\int_a^b (v - \Phi)^2 \, dx = \min. \tag{III.91}$$

Von der Metrik soll nun Symmetrie $(f, g) = (g, f)$ vorausgesetzt werden, wie sie bei den selbstadjungierten Eigenwertaufgaben nach (III.62) gefordert war; es werde die Abkürzung

$$(v, y_i) = v_i \tag{III.92}$$

benutzt. Dann ist unter Benutzung der Orthonormalität (III.84)

$$(\Phi, \Phi) = \left(\sum_{j=1}^{p} a_j y_j,\ \sum_{k=1}^{p} a_k y_k\right) = \sum_{j=1}^{p} a_j^2$$

und

$$(v - \Phi,\ v - \Phi) = (v, v) - 2\sum_{j=1}^{p} a_j v_j + \sum_{j=1}^{p} a_j^2 = (v, v) - \sum_{j=1}^{p} v_j^2 + \delta \qquad \text{(III.93)}$$

mit

$$\delta = \sum_{j=1}^{p} (a_j - v_j)^2;$$

es wird also $\| v - \Phi \|^2$ am kleinsten, wenn man $a_j = v_j$ wählt, weil dann δ verschwindet.

Man bezeichnet nun

$$w(x) = \sum_j v_j y_j(x) \qquad \text{(III.94)}$$

als die zu $v(x)$ gehörige „Fouriersche Reihe bezüglich des ONS der y_j".

Satz: *Unter den angegebenen Voraussetzungen wird die Funktion $v(x)$ durch eine Linearkombination Φ aus den ersten p Funktionen $y_j(x)$ eines* ONS *im Sinne von* (III.89) *am besten approximiert, wenn man für Φ die p-te Teilsumme der Fourierschen Reihe von $v(x)$ bezüglich der $y_j(x)$ nimmt.*

21. Zum Entwicklungssatz. Wenn $v(x)$ nach den Funktionen y_j in eine gleichmäßig konvergente Reihe entwickelbar ist

$$v = \sum_j b_j y_j \qquad \text{(III.95)}$$

und die Metrik durch ein Integral der Form (III.61) oder (III.85) erklärt ist, kann man (III.95) beiderseits mit einem festen y_k multiplizieren und rechts Integration und Summation vertauschen; wegen (III.84) bleibt rechts nur das Glied b_k übrig:

$$v_k = (v, y_k) = b_k, \qquad \text{(III.96)}$$

d. h. die Reihe (III.95) ist dann die Fouriersche Reihe von $v(x)$ bezüglich der y_j.

Hierin sind als Spezialfall die Formeln für die Fourier-Koeffizienten der gewöhnlichen harmonischen Analyse (Entwicklung einer 2π-periodischen Funktion $v(x)$ nach $\sin jx$ und $\cos jx$, $j = 0, 1, 2, \ldots$) enthalten. Nach (III. 94) wird die Fourierreihe $w(x)$ für das ONS (III.86)

$$w(x) = v_0 \frac{1}{\sqrt{2\pi}} + \sum_{j=1}^{\infty} \left[v_j' \frac{1}{\sqrt{\pi}} \cos jx + v_j'' \frac{1}{\sqrt{\pi}} \sin jx \right]$$

mit

$$v_0 = \frac{1}{\sqrt{2\pi}} \int_0^{2\pi} v(x)\,dx, \quad \left\{ \begin{matrix} v_j' \\ v_j'' \end{matrix} \right\} = \frac{1}{\sqrt{\pi}} \int_0^{2\pi} v(x) \left\{ \begin{matrix} \cos jx \\ \sin jx \end{matrix} \right\} dx.$$

In der Theorie der trigonometrischen Reihen wird gezeigt, daß für weitreichende Klassen von Funktionen, z. B. wenn $v(x)$ stetig und von beschränkter Schwankung ist, $w(x)$ mit $v(x)$ übereinstimmt (vgl. z. B. v. Mangoldt-Knopp, Einführung in die Höhere Mathematik, Bd. III, 10. Aufl., Stuttgart 1958, S. 536); im Fall einer beliebigen Eigenwertaufgabe nach Nr. 17 jedoch ergeben sich folgende Fragen:

1. Zu einer gegebenen Funktion $v(x)$, von der man etwa Stetigkeit und stückweise stetige Differenzierbarkeit verlangt, kann man die Fourier-Koeffizienten $v_j = (v, y_j)$ berechnen und formal die Reihe (III.94) $\sum_j v_j y_j$ bilden. Konvergiert diese Reihe im Intervall $[a, b]$, konvergiert sie gleichmäßig und absolut, darf man die Reihe ein- oder mehrere Male gliedweise differenzieren?

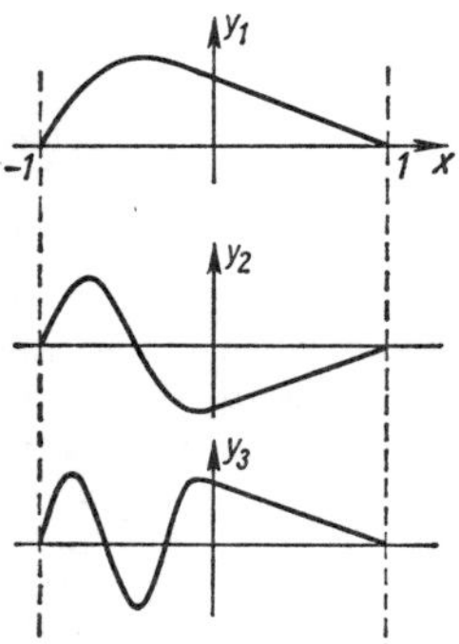

III/26. Zum Entwicklungssatz

2. Wenn die Reihe (III.94) konvergiert und somit eine Funktion $w(x)$ definiert, stimmt $w(x)$ mit $v(x)$ überein, d. h. ist damit wirklich $v(x)$ nach den $y_j(x)$ entwickelt? Daß man diese Fragen keinesfalls einfach allgemein mit „ja" beantworten darf, möge ein einfaches Beispiel zeigen: Die Eigenwertaufgabe

$$y'' + \lambda p(x) y = 0; \quad y(-1) = y(1) = 0$$

mit

$$p(x) = \begin{cases} 1 & \text{für} \quad -1 \leqq x < 0 \\ 0 & \text{für} \quad 0 \leqq x \leqq 1 \end{cases}$$

besitzt eine abzählbar unendliche Folge von Eigenwerten λ_j mit leicht berechenbaren Eigenfunktionen $y_j(x)$, von denen Fig. III/26 die ersten drei zeigt. Alle Eigenfunktionen verlaufen im Intervall $0 \leqq x \leqq 1$ geradlinig, und jede Summe $\sum_j v_j y_j$ kann daher, falls sie konvergiert, in (0,1) auch nur eine lineare Funktion als Summe ergeben. Geht man von einer Funktion $v(x)$ aus, die in (0, 1) nicht eine lineare Funktion ist, so stellt ihre Fourier-Reihe, selbst wenn sie konvergiert, sicher nicht $v(x)$ dar.

Die Fragen 1 und 2 sind sehr tiefliegend, und ihre Beantwortung geht über den Rahmen dieses Bändchens hinaus. Einiges läßt sich noch leicht einsehen, z. B. folgt aus (III.93) für $a_j = v_j$, d. h. $\delta = 0$, die „Besselsche Ungleichung"

(III.97) $$(v, v) \geqq \sum_j v_j^2$$

und damit insbesondere die Konvergenz der rechts stehenden Summe, die also besagt, daß die Fourier-Koeffizienten für wachsendes j genügend stark abnehmen müssen. Aber schon die Existenz von unendlich vielen Eigenwerten, ja die Existenz von einem einzigen Eigenwert, ist, wenn man über den Spezialfall der geometrisch noch gut interpretierbaren Differentialgleichung zweiter Ordnung hinausgeht, nur durch mühsamere Betrachtungen zu zeigen. Es sei daher hier nur aus der Theorie ein Ergebnis genannt, das keineswegs das allgemeinste seiner Art ist, aber doch schon für viele Anwendungen ausreichen wird:

Entwicklungssatz: *Vorgelegt sei eine selbstadjungierte volldefinite Eigenwertaufgabe mit der „selbstadjungierten Differentialgleichung"*

$$\sum_{\nu=0}^{m}(-1)^{\nu}\frac{\mathrm{d}^{\nu}}{\mathrm{d}x^{\nu}}\left[p_{\nu}(x)y^{(\nu)}\right]=\lambda q(x)y \tag{III.98}$$

und $2m$ voneinander linear unabhängigen Randbedingungen an den Stellen $x = a$ und $x = b$. In (a, b) seien die $p_\nu(x)$ mindestens ν-mal stetig differenzierbar, $q(x)$ stetig und $p_m(x) > 0$, $q(x) > 0$, $m > 0$. Diese Eigenwertaufgabe besitzt unendlich viele positive Eigenwerte. Es sei $v(x)$ eine beliebige Vergleichsfunktion; dann läßt sich $v(x)$ nach den Eigenfunktionen $y_j(x)$ in eine Reihe (III.78) *entwickeln, für welche die Reihe der absoluten Beträge in (a, b) gleichmäßig konvergiert und welche $(m - 1)$-mal gliedweise differenziert werden darf.*

(Wegen ausführlicher Beweise vgl. z. B. L. Collatz, Eigenwertaufgaben mit technischen Anwendungen, Leipzig 1963, S. 131–145).

22. Der Quotienteneinschließungssatz. Dieser für die numerische Berechnung, insbesondere für einen Überblick über die Lage der Eigenwerte, verschiedentlich sehr nützliche Satz soll hier nur für einen ganz speziellen Fall bewiesen werden, er gilt aber auch unter viel allgemeineren Voraussetzungen (vgl. z.B. L. Collatz, Eigenwertaufgaben, J. Albrecht, Verallgemeinerung eines Einschließungssatzes von L. Collatz, Z. Angew. Math. Mech. **48** (1968) T43–T46, F. Goerisch, Weiterentwicklung von Verfahren zur Berechnung von Eigenwertschranken. Diss. Clausthal 1978, 89 S. und Internat. Ser. Num. Math. **39** (1978) 86–100).

Es sei die Eigenwertaufgabe vorgelegt wie in Nr. 17:

$$-(f_0(x)y')'=\lambda g_0(x)y, \quad \text{in einem Intervall } I=(a,b)$$

$$y(a)-c_1y'(a)=y(b)+c_2y'(b)=0 \quad \text{oder} \quad y(a)=y'(b)=0.$$

In I seien $f_0 > 0$, $g_0 > 0$, f_0' und g_0 stetig, und es seien $c_1 \geq 0$, $c_2 \geq 0$. Es werde angenommen, daß es eine im offenen Intervall I positive Eigenfunktion $y(x)$ (mit zugehörigem Eigenwert λ) gibt, und es sei $w(x)$ eine in I positive Vergleichsfunktion (die Existenz einer solchen Eigenfunktion $y(x)$ kann sogar bewiesen werden). Nach Nr. 17 ist die Eigenwertaufgabe selbstadjungiert, d.h. $(y, w)=(w,y)$ oder

$$\int_a^b [y(f_0w')'-w(f_0y')']\,\mathrm{d}x=0.$$

Nun werde der Quotient

$$\Phi(x)=\frac{-(f_0(x)w')'}{g_0(x)w}$$

eingeführt, und es sei w so gewählt, daß $\Phi(x)$ zwischen endlichen Grenzen $\Phi_{\min}$ und $\Phi_{\max}$ liegt:

$$\Phi_{\min} \leq \Phi(x) \leq \Phi_{\max}.$$

Setzt man in dem obigen Integral

$$(f_0w')'=-\Phi g_0 w \quad \text{und} \quad -(f_0y')'=\lambda g_0 y$$

ein, so folgt

$$\int_a^b g_0(x)\, w(x)\, y(x)\, [-\,\Phi(x) + \lambda]\, \mathrm{d}x = 0.$$

Der Faktor $g_0 w y$ ist in I stetig und positiv; es kann daher die stetige Funktion $\lambda - \Phi(x)$ nicht durchweg positiv und auch nicht durchweg negativ sein, sondern es muß eine Stelle $x = \xi$ in I geben, wo $\lambda = \Phi(\xi)$ ist, d.h.

(III.98a) $$\Phi_{\min} \leq \lambda \leq \Phi_{\max}\,.$$

Numerisches Beispiel: Knicklast eines Stabes von veränderlicher Biegesteifigkeit. Bei Anwendung des Einschließungssatzes kann man die Schranken numerisch oft dadurch wesentlich verbessern, daß man in den Ansatz Parameter $a_1, a_2, \ldots$ einführt und diese so bestimmt, daß das Maximum des Quotienten Φ möglichst klein ausfällt. Durch eine neue Rechnung, möglicherweise mit anderen Werten der Parameter a_ν, sucht man das Minimum des Quotienten Φ möglichst groß zu machen (numerisch liegt dann eine nichtlineare Optimierungsaufgabe vor). Die Methode werde (mit einem zusätzlichen Parameter a_1) an einem einfachen Beispiel erläutert. Vorgelegt sei die Eigenwertaufgabe

$$-\,y'' = \lambda\,(3 + \cos x)\, y, \quad y(\pm\,\pi) = 0.$$

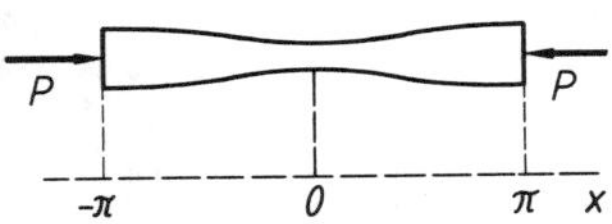

III/27. Knickstab veränderlicher Biegesteifigkeit

Physikalisch kann die Aufgabe interpretiert werden als Knickproblem für einen Stab veränderlicher Biegesteifigkeit:

$$EJ = \frac{\text{const}}{3 + \cos x}$$

(dimensionslos geschrieben), Fig. III/27. Für den Quotienten

$$\Phi[w] = \frac{-\,w''}{(3 + \cos x)\, w}$$

erhält man bei dem einfachsten Ansatz $w = \cos\left(\frac{x}{2}\right)$ des Ausdruck

$$\Phi\left[\cos\left(\frac{x}{2}\right)\right] = \frac{1}{4\,(3 + \cos x)}$$

und damit

$$\Phi_{\min} = \frac{1}{16} \leq \lambda \leq \Phi_{\max} = \frac{1}{8}\,.$$

Die Schranken kann man nun wesentlich verbessern, indem man einen Term $\cos\left(\frac{3\,x}{2}\right)$ und einen Parameter a_1 hinzunimmt, also mit der Funktion arbeitet

$$w(x) = a_1 \cos\left(\frac{x}{2}\right) + \cos\left(\frac{3\,x}{2}\right).$$

Mit der Abkürzung

$$s = \left[\cos\left(\frac{x}{2}\right)\right]^2 \quad (\text{es ist dann } 0 \leq s \leq 1)$$

erhält man

$$\Phi = \frac{1}{8}\hat{\Phi} \quad \text{mit} \quad \hat{\Phi} = \frac{a_1 - 27 + 36\,s}{(a_1 - 3 + 4\,s)\,(1 + s)}.$$

Trägt man $\hat{\Phi}$ für mehrere Werte des Parameters a_1 auf, Fig. III/28, so hat man einen Wert von a_1 zu suchen, für welchen die Kurve für $\hat{\Phi}(s)$ einen möglichst konstanten Verlauf zeigt. Dies tritt ein für den Wert

$$a_1 = 29 + \sqrt{868} \approx 58{,}462.$$

Man erhält

$$0{,}56727 \leq \hat{\Phi} \leq 0{,}57385$$

und damit für λ die Schranke

$$0{,}0709 \leq \lambda \leq 0{,}07174.$$

Man hat damit einen Eigenwert eingeschlossen, für den eine im Innern des Intervalles durchweg positive Eigenfunktion existiert. Das entspricht dem kleinsten Eigenwert, und damit der gesuchten Knicklast.

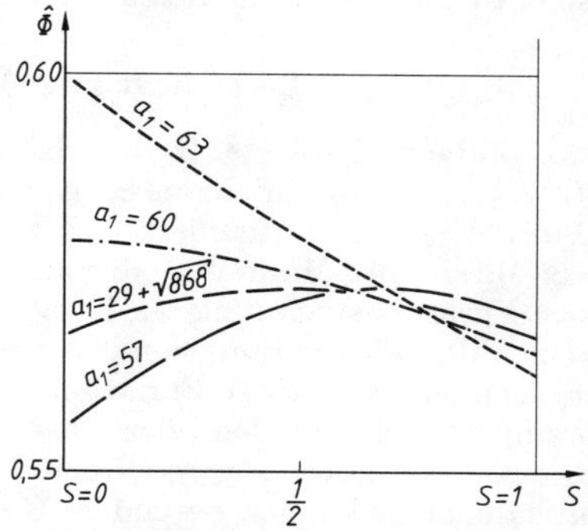

III/28. Möglichst konstanter Verlauf des Quotienten

Bei Hinzunahme weiterer Glieder läßt sich die Genauigkeit beträchtlich erhöhen. Mit dem Ansatz (ich danke Herrn Uwe Grothkopf für die Durchrechnung auf einem Computer)

$$y \approx w = \sum_{\nu=1}^{p} b_\nu \cos\left(\left(\nu - \frac{1}{2}\right)x\right)$$

erhält man die folgende Tabelle. Die Fehlerabschätzung lautet dabei

$$|\lambda - \tilde{\lambda}| \leq h$$

mit

$$\tilde{\lambda} - h = \Phi_{\min}, \quad \tilde{\lambda} + h = \Phi_{\max};$$

ferner ist $b_1 = 1$ gesetzt, und es sind jeweils die Werte der weiteren benutzten Koeffizienten b_ν angegeben:

Rechnung mit p Gliedern

	$p = 1$	$p = 2$	$p = 3$	$p = 4$
Näherungswert $\tilde{\lambda}$ für λ	0,09375	0,07134	0,0712505	0,071250472
h	0,03125	0,00043	0,0000026	0,000000008
b_2	—	0,017105	0,0174966	0,01749733
b_3	—	—	0,0001024	0,00010327
b_4	—	—	—	0,00000030

Also z.B. mit $p = 3$ Gliedern erhält man

$$|\lambda - 0{,}0712505| \leq 0{,}0000026.$$

Die Konvergenz und die erhaltenen Näherungswerte sind hier so gut, weil die Lösung beliebig oft differenzierbar ist und die Fourier-Koeffizienten daher mit wachsenden ν sehr klein werden. Es ist dies daher ein besonders günstiges Beispiel für den Quotienteneinschließungssatz.

§ 7 Beziehungen zur Variationsrechnung

23. Einfache Beispiele. In der klassischen Theorie der Extrema von Funktionen $f(x_1, \ldots, x_n)$, die in einem Bereich B des n-dimensionalen Punktraumes R^n der Punkte $x_1, \ldots, x_n$ definiert sind, wird nach Punkten P aus B gefragt, in denen f ein Maximum, Minimum oder allgemeiner einen stationären Wert annimmt. In der Variationsrechnung wird die Frage nach den Extrema verallgemeinert auf den Fall, daß ein Funktional I, welches nicht nur von endlich vielen Variablen x_ν, sondern von einer Funktion $\varphi(x)$ abhängt, zum Maximum oder zum Minimum gemacht werden oder einen stationären Wert annehmen soll. Das Funktional kann auch von mehreren Funktionen und von deren Ableitungen u.a. abhängen, es können besondere Nebenbedingungen auftreten usw. Hier soll nur der einfachste Fall behandelt werden, und es muß bezüglich komplizierterer Fälle auf die umfangreiche Literatur verwiesen werden (z.B. Clegg [70], Velte [76], u.a.).

Zur Einführung werden zwei sehr bekannte Beispiele herausgegriffen:

1. Rotationsfläche. Fig. III/29 zeigt als Kurve C den Graph einer Funktion $\varphi(x)$ in einer x-y-Ebene, welche die Randbedingungen

(III.99) $$\varphi(x_1) = y_1, \quad \varphi(x_2) = y_2$$

mit gegebenen positiven Werten y_1, y_2 erfüllt. Es sei etwa $\varphi(x) > 0$ im Intervall $J = [x_1, x_2]$. Läßt man die Kurve C um die x-Achse rotieren, so entsteht, Fig. III/30, eine Rotationsfläche R mit dem aus der Analysis bekannten Flächeninhalt

$$M = 2\pi I$$

mit

(III.100) $$I = I[\varphi] = \int_{x_1}^{x_2} \varphi(x) \sqrt{1 + [\varphi'(x)]^2}\, dx.$$

Funktionen $\varphi(x)$, welche den Randbedingungen (III.99) genügen und zur Klasse

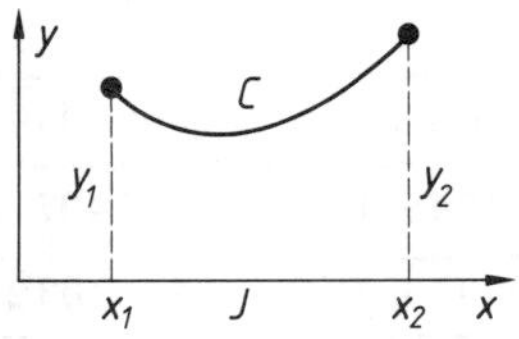

III/29. Meridiankurve einer Rotationfläche

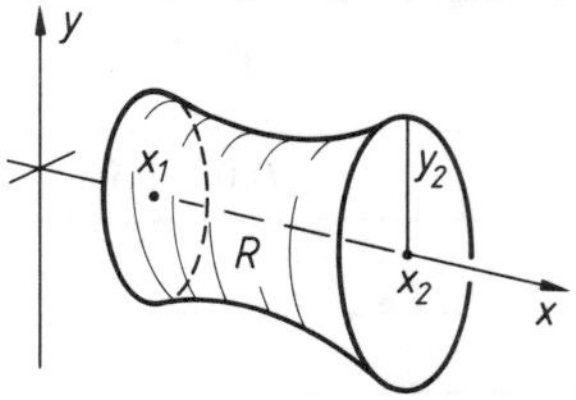

III/30. Problem minimalen Flächeninhaltes einer Rotationsfläche

$C^1[J]$ gehören, d.h. in J mit ihrer Ableitung stetig sind, mögen „zulässig" heißen.

Es ergibt sich nun die Frage nach dem kleinsten Wert von $I[\varphi]$, wenn $\varphi(x)$ die Menge der zulässigen Funktionen durchläuft, und nach einer zulässigen Funktion $u(x)$, welche I den kleinstmöglichen Wert $I[u]$ erteilt, und schließlich die Frage nach einer Bestimmung oder wenigstens näherungsweisen Berechnung von u.

Im vorliegenden Fall hat das Variationsproblem, wie es anschaulich einleuchtet und man auch beweisen kann, keineswegs stets eine Lösung, z.B. haben bei „kleinen" Werten von y_1 und y_2 und einem „großen" Abstand $x_2 - x_1$ die Werte von I für alle zulässigen Funktionen die untere Grenze

$$\operatorname{Inf} I[\varphi] = y_1^2 + y_2^2$$

$\left(= \frac{1}{2\pi} \cdot \text{Flächeninhalt der beiden Kreisscheiben, Fig. III/31}\right)$, es gibt aber keine zulässige Funktion $\varphi(x)$, für welche der angegebene Grenzwert angenommen wird.

Dieses Variationsproblem wird in Nr. 24 weiter behandelt.

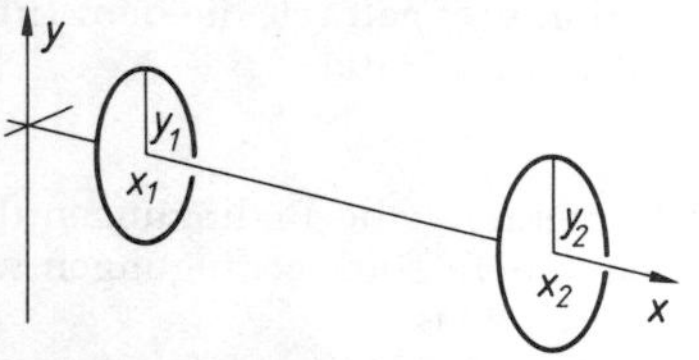

III/31. Variationsproblem ohne zulässige Lösung

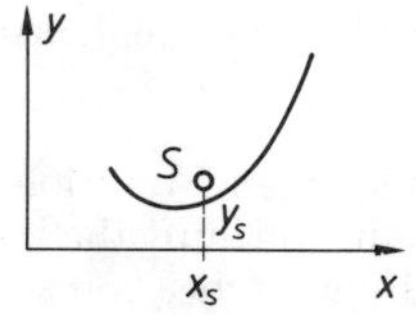

III/32. Schwerpunkt eines Teilstückes

2. Kettenlinie. In III, Nr. 4 war die Kettenlinie mit Hilfe von Gleichgewichtsbedingungen durch Randwertaufgaben bestimmt worden. Hier soll das Problem als Variationsproblem dargestellt werden. Es werden dieselben Bezeichnungen wie in Nr. 4 verwendet. Ein unter dem Einfluß der Schwerkraft durchhängendes, homogenes, ideal biegsames dünnes Seil sei in den Punkten (x_1, y_1) und (x_2, y_2) einer x-y-Ebene befestigt, Fig. III/5, und es wird nach der die Gleichgewichtsfigur beschreibenden Funktion $y(x)$ gefragt; wie in Nr. 4 sei γ das spezifische Gewicht, F der konstante Querschnitt, l die Länge und $G = \gamma F l$ das Gewicht des Seiles.

Nun sei $\varphi(x)$ eine „zulässige", d.h. eine beliebige stetig differenzierbare, in $[x_1, x_2]$ definierte Funktion, die den (III.5) und (III.6) entsprechenden Bedingungen

$$\text{(III.99)} \qquad \varphi(x_1) = y_1, \quad \varphi(x_2) = y_2$$

$$\text{(III.101)} \qquad \int_{x_1}^{x_2} \sqrt{1 + \varphi'^2}\, dx = l$$

genügt. Wenn das Seil die durch $\varphi(x)$ bestimmte Lage annimmt, hat der Schwerpunkt S mit den Koordinaten (x_s, φ_s), Fig. III/32, die Höhe

$$\varphi_s = \frac{1}{G} \int_{x_1}^{x_2} \varphi(x)\, \gamma F \sqrt{1 + (\varphi'(x))^2}\, dx .$$

Die Gleichgewichtslage ist nun gekennzeichnet durch ein Minimum der potentiellen Energie, in diesem Falle durch die tiefste Lage des Schwerpunktes, d.h. durch einen möglichst kleinen Wert von φ_s oder durch das Minimum des Ausdruckes (III.100). Es liegt jetzt eine „Variationsaufgabe mit Nebenbedingung" (III.101) vor. Das Problem ist deshalb schwieriger als Beispiel 1.

24. Die Eulersche Gleichung der Variationsrechnung im einfachsten Falle. Das Beispiel 1 gehört zu der folgenden allgemeineren Problemklasse: Es werde das Integral betrachtet:

$$I[\varphi] = \int_a^b F(x, \varphi, \varphi')\,\mathrm{d}x, \tag{III.102}$$

wobei $F(x, u, v)$ eine in $a \leq x \leq b$, $-\infty < u$, $v < +\infty$ gegebene, nach allen Argumenten zweimal stetig differenzierbare Funktion ist. (Diese Voraussetzung läßt sich noch abmildern.) Ferner seien zwei Werte y_a, y_b vorgegeben. Eine in $[a, b]$ definierte zweimal stetig differenzierbare Funktion $\varphi(x)$ heißt „zulässig", wenn sie die Randbedingungen

$$\varphi(a) = y_a, \quad \varphi(b) = y_b \tag{III.103}$$

erfüllt. Es wird dann nach einer zulässigen Funktion $y(x)$ gefragt, die dem Integral (III.102) einen möglichst kleinen Wert erteilt, d.h. für die

$$I[y] \leq I[\varphi] \tag{III.104}$$

für alle zulässigen Funktionen φ gilt. (III.103) beschreibt die Bedingungen der „ersten Randwertaufgabe", es können aber auch andere Randbedingungen wie in (III.12) vorgeschrieben sein. Im Beispiel 1 von Nr. 23 ist

$$x_1 = a, \quad x_2 = b, \quad F(x, u, v) = u\sqrt{1 + v^2}.$$

Hier soll nur eine notwendige Bedingung für eine etwaige Lösung des Variationsproblems (III.102) bis (III.104) aufgestellt werden. Dazu nehmen wir an, es gebe eine Lösung $y(x)$ des Variationsproblems. Dann ist auch

$$\varphi(x) = y(x) + \varepsilon\,\eta(x)$$

eine zulässige Funktion, wenn $\eta(x)$ eine zweimal stetig differenzierbare Funktion mit $\eta(a) = \eta(b) = 0$ und ε eine beliebige reelle Konstante ist. Es wird dann

$$I[y + \varepsilon\,\eta] = \Phi(\varepsilon)$$

eine differenzierbare Funktion von ε, die wegen

$$I[y + \varepsilon\,\eta] \geq I[y]$$

für $\varepsilon = 0$ das Minimum $I[y]$ annimmt. Es muß daher die Ableitung nach ε an der Stelle $\varepsilon = 0$ verschwinden:

$$\Phi'(0) = \left(\frac{\mathrm{d}}{\mathrm{d}\varepsilon} I\,[y + \varepsilon\,\eta]\right)_{\varepsilon=0} = 0\,.$$

Nach den Regeln der Infinitesimalrechnung ist

$$\frac{\mathrm{d}I\,[y + \varepsilon\,\eta]}{\mathrm{d}\varepsilon} = \int_a^b \left[\eta\,\frac{\partial F}{\partial u}(x, y + \varepsilon\,\eta, y' + \varepsilon\,\eta') + \eta'\,\frac{\partial F}{\partial v}(x, y + \varepsilon\,\eta, y' + \varepsilon\,\eta')\right]\mathrm{d}x;$$

$$\Phi'(0) = \left(\frac{\mathrm{d}}{\mathrm{d}\varepsilon} I[y + \varepsilon\,\eta]\right)_{\varepsilon=0} = \int_a^b \left[\eta\,\frac{\partial F}{\partial u}(x, y, y') + \eta'\,\frac{\partial F}{\partial v}(x, y, y')\right] \mathrm{d}x\,.$$

Das Integral über den zweiten Summanden wird durch partielle Integration umgeformt:

$$\int_a^b \eta'\,\frac{\partial F}{\partial v}(x, y, y')\,\mathrm{d}x = \eta\,\frac{\partial F}{\partial v}\bigg|_a^b - \int_a^b \eta\,\frac{\mathrm{d}}{\mathrm{d}x}\,\frac{\partial F}{\partial v}(x, y, y')\,\mathrm{d}x.$$

Wegen $\eta(a) = \eta(b) = 0$ verschwindet der ausintegrierte Bestandteil und es folgt

(III.105) $$\Phi'(0) = \int_a^b \eta(x)\cdot E\,[y]\,\mathrm{d}x = 0$$

mit der Abkürzung

$$E[\varphi] = \frac{\partial F}{\partial \varphi}(x, \varphi, \varphi') - \frac{\mathrm{d}}{\mathrm{d}x}\,\frac{\partial F}{\partial \varphi'}(x, \varphi, \varphi'),$$

wobei in wohl nicht mißverständlicher Weise $\frac{\partial F}{\partial \varphi}$ und $\frac{\partial F}{\partial \varphi'}$ anstelle von $\frac{\partial F}{\partial u}$ und $\frac{\partial F}{\partial v}$ geschrieben ist.

Die Gleichung (III.105) soll nun für jede beliebige stetig differenzierbare Funktion $\eta(x)$ mit $\eta(a) = \eta(b) = 0$ gelten. Das ist nur möglich, wenn der Faktor von η, nämlich $H = E\,[y]$ identisch in (a, b) verschwindet. Wäre nämlich $H \neq 0$ an einer Stelle $a < \hat{x} < b$, etwa $H > 0$, so wäre wegen der Stetigkeit von H auch $H > 0$ in einer kleinen Umgebung U von $\hat{x}$, etwa für $|x - \hat{x}| \leq c$ mit hinreichend kleinem c. Dann wäre (III.105) für die Funktion

$$\hat{\eta}(x) = \begin{cases} \eta(x) + (x - \hat{x} - c)^3\,(x - \hat{x} + c)^3 & \text{in } U \\ \eta(x) & \text{sonst} \end{cases}$$

verletzt ($\hat{\eta}$ erfüllt die für η gestellten Forderungen). Es muß also notwendig

(III.106) $$E\,[y] = \frac{\partial F}{\partial \varphi}(x, y, y') - \frac{\mathrm{d}}{\mathrm{d}x}\,\frac{\partial F}{\partial \varphi'}(x, y, y') = 0$$

sein. Diese Gleichung heißt „Eulersche Gleichung“ der durch (III.102), (III.103) bestimmten Variationsaufgabe.

Die Beziehungen zur Variationsrechnung bilden die Grundlage für verschiedene numerische Verfahren, vgl. V, § 5, Nr. 15.

Beispiel: Rotationsfläche. Bei dem Beispiel 1 von Nr. 23 mit $F = \varphi\,\sqrt{1 + \varphi'^2}$ ist

$$\frac{\partial F}{\partial \varphi} = \sqrt{1 + \varphi'^2}, \quad \frac{\partial F}{\partial \varphi'} = \frac{\varphi\,\varphi'}{\sqrt{1 + \varphi'^2}}\,,$$

und eine Lösung der Variationsaufgabe muß der Eulerschen Gleichung (III.106) genügen:

(III.107) $$\sqrt{1 + \varphi'^2} - \frac{\mathrm{d}}{\mathrm{d}x}\,\frac{\varphi\,\varphi'}{\sqrt{1 + \varphi'^2}} = 0.$$

Man kann nun durch Ausdifferenzieren diese Gleichung auf die Form bringen

$$\varphi \cdot \varphi'' = 1 + \varphi'^2,$$

und da x nicht explizit auftritt, die Ordnung der Differentialgleichung nach der Methode II § 1, Nr. 3 um 1 erniedrigen und die Lösung der Differentialgleichung bestimmen. Man kann aber allgemein bei einem Integral $I[\varphi]$ in (III.102), wenn der Integrand F nicht explizit von x abhängt, ein Integral der Eulerschen Gleichung (III.106) angeben. Mit $\frac{\partial F}{\partial x} = 0$ folgt nämlich

$$\frac{\mathrm{d}F}{\mathrm{d}x} = \frac{\partial F}{\partial \varphi}\varphi' + \frac{\partial F}{\partial \varphi'}\varphi''.$$

Nach (III.106) ist nun

$$\frac{\partial F}{\partial \varphi} = \frac{\mathrm{d}}{\mathrm{d}x}\left(\frac{\partial F}{\partial \varphi'}\right)$$

also

$$\frac{\mathrm{d}F}{\mathrm{d}x} = \varphi' \frac{\mathrm{d}}{\mathrm{d}x}\left(\frac{\partial F}{\partial \varphi'}\right) + \varphi'' \frac{\partial F}{\partial \varphi'} = \frac{\mathrm{d}}{\mathrm{d}x}\left[\varphi' \frac{\partial F}{\partial \varphi'}\right]$$

und durch Integration erhält man

$$F - \varphi' \frac{\partial F}{\partial \varphi'} = \text{const}. \qquad \text{(III.108)}$$

Im vorliegenden Falle ergibt dies

$$\varphi\sqrt{1 + \varphi'^2} - \varphi' \cdot \frac{\varphi\,\varphi'}{\sqrt{1 + \varphi'^2}} = \text{const} = c$$

oder

$$\varphi = c\sqrt{1 + \varphi'^2}.$$

Hier lassen sich nach I, § 1, Nr. 4 die Veränderlichen trennen und man erhält als Lösungen, wie in III, § 2, Nr. 4, Kettenlinien:

$$\varphi(x) = c \cdot \cosh \frac{x + c_1}{c}$$

mit c, c_1 als frei wählbaren Konstanten. [Diese Kettenlinien sind in III, § 2, Nr. 4 für $C_2 = 0$, $a = \frac{1}{c}$ enthalten]. Die Konstanten c, c_1 sind den Randbedingungen (III.99) anzupassen, und es ist nachzuprüfen, ob eine Lösung $\varphi(x)$ erhalten wird, welche in J nicht negativ ist. Wenn $x_2 - x_1$ zu groß ist im Vergleich zu y_1 und y_2, ist die Forderung $\varphi(x) \geqq 0$ in J nicht erfüllbar, und das Variationsproblem hat keine zulässige Lösung.

25. Freie Randwertaufgaben und Variationsrechnung. Die in neuerer Zeit sehr aktuell gewordenen und bei sehr verschiedenen Anwendungen vorkommenden „freien Randwertaufgaben“ treten besonders bei partiellen Differentialgleichungen auf, vgl. Kap. V, § 4 und wurden in vielen Fällen erfolgreich vermöge ihrer Beziehungen zu Variationsaufgaben behandelt; dieser Zusammenhang sei hier an einem Modellfall einer Randwertaufgabe mit einer einfachen gewöhnlichen Differentialgleichung besprochen, wobei aus der Variationsrechnung ein wenig mehr benutzt wird als in Nr. 24 gezeigt worden ist.

In der x-y-Ebene sei ein Seil im Punkte $x = 0$, $y = 1$ aufgehängt und liege ein Stück auf einem Tisch auf, dessen Oberfläche durch $y = 0$ gegeben sei, Fig. III/33. Das Seil berühre den Tisch mit horizontaler Tangente im Punkte $x = c$; im Intervall $J = (0, c)$ genüge die Form des Seiles, die durch $y(x)$ beschrieben sei, der Differentialgleichung (III.3) der Kettenlinie. Der „freie Rand" $x = c$ ist nicht von vornherein bekannt, dafür aber erhält man eine Randbedingung mehr; man hat nämlich für die Differentialordnung 2. Ordnung die 3 Randbedingungen:

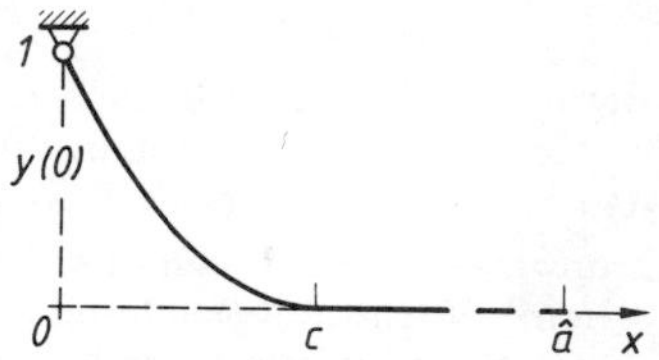

III/33. Freie Randwertaufgabe bei einem Seil

$$y(0) = 1,$$
$$y(c) = 0,$$
$$y'(c) = 0.$$

Die Funktion $y(x)$ genügt im Intervall J der Differentialgleichung (III.3) und für $x \geq c$ der Gleichung $y(x) \equiv 0$. Derartige freie Randwertaufgaben sind auch numerisch schwierig zu behandeln, weil man nicht von vornherein weiß, in welchem Bereich die Differentialgleichung gültig ist. Man kann sie aber vielfach in eine Variationsaufgabe mit festem Bereich zurückführen. Dazu muß man hier wie auch in ähnlichen Fällen wenigstens eine obere Schranke $\hat{a}$ für den freien Rand kennen: $\hat{a} \geq c$; man kann $\hat{a}$ sehr groß wählen und muß nur sicher sein, daß $\hat{a} \geq c$ ist.

Anstelle der Kettenlinie soll hier als einfacherer Modellfall eine Parabel mit einer linearen Differentialgleichung zugrunde gelegt werden, obwohl man auch mit der Kettenlinie rechnen könnte. Es liege das Problem (D) vor:

$$\text{(III.109)} \qquad (\mathrm{D}): y'' = 1, \quad y(0) = 1, \quad y(c) = y'(c) = 0.$$

Diesem Problem wird nun das Variationsproblem (V) gegenübergestellt:

$$\text{(III.110)} \qquad (\mathrm{V}): I[z] = \int_0^{\hat{a}} [(z'(x))^2 + 2z(x)]\,\mathrm{d}x = \mathrm{Min} \quad \text{für } z(x) \in M,$$

wobei M die Menge der zulässigen Funktionen $z(x)$ ist; dabei heißt $z(x)$ zulässig, wenn es den Bedingungen

$$\text{(III.111)} \quad \begin{cases} z(0) = 1,\ z(x) \geq 0 \text{ in } J_v = [0, \hat{a}], \text{ es gibt ein } b \in J_v \text{ mit } z(b) = 0, \\ z(x) \in C^1[J_v], \text{ d.h. } z(x) \text{ ist in } J_v \text{ stetig differenzierbar,} \\ z(x) \text{ ist in } J_v \text{ mit evtl. Ausnahme einer Stelle } x = c \text{ mit } c \geq b \\ \text{zweimal stetig differenzierbar} \end{cases}$$

genügt. (Man kann zeigen, daß es auch genügt, wenn z einmal stetig differenzierbar ist.) Gerade die Singularität der 2. Ableitung an der Stelle des freien Randes ist typisch für freie Randwertaufgaben. Dann gilt das

Lemma: *Ist $w(x)$ eine Lösung der Variationsaufgabe* (V), *so löst $w(x)$ auch die freie Randwertaufgabe* (D).

Beweis. Da $w(x)$ selbst eine zulässige Funktion ist, gibt es mindestens eine Nullstelle x_0 von $w(x)$ im Intervall J_v. Dann gibt es auch eine kleinste positive Nullstelle s von $w(x)$; es besitzt $w(x)$ bei $x = s$ ein differenzierbares Minimum, also gilt

$$w(s) = w'(s) = 0, \quad w(x) > 0 \quad \text{für } 0 \leq x < s.$$

Nach Voraussetzung ist

$$I[w] \leq I[z] \quad \text{für alle zulässigen } z(x);$$

daraus folgt $w(x) \equiv 0$ für $s \leq x \leq \hat{a}$; denn wäre $w(x) > 0$ für ein $x = x_1$ mit $s < x_1 \leq \hat{a}$, so könnte man durch Abänderung von $w(x)$ auf Null in $s \leq x \leq \hat{a}$ den Wert des Integrales I verkleinern.

Nun unterscheidet sich das Problem (V) von den in Nr. 24 betrachteten „klassischen" Variationsproblemen durch die Nebenbedingung $z(x) \geq 0$ in J_v und durch die Existenz einer Nullstelle b; man kann aber den ganzen in Nr. 24 gegebenen Beweis auch mit den zusätzlichen Nebenbedingungen durchführen und erkennt, daß $w(x)$ die Eulersche Gleichung erfüllen muß; der Integrand in (III.110) ist nun gerade so gewählt worden, daß die zugehörige Eulersche Gleichung $w'' - 1 = 0$ lautet; $w(x)$ ist daher Lösung der freien Randwertaufgabe.

Damit stehen der numerischen Behandlung der freien Randwertaufgabe die bewährten numerischen Methoden der Variationsrechnung (Ritzsches Verfahren u.a.) zur Verfügung. Diese Nr. 25 sollte nur die Zusammenhänge und Möglichkeiten skizzieren.

§ 8 Verzweigungsprobleme

26. Verzweigungsaufgaben bei gewöhnlichen Differentialgleichungen 2. Ordnung. Die in Nr. 13 genannten Eigenwertaufgaben sind lineare Aufgaben, die in den Anwendungen häufig nur als erste Näherungen anzusehen sind. Das wurde schon in Nr. 14 am Beispiel des Knickproblems eines Trägers mit geradliniger Achse erläutert:

Setzt man in (III.51) für das Biegemoment $M(x) = P\,y$ (wie in Fig. III/18) und beim Übergang von (III.48) zu (III.49) ein, so geht (III.51) über in

(III.112)
$$\frac{y''}{\sqrt{1 + y'^2}^3} = -\lambda\, y(x) \quad \text{mit } \lambda = \frac{P}{EJ}$$

während die Randbedingungen

(III.113)
$$y(0) = y'(1) = 0$$

ungeändert bleiben. Mit

(III.114)
$$\begin{cases} F = \dfrac{y''}{\sqrt{1 + y'^2}^3} + \lambda\, y = 0 \\ S_1 = y(0) = 0 \\ S_2 = y'(1) = 0 \end{cases}$$

gehört die Aufgabe zu dem Typ

(III.115)
$$\begin{cases} F(x, y, y', y'', \lambda) = 0 \\ S_\mu(x, y, y', \lambda) \quad = 0 \quad (\mu = 1, 2). \end{cases}$$

Dabei sind F und S_μ gegebene Funktionen ihrer Argumente, und die Randbedingungen $S_\mu = 0$ beziehen sich etwa auf 2 Stellen $x = a$ und $x = b$.

27. Nichtlineare Eigenwertaufgaben und Verzweigungsprobleme. Im allgemeinen Falle kommt man zu folgender Fallunterscheidung:

Fall I. Die Differentialgleichung und die Randbedingungen sind linear homogen, also von der Form

(III.116)
$$F = \sum_{\nu=0}^{2} p_\nu(x, \lambda)\, y^{(\nu)} = 0$$

$$S_\mu = c_{1,\mu}(\lambda)\, y(a) + c_{2,\mu}(\lambda)\, y'(a) + c_{3,\mu}(\lambda)\, y(b) + c_{4,\mu}(\lambda)\, y'(b) = 0 \quad (\mu = 1, 2).$$

(Hängt mindestens eine der gegebenen Funktionen p_ν, $c_{\nu,\mu}$ nichtlinear von λ ab, so liegt eine „nichtlineare Eigenwertaufgabe" vor, siehe Fall II.)

Wieder heißt eine Zahl $\lambda = \lambda_0$ ein „Eigenwert", wenn es eine nicht identisch verschwindende Funktion $y_0(x)$ gibt, so daß das Paar $(\lambda_0, y_0(x))$ die Bedingungen (III.115) erfüllt. Wie bei den linearen Eigenwertaufgaben gilt auch hier:

(III.117)

1. Ist $y(x)$ eine zum Eigenwert λ gehörige Eigenfunktion, so ist auch $c\,y(x)$ bei beliebigem (reellem) c eine zum Eigenwert λ gehörige Eigenfunktion.

2. Sind $y_j(x)$ für $j = 1, \ldots, r$ Eigenfunktionen, die zu demselben Eigenwert λ gehören, so ist auch
$$\sum_{j=1}^{r} c_j\, y_j(x)$$
bei beliebigen (reellen) c_j Eigenfunktion zu λ. Die zu demselben λ gehörigen Eigenfunktionen bilden einen „linearen Unterraum".

Fall II. Differentialgleichung oder Randbedingungen oder beide sind nichtlinear. Jedes Paar $(\lambda, y(x))$, welches die Gleichungen (III.115) erfüllt, heiße eine Lösung der Aufgabe. Man kann sich einen Überblick über die Mannigfaltigkeit der Lösungen auf folgende Weise verschaffen: man ordnet jeder Funktion $y(x)$ ein Maßzahl, z. B. eine Norm oder $y_{\max}$, je nach dem vorliegenden Problem, zu und ordnet ferner jeder Lösung $(\lambda, y(x))$ einen Punkt in einem λ-$y_{\max}$-Achsensystem zu. Diese Punkte liegen dann im allgemeinen auf gewissen Kurven (den „Ästen" eines Hypergraphen); im Beispiel von Nr. 26 ist $y(x) = 0$ mit einem beliebigen λ stets eine Lösung der Gleichungen (III.114). Es ist daher die Gerade $y = 0$, λ beliebig, ein Ast des Hypergraphen. Von diesem Ast zweigen bei gewissen Werten λ_ν, den Eigenwerten der linearisierten Aufgabe, weitere Äste ab. Die Gesamtheit aller dieser Äste ist das „Verzweigungsdiagramm". Die „Verzweigungspunkte" sind die „Ecken" des Hypergraphen. In Kap. III, Nr. 14 ist ein solches Verzweigungsdiagramm gezeichnet in Fig. III/20.

28. Beispiel: Verzweigungsdiagramm bei einer Urysohnschen Integralgleichung. Die Durchrechnung von Verzweigungsaufgaben mit nichtlinearen Differentialgleichungen wird häufig nur numerisch möglich sein. Es werde daher hier ein Beispiel einer nichtlinearen Integralgleichung gegeben, welche nicht aus einer Anwendung stammt, bei welchem man aber die Lösungen in geschlossener Form aufstellen kann und daher die Gewißheit hat, daß man das volle Verzweigungsdiagramm ermittelt hat.

Es sei die nichtlineare Integralgleichung für eine im Intervall $I = [a, b]$ gesuchte stetige Funktion $y(x)$

$$T\, y(x) = \int_{-\pi}^{\pi} \{p\, y(t) + q\,(\cos x)(y(t))^2\}\, dt = \hat{\lambda}\, y(x) = \lambda\, \pi\, y(x) \tag{III.118}$$

vorgelegt. Es ist $\hat{\lambda} = \lambda\, \pi$ gesetzt, um in der Rechnung den Faktor π zu sparen. p und q sind gegebene, reelle, von 0 verschiedene Konstanten. Für $\lambda = 0$ gibt es nur die Lösung $y \equiv 0$.

Für $\lambda \neq 0$ muß jede etwaige Lösung die Gestalt haben

$$y(x) = a + b \cos x.$$

Man rechnet elementar aus

$$\int_{-\pi}^{\pi} y(t)\, dt = 2\pi\, a, \quad \int_{-\pi}^{\pi} (y(t))^2\, dt = \pi\,(2a^2 + b^2)$$

und erhält beim Einsetzen dieser Werte in die Integralgleichung

$$2\,a\,p + q\,(2a^2 + b^2) \cos x = \lambda\,(a + b \cos x).$$

Koeffizientenvergleich ergibt

$$(\lambda - 2p)\, a = q\,(2a^2 + b^2) - \lambda\, b = 0.$$

Es ist also entweder

Fall I: $a = 0$ und dann $(q\, b - \lambda)\, b = 0$, das sind die beiden Geraden

$$G_1 : a = b = 0, \quad \lambda \text{ beliebig}$$

$$G_2 : a = 0, \quad \lambda = q\, b,$$

oder Fall II: $a \neq 0$, Ellipse E: $\lambda = 2p$, $q(2a^2 + b^2) - 2p\, b = 0$.

In einem λ-a-b-Achsen-System sind die Lösungsäste G_1, G_2, E des Verzweigungsdiagrammes (des Hypergraphen) in Fig. III/34 gezeichnet; es treten die 3 Verzweigungspunkte (Ecken des Hypergraphen) P_1, P_2, P_3 auf:

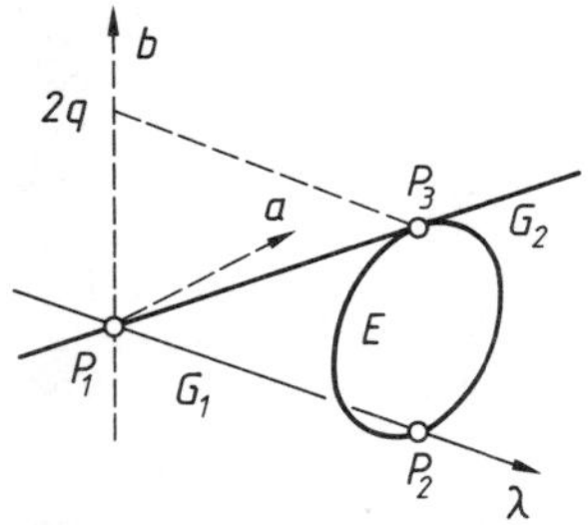

III/34. Verzweigungsdiagramm bei einer Urysohnschen Integralgleichung

	λ	a	b
P_1	0	0	0
P_2	$2p$	0	0
P_3	$2p$	0	$2q$

Zahlreiche weitere Beispiele von Verzweigungsdiagrammen bei Differentialgleichungen und Integralgleichungen als Hypergraphen stehen bei L. Collatz, Verzweigungsdiagramme und Hypergraphen. Intern. Ser. Num. Math. Bd. 38 (1977) S. 9–41.

§ 9 Vermischte Aufgaben und Lösungen zu Kapitel II und III

29. Aufgaben. 1. Man stelle die allgemeinen Lösungen folgender Differentialgleichungen auf:

a) $y'' + 4y' + 5y = x + e^x \cos x$;

b) $y''' + 4y'' + 5y' = e^{2x} \cos x$;

c) $y''(1 + y') = 1$;

d) $x^2 y''' - 11y' - \frac{5}{x} y = 1$;

e) $y^{IV} + 4y''' + 8y'' + 8y' + 4y = e^x$;

f) $y'' = e^{ay}$;

g) $y'' + a y y'^3 = 0$.

2. Man bestimme die durch den Anfangswert $y(0) = 1$ eindeutig festgelegte Lösung von $y'' + y'\left(x + \frac{2}{x}\right) + 2y = 0$ durch den Potenzreihenansatz $y = \sum_{\nu=0}^{\infty} a_\nu x^\nu$ (vgl. Aufgabe 2 zu Kap. I). Daß hier nur eine Anfangsbedingung vorgegeben zu werden braucht, liegt an der Singularität der Differentialgleichung bei $x = 0$.

3. Desgleichen bei $y'' = y(x^2 + 2)$ mit den Anfangsbedingungen

$$y(0) = 1, \quad y'(0) = 0.$$

4. Gegeben sind folgende mehrparametrige Funktionenscharen (Parameter $c_1, c_2, \ldots, c_k$); man stelle ihre Differentialgleichung auf, indem man die Gleichung der Schar k-mal differenziert und die Parameter $c_1, c_2, \ldots, c_k$ eliminiert: a) Sinuslinien der Amplitude Eins: $y = \sin(c_1 x + c_2)$; b) alle Sinuslinien $y = c_1 \sin(c_2 x + c_3)$; c) $y = c_1 x + c_2 x^2 + c_3 x^3 + c_4 x^4$; d) $y = c_1 x^2 + c_2 x^3 + c_3 x^4$; e) $y = c_1(1 + x^{c_2})$; f) alle Kreise durch den Anfangspunkt $x^2 + c_1 x + y^2 + c_2 y = 0$.

5. In einem Plattenkondensator sei $\varphi(x)$ das Potential im Abstand x von der einen Platte; die elektrische Feldstärke hat dann den Betrag

$$|\mathfrak{E}(x)| = |-\operatorname{grad} \varphi| = |\varphi'(x)|.$$

Bildet man eine Platte als Glühelektrode aus, die Elektronen emittiert, so entsteht eine Raumladung mit der Dichte $\varrho(x) = \frac{c}{\sqrt{\varphi(x)}}$ (G. Oberdorfer, Lehrbuch der Elektrotechnik, Bd. I, 5. Aufl., München und Berlin 1948, S. 142), wobei c eine noch zu ermittelnde Konstante ist. Die Potentialgleichung für Raumladungsfelder $\Delta\varphi = -\frac{\varrho}{\varepsilon}$ (mit ε als der Dielektrizitätskonstanten) führt daher hier auf die Gleichung $\varphi'' = \frac{d^2\varphi}{dx^2} = -\frac{c}{\varepsilon\sqrt{\varphi}}$. Entsprechend der Differentialgleichung zweiter Ordnung und dem in ihr auftretenden unbekannten Parameter c hat man hier drei Randbedingungen: Für $x = 0$ sei $\varphi = 0$ und $\varphi' = 0$ (Feldstärke $= 0$) und für $x = d$ (Plattenabstand $= d$) sei $\varphi = U$ (gegebene angelegte Spannung). Man berechne die Konstante c und den Verlauf von Potential und Raumladungsdichte.

6. An einem elektrischen Reihenschwingkreis mit der Kapazität

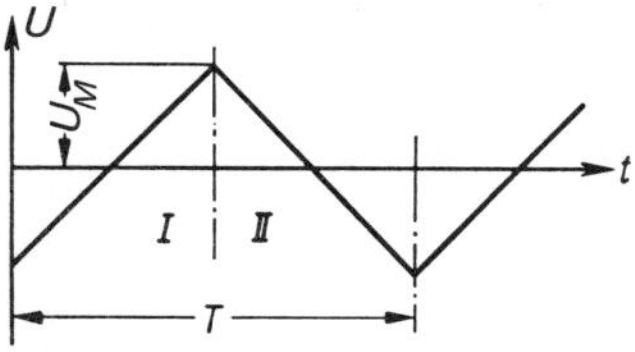

III/35. Periodisch veränderliche EMK an einem elektrischen Schwingungskreis

$$C = 10^{-6}\ \text{Farad} = 10^{-6}\ \text{s}/\Omega$$

und der Selbstinduktion $L = 1$ Henry $= 1\ \Omega$s (bei vernachlässigbarem Widerstand) werde eine periodisch veränderliche elektromotorische Kraft $U(t)$ angelegt, Fig. III/35, die mit der Frequenz von 100 Hertz linear zwischen den Werten $\pm$ 50 Volt schwankt:

$$U(t) = \begin{cases} 20000\,t - 50 & \text{für} \quad 0 \leqq t \leqq \dfrac{T}{2} \ \text{mit}\ T = 0{,}01\ \text{s} \\ -20000\,t + 150 & \text{für} \quad \dfrac{T}{2} \leqq t \leqq T \\ U(t - 0{,}01) & \text{für} \quad \text{alle}\ t. \end{cases}$$

Der zeitliche Spannungsverlauf im stationären Zustand ist zu ermitteln.

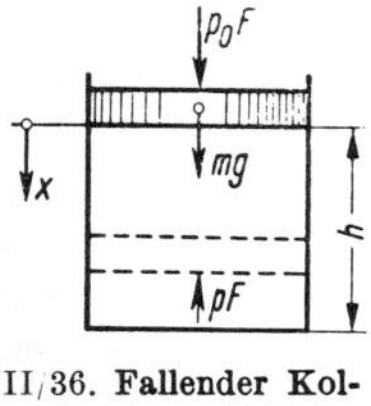

III/36. Fallender Kolben in einem Zylinder

7. In einem Zylinder fällt ein dicht schließender Kolben aus der Höhe $h = 1$ m herab, Fig. III/36; Reibung werde vernachlässigt; anfangs (zur Zeit $t = 0$) herrsche beiderseits des Kolbens der Druck $p_0 = 1$ bar, und es sei die Geschwindigkeit des Kolbens $\dot{x}(0) = 0$; ferner sei $G = mg = 1$ kN das Kolbengewicht, $F = 100\ \text{cm}^2$ die Kolbenfläche, $x(t)$ der vom Kolben zurückgelegte Weg, $p(t)$ der Druck im Zylinder zur Zeit t. In welcher Höhe hat der Kolben wieder die Geschwindigkeit 0, wenn man den Vorgang a) isotherm, b) adiabatisch rechnet?

8. Eine Masse m schwingt zwischen zwei Federn: mit dem Ausschlag a greifen zwei weitere Federn ein, Fig. III/37; alle Federn haben die gleiche Federkonstante c; die Dämpfung sei vernachlässigt. Gesucht ist die Schwingungsdauer T als Funktion des Gesamtausschlages x_0.

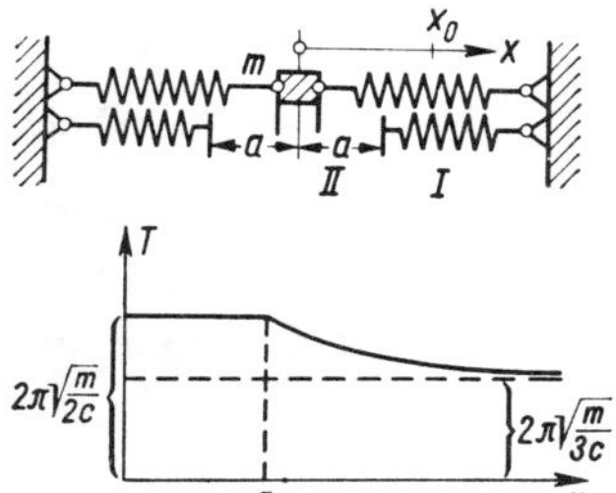

III/37. Bei großen Ausschlägen nichtlineares Schwingungssystem

9. Ein einseitig eingespannter, am anderen Ende frei gelagerter Träger der Länge $2l$ ist entsprechend Fig. III/38 belastet. Man berechne Durchbiegung und Momentenverteilung.

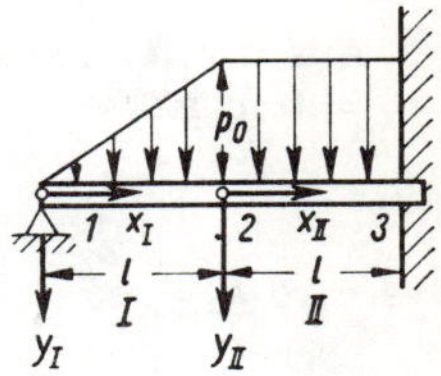

III/38. Statisch unbestimmt gelagerter Träger mit variabler Belastungsdichte

30. Lösungen. 1. a) Die homogene Differentialgleichung hat nach (II.35) die charakteristische Gleichung $k^2 + 4k + 5 = 0$ mit den Nullstellen $k = -2 \pm \mathrm{i}$; also heißt ihre allgemeine Lösung nach Kap. II.11 $y = \mathrm{e}^{-2x}(c_1 \cos x + c_2 \sin x)$; eine spezielle Lösung der inhomogenen Gleichung findet man nach der Faustregel von Kap. II.17 durch den Ansatz $y = a_1 + a_2 x + a_3 \mathrm{e}^x \cos x + a_4 \mathrm{e}^x \sin x$ (oder an Stelle der letzten beiden Terme zweckmäßig mit komplexer Rechnung $A_3 \mathrm{e}^{(1+\mathrm{i})x}$); die allgemeine Lösung der inhomogenen Gleichung lautet dann

a) $$y = \mathrm{e}^{-2x}(c_1 \cos x + c_2 \sin x) + \frac{\mathrm{e}^x}{13}\left(\cos x + \frac{2}{3} \sin x\right) + \frac{x}{5} - \frac{4}{25};$$

b) $$y = \mathrm{e}^{-2x}(c_1 \cos x + c_2 \sin x) + c_3 + \frac{1}{200} \mathrm{e}^{2x}(3 \cos x + 4 \sin x);$$

c) $$y = c_1 - x \pm \frac{1}{3}(2x + c_2)^{\frac{3}{2}};$$

d) Eulersche Gleichung mit der charakteristischen Gleichung (II.59)

$$r^3 - 3r^2 - 9r - 5 = 0$$

und den Wurzeln $r_{1,2} = -1$, $r_3 = 5$. Allgemeine Lösung nach Kap. II. 20 (Doppelwurzel!) $y = \frac{c_1}{x} + \frac{c_2}{x} \ln x + c_3 x^5 - \frac{1}{16} x$.

e) Die charakteristische Gleichung $k^4 + 4k^3 + 8k^2 + 8k + 4 = 0$ oder

$$(k^2 + 2k + 2)^2 = 0$$

hat hier ein Paar komplexer Doppelwurzeln; allgemeine Lösung

$$y = \frac{1}{25} \mathrm{e}^x + \mathrm{e}^{-x}(c_1 \cos x + c_2 \sin x + c_3 x \cos x + c_4 x \sin x).$$

f) y'' ist hier eine Funktion von y, daher Multiplikation der Differentialgleichung mit y', Lösungsformel (I.68)

$$ay = c_2 x - 2 \ln(1 - c_1 \mathrm{e}^{c_2 x}) + \ln \frac{2 c_1 c_2^2}{a} \quad \text{und} \quad ay = -2 \ln\left(c_1 + \sqrt{\frac{a}{2}}\, x\right).$$

g) x kommt nicht explizit vor, daher y' als Funktion von y einführen nach (II.14), man erhält $\frac{a}{3} y^3 + c_1 y - 2x + c_2 = 0$ und $y = c_3$.

2. Aus der Rekursionsformel $(\nu + 3) a_{\nu+2} = -a_\nu$ (für $\nu = 0, 1, 2, \ldots$) und $a_1 = 0$ folgt

$$a_{2n} = \frac{(-2)^n n!}{(2n+1)!} = \frac{(-1)^n}{1 \cdot 3 \cdot 5 \ldots (2n+1)};$$

es wird $a_3 = a_5 = \cdots = 0$ und damit

$$y = 1 - \frac{x^2}{3} + \frac{x^4}{15} - \frac{x^6}{105} + \frac{x^8}{945} - \frac{x^{10}}{10395} + - \cdots.$$

Die Reihe konvergiert für alle x absolut.

Es ist $$y = \frac{1}{x} e^{-\frac{x^2}{2}} \int_0^x e^{\frac{t^2}{2}} dt.$$

3. Aus der Rekursionsformel $(\nu + 1)(\nu + 2) a_{\nu+2} = a_{\nu-2} + 2a_\nu$ (für $\nu = 2, 4, 6, \ldots$ und $a_0 = 1$, $a_1 = a_3 = a_5 \ldots = 0$) folgt sofort durch vollständige Induktion

$$0 < \mu! a_{2\mu} \leqq 1, \quad \text{für} \quad \mu = 0, 1, \ldots,$$

also die absolute Konvergenz der Potenzreihe für alle x. Es ist

$$y = 1 + \frac{x^2}{1} + \frac{x^4}{1 \cdot 4} + \frac{x^6}{1 \cdot 4 \cdot 5} + \frac{x^8}{1 \cdot 4 \cdot 5 \cdot 8} + \frac{x^{10}}{1 \cdot 4 \cdot 5 \cdot 8 \cdot 9} + \frac{x^{12}}{1 \cdot 4 \cdot 5 \cdot 8 \cdot 9 \cdot 12} + \cdots.$$

4. a) $$y''(y^2 - 1) = yy'^2;$$

b) $$yy''' = y'y'';$$

c) $$x^4 y^{IV} - 4x^3 y''' + 12x^2 y'' - 24xy' + 24y = 0$$

oder $$y - \frac{x}{1!} y' + \frac{x^2}{2!} y'' - \frac{x^3}{3!} y''' + \frac{x^4}{4!} y^{IV} = 0$$

oder auch $$\left(\frac{y}{x}\right)^{IV} = 0.$$

d) $$x^3 y''' - 6x^2 y'' + 18xy' - 24y = 0$$

oder $$\frac{y}{x} - \frac{x}{1!}\left(\frac{y}{x}\right)' + \frac{x^2}{2!}\left(\frac{y}{x}\right)'' - \frac{x^3}{3!}\left(\frac{y}{x}\right)''' = 0$$

oder auch $$\left(\frac{y}{x^2}\right)''' = 0;$$

e) $$(xy'' + y')y = y'^2\left(x + x^{-\frac{xy''}{y'}}\right);$$

f) $$y''(x^2 + y^2) + 2(1 + y'^2)(y - xy') = 0.$$

5. Multiplikation mit φ' und Integration ergibt $\varphi'^2 = -4\frac{c}{\varepsilon}\sqrt{\varphi} + c_1$; die Randbedingungen für $x = 0$ verlangen $c_1 = 0$; dann

$$\varphi = \left(\frac{3}{2}\sqrt{-\frac{c}{\varepsilon}x}\right)^{\frac{4}{3}}; \quad c = -\varepsilon\left(\frac{2}{3}\frac{U^{\frac{3}{4}}}{d}\right)^2; \quad \varrho = -\frac{4}{9}\varepsilon U(\mathrm{d}^4x^2)^{-\frac{1}{3}}.$$

Damit wird $$\varphi(x) = U\left(\frac{x}{d}\right)^{\frac{4}{3}}.$$

6. In den beiden Zeitintervallen I $\left(0 \leqq t \leqq \frac{T}{2}\right)$ und II $\left(\frac{T}{2} \leqq t \leqq T\right)$ gelten die Gleichungen für die Spannungen U_{I} und U_{II}:

$$10^{-6}\ddot{U}_{\mathrm{I}} + U_{\mathrm{I}} = 20000\,t - 50; \quad 10^{-6}\ddot{U}_{\mathrm{II}} + U_{\mathrm{II}} = -20000\,t + 150$$

mit den Lösungen

$$U_{\mathrm{I}} = 20000t - 50 + c_1\cos\omega t + c_2\sin\omega t,$$
$$U_{\mathrm{II}} = -20000t + 150 + c_3\cos\omega t + c_4\sin\omega t \quad (\text{mit } \omega = 1000/\mathrm{s}).$$

Zur Bestimmung der vier Konstanten c_k dienen die vier Übergangsbedingungen

$$U_{\mathrm{I}}(0) = U_{\mathrm{II}}(T); \quad \dot{U}_{\mathrm{I}}(0) = \dot{U}_{\mathrm{II}}(T);$$

$$U_{\mathrm{I}}\left(\frac{T}{2}\right) = U_{\mathrm{II}}\left(\frac{T}{2}\right); \quad \dot{U}_{\mathrm{I}}\left(\frac{T}{2}\right) = \dot{U}_{\mathrm{II}}\left(\frac{T}{2}\right).$$

Man erhält $c_1 = -14{,}94$; $c_2 = -20$; $c_3 = 23{,}42$; $c_4 = -8{,}65$. $U(t)$ hat die Periode T.

7. Bewegungsgleichung: $m\ddot{x} = mg + p_0F - pF$;
a) isotherme Gleichung: $pF(h - x) = p_0Fh$, also $\ddot{x} = g + \frac{p_0F}{m}\left(1 - \frac{h}{h - x}\right)$. Multiplikation mit $\dot{x}$ und Integration ergeben

$$\frac{\dot{x}^2}{2} = f(x) = gx + \frac{p_0F}{m}\left(x + h\ln\frac{h - x}{h}\right) + c_1.$$

Es wird $c_1 = 0$ wegen $\dot{x} = 0$ für $x = 0$; aus $f(\xi) = 0$ ist ξ numerisch zu berechnen. Im Zahlenbeispiel findet man aus $2\xi + \ln(1 - \xi) = 0$ die Wurzel $\xi \approx 0{,}80$ m.
b) Die entsprechende Rechnung mit der Gleichung $\ddot{x} = g + \frac{p_0F}{m}\left(1 - \frac{h^\varkappa}{(h - x)^\varkappa}\right)$ (mit dem Werte $\varkappa = 1{,}4$) ergibt $\xi \approx 0{,}65$ m.

8. Für $x_0 \leqq a$ ist $T = 2\pi\sqrt{\frac{m}{2c}}$; jetzt sei $x_0 > a$. Dann gelten intervallweise die Bewegungsgleichungen I: $m\ddot{x} = -2cx - c(x - a)$ für $a \leqq x \leqq x_0$; II: $m\ddot{x} = -2cx$ für $0 \leqq x < a$. Integration mit Bestimmung der Konstanten (die Zwischenzeit τ ist noch nicht bekannt) aus den Randbedingungen

$$x_{\rm I}(0) = x_0; \quad \dot{x}_{\rm I}(0) = 0; \quad x_{\rm I}(\tau) = x_{\rm II}(\tau) = a; \quad \dot{x}_{\rm I}(\tau) = \dot{x}_{\rm II}(\tau); \quad x_{\rm II}\left(\frac{T}{4}\right) = 0$$

liefert

$$T = 2\pi\sqrt{\frac{m}{3c}} - 4\sqrt{\frac{m}{3c}}\arcsin\frac{2a}{3x_0 - a} + 4\sqrt{\frac{m}{2c}}\arcsin\frac{\sqrt{2}\,a}{\sqrt{(x_0 - a)^2 + 2x_0^2}},$$

dabei bedeutet $\arcsin u$ den zwischen $-\frac{\pi}{2}$ und $\frac{\pi}{2}$ liegenden Hauptwert der ∞ vieldeutigen Funktion $\arcsin u$. Fig. III/37 zeigt T als Funktion von x_0.

9. Für die Intervalle I und II erhält man die Differentialgleichungen (Koordinaten $x, y_{\rm I}, y_{\rm II}$ nach Fig. III/38)

$$y_{\rm I}^{(\rm IV)} = \frac{p_0}{EJ}\frac{x}{l}; \quad y_{\rm II}^{(\rm IV)} = \frac{p_0}{EJ},$$

beide für $0 < x < l$. Die acht bei der Integration auftretenden Konstanten sind aus den acht Rand- und Übergangsbedingungen zu ermitteln:

$$y_{\rm I}(0) = y_{\rm I}''(0) = y_{\rm II}(l) = y_{\rm II}'(l) = 0;$$

$$y_{\rm I}^{(\nu)}(l) = y_{\rm II}^{(\nu)}(0) \text{ für } \nu = 0, 1, 2, 3.$$

Man erhält

$$y_{\rm I} = \frac{p_0}{1920 EJl}(16x^5 - 119x^3l^2 + 228xl^4),$$

$$y_{\rm II} = \frac{p_0}{1920 EJ}(80x^4 + 41x^3l - 197x^2l^2 - 49xl^3 + 125l^4).$$

Für den Momentenverlauf ergibt sich

$$M_{\rm I} = -EJy_{\rm I}'' = \frac{p_0}{960 l}(-160x^3 + 357xl^2),$$

$$M_{\rm II} = -EJy_{\rm II}'' = \frac{p_0}{960}(-480x^2 - 123xl + 197l^2).$$

Weitere Übungsaufgaben mit Lösungen in Kap. VI, § 2, Nr. 9.

IV Spezielle Differentialgleichungen

§ 1 Kugelfunktionen

1. Lösung der Potentialgleichung. Verschiedene Klassen spezieller Funktionen treten auf, wenn man nach speziellen Lösungen der Potentialgleichung, die ja bei zahlreichen Anwendungsgebieten eine fundamentale Rolle spielt, fragt. In drei Raumkoordinaten x, y, z lautet sie

(IV.1) $$\Delta u = \frac{\partial^2 u}{\partial x^2} + \frac{\partial^2 u}{\partial y^2} + \frac{\partial^2 u}{\partial z^2} = 0.$$

Es werde hier zunächst nach Lösungen $u(x, y, z)$ gesucht, die von besonders einfacher Bauart sind, nämlich nach homogenen Polynomen in x, y, z vom Grade n. Wir wollen jedoch z' an Stelle von z schreiben, um den Buchstaben z für eine andere Bedeutung frei zu haben. In Kugelkoordinaten r, ϑ, φ, Fig. IV/1, mit

$$x = r \sin\vartheta \cos\varphi,\quad y = r\sin\vartheta\sin\varphi,\quad z' = r\cos\vartheta \tag{IV.2}$$

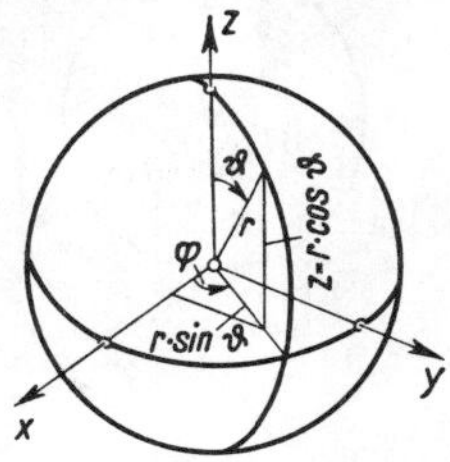

IV/1. Kugelkoordinaten

haben diese Lösungen die Form

$$u = r^n \cdot Y_n(\vartheta, \varphi), \tag{IV.3}$$

wobei die $Y_n(\vartheta, \varphi)$ „Kugelflächenfunktionen" genannt werden. Fig. IV/2 gibt einige einfache Beispiele solcher Kugelflächenfunktionen, wobei auf der Kugelfläche $r = 1$ die Linien $Y_n(\vartheta, \varphi) = 0$ eingezeichnet sind und die Gebiete, in denen Y_n positiv bzw. negativ sind, durch + bzw. — angedeutet sind. Durch Linearkombination kann man neue Verteilungen erhalten, z. B. entsteht so aus $x^2 - z'^2$ und $y^2 - z'^2$ das Polynom

$$x^2 + y^2 - 2z'^2 = r^2(1 - 3\cos^2\vartheta). \tag{IV.4}$$

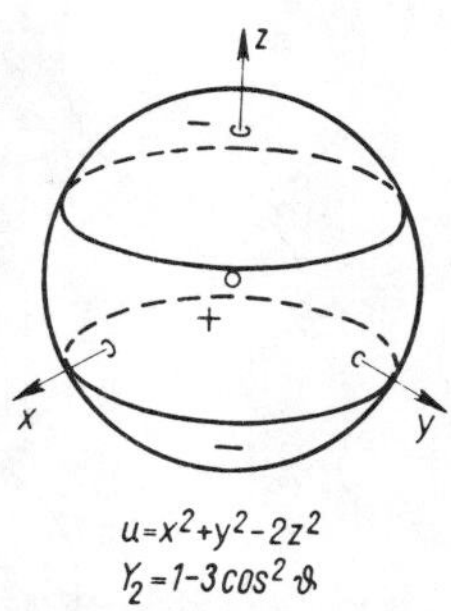

IV/3. Zonale Kugelflächenfunktion

Die Kugelfunktion $1 - 3\cos^2\vartheta$ ist von φ unabhängig und heißt daher „zonale Kugelflächenfunktion", vgl. Fig. IV/3; um diese zu erhalten, wird zunächst die Potentialgleichung auf Kugelkoordinaten umgeschrieben. Man kann diese Umrechnung auf verschiedene Weise durchführen, mit Hilfe des Dirichletschen Integrals oder der Vektorrechnung oder auch direkt, allerdings etwas mühsam, durch Umrechnung der partiellen Ableitungen. Das Ergebnis lautet

$$r\frac{\partial^2(ur)}{\partial r^2} + \frac{1}{\sin\vartheta}\frac{\partial}{\partial\vartheta}\left(\sin\vartheta\frac{\partial u}{\partial\vartheta}\right) + \frac{1}{\sin^2\vartheta}\frac{\partial^2 u}{\partial\varphi^2} = 0. \tag{IV.5}$$

Der Ansatz (IV.3) ergibt nach Kürzung des Faktors r^n

$$(n+1)n\,Y_n + \frac{1}{\sin\vartheta}\frac{\partial}{\partial\vartheta}\left(\sin\vartheta\frac{\partial Y_n}{\partial\vartheta}\right) + \frac{1}{\sin^2\vartheta}\frac{\partial^2 Y_n}{\partial\varphi^2} = 0. \tag{IV.6}$$

Das letzte Glied auf der linken Seite fällt fort, wenn nach zonalen Kugelfunktionen gefragt wird. Führt man außerdem durch $z = \cos\vartheta$, $\mathrm{d}z = -\sin\vartheta\,\mathrm{d}\vartheta$ die neue Veränderliche z ein und setzt $Y_n(\vartheta) = P_n(\cos\vartheta)$, so folgt für $P_n(z)$ die Differentialgleichung

$$\frac{\mathrm{d}}{\mathrm{d}z}\left[(1-z^2)\frac{\mathrm{d}P_n}{\mathrm{d}z}\right] + (n+1)n\,P_n = 0. \tag{IV.7}$$

Nach (IV.4) ist z. B. für $n = 2$ das Polynom $1 - 3z^2$ eine Lösung dieser Gleichung. Die Lösungen dieser Differentialgleichung, die noch $P_n(1) = 1$ erfüllen, heißen Legendresche Polynome $P_n(z)$ oder Kugelfunktionen erster Art.

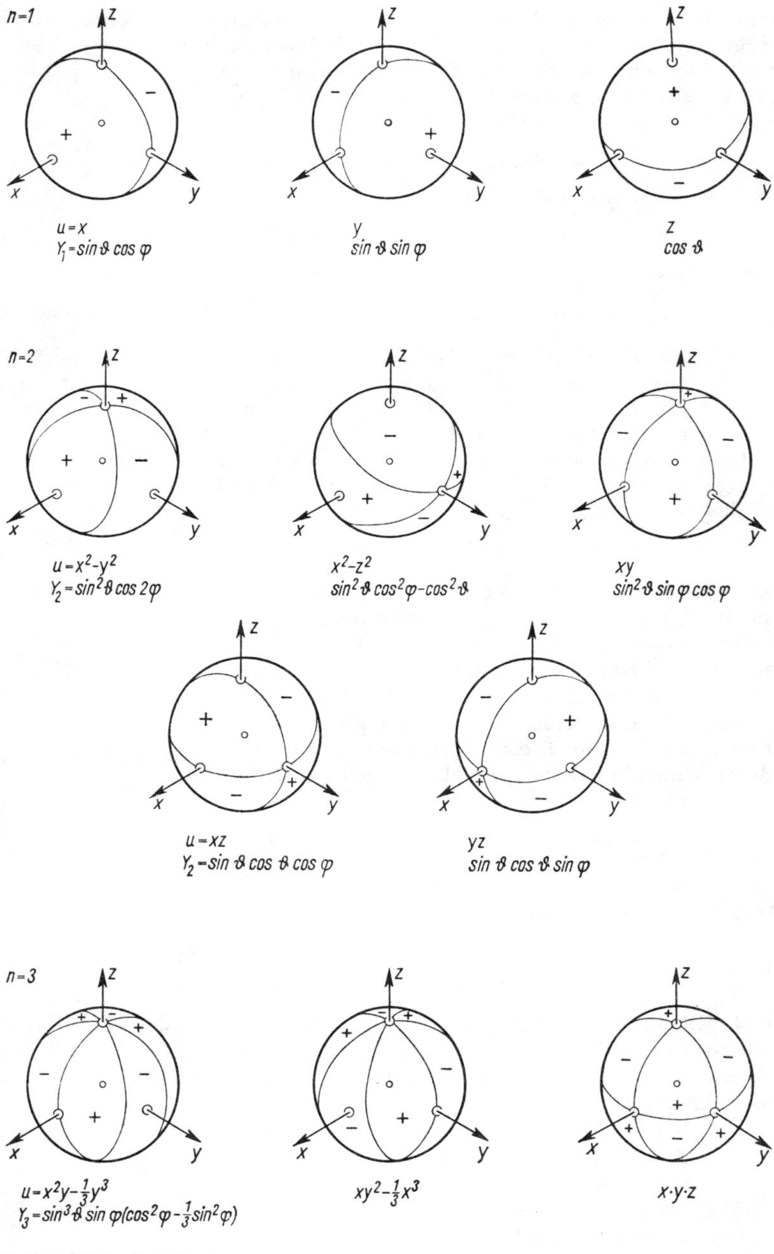

IV/2. Kugelflächenfunktionen

2. Die erzeugende Funktion. Die Legendreschen Polynome $P_n(z)$ sollen nun noch auf eine ganz andere Weise eingeführt werden. Aus (IV.5) folgt unmittelbar, daß $u = 1/r$ Lösung der Potentialgleichung ist; damit ist, da die Potentialgleichung sich bei Translationen des Koordinatensystems nicht ändert, auch $1/\varrho$ Lösung von (IV.1), wobei ϱ den Abstand vom Punkt $x = y = 0$, $z' = 1$ bedeutet, Fig. IV/4. Dann ist, wenn wieder $z = \cos\vartheta$ gesetzt wird (z ist nicht zu verwechseln mit der Raumkoordinate z'), $\varrho^2 = 1 + r^2 - 2r\cos\vartheta$ und

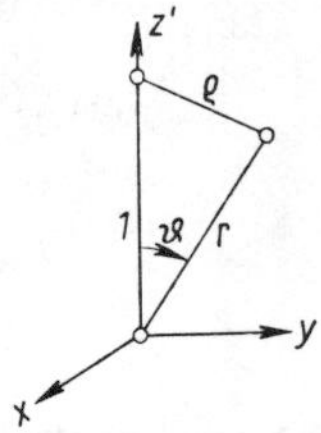

IV/4. Zur erzeugenden Funktion der Legendreschen Polynome

(IV.8) $$F(r, z) = \frac{1}{\varrho} = \frac{1}{+\sqrt{1 - 2rz + r^2}}.$$

Die hierdurch erklärte Funktion $F(r, z)$ kann mit Hilfe der binomischen Reihe als Potenzreihe von $2rz - r^2$ geschrieben werden, die für $|2rz - r^2| < 1$ konvergiert:

(IV.9) $$F(r, z) = 1 + \frac{1}{2}(2rz - r^2) + \frac{1 \cdot 3}{2 \cdot 4}(2rz - r^2)^2 + \cdots + \frac{1 \cdot 3 \ldots (2k-1)}{2 \cdot 4 \ldots 2k}(2rz - r^2)^k + \cdots.$$

Ist überdies sogar

(IV.10) $$|2rz| + |r^2| < 1,$$

so können die Potenzen von $(2rz - r^2)$ ausmultipliziert und die entstehenden Glieder in beliebiger Reihenfolge geordnet werden, da die majorante durch Entwicklung von $\dfrac{1}{\sqrt{1 - |2rz| - |r|^2}}$ entstehende Reihe absolut konvergiert. Man kann insbesondere nach Potenzen von r ordnen und erhält als Koeffizienten Polynome in z, die mit $P_n(z)$ bezeichnet werden mögen und Legendresche Polynome heißen (Die Äquivalenz mit Nr. 1 wird sich bald zeigen):

(IV.11) $$F(r, z) = \frac{1}{+\sqrt{1 - 2rz + r^2}} = \sum_{n=0}^{\infty} P_n(z) r^n.$$

Die ersten dieser Polynome lauten (es wird z und nicht x für die unabhängige Veränderliche geschrieben, da die $P_n(z)$ oft im Komplexen betrachtet werden):

(IV.12) $$P_0(z) = 1, \quad P_1(z) = z, \quad P_2(z) = \frac{1}{2}(3z^2 - 1), \quad P_3(z) = \frac{1}{2}(5z^3 - 3z).$$

Mit Hilfe der erzeugenden Funktion lassen sich leicht viele Eigenschaften der Legendreschen Polynome ableiten:

1. Spezielle Werte. In (IV.11) wird auf beiden Seiten $z = 1$ gesetzt (die Bedingung (IV.10) ist dann für hinreichend kleine r immer noch erfüllt). Es folgt

$$F(r, 1) = \frac{1}{+\sqrt{1 - 2r + r^2}} = \frac{1}{1 - r} = \sum_{n=0}^{\infty} r^n = \sum_{n=0}^{\infty} P_n(1) r^n.$$

Also ist

(IV.13) $$P_n(1) = 1.$$

Genau so folgt für $z = -1$: $P_n(-1) = (-1)^n$.

Schließlich erhält man für $z = 0$:

$$F(r, 0) = \frac{1}{+\sqrt{1 + r^2}} = \sum_{k=0}^{\infty} \binom{-\frac{1}{2}}{k} r^{2k} = \sum_{n=0}^{\infty} P_n(0)\, r^n;$$

$$P_n(0) = \begin{cases} 0 & \text{für ungerades } n \\ \binom{-\frac{1}{2}}{\frac{n}{2}} = (-1)^{\frac{n}{2}}\, 2^{-n} \binom{n}{\frac{n}{2}} & \text{für gerades } n; \end{cases}$$

vgl. die graphische Darstellung der ersten Polynome $P_0, \ldots, P_5$ in Fig. IV/5.

2. Höchster Koeffizient a_n von $P_n(z)$. Dieser tritt in der Entwicklung (IV.9) genau bei dem Glied $z^n r^n$ auf, und eine solche Potenz kommt nur bei

$$\frac{1 \cdot 3 \ldots (2n-1)}{2 \cdot 4 \ldots 2n} (2rz - r^2)^n$$

vor; es ist also der höchste Koeffizient im Polynom $P_n(z)$ gleich

$$\text{(IV.14)} \qquad a_n = \frac{1 \cdot 3 \ldots (2n-1)}{2 \cdot 4 \ldots 2n} \cdot 2^n = \frac{(2n)!}{2^n n!\, n!} = \frac{1}{2^n} \binom{2n}{n}.$$

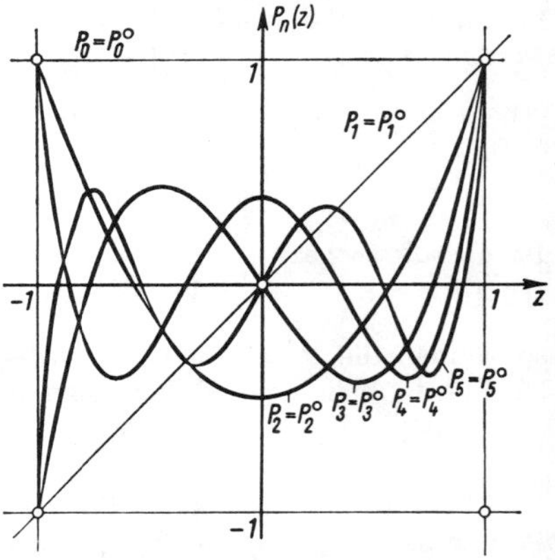

IV/5. Legendresche Polynome

3. Rekursionsformel: (IV.11) wird beiderseits nach r differenziert:

$$\frac{z - r}{\sqrt{1 - 2rz + r^2}^{\,3}} = \sum_{n=0}^{\infty} n P_n(z) r^{n-1}$$

oder

$$\frac{z - r}{\sqrt{1 - 2rz + r^2}} = (z - r) \sum_{n=0}^{\infty} P_n(z) r^n = (1 - 2rz + r^2) \sum_{n=0}^{\infty} n P_n(z) r^{n-1}.$$

Vergleich der Koeffizienten von r^n führt auf

$$\text{(IV.15)} \qquad (n+1) P_{n+1}(z) - z(2n+1) P_n(z) + n P_{n-1}(z) = 0 \text{ für } n = 0, 1, 2, \ldots$$

Für $n = 0$ tritt formal P_{-1} auf, was nicht definiert ist, aber der Faktor $n = 0$ läßt dieses Glied verschwinden. Diese Gleichung (IV.15) eignet sich gut zur rekursiven Berechnung der $P_n(z)$ aus $P_0 = 1$.

4. Eine weitere Beziehung: (IV.11) wird beiderseits nach z differenziert:

$$\frac{r}{\sqrt{1 - 2rz + r^2}^{\,3}} = \sum_{n=0}^{\infty} P'_n(z) r^n$$

oder $$\frac{r}{\sqrt{1-2rz+r^2}} = r\sum_{n=0}^{\infty} P_n(z)r^n = (1-2rz+r^2)\sum_{n=0}^{\infty} P'_n(z)r^n.$$

Vergleich der Koeffizienten von r^{n+1} führt auf

(IV.16) $$P'_{n+1} - 2zP'_n + P'_{n-1} = P_n \quad (\text{für } n = 0, 1, 2, \ldots).$$

Damit auch diese Formel für $n = 0$ bereits gilt, muß man $P'_{-1} \equiv 0$ festsetzen.

5. Die Legendresche Differentialgleichung. Es soll nun eine Gleichung hergeleitet werden, in der nur P_n, aber nicht P_{n-1} oder P_{n+1} auftreten. Der Sinn der Eliminationsmethode wird klarer, wenn man sich die einzelnen Schritte in ein Schema, Fig. IV/6, überträgt, in dem jeweils die Terme, die in einer Gleichung auftreten, den im zugehörigen Schema miteinander verbundenen Punkten entsprechen. (IV.15) ergibt differenziert

(IV.17) $$(n+1)P'_{n+1} - (2n+1)P_n - z(2n+1)P'_n + nP'_{n-1} = 0.$$

Hier kann man P'_{n+1} oder P'_{n-1} mittels (IV.16) eliminieren:

(IV.18) $$nP_n - zP'_n + P'_{n-1} = 0,$$

(IV.19) $$P'_{n+1} - (n+1)P_n - zP'_n = 0.$$

Hier wird n durch $n-1$ ersetzt, was auch noch für $n = 0$ richtig bleibt, wenn man $P_{-1} \equiv 0$ definiert:

(IV.20) $$P'_n - nP_{n-1} - zP'_{n-1} = 0.$$

Jetzt wird P'_{n-1} mittels (IV.18) eliminiert:

(IV.21) $$znP_n + (1-z^2)P'_n - nP_{n-1} = 0.$$

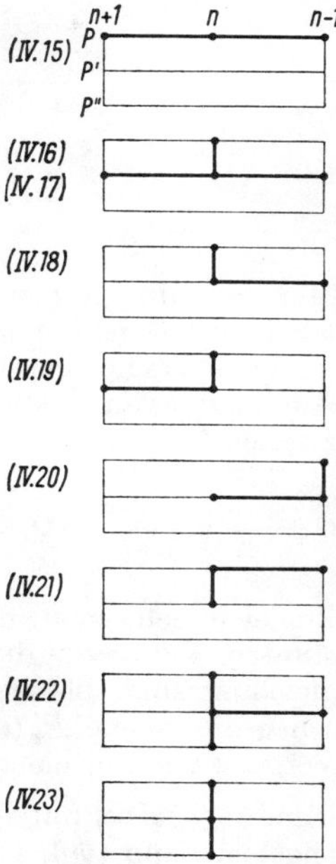

IV/6. Zur Herleitung der Legendreschen Differentialgleichung

Diese Gleichung wird differenziert:

(IV.22) $$(1-z^2)P''_n + z(n-2)P'_n + nP_n - nP'_{n-1} = 0.$$

Kombination mit (IV.18) liefert schließlich die mit (IV.7) übereinstimmende Legendresche Differentialgleichung

(IV.23) $$(1-z^2)P''_n - 2zP'_n + n(n+1)P_n = 0.$$

3. Kugelfunktionen zweiter Art. Die Legendresche Differentialgleichung (IV.23) hat bei $z = \pm 1$ singuläre Stellen, weil dort der Faktor der höchsten Ableitung verschwindet. Man kann bei $z = 1$ den Wert $P_n(1) = 1$ vorschreiben, aber nicht mehr den Wert von P'_n, der sich vielmehr aus der Differentialgleichung ergibt.

Man fragt nun nach den weiteren Lösungen $Q(z)$ der Differentialgleichung und kann dazu nach dem Rekursionsverfahren von Kap. II. 7 den Ansatz machen

$$Q(z) = P_n(z)v(z)$$

und erhält beim Einsetzen von $Q(z)$

$$(1-z^2)2P_n'v' + (1-z^2)P_nv'' - 2zP_nv' = 0$$

oder

$$\frac{2P_n'}{P_n} + \frac{v''}{v'} - \frac{2z}{1-z^2} = 0,$$

$$\ln P_n^2 + \ln|v'| + \ln|1-z^2| = c_1,$$

$$v' = \frac{c_2}{P_n^2(1-z^2)}.$$

Man gewinnt hieraus durch Integration $v(z)$ und erhält bei geeigneter Festlegung der Konstanten nach $Q_n(z) = P_n(z)v(z)$ eine in $(-1, 1)$ von $P_n(z)$ linear unabhängige Lösung der Legendreschen Differentialgleichung; sie wächst bei Annäherung an $z = \pm 1$ über alle Grenzen. Man nennt $Q_n(z)$ Kugelfunktionen zweiter Art. Die ersten vier Funktionen sind:

$$Q_0 = \frac{1}{2}\ln\frac{1+z}{1-z}, \quad Q_1 = P_1Q_0 - 1, \quad Q_2 = P_2Q_0 - \frac{3}{2}z, \quad Q_3 = P_3Q_0 - \frac{5}{2}z^2 + \frac{2}{3}.$$

Zugleich sieht man, daß die Kugelfunktionen erster Art, abgesehen von konstanten Faktoren, die einzigen Lösungen der Legendreschen Differentialgleichung sind, die bei $z = \pm 1$ endlich bleiben, und daß daher die Legendreschen Polynome $P_n(z)$ als Lösungen der Differentialgleichung (IV.23) durch Vorgabe von nur einer Bedingung $P_n(1) = 1$ bereits eindeutig festgelegt sind.

Ohne Beweis sei mitgeteilt, daß man für $Q_n(z)$ eine einfache explizite Formel angeben kann (vgl. J. Horn–H. Wittich, Gewöhnliche Differentialgleichungen, 6. Aufl. Berlin 1960, S. 179):

$$\text{(IV.24)} \qquad Q_n(z) = \frac{1}{2}P_n(z)\ln\frac{1+z}{1-z} - W_{n-1}(z)$$

$$W_{n-1}(z) = \sum_{j=1}^{n}\frac{1}{j}P_{j-1}(z)P_{n-j}(z).$$

4. Eine andere explizite Darstellung der Legendreschen Polynome. Die Legendresche Differentialgleichung (IV.23) läßt folgende Umformung zu (vgl. W. I. Lewin – J. I. Grossberg, Differentialgleichungen der Mathematischen Physik, Berlin 1952, S. 318): Nach der Leibnizschen Regel für die Differentiation eines Produkts $\left[(u\cdot v)^{(n)} = u^{(n)}v + \binom{n}{1}u^{(n-1)}v' + \binom{n}{2}u^{(n-2)}v'' + \dots\right]$ rechnet man für irgendeine $(n+2)$mal differenzierbare Funktion w aus, wenn noch $w^{(n)} = P$ gesetzt wird:

$$[(1-z^2)w']^{(n+1)} + 2n[zw]^{(n+1)} = (1-z^2)w^{(n+2)} + (n+1)(-2z)w^{(n+1)}$$
$$- (n+1)nw^{(n)} + 2nzw^{(n+1)} + 2n(n+1)w^{(n)}$$
$$= (1-z^2)P'' - 2zP' + n(n+1)P.$$

Das ist aber gerade der in der Legendreschen Differentialgleichung auftretende Differentialausdruck. Die Differentialgleichung wird also durch $P_n = w^{(n)}$ erfüllt, wenn w der Gleichung

$$W^{(n+1)} = 0 \quad \text{mit} \quad W = (1-z^2)w' + 2nzw$$

genügt. Für $w = (z^2-1)^n$ wird $W = 0$ und damit auch $W^{(n+1)} = 0$, es ist also für beliebiges c

$$P = c \cdot \frac{\mathrm{d}^n}{\mathrm{d}z^n}[(z^2-1)^n]$$

eine Lösung der Legendreschen Differentialgleichung, und zwar ein Polynom n-ten Grades, und muß daher bis auf einen konstanten Faktor (also für ein passendes c) mit $P_n(z)$ übereinstimmen. Den Faktor c bestimmt man am einfachsten aus dem höchsten Koeffizienten, der bei P lautet

$$c \cdot 2n(2n-1)\ldots(n+1);$$

dieser muß gleich dem Werte a_n von (IV.14) sein, so daß sich c berechnet zu

$$c = \frac{1}{2^n}\,\frac{(2n)!}{n!\,n!}\,\frac{1}{2n(2n-1)\ldots(n+1)} = \frac{1}{2^n n!};$$

somit wird endgültig (Rodriguessche Formel)

$$P_n(z) = \frac{1}{2^n n!}\,\frac{\mathrm{d}^n}{\mathrm{d}z^n}[(z^2-1)^n]. \tag{IV.25}$$

5. Orthogonalität. Diese Eigenschaft der $P_n(z)$ läßt sich sowohl aus der Differentialgleichung als auch aus der Darstellung (IV.25) leicht folgern. Für $k < n$ folgt nämlich durch Teilintegration mit der Abkürzung $(z^2-1)^n = Z$

$$\frac{1}{c}\int_{-1}^{1} P_n(z)z^k\,\mathrm{d}z = \int_{-1}^{1} Z^{(n)}z^k\,\mathrm{d}z = [Z^{(n-1)}z^k]_{-1}^{1} - \int_{-1}^{1} k\cdot Z^{(n-1)}z^{k-1}\,\mathrm{d}z.$$

Der ausintegrierte Bestandteil verschwindet an den Randstellen, und auf das Integral rechts kann man wiederum Teilintegration anwenden und den Vorgang im ganzen $(k+1)$mal durchführen, bis das Integral überhaupt fortfällt. Die Randausdrücke verschwinden, da Z bei $z = \pm 1$ ja eine n-fache Nullstelle hat, also die Ableitungen von Z bis zur $(n-1)$-ten Ordnung einschließlich bei $z = \pm 1$ gleich Null sind. $P_n(z)$ ist also orthogonal zu $1, z, z^2, \ldots, z^{n-1}$ und damit auch zu allen Linearkombinationen, d. h. zu $P_0, P_1, \ldots, P_{n-1}$. Zur Normierung wird folgendes Integral benötigt, das wieder durch Teilintegration umgeformt wird, wobei wieder stets die Randausdrücke verschwinden:

$$J = \int_{-1}^{1} Z^{(n)}Z^{(n)}\,\mathrm{d}z = -\int_{-1}^{1} Z^{(n-1)}Z^{(n+1)}\,\mathrm{d}z = \cdots = (-1)^n\int_{-1}^{1} ZZ^{(2n)}\,\mathrm{d}z.$$

Nun ist aber, weil Z den Grad $2n$ hat,

$$Z^{(2n)} = (2n)!,$$

also wird

$$J = (-1)^n (2n)! \int_{-1}^{1} Z \, dz = (2n)! \int_{-1}^{1} (1-z)^n (1+z)^n dz .$$

Auch hier wird n mal Teilintegration angewandt:

$$\int_{-1}^{1} (1-z)^n (1+z)^n dz = \frac{n}{n+1} \int_{-1}^{1} (1-z)^{n-1} (1+z)^{n+1} dz = \cdots$$

$$= \frac{n(n-1)\ldots 1}{(n+1)(n+2)\ldots 2n} \int_{-1}^{1} (1+z)^{2n} dz .$$

Nun ist mit $1 + z = u$

$$\int_{-1}^{1} (1+z)^{2n} dz = \int_{0}^{2} u^{2n} du = \frac{2^{2n+1}}{2n+1},$$

also wird im ganzen

$$J = (2n)! \frac{n!\, n!}{(2n)!} \frac{2^{2n+1}}{2n+1} = \frac{(n!)^2}{2n+1} 2^{2n+1};$$

somit erhält man insgesamt

$$\text{(IV.26)} \qquad \int_{-1}^{1} P_n(z) P_k(z) \, dz = \begin{cases} 0 & \text{für } n \neq k \\ \dfrac{2}{2n+1} & \text{für } n = k. \end{cases}$$

Satz: *Die Funktionen* $\sqrt{\frac{2n+1}{2}}\, P_n(z)$ *bilden im Intervall* $-1 \leqq z \leqq 1$ *mit der gewöhnlichen Metrik nach* (III.85) *ein Orthonormalsystem.*

§ 2 Zylinderfunktionen

6. Partielle Schwingungsdifferentialgleichung einer Membran. Bei den Schwingungen einer (etwa kreisförmigen) Membran ist die Durchbiegung z eine Funktion des Ortes und der Zeit. Bezeichnet man den stets positiven Quotienten aus Flächenspannung und Dichte mit c^2, so läßt sich die Wellengleichung mit c als Fortpflanzungsgeschwindigkeit der Wellen herleiten

$$\text{(IV.27)} \qquad c^2 \left(\frac{\partial^2 z}{\partial x^2} + \frac{\partial^2 z}{\partial y^2} \right) = \frac{\partial^2 z}{\partial t^2}$$

oder kürzer mit dem Laplace-Operator (vgl. Kap. I, 2, Beispiel 3)

$$c^2 \Delta z = \ddot{z} .$$

Da hier ein Problem mit Kreissymmetrie vorliegt, geht man zweckmäßig zu Polarkoordinaten über:

$$r = \sqrt{x^2 + y^2}, \quad \varphi = \operatorname{arc} \tan \frac{y}{x};$$

dann ist

$$\text{(IV.28)} \quad \begin{cases} r_x = \dfrac{x}{\sqrt{x^2 + y^2}} = \dfrac{x}{r}, & \varphi_x = \dfrac{-y}{x^2 + y^2} = -\dfrac{y}{r^2}, \\ r_{xx} = \dfrac{1}{r} - \dfrac{x}{r^2} r_x = \dfrac{y^2}{r^3}, & \varphi_{xx} = 2\dfrac{y}{r^3} r_x = \dfrac{2xy}{r^4}. \end{cases}$$

Nach der verallgemeinerten Kettenregel gilt:

$$z_x = z_r r_x + z_\varphi \varphi_x,$$

$$z_{xx} = z_{rr} r_x^2 + 2 z_{r\varphi} r_x \varphi_x + z_r r_{xx} + z_{\varphi\varphi} \varphi_x^2 + z_\varphi \varphi_{xx}.$$

Rechnet man analog z_y und z_{yy} aus, so folgt

$$z_{xx} + z_{yy} = z_{rr} \left(\frac{x^2}{r^2} + \frac{y^2}{r^2} \right) + z_r \left(\frac{x^2}{r^3} + \frac{y^2}{r^3} \right) + z_{\varphi\varphi} \left(\frac{x^2}{r^4} + \frac{y^2}{r^4} \right)$$

oder

$$\text{(IV.29)} \quad \Delta z = z_{rr} + \frac{1}{r} z_r + \frac{1}{r^2} z_{\varphi\varphi}.$$

7. Bernoulli-Ansatz für die Membranschwingungen. Die zu untersuchenden Eigenschwingungen der Membran genügen dann der Wellengleichung

$$\text{(IV.30)} \quad z_{rr} + \frac{1}{r} z_r + \frac{1}{r^2} z_{\varphi\varphi} = \frac{1}{c^2} z_{tt}$$

mit der Randbedingung:

$$\text{für} \quad r = R \quad \text{ist} \quad z = 0.$$

Der Bernoullische Produktansatz $z = u(r, \varphi) f(t)$ ermöglicht eine Auftrennung der Differentialgleichung derart, daß an die Stelle der einen Funktion für drei unabhängige Veränderliche $z(r, \varphi, t)$ zwei neue Funktionen von nur zwei bzw. einer unabhängigen Veränderlichen $u(r, \varphi)$ bzw. $f(t)$ treten: In

$$f \cdot \left(u_{rr} + \frac{1}{r} u_r + \frac{1}{r^2} u_{\varphi\varphi} \right) = \frac{1}{c^2} \ddot{f} u$$

trennt man die Funktionen

$$\text{(IV.31)} \quad \frac{1}{u} \left(u_{rr} + \frac{1}{r} u_r + \frac{1}{r^2} u_{\varphi\varphi} \right) = \frac{1}{c^2} \frac{\ddot{f}}{f}.$$

Diese Gleichung zwischen einer Funktion von r und φ allein und einer Funktion von t allein kann, wie in Kapitel III, Nr. 16, nur dann bestehen, wenn beide Seiten derselben Konstanten gleich sind. Da Schwingungen zu erwarten sind, nennt man die Konstante $-k^2$. So entstehen zwei durch den Parameter k^2 gekoppelte Differentialgleichungen

$$\ddot{f} + k^2 c^2 f = 0$$

und

(IV.31 a)
$$u_{rr} + \frac{1}{r} u_r + \frac{1}{r^2} u_{\varphi\varphi} + k^2 u = 0.$$

Die erste Gleichung hat als allgemeine Lösung (mit der Kreisfrequenz $\omega = kc$)

$$f(t) = C_1 \cos \omega t + C_2 \sin \omega t,$$

die zweite versucht man durch einen erneuten Produktansatz

$$u = v(r)\,w(\varphi)$$

abermals aufzuspalten:

$$v''w + \frac{1}{r} v' w + \frac{1}{r^2} v w'' + k^2 v w = 0.$$

Die Trennung der Veränderlichen liefert die gleichen Verhältnisse wie oben. Wieder müssen beide Seiten der Gleichung wegen der verschiedenen Abhängigkeiten einer Konstanten n^2 gleich sein:

$$\frac{r^2}{v}\left(v'' + \frac{1}{r} v' + k^2 v\right) = -\frac{w''}{w} = n^2.$$

Hier muß w in φ periodisch von der Periode 2π sein, da φ und $\varphi + 2\pi$ zu derselben Stelle der Kreismembran führen und dieselbe Auslenkung ergeben müssen. Von den beiden jetzt über n gekoppelten Differentialgleichungen

$$w'' + n^2 w = 0$$

und

(IV.32)
$$v'' + \frac{1}{r} v' + \left(k^2 - \frac{n^2}{r^2}\right) v = 0$$

hat die erste die allgemeine Lösung

$$w(\varphi) = C_3 \sin n\varphi + C_4 \cos n\varphi.$$

n ist also hierbei eine ganze Zahl.

Die zweite Gleichung (IV.32) ist eine nicht geschlossen lösbare Besselsche Differentialgleichung. Sie entsteht häufig bei der Behandlung von Zylinderproblemen. Ihre Lösungen nennt man Zylinderfunktionen (in der ausländischen Literatur oft Bessel-Funktionen). Die weitere Behandlung der Membranaufgabe wird bis auf Nr. 14 zurückgestellt.

8. Die erzeugende Funktion. Die Bessel-Funktionen sollen nun noch auf eine ganz andere Weise eingeführt werden, und zwar auf dem schon bei den Kugelfunktionen bewährten Wege mit Hilfe einer erzeugenden Funktion $F(z, t)$:

(IV.33)
$$F(z,t) = e^{\frac{1}{2} z \left(t - \frac{1}{t}\right)}$$

$$= e^{\frac{1}{2} z t} \cdot e^{-\frac{1}{2}\frac{z}{t}} = \left(1 + \frac{1}{1!}\frac{1}{2} z t + \frac{1}{2!}\left(\frac{1}{2} z t\right)^2 + \cdots\right)$$

$$\times \left(1 - \frac{1}{1!}\frac{1}{2}\frac{z}{t} + \frac{1}{2!}\left(\frac{1}{2}\frac{z}{t}\right)^2 - \cdots\right).$$

Die Reihen konvergieren außer für $t = 0$ absolut für alle z und t und dürfen daher ausmultipliziert und umgeordnet werden; man faßt die Glieder mit gleichen t-Potenzen zusammen und nennt den Faktor von t^n die Bessel-Funktion erster Art $J_n(z)$:

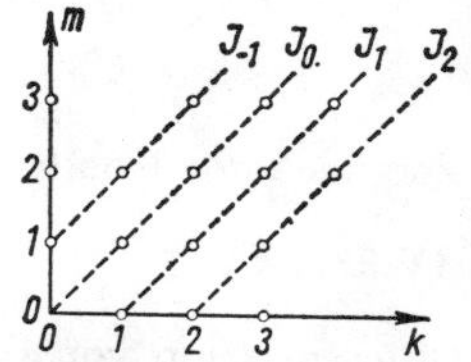

IV/7. Zu den Potenzreihen der Bessel-Funktionen 1. Art

$$\text{(IV.34)}\qquad F(z,t) = e^{\frac{1}{2}z\left(t-\frac{1}{t}\right)} = \sum_{n=-\infty}^{\infty} J_n(z)\,t^n;$$

insbesondere entstehen

$$\text{(IV.35)}\qquad J_0(z) = 1 - \frac{1}{(1!)^2}\left(\frac{z}{2}\right)^2 + \frac{1}{(2!)^2}\left(\frac{z}{2}\right)^4 - \frac{1}{(3!)^2}\left(\frac{z}{2}\right)^6 + - \cdots$$

$$\text{(IV.36)}\qquad J_1(z) = \frac{1}{1!}\,\frac{z}{2} - \frac{1}{1!\,2!}\left(\frac{z}{2}\right)^3 + \frac{1}{2!\,3!}\left(\frac{z}{2}\right)^5 - + \cdots.$$

Allgemein wird

$$F(z,t) = \sum_{k=0}^{\infty} \frac{1}{k!}\left(\frac{zt}{2}\right)^k \cdot \sum_{m=0}^{\infty} \frac{1}{m!}\left(\frac{-z}{2t}\right)^m = \sum_{k,m=0}^{\infty} (-1)^m \frac{1}{k!\,m!}\left(\frac{z}{2}\right)^{k+m} t^{k-m}.$$

In einer k-m-Ebene entspricht jedem Glied ein Gitterpunkt, Fig. IV/7. Durch „Aufsammeln" der Punkte auf den gestrichelten Linien, d. h. für konstantes $k - m = n$ erhält man $J_n(z)$:

$$F(z,t) = \sum_{n=-\infty}^{\infty} \sum_{m=0}^{\infty} (-1)^m \frac{1}{(m+n)!\,m!}\left(\frac{z}{2}\right)^{2m+n} t^n = \sum_{n=-\infty}^{\infty} J_n(z)\,t^n,$$

d. h.

$$\text{(IV.37)}\qquad J_n(z) = \left(\frac{z}{2}\right)^n \sum_{m=0}^{\infty} \frac{(-1)^m}{m!\,\Gamma(m+n+1)}\left(\frac{z}{2}\right)^{2m}.$$

Hier ist $\Gamma(m+n+1)$ für $(m+n)!$ geschrieben, wobei Γ die Gammafunktion bedeutet, die für positives ganzzahliges Argument q den Wert

$$\Gamma(q) = (q-1)! = 1 \cdot 2 \ldots (q-1)$$

hat. Die reziproke Gammafunktion $\frac{1}{\Gamma(z)}$ ist aber für alle komplexen Werte von z ($z \neq \infty$) eine wohl definierte holomorphe Funktion, so daß (IV.37) zugleich die Bessel-Funktion erster Art für nicht ganzzahligen Index n definiert. Die Reihen sind für alle endlichen z absolut konvergent, sie konvergieren „besser" als die Potenzreihe für e^z.

9. Folgerungen mit Hilfe der erzeugenden Funktion. Wie in Nr. 2 bei den Kugelfunktionen kann man auch hier aus der erzeugenden Funktion eine Reihe von Schlüssen über die Bessel-Funktionen ziehen:

1. Rekursionsformel. Differentiation von (IV.34) nach z (gliedweise Differentiation ist hier im Rahmen der Laurent-Reihe erlaubt)

$$\frac{\partial F(z,t)}{\partial z} = e^{\frac{1}{2}z\left(t-\frac{1}{t}\right)} \cdot \frac{1}{2}\left(t - \frac{1}{t}\right) = \frac{1}{2}\left(t - \frac{1}{t}\right) \sum_{n=-\infty}^{\infty} J_n(z) t^n = \sum_{n=-\infty}^{\infty} J_n'(z) t^n.$$

Vergleich der Koeffizienten von t^n auf beiden Seiten ergibt

$$J_{n-1}(z) - J_{n+1}(z) = 2J_n'(z). \tag{IV.38}$$

Differentiation von (IV.34) nach t liefert entsprechend

$$\frac{\partial F(z,t)}{\partial t} = \frac{z}{2}\left(1 + \frac{1}{t^2}\right) \sum_{n=-\infty}^{\infty} J_n(z) t^n = \sum_{n=-\infty}^{\infty} n J_n(z) t^{n-1}.$$

Vergleich der Koeffizienten von t^{n-1} auf beiden Seiten ergibt hier:

$$J_{n-1}(z) + J_{n+1}(z) = \frac{2n}{z} J_n(z). \tag{IV.39}$$

2. Differentialgleichung für $J_n(z)$. Aus (IV.38) und (IV.39) folgen

$$J_{n-1} = \frac{n}{z} J_n + J_n', \quad J_{n+1} = \frac{n}{z} J_n - J_n'. \tag{IV.40}$$

In der ersten Beziehung wird n durch $n+1$ ersetzt:

$$J_n = \frac{n+1}{z} J_{n+1} + J_{n+1}'$$

und hier J_{n+1} nach der 2. Beziehung (IV.40) durch J_n ausgedrückt:

$$J_n''(z) + \frac{1}{z} J_n'(z) + \left(1 - \frac{n^2}{z^2}\right) J_n(z) = 0. \tag{IV.41}$$

3. Beschränktheit für reelle z: Ersetzt man in (IV.34) t durch $-\frac{1}{t}$, so bleibt die erzeugende Funktion unverändert; wird dann rechts noch n durch $-n$ ersetzt, so folgt

$$F(z,t) = e^{\frac{1}{2}z\left(t-\frac{1}{t}\right)} = \sum_{n=-\infty}^{\infty} J_n(z)(-1)^n t^{-n} = \sum_{n=-\infty}^{\infty} J_{-n}(z)(-1)^n t^n.$$

Vergleich mit (IV.34) ergibt

$$J_n(z) = (-1)^n J_{-n}(z). \tag{IV.42}$$

In (IV.34) wird nun t durch $\frac{1}{t}$ ersetzt:

$$F\left(z, \frac{1}{t}\right) = e^{-\frac{1}{2}z\left(t-\frac{1}{t}\right)} = \sum_{m=-\infty}^{\infty} J_m(z) t^{-m}$$

und diese Reihe mit der Reihe (IV.34) multipliziert; dann entsteht die absolut konvergente Doppelreihe

(IV.43) $$1 = \sum_{m,n=-\infty}^{\infty} J_m(z) J_n(z) t^{n-m}.$$

Vergleich der Koeffizienten von t^p auf beiden Seiten der Gleichung liefert [mit Berücksichtigung von (IV.42)]

(IV.44) $$1 = \sum_{n=-\infty}^{\infty} [J_n(z)]^2 = [J_0(z)]^2 + 2\{[J_1(z)]^2 + [J_2(z)]^2 + \dots\}$$

(IV.45) $$0 = \sum_{n=-\infty}^{\infty} J_n(z) J_{n+p}(z) \quad (p = 1, 2, \dots).$$

Aus (IV.44) folgt insbesondere

(IV.46) $$|J_0(z)| \leqq 1, \quad |J_n(z)| \leqq \frac{1}{\sqrt{2}}$$

für reelle z und $n = 1, 2, \dots$.

4. Trennungssätze für die Nullstellen. Die Gleichungen (IV.40) kann man auch schreiben

(IV.47) $$z^n J_{n-1} = \frac{\mathrm{d}}{\mathrm{d}z}(z^n J_n), \quad -z^{-n} J_{n+1} = \frac{\mathrm{d}}{\mathrm{d}z}(z^{-n} J_n).$$

Die $J_n(z)$ werden längs der positiven reellen Achse betrachtet. Wenn $J_n(z)$ dort 2 Nullstellen z', z'' besitzt, dann haben auch $z^n J_n$ und $z^{-n} J_n$ dort Nullstellen, und nach dem Rolleschen Satz verschwindet an mindestens einer Stelle zwischen z' und z'' die Ableitung, d. h. J_{n-1} und ebenso J_{n+1} haben je mindestens eine Nullstelle zwischen z' und z''. Das heißt zugleich, zwischen je 2 Nullstellen von J_{n-1} liegt mindestens eine Nullstelle von J_{n-2} und J_n. Doppelte Nullstellen ζ kann $J_n(z)$ für $z \neq 0$ als Lösung einer für $z \neq 0$ regulären homogenen Differentialgleichung zweiter Ordnung nicht haben, da sonst $J_n(\zeta) = J_n'(\zeta) = 0$ und damit $J_n(z) \equiv 0$ wäre. Zwischen je zwei einfachen Nullstellen von J_n liegt mindestens eine von J_{n-1}, zwischen je zwei Nullstellen von J_{n-1} liegt aber auch mindestens eine von J_n, also liegt zwischen je zwei aufeinander folgenden Nullstellen von J_n genau eine Nullstelle von J_{n-1} und auch genau eine Nullstelle von J_{n+1}. Für $z > 0$ (und genau so für $z < 0$) trennen also die Nullstellen von J_n und die von J_{n-1} einander. Fig. IV/8 gibt eine graphische Darstellung von den ersten Funktionen $J_n(z)$ im Reellen.

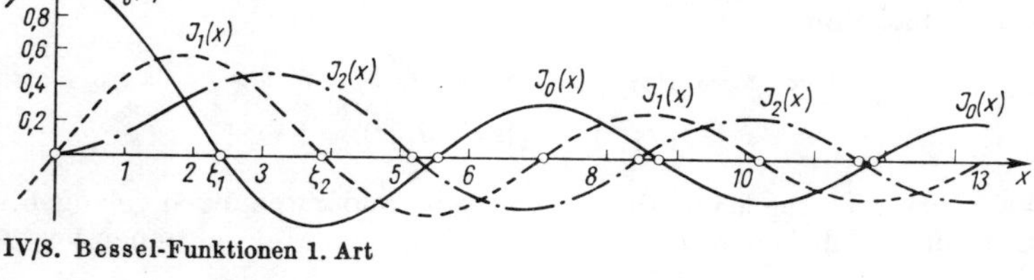

IV/8. Bessel-Funktionen 1. Art

10. Integraldarstellung. In (IV.34) werde

$$t = e^{i\varphi}, \quad \frac{1}{t} = e^{-i\varphi}, \quad t - \frac{1}{t} = 2i\sin\varphi$$

gesetzt:

$$e^{iz\sin\varphi} = \sum_{n=-\infty}^{\infty} J_n(z)\, e^{in\varphi}. \tag{IV.48}$$

Diese Reihe konvergiert gleichmäßig für $0 \leqq \varphi \leqq 2\pi$, man darf die Reihe mit $e^{-im\varphi}$ multiplizieren und gliedweise über φ von 0 bis 2π integrieren. Da nun

$$\int_0^{2\pi} e^{ik\varphi}\,d\varphi = \begin{cases} 0 & \text{für } k \neq 0 \\ 2\pi & \text{für } k = 0 \end{cases} \tag{IV.49}$$

ist, bleibt auf der rechten Seite nur das Glied mit $n = m$ übrig und man erhält

$$\int_0^{2\pi} e^{i(z\sin\varphi - m\varphi)}\,d\varphi = 2\pi J_m(z) \quad (m = 0, \pm 1, \pm 2, \ldots). \tag{IV.50}$$

Für reelle z ist die rechte Seite reell, also braucht man von der linken Seite nur den reellen Teil zu nehmen:

$$J_m(z) = \frac{1}{2\pi}\int_0^{2\pi} \cos(z\sin\varphi - m\varphi)\,d\varphi. \tag{IV.51}$$

Man kann aus (IV.48) die folgenden Reihen herleiten: Mit Benutzung von (IV.42) und der Eulerschen Formel wird

$$e^{iz\sin\varphi} = \cos(z\sin\varphi) + i\sin(z\sin\varphi) = \sum_{n=-\infty}^{\infty} J_n(z)\,e^{in\varphi}$$

$$= J_0(z) + 2i\sum_{n=1}^{\infty} J_{2n-1}(z)\sin(2n-1)\varphi + 2\sum_{n=1}^{\infty} J_{2n}(z)\cos 2n\varphi.$$

Vergleicht man hier für reelle z die Glieder mit und ohne i auf beiden Seiten, so folgen die Fourierschen Reihen

$$\cos(z\sin\varphi) = J_0(z) + 2J_2(z)\cos 2\varphi + 2J_4(z)\cos 4\varphi + \cdots$$

$$\sin(z\sin\varphi) = 2J_1(z)\sin\varphi + 2J_3(z)\sin 3\varphi + \cdots.$$

Für $\varphi = \frac{\pi}{2}$ hat man

$$\cos z = J_0(z) - 2J_2(z) + 2J_4(z) - + \cdots$$

$$\sin z = 2[J_1(z) - J_3(z) + J_5(z) - + \cdots].$$

Man kann von hier aus leicht zu weiteren Integraldarstellungen gelangen, doch sei dafür auf ausführlichere Darstellungen über Bessel-Funktionen verwiesen.

11. Beispiel aus der Astronomie: Die Keplersche Gleichung. Bessel kam zur Aufstellung der nach ihm benannten Funktionen bei der Berechnung von Planetenbahnen. Ein Planet P, Fig. IV/9, bewege sich auf einer Ellipse (mit der großen Halbachse a), in deren einem Brennpunkt die Sonne steht. Mit den Bezeichnungen von Fig. IV/9 lauten die Definitionen der

$$\text{exzentrischen Anomalie} \quad \Phi = \frac{\text{Fläche } ACQ}{\text{Halbkreisfläche}} \cdot \pi$$

$$\text{mittleren Anomalie} \quad \mu = \frac{\text{Fläche } ASP}{\text{Halbellipsenfläche}} \cdot \pi$$

$$\text{Exzentrizität} \quad e = \frac{CS}{CA} = \frac{CS}{a} < 1.$$

Nach dem zweiten Keplerschen Gesetz ist μ proportional zur Zeit t. In den Scheitelpunkten ist

$$\Phi = \mu = 0 \quad \text{bzw.} \quad \Phi = \mu = \pi.$$

Φ ist eine Größe, die die Lage von P festlegt, und μ legt die Zeit fest; es interessiert daher der Zusammenhang zwischen Φ und μ. Mit

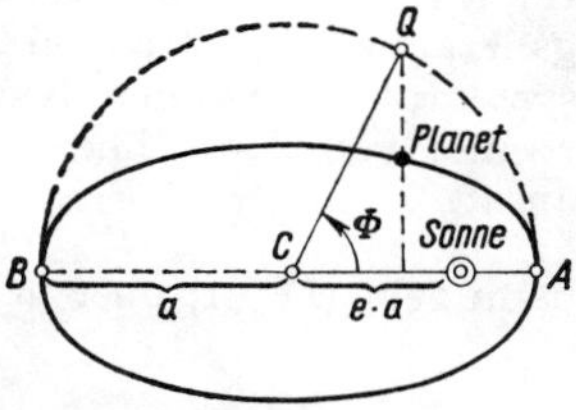

IV/9. Planetenbahn

$$\mu = \frac{\text{Fläche } ASQ}{\text{Halbkreisfläche}} \cdot \pi = \frac{ACQ - SCQ}{\frac{\pi}{2} a^2} \cdot \pi = \frac{\frac{1}{2} \Phi a^2 - \frac{1}{2} e a^2 \sin \Phi}{\frac{1}{2} a^2}$$

erhält man die „Keplersche Gleichung“

$$\mu = \Phi - e \sin \Phi. \tag{IV.52}$$

Man fragt nun nach der Umkehrfunktion $\Phi(\mu)$. Wegen $e < 1$ ist $\Phi(\mu)$ eine eindeutige Funktion von μ. Es ist $\Phi - \mu = e \sin \Phi$ periodisch in Φ und somit auch periodisch in μ und in eine trigonometrische Reihe entwickelbar, wobei man sich aus Symmetriegründen auf die sin-Glieder beschränken darf:

$$\Phi - \mu = \sum_{n=1}^{\infty} A_n \sin n \mu .$$

Die A_n sind jetzt die gesuchten Größen. Es folgt

$$\frac{d\Phi}{d\mu} - 1 = \sum_{n=1}^{\infty} n A_n \cos n \mu .$$

Die Fourier-Koeffizienten bestimmen sich nun in bekannter Weise, vgl. Kap. III, 19 (beim Integral wird an Stelle von μ dann wieder Φ als Integrationsveränderliche eingeführt):

$$n A_n = \frac{1}{\pi} \int_0^{2\pi} \frac{d\Phi}{d\mu} \cos n \mu \, d\mu = \frac{1}{\pi} \int_0^{2\pi} \cos n (\Phi - e \sin \Phi) d\Phi \quad (n = 1, 2, \ldots) .$$

Für die gewünschten Koeffizienten A_n erhält man somit nach (IV.51) die Darstellung

(IV.53) $$A_n = \frac{2}{n} J_n(n \cdot e).$$

12. Bessel-Funktionen zweiter Art. Die Besselsche Differentialgleichung (IV.41) hat die Potenzreihe (IV.37) als Lösung, und zwar für ganzzahliges n auf Grund der Herleitung, aber auch für nicht ganzzahliges n, wie man durch Einsetzen der Potenzreihe unmittelbar feststellen kann (dieser einfache Nachweis sei hier übergangen). Mit $J_n(z)$ ist auch $J_{-n}(z)$ eine Lösung von (IV.41). Für nicht ganzzahliges n bilden J_n und J_{-n} ein Fundamentalsystem, es unterscheiden sich dann J_n und J_{-n} nicht nur um einen konstanten Faktor, da $J_n(z)$ (etwa für $n > 0$) für $z \to 0$ verschwindet und $J_{-n}(z)$ nicht beschränkt bleibt. Für ganzzahliges n jedoch bilden wegen (IV.42) J_n und J_{-n} kein Fundamentalsystem; wie bei den Kugelfunktionen in Nr. 3 erhält man auch hier eine zweite, von $J_n(z)$ linear unabhängige Lösung $\Phi(z)$ durch den Reduktionsansatz

$$\Phi(z) = J_n(z) \cdot w(z);$$

dann geht (IV.41) über in

$$2J_n' w' + J_n w'' + \frac{1}{z} J_n w' = 0$$

$$\frac{w''}{w'} + \frac{1}{z} + 2\frac{J_n'}{J_n} = 0$$

$$\ln|w'| + \ln|z| + \ln J_n^2 = \text{const}$$

$$w' = \frac{c}{zJ_n^2};$$

es ist also

(IV.54) $$J_n(z) \cdot \int\limits_{z_0}^{z} \frac{\mathrm{d}t}{t\,[J_n(t)]^2}$$

eine von $J_n(z)$ linear unabhängige Lösung der Besselschen Differentialgleichung (IV.41); man nennt sie eine Bessel-Funktion zweiter Art oder Zylinderfunktion zweiter Art. Je nach Wahl von z_0 und eines noch freien Faktors kann man die Funktionen zweiter Art verschieden normieren und findet auch tatsächlich verschiedene Festlegungen in der Literatur und verschiedene Bezeichnungen, z. B. $N_n(z)$, $Y_n(z)$. Jedenfalls bleiben sie für $z \to 0$ nicht beschränkt.

13. Allgemeinere Differentialgleichungen. Bezeichnet $Z_p(z)$ eine Bessel-Funktion erster oder zweiter Art der „Ordnung“ p, so ist $y = z^\alpha Z_p(\beta z^\gamma)$, wie man durch Transformation von (IV.41) leicht nachrechnet, Lösung der allgemeineren Differentialgleichung

(IV.55) $$y'' + \frac{1-2\alpha}{z} y' + \left[(\beta\gamma z^{\gamma-1})^2 + \frac{\alpha^2 - p^2\gamma^2}{z^2}\right] y = 0.$$

Dabei sind α, β, γ, p beliebige reelle Konstanten, die zur Anpassung einer vorgelegten speziellen Differentialgleichung an die Form (IV.55) dienen (vgl.

Jahnke-Emde-Lösch, Tafeln höherer Funktionen, 6. Aufl., Stuttgart 1960).
So hat z. B.

(IV.56) $$y'' + Ax^m y = 0$$

die Lösung

(IV.57) $$y = \sqrt{x}\, Z_s\left(2s\sqrt{A}\, x^{\frac{1}{2s}}\right) \quad \text{mit} \quad s = \frac{1}{2+m}.$$

Für $m = 0$, also $s = 1/2$, und $A = 1$ hat (IV.56) die Lösung $y = c_1 \cos x + c_2 \sin x$, d.h. die Bessel-Funktionen der Ordnung 1/2 sind durch $\sqrt{x}$ und trigonometrische Funktionen ausdrückbar und somit elementare Funktionen; aus (IV.37) gewinnt man mit $\Gamma\left(\frac{1}{2}\right) = \sqrt{\pi}$

(IV.58) $$J_{\frac{1}{2}}(x) = \sqrt{\frac{2}{\pi x}} \sin x; \quad J_{-\frac{1}{2}}(x) = \sqrt{\frac{2}{\pi x}} \cos x.$$

Nach (IV.39) sind folglich alle $J_{m+\frac{1}{2}}(x)$ für $m = 0, \pm 1, \pm 2, \ldots$ elementare Funktionen.

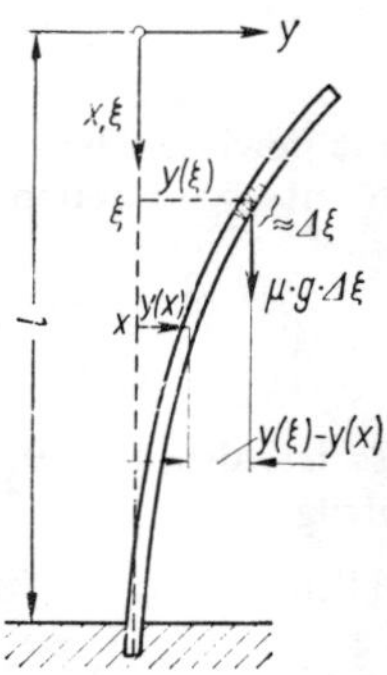

IV/10. Knickstab bei Berücksichtigung von Eigengewicht

Beispiel: Es soll die Knicklast P für einen homogenen, einseitig eingespannten, senkrecht stehenden Stab der Länge l unter dem Einfluß seines Eigengewichtes bestimmt werden. Mit den Bezeichnungen von Fig. IV/10 (ferner μ = Masse pro Längeneinheit, g Erdbeschleunigung, EJ Biegesteifigkeit) folgt für das Biegemoment in einer ausgelenkten Lage

$$M(x) = \int_0^x \mu g\,[y(\xi) - y(x)]\,\mathrm{d}\xi = EJy''.$$

Differentiation nach x unter Benutzung der Regel (III.16) ergibt

$$-\int_0^x \mu g y'(x)\,\mathrm{d}\xi = -\,\mu g x y'(x) = EJy'''.$$

Für $u(x) = y'(x)$ hat man damit die Eigenwertaufgabe

(IV.59) $$u'' + \frac{\mu g}{EJ} x u = 0$$

mit den Randbedingungen

(IV.60)
$$u'(0) = y''(0) = 0 \quad \text{(kein Moment am oberen Ende)}$$
$$u(l) = y'(l) = 0 \quad \text{(Einspannung am unteren Ende).}$$

Nach (IV.56) (IV.57) kann man die Lösung von (IV.59) sofort angeben

$$u(x) = \sqrt{x}\, Z_{\frac{1}{3}}\left(\frac{2}{3}\sqrt{\frac{\mu g}{EJ}}\, x^{\frac{3}{2}}\right).$$

Da die Ordnung 1/3 nicht ganzzahlig ist, lautet die allgemeine Lösung von (IV.61) mit $a = \sqrt{\frac{\mu g}{EJ}}$

$$\text{(IV.61)} \qquad u(x) = \sqrt{x}\left\{c_1 J_{\frac{1}{3}}\left(\frac{2}{3}\,a\,x^{\frac{3}{2}}\right) + c_2 J_{-\frac{1}{3}}\left(\frac{2}{3}\,a\,x^{\frac{3}{2}}\right)\right\} = c_1\varphi_1(x) + c_2\varphi_2(x).$$

Die Konstanten sind nun den Randbedingungen anzupassen. Die Potenzreihenentwicklungen beginnen mit den Gliedern

$$\varphi_1(x) = \sqrt{x}J_{\frac{1}{3}}\left(\frac{2}{3}\,a\,x^{\frac{3}{2}}\right) = \sqrt{x}\left[\alpha_1 x^{\frac{1}{2}} + \alpha_2 x^{\frac{7}{2}} + \dots\right],$$

$$\varphi_2(x) = \sqrt{x}J_{-\frac{1}{3}}\left(\frac{2}{3}\,a\,x^{\frac{3}{2}}\right) = \sqrt{x}\left[\beta_1 x^{-\frac{1}{2}} + \beta_2 x^{\frac{5}{2}} + \dots\right]$$

mit gewissen Konstanten α_j, β_j, die man leicht nach (IV.37) genauer angeben könnte, von denen aber hier nur gebraucht wird, daß $\alpha_1 \neq 0$, $\beta_1 \neq 0$ ist. Damit wird

$$\varphi'_1(x) = \alpha_1 + 4\alpha_2 x^3 + \dots, \qquad \varphi'_2(x) = 0 + 3\beta_2 x^2 + \dots,$$

$$u'(0) = c_1 \cdot \alpha_1 + c_2 \cdot 0 = 0.$$

Es ist also $c_1 = 0$, und es bleibt nur das Glied mit der Bessel-Funktion $J_{-\frac{1}{3}}$ übrig:

$$\text{(IV.62)} \qquad u(l) = c_2\sqrt{l}J_{-\frac{1}{3}}\left(\frac{2}{3}\,a\,l^{\frac{3}{2}}\right) = 0.$$

Es muß $c_2 \neq 0$ sein. Man hat also die Nullstellen ξ von

$$\text{(IV.63)} \qquad J_{-\frac{1}{3}}(\xi) = 0$$

zu bestimmen, und zwar ist die kleinste positive Wurzel für das Ausknicken maßgeblich. In Jahnke-Emde-Lösch, Tafeln höherer Funktionen, 6. Aufl., Stuttgart 1960, findet man eine Darstellung der Kurven $J_p(x) = \text{const}$ in einer p-x-Ebene, aus der man auch Nullstellen ablesen kann. Die Kurven $J_p(x) = 0$ haben das Aussehen wie in Fig. IV/11. Aus dem Buch von Jahnke-Emde-Lösch kann man etwa entnehmen:

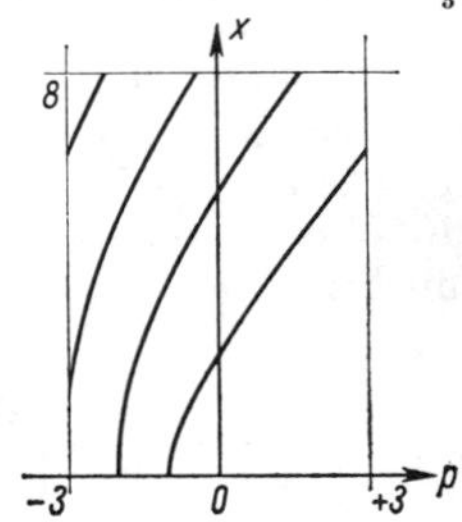

IV/11. Nullstellen der Bessel-Funktionen 1. Art

$$\text{(IV.64)} \qquad \xi = \frac{2}{3}\sqrt{\frac{\mu g}{EJ}}\,l^{\frac{3}{2}} \approx 1{,}9.$$

Man kann ξ auch leicht ohne jede Kenntnis von Bessel-Funktionen berechnen, indem man mit einem Potenzreihenansatz

$$u(x) = \sum_{\nu=0}^{\infty} a_\nu x^\nu$$

in (IV.59) eingeht. Wegen $u'(0) = 0$ ist $a_1 = 0$, und nach (IV.59) ist $a_2 = 0$; man erhält, wenn man $a_0 = 1$ setzt:

$$a_3 = -\frac{a^2}{2\cdot 3}, \qquad a_6 = -\frac{a^2}{5\cdot 6}a_3, \dots, \qquad a_{3k+1} = a_{3k+2} = 0 \quad (k = 0,\ 1, 2, \dots)$$

oder

$$u(x) = 1 - \frac{a^2x^3}{2\cdot 3} + \frac{(a^2x^3)^2}{2\cdot 3\cdot 5\cdot 6} - \frac{(a^2x^3)^3}{2\cdot 3\cdot 5\cdot 6\cdot 8\cdot 9} + - \dots . \tag{IV.65}$$

Man berechnet Nullstellen derartiger, gut konvergierender Potenzreihen nicht durch Abbrechen, sondern, indem man den Wert der Potenzreihe an einigen Stellen bestimmt und interpoliert:

a^2x^3	7,2	7,8	8,4
$u(x)$	0,06042	0,00347	−0,05094

Daraus gewinnt man

$$a^2l^3 = 7{,}83735, \quad al^{\frac{3}{2}} = 2{,}800, \quad \xi = \frac{2}{3}al^{\frac{3}{2}} = 1{,}866, \tag{IV.66}$$

und analog würde man für die zweite Nullstelle erhalten

$$a^2l^3 = 55{,}97703, \quad al^{\frac{3}{2}} = 7{,}482, \quad \xi = \frac{2}{3}al^{\frac{3}{2}} = 4{,}988;$$

Gl. (IV..65) hat unendlich viele Nullstellen.

14. Schwingungsformen der Kreismembran. Nunmehr werden wieder die in Nr. 7 betrachteten Schwingungen untersucht. Es war gesetzt:

$$z(r, \varphi, t) = f(t)\cdot v(r)\cdot w(\varphi),$$

wobei f und w harmonische Funktionen waren und $v(r)$ der Besselschen Differentialgleichung (IV.32) genügte. Da n eine ganze Zahl sein mußte, wird

$$v = C_1 J_n(kr) + C_2 N_n(kr).$$

Die Konstanten sind aus den Randbedingungen zu bestimmen. Da N_n bei $r = 0$ unendlich wird, muß $C_2 = 0$ sein. Es bleibt

$$v = C_1 J_n(kr).$$

C_1 bestimmt den Schwingungsausschlag. Da sowieso ein Faktor frei ist, sei etwa $C_1 = 1$. Wegen der Randbedingung $v(R) = 0$ folgt

$$J_n(kR) = 0. \tag{IV.67}$$

Auch diese Nullstellen sind bei Jahnke-Emde-Lösch tabelliert. In der Abkürzung

$$kR = \zeta_m^{(n)}$$

bezeichne $\zeta_m^{(n)}$ die m-te positive Nullstelle der Bessel-Funktion J_n. Die Schwingungsfrequenz ergibt sich damit zu

$$\omega = \frac{c}{R}\zeta_m^{(n)}. \tag{IV.68}$$

Die Werte $\zeta_m^{(n)}$ sind die Eigenwerte für die Randwertaufgabe (IV.31a) mit $u(R, \varphi) = 0$. Wir entnehmen dem Tabellenwerk eine Reihe von Nullstellen und schreiben sie an die in Fig. IV/12 aufskizzierten Knotenlinienbilder heran. Bei dieser Zählung der Eigenwerte ist jedoch nicht berücksichtigt, daß alle hier aufgeführten Werte für $n = 1, 2, 3, \ldots$ doppelte Eigenwerte und nur die Werte für $n = 0$ einfache Eigenwerte sind.

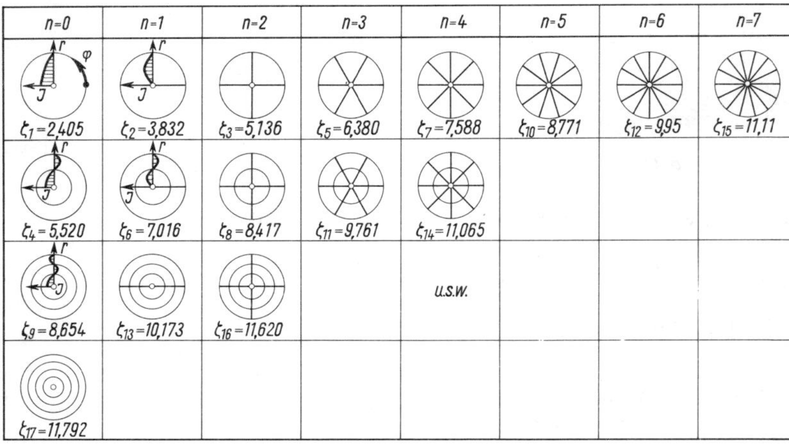

IV/12. Die ersten 17 Eigenschwingungen einer Kreismembran mit den dazugehörigen Knotenlinien

§ 3 Reihenentwickung, hypergeometrische Funktion

Wie schon die Beispiele der Differentialgleichungen für die Kugelfunktionen und für die Bessel-Funktionen (IV.7) (IV.55) zeigten, kommt es häufig vor, daß der höchste Koeffizient bei einer linearen Differentialgleichung Nullstellen hat, so daß dort eine Singularität der Differentialgleichung vorliegt. Wenn man durch diesen höchsten Koeffizienten dividiert, bekommen die anderen Koeffizienten im allgemeinen Polstellen. Es gibt eine ausführliche Theorie über die Singularitäten der Differentialgleichungen und der Lösungen; hier soll nur an einem speziellen Fall ein flüchtiger Einblick in die Verhältnisse gegeben werden. (Eine sehr detaillierte Darstellung findet man bei Bieberbach, Theorie der gewöhnlichen Differentialgleichungen, Berlin-Göttingen-Heidelberg 1953).

15. Reihenansatz, determinierende Gleichung. Die Theorie wird abgerundeter, wenn man alle Größen im Komplexen betrachtet. Es wird daher $w(z)$ statt $y(x)$ geschrieben. Es werde eine lineare homogene Differentialgleichung der Form zugrunde gelegt:

$$\text{(IV.69)} \qquad L[w] = w^{(n)} + q_1(z) w^{(n-1)} + \cdots + q_n(z) w \equiv \sum_{\nu=0}^{n} q_\nu(z) w^{(n-\nu)} = 0.$$

$q_0(z)$ ist dabei $= 1$. Die übrigen $q_j(z)$ mögen die Gestalt haben:

$$\text{(IV.70)} \qquad q_j(z) = \frac{p_j(z)}{(z-a)^j} \quad \text{mit} \quad p_j(z) = \sum_{k=0}^{\infty} p_{j,k} (z-a)^k.$$

Es wird nach dem Verhalten der Lösungen in der Umgebung einer Stelle $z = a$ gefragt, wobei also die Koeffizienten $q_j(z)$ bei $z = a$ Pole, und zwar von der Ordnung j, haben dürfen. Zweckmäßig führt man eine neue unabhängige Veränderliche durch $z^* = z - a$ ein, wir sparen uns aber diesen Buchstaben, indem wir ohne Beschränkung der Allgemeinheit annehmen, es sei $a = 0$. Man macht nun für w einen Ansatz

(IV.71) $$w = \sum_{\nu=0}^{\infty} a_\nu z^{\varrho+\nu},$$

wobei ϱ eine feste, noch genauer festzulegende Zahl ist und $a_0 \neq 0$, etwa $a_0 = 1$ angenommen werden darf. Man hat nun in dem folgenden Schema jeweils die nebeneinanderstehenden Reihen auszumultiplizieren und die Ergebnisse zu addieren:

$p_0(z) = 1$	$w^{(n)} = \varrho(\varrho-1)\ldots(\varrho-n+1)a_0 z^{\varrho-n} + (\varrho+1)\varrho(\varrho-1)\ldots(\varrho-n+2)a_1 z^{\varrho-n+1} + \ldots$
. . . .	. . . .
$p_{n-1,0} + p_{n-1,1}z + \ldots$	$w' \cdot z^{1-n} = \varrho a_0 z^{\varrho-n} + (\varrho+1)a_1 z^{\varrho-n+1} + \ldots$
$p_{n,0} + p_{n,1}z + p_{n,2}z^2 + \ldots$	$wz^{-n} = a_0 z^{\varrho-n} + a_1 z^{\varrho-n+1} + a_2 z^{\varrho-n+2} + \ldots$

Um $L[w]$ zu bilden, ordnet man nach Potenzen von z; dann sind die Koeffizienten von $z^{\varrho-n}, z^{\varrho-n+1}, \ldots$ einzeln gleich Null zu setzen. Mit den Abkürzungen

(IV.72) $$\varphi_0(\varrho) = \varrho(\varrho-1)\ldots(\varrho-n+1) + p_{1,0}\varrho(\varrho-1)\ldots(\varrho-n+2) + \cdots + p_{n,0}$$

$$\varphi_k(\varrho) = \sum_{j=1}^{n} p_{j,k}\varrho(\varrho-1)\ldots(\varrho-n+j+1) \quad \text{für} \quad k = 1, 2, \ldots$$

(ein „leeres Produkt“ ist üblicherweise durch die Zahl 1 zu ersetzen) erhält man so die Gleichungen:

Faktor von $z^{\varrho-n}$: $a_0\varphi_0(\varrho) = 0$

Faktor von $z^{\varrho-n+1}$: $a_1\varphi_0(\varrho+1) + a_0\varphi_1(\varrho) = 0$

Faktor von $z^{\varrho-n+2}$: $a_2\varphi_0(\varrho+2) + a_1\varphi_1(\varrho+1) + a_0\varphi_2(\varrho) = 0$

. . . .

Faktor von $z^{\varrho-n+k}$: $a_k\varphi_0(\varrho+k) + a_{k-1}\varphi_1(\varrho+k-1) + \cdots + a_0\varphi_k(\varrho) = 0$

. . . .

Wegen $a_0 \neq 0$ muß

(IV.73) $$\varphi_0(\varrho) = 0$$

sein; dies ist die „determinierende Gleichung“.

16. Wurzeln der determinierenden Gleichung. Die Gleichung (IV.73) ist eine algebraische Gleichung vom n-ten Grad in ϱ und habe die Wurzeln $\varrho_1, \ldots, \varrho_n$. Bei vorgelegter Differentialgleichung kann man von vornherein die Gleichung $\varphi_0(\varrho) = 0$ aufstellen und die Fallunterscheidung treffen:

Fall I: Keine zwei von den Wurzeln $\varrho_1, \ldots, \varrho_n$ unterscheiden sich um eine ganze Zahl;

Fall II: Es gibt mindestens zwei Wurzeln ϱ_j, ϱ_k, deren Differenz $\varrho_j - \varrho_k$ eine ganze Zahl ist; hier ordnet sich als Spezialfall auch das Auftreten mehrfacher Nullstellen ϱ unter.

Im Fall I kann es also nie eintreten, daß $\varphi_0(\varrho) = 0$ und $\varphi_0(\varrho + k) = 0$ ist für dasselbe ϱ und $k > 0$. Das bedeutet, daß man aus den obigen Gleichungen nacheinander $a_1, a_2 \ldots$ berechnen kann. Man kann also die Reihe (IV.71) für $w(z)$ aufstellen, und man kann auch zeigen, daß die a_k für $k \to \infty$ genügend stark abnehmen, um Konvergenz der Reihe (IV.71) in einem endlichen Konvergenzkreis zu sichern (Beweis z. B. bei Bieberbach, a.a.O., S. 152). Man erhält so für jede Wurzel $\varrho_1, \ldots, \varrho_n$ je eine Lösung der Differentialgleichung.

Im Falle II gibt es unter den Wurzeln ϱ_j mindestens eine mit maximalem Realteil, eine solche sei ϱ_1. Dann ist $\varphi_0(\varrho_1 + k) \neq 0$ für alle $k > 0$, und man erhält zu diesem ϱ_1 eine Lösung $w_1(z)$ in der Gestalt (IV.71); die anderen Lösungen der Differentialgleichung können kompliziertere Form haben. Es soll hier nur für den speziellen Fall $n = 2$, der bereits viele wichtige Differentialgleichungen umfaßt, festgestellt werden, welche Bauart eine zweite Lösung der Differentialgleichung hat. Nach Kap. II, 7 kommt man mit dem Ansatz durch:

$$w(z) = w_1(z) \cdot W(z). \tag{IV.74}$$

Dann geht die Differentialgleichung

$$w'' + \frac{p_1(z)}{z} w' + \frac{p_2(z)}{z^2} w = 0 \tag{IV.75}$$

über in (wobei wir durch $w_1 W'$ durchdividieren; es darf weder w_1 noch W' identisch verschwinden, da eine Lösung aufgesucht werden soll, die sich von w_1 nicht nur durch eine Konstante unterscheidet; es wird ein z-Intervall herausgegriffen, in welchem w_1 und W' von Null verschieden sind)

$$\frac{W''}{W'} + \frac{2w_1'}{w_1} + \frac{p_1}{z} = 0 \tag{IV.76}$$

oder integriert:

$$\ln W' + \ln w_1^2 + \int_{z_0}^{z} \frac{p_1(s)}{s} \, ds = c_1$$

(c_1 und nachher c_2 sind Konstanten).

Ist $Q(z)$ eine Stammfunktion von $p_1(z)/z$, so folgt $W' = c_2 e^{-Q(z)} \dfrac{1}{w_1^2}$.

Die rechte Seite kann man sich, abgesehen von einer gewissen Potenz z^σ, in eine Laurent-Reihe entwickelt denken:

$$W' = z^\sigma \cdot \sum_{\nu=-\infty}^{\infty} b_\nu z^\nu, \tag{IV.77}$$

und daraus findet man W durch Integration. W selbst hat dann wieder die Form (IV.77), es kann aber noch ein logarithmisches Glied $c \cdot \ln z$ hinzutreten; dann enthält nach (IV.74) $w(z)$ außer Potenzgliedern noch ein Glied

$$c \cdot w_1(z) \cdot \ln z.$$

Man nennt eine Stelle $z = a$, in deren Umgebung die Koeffizienten $q_\nu(z)$ der Differentialgleichung (IV.69) mit etwaiger Ausnahme des Punktes $z = a$ selbst eindeutige holomorphe Funktionen sind und an der mindestens eine der Funktionen $q_\nu(z)$ eine Singularität hat, eine „Außerwesentlich singuläre Stelle der Differentialgleichung" oder eine „Stelle der Bestimmtheit", wenn es eine Zahl q gibt, so daß für jede Lösung w der Differentialgleichung der Ausdruck $|(z - a)^q w|$ bei radialer Annäherung an die Stelle $z = a$ gleichmäßig gegen Null geht. Ist jeder Koeffizient $q_j(z)$ in der ganzen Gaußschen Zahlenebene bis auf endlich viele singuläre Stellen eindeutig und holomorph und hat die Differentialgleichung an allen singulären Stellen der Koeffizienten und bei $z = \infty$ jeweils eine Stelle der Bestimmtheit, so gehört die Differentialgleichung „zur Fuchsschen Klasse".

17. Beispiel: Hypergeometrische Gleichung. Über die Fuchsschen Differentialgleichungen besteht eine ausgedehnte Theorie (vgl. Bieberbach a.a.O.). Es seien hier nur einige Beispiele gegeben:

I. $w'' + \frac{2}{z-a} w' = 0$ hat die allgemeine Lösung $w = c_1 + \frac{c_2}{z-a}$; die Gleichung gehört zur Fuchsschen Klasse.

II. $w'' + \frac{1}{(z-a)^2} w' = 0$ hat für $a \neq 0$ als allgemeine Lösung

$$w = c_1 + c_2 \int_0^z e^{\frac{1}{s-a}} ds.$$

Die Lösungen (außer der Konstanten) haben $z = a$ als wesentliche Singularität; die Stelle $z = a$ ist keine Stelle der Bestimmtheit, die Differentialgleichung gehört nicht zur Fuchsschen Klasse.

III. Die Differentialgleichungen für die Kugelfunktionen (IV.7) und Zylinderfunktionen (IV.32) boten Beispiele für das Auftreten logarithmenbehafteter Glieder.

IV. Die „hypergeometrische Differentialgleichung"

$$\text{(IV.78)} \qquad w'' + \frac{(1 + a + b)z - c}{z(z-1)} w' + \frac{ab}{z(z-1)} w = 0$$

gehört zur Fuchsschen Klasse. Durch Potenzreihenansatz findet man als Lösung die „hypergeometrische Reihe" oder „Gaußsche Reihe" (es sei c weder Null noch eine negative ganze Zahl)

$$\text{(IV.79)} \qquad F(a, b, c, z) = 1 + \frac{a \cdot b}{1 \cdot c} z + \frac{a(a+1)b(b+1)}{1 \cdot 2 \cdot c(c+1)} z^2 + \dots$$

$$= \sum_{n=0}^{\infty} \frac{a(a+1)\dots(a+n-1)b(b+1)\dots(b+n-1)}{1 \cdot 2 \dots n \cdot c(c+1)\dots(c+n-1)} z^n$$

$$= \sum_{n=0}^{\infty} \frac{\binom{-a}{n}\binom{-b}{n}}{\binom{-c}{n}} (-z)^n,$$

die für $|z| < 1$ konvergiert; wenn a oder b Null oder negativ ganzzahlig sind, bricht die Reihe ab und man erhält ein Polynom als Lösung. Die hypergeometrische enthält die geometrische Reihe als Spezialfall $a = 1$, $b = c$ und umfaßt viele sonst bekannte Funktionen, z. B.

$$F\left(\frac{1}{2}, \frac{1}{2}, \frac{3}{2}, z^2\right) = \frac{1}{z} \arcsin z$$

(IV.80) $$F\left(\frac{1}{2}, \frac{1}{2}, 1, z^2\right) = \frac{2}{\pi} K(z) = \frac{2}{\pi} \int_0^{\frac{\pi}{2}} \frac{du}{\sqrt{1 - z^2 \sin^2 u}}$$

$$F\left(\frac{1}{2}, -\frac{1}{2}, 1, z^2\right) = \frac{2}{\pi} E(z) = \frac{2}{\pi} \int_0^{\frac{\pi}{2}} \sqrt{1 - z^2 \sin^2 u}\, du.$$

Dabei bezeichnen K und E die „vollständigen elliptischen Integrale erster bzw. zweiter Gattung", vgl. (I.73). Eine große Anzahl weiterer Spezialfälle der hypergeometrischen Funktion, die auf anderweitig bekannte Funktionen führen, und eine Zusammenstellung zahlreicher Rechen- und Transformationsformeln findet man in W. Magnus – F. Oberhettinger, Formeln und Sätze für die speziellen Funktionen der mathematischen Physik, 2. Aufl., Berlin-Göttingen-Heidelberg 1948.

Die hypergeometrische Reihe ist wiederum ein Spezialfall der allgemeineren Reihe

(IV.81) $${}_pF_q(\alpha_1, \ldots, \alpha_p; \beta_1, \ldots, \beta_q; z) = \sum_{n=0}^{\infty} \frac{(\alpha_1)_n \ldots (\alpha_p)_n}{(\beta_1)_n \ldots (\beta_q)_n} \frac{z^n}{n!},$$

wobei das Symbol verwendet ist:

$$(a)_n = a(a+1)\ldots(a+n-1); \quad (a)_0 = 1.$$

Die hypergeometrische Funktion läßt sich dann schreiben als

(IV.82) $$F(\alpha, \beta, \gamma, z) = {}_2F_1(\alpha, \beta; \gamma; z).$$

Ein wichtiger Spezialfall der allgemeinen Reihe (IV.79) ist die konfluente hypergeometrische Funktion

(IV.83) $$\Phi(a, c; z) = \lim_{b \to \infty} F\left(a, b, c, \frac{z}{b}\right) = {}_1F_1(a; c; z)$$

$$= \sum_{n=0}^{\infty} \frac{a(a+1)\ldots(a+n-1)}{c(c+1)\ldots(c+n-1)} \frac{z^n}{n!} = \sum_{n=0}^{\infty} \frac{\binom{-a}{n}}{\binom{-c}{n}} \frac{z^n}{n!}.$$

Diese Funktion Φ ist eine Lösung der „konfluenten Differentialgleichung" oder „Kummerschen Differentialgleichung".

(IV.84) $$zw'' + (c - z)w' - aw = 0.$$

Wenn c keine ganze Zahl ist, hat diese Differentialgleichung die von der eben genannten linear unabhängige Lösung

$$z^{1-c}\Phi(a-c+1, 2-c; z).$$

Die Kummersche Differentialgleichung tritt bei den Anwendungen in neuerer Zeit immer häufiger auf (z. B. bei Eigenwertaufgaben der Schrödinger-Gleichung, vgl. S. Flügge, Rechenmethoden der Quantenmechanik, Berlin-Göttingen-Heidelberg 1947). Zahlreiche spezielle transzendente Funktionen sind Spezialfälle der konfluenten Funktion, z. B. die Bessel-Funktionen, die Laguerreschen und Hermiteschen Polynome, die unvollständige Gammafunktion, das Gaußsche Fehlerintegral, Integralsinus usw.; es sei hier nur die Formel genannt:

(IV.85) $$J_\nu(z) = \frac{\mathrm{e}^{-\mathrm{i}z}\left(\frac{z}{2}\right)^\nu}{\Gamma(\nu+1)}\, {}_1F_1\left(\nu+\frac{1}{2};\; 2\nu+1;\; 2\mathrm{i}z\right).$$

18. Störungsrechnung und singuläre Stellen. Reihenentwicklungen stellen bei nicht in geschlossener Form lösbaren Differentialgleichungen eine allgemeine Methode dar, die gesuchten Lösungen in Form einer unendlichen Reihe aufzustellen und bei Abbrechen der Reihe Näherungslösungen zu erhalten. Entwicklungen in Potenzreihen sind hier an verschiedenen Stellen benutzt worden, z. B. in Kap. I, Nr. 30, Aufgabe 2, in Kap. III, Nr. 29, Aufgabe 2 und in Kap. IV, Nr. 15. Entwicklungen in Fouriersche Reihen und allgemeiner nach Orthogonalsystemen wurden in Kap. III, Nr. 20 und Nr. 21 genannt.

Eine weitere wichtige Anwendung ist die „Störungsrechnung", wobei in der gegebenen Differentialgleichung $L(u, \varepsilon) = 0$ und eventuell auch in den Randbedingungen ein als „klein" angesehener Parameter ε auftritt. Für $\varepsilon = 0$ (für das „ungestörte" Problem) sei die Lösung $u_0(x)$ bekannt, und für „kleine" ε sei die Lösung $u_\varepsilon(x)$ in eine nach Potenzen von ε fortschreitende Reihe entwickelbar

(IV.86) $$u_\varepsilon(x) = \sum_{\nu=0}^{\infty} \varepsilon^\nu v_\nu(x)$$

mit $v_0(x) = u_0(x)$, und es sei möglich, durch Einsetzen von $u_\varepsilon(x)$ in die Differentialgleichung weitere $v_\nu(x)$ zu bestimmen.

Bei Eigenwertaufgaben hat man den Eigenwert λ und die Eigenfunktion $u(x)$ in Potenzreihen nach ε zu entwickeln. Das sei am Beispiel einer selbstadjungierten Aufgabe wie in Kap. III, Nr. 17

(IV.87) $$L[y] + \lambda\,[p(x) + \varepsilon\, q(x)]\, y(x) = 0 \quad \text{für } x \in B$$

und Randbedingungen

(IV.88) $$U_\mu[y] = 0, \quad \mu = 1, \ldots, k \quad \text{auf dem Rande } \partial B$$

vorgeführt. Für $\varepsilon = 0$ sei eine zum Eigenwert λ_0 gehörige Eigenfunktion $y_0(x)$ bekannt. Nun werde der Ansatz

(IV.89) $$y(x) = \sum_{\nu=0}^{\infty} \varepsilon^\nu y_\nu(x), \quad \lambda = \sum_{\nu=0}^{\infty} \varepsilon^\nu \lambda_\nu$$

in die Differentialgleichung eingesetzt und Koeffizientenvergleich für die Potenzen von ε vorgenommen. Die $y_\nu(x)$ sollen Vergleichsfunktionen im Sinne von Kap. III, Nr. 17 sein. Es werden hier keine Konvergenzbetrachtungen durchgeführt, sondern nur die Berechnung der λ_ν, $y_\nu(x)$ gezeigt. Aus

$$\text{(IV.90)} \qquad \sum_{\nu=0}^{\infty} \varepsilon^\nu L[y_\nu] + \left(\sum_{\varrho=0}^{\infty} \varepsilon^\varrho \lambda_\varrho\right)(p(x) + \varepsilon\, q(x)) \sum_{\nu=0}^{\infty} \varepsilon^\nu y_\nu(x) = 0$$

$$\text{(IV.91)} \qquad \left\{ \begin{array}{l} \text{folgt als Faktor von } \varepsilon^0\text{:} \\ \quad L\, y_0 + \lambda_0\, p(x)\, y_0(x) = 0 \\ \text{folgt als Faktor von } \varepsilon^1\text{:} \\ \quad L\, y_1 + \lambda_0\, p(x)\, y_1(x) + \lambda_0\, q(x)\, y_0(x) + \lambda_1\, p(x)\, y_0(x) = 0 \\ \text{folgt als Faktor von } \varepsilon^k\text{:} \\ \quad L\, y_k + \lambda_0\, p(x)\, y_k(x) + \varphi + \lambda_k\, p(x)\, y_0(x) = 0 \; (k = 2, 3, \ldots), \end{array} \right.$$

wobei φ von $\lambda_0, \ldots, \lambda_{k-1}, y_0, \ldots, y_{k-1}$, aber nicht von λ_k und nicht von y_k abhängt und Ly statt $L[y]$ geschrieben ist. Die erste Gleichung $Ly_0 + \lambda_0\, p\, y_0 = 0$ ist von selbst erfüllt. Multiplikationen der letzten Gleichung mit $y_0(x)$ und Integration über das Grundgebiet ergeben mit Benutzung der Selbstadjungiertheit

$$\int_B (L\, y_k)\, y_0\, dx = \int_B y_k\, (L\, y_0)\, dx = \int_B [-\lambda_0\, p(x)\, y_0\, y_k]\, dx$$

und daher

$$\int_B [L y_k + \lambda_0\, p(x)\, y_k]\, y_0\, dx = 0$$

die Möglichkeit, λ_k zu berechnen:

$$-\int_B \varphi\, y_0\, dx = \lambda_k \int_B p(x)\, [y_0(x)]^2\, dx,$$

wenn man $\lambda_0, \lambda_1, \ldots, \lambda_{k-1}, y_0, y_1, \ldots, y_{k-1}$ bereits kennt. Nachdem man λ_k bestimmt hat, hat man die Vergleichsfunktion λ_k aus

$$L\, y_k + \lambda_0\, p\, y_k + \varphi + \lambda_k\, p\, y_0 = 0$$

zu ermitteln. Man kann zeigen, daß diese Randwertaufgabe stets lösbar ist (eine ausführliche Darstellung z.B. bei L. Collatz [63], § 24). Hier möge es genügen, ein Beispiel zu betrachten:

Die selbstadjungierte Eigenwertaufgabe

$$y'' + \lambda\,(1 + \varepsilon \cos x)\, y = 0, \quad y(0) = y(\pi) = 0$$

kann interpretiert werden als Knickproblem für einen Stab veränderlicher Biegesteifigkeit. Für $\varepsilon = 0$ ist das Knickproblem exakt lösbar

$$\lambda_0 = 1, \quad y_0(x) = \sin x; \quad \text{hier ist } L[y] = y'', \quad y_0'' = -y_0;$$

der Ansatz (IV.89), (IV.91) führt auf

$$(-\sin x + \varepsilon\, y_1'' + \varepsilon^2 y_2'' + \ldots) + (1 + \varepsilon\, \lambda_1 + \varepsilon^2 \lambda_2 + \ldots)(1 + \varepsilon \cos x) \cdot (\sin x + \varepsilon\, y_1 + \varepsilon^2 y_2 + \ldots) = 0;$$

der Faktor von ε^0 verschwindet:

$$-\sin x + \sin x = 0,$$

der Faktor von ε^1 ergibt:

$$y_1'' + y_1 + \cos x \sin x + \lambda_1 \sin x = 0.$$

Multiplikation mit y_0 und Integration von 0 bis π ergeben

$$\int_0^\pi (y_1'' + y_1)\, y_0 \,\mathrm{d}x = \int_0^\pi (y_0'' y_1 + y_1 y_0)\,\mathrm{d}x = 0,$$

$$\int_0^\pi (\cos x \sin x + \lambda_1 \sin x)\, y_0 \,\mathrm{d}x = \int_0^\pi \cos x (\sin x)^2 \,\mathrm{d}x + \lambda_1 \int_0^\pi (\sin x)^2 \,\mathrm{d}x = 0$$

oder $$\lambda_1 = 0.$$

Dann berechnet man $y_1 = \frac{1}{3} \sin x \cos x$ (ein additiver Term $x \cdot \sin x$ könnte zu y_0 genommen werden).

Mit $\lambda_1 = 0$ ergibt der Faktor von ε^2:

$$y_2'' + y_2 + y_1 \cos x + \lambda_2 \sin x = 0;$$

wie eben wird mit y_0 multipliziert und integriert, und man erhält ganz analog

$$0 = \int_0^\pi (y_1 \cos x + \lambda_2 \sin x) \sin x \,\mathrm{d}x = \int_0^\pi \frac{1}{3} (\cos x \sin x)^2 \,\mathrm{d}x + \lambda_2 \int_0^\pi (\sin x)^2 \,\mathrm{d}x = 0$$

oder $\lambda_2 = -\frac{1}{12}$, und es gilt näherungsweise

$$\lambda \approx \lambda_0 + \lambda_2 \varepsilon^2 = 1 - \frac{1}{12} \varepsilon^2.$$

19. Beispiel zur Technik der Reihenentwicklung. Dies werde (ohne Eingehen auf Konvergenzfragen) an einem typischen einfachen Beispiel vorgeführt, nämlich an einem speziellen Fall der Thomas-Fermi-Gleichung für ein ionisiertes Gas:

$$T\, y(x) = -y''(x) + \sqrt{\frac{(y(x))^3}{x}} = 0, \text{ in einem Intervall } I = (0, a)$$

mit den Randbedingungen

$$y(0) = 1, \quad y(a) = 0, \quad (a > 0).$$

Im Falle $a = \infty$ ist die zweite Randbedingung durch

$$\lim_{x \to +\infty} y(x) = 0$$

zu ersetzen. Wegen des Nenners x in der Differentialgleichung liegt eine Singularität bei $x = 0$ vor; für $a = \infty$ hat man eine weitere Singularität im Unendlichen. Um den Typ der Singularität bei $x = 0$ zu erkennen, kann man einen Potenzreihenansatz versuchen

$$y(x) = 1 + \sum_{\nu=0}^{\infty} a_\nu \, x^{\varrho + \nu\sigma}.$$

Man setzt diesen Ansatz in die Differentialgleichung ein und nimmt Koeffizientenvergleich jeweils bei den Gliedern mit niedrigsten Potenzen von x vor; in den Entwicklungen werden die Glieder mit höheren Potenzen, die nicht mehr aufgeführt sind, durch Punkte angedeutet. Ohne Beschränkung der Allgemeinheit kann $a_0 \neq 0$, $\varrho \neq 0$, $\sigma \neq 0$ angenommen werden. Man erhält:

$$y^3 = 1 + 3\,a_0\,x^\varrho + \ldots$$

$$\frac{1}{x}\,y^3 = x^{-1}\,(1 + 3\,a_0\,x^\varrho + \ldots)$$

$$\sqrt{\frac{1}{x}\,y^3} = \pm\, x^{-1/2}\left(1 + \frac{3\,a_0}{2}\,x^\varrho + \ldots\right)$$

$$\begin{aligned} -\,y'' &= -\,\varrho\,(\varrho - 1)\,a_0\,x^{\varrho-2} + (\varrho + \sigma)\,(\varrho + \sigma - 1)\,a_1\,x^{\varrho+\sigma-2} + \ldots \\ &= A_0\,x^{\varrho-2} + A_1\,x^{\varrho+\sigma-2} + \ldots \end{aligned}$$

Die Glieder niedrigster Ordnung müssen verschwinden, es muß also

entweder Fall I $\quad A_0\,x^{\varrho-2} = 0$

oder $\quad$ Fall II $\quad A_0\,x^{\varrho-2} \pm x^{-1/2} = 0$

eintreten. Fall I verlangt

$$\varrho\,(\varrho - 1)\,a_0 = 0 \quad \text{oder} \quad \varrho = 1.$$

Fall II bedeutet:

$$x^{\varrho-2} = x^{-1/2}, \quad \varrho = \frac{3}{2}; \quad \varrho\,(\varrho - 1)\,a_0 = \pm\,1, \quad a_0 = \pm\,\frac{4}{3}.$$

Aus den nächsten Gliedern

$$\pm\,\frac{3\,a_0}{2}\,x^{\varrho-1/2} + A_1\,x^{\varrho+\sigma-2} = 0 \quad \text{mit} \quad A_1 = (\varrho + \sigma)(\varrho + \sigma - 1)\,a_1$$

folgt dann

$$\sigma - 2 = -\,\frac{1}{2}, \quad \sigma = \frac{3}{2} = \varrho, \quad A_1 = \mp\,\frac{3\,a_0}{2} = -\,6\,a_1, \quad a_1 = \frac{1}{3}.$$

Durch Koeffizientenvergleich weiterer Potenzen kann man weitere a_ν berechnen und erhält eine ganz bestimmte Potenzreihe

$$1 + \sum_{\nu=0}^{\infty} a_\nu\,x^{(\nu+1)\varrho}.$$

Fall I: $\varrho = 1$, jetzt muß

$$\pm\,x^{-1/2} + \sigma\,(1 + \sigma)\,a_1\,x^{\sigma-1} = 0$$

sein oder $\sigma = \dfrac{1}{2}$, $a_1 = \mp\,\dfrac{4}{3}$; die Reihe lautet somit

$$y(x) = 1 + a_0\,x \mp \frac{4}{3}\,x^{3/2} + \ldots;$$

hier bleibt also der Faktor a_0 noch frei; man kann also mit dem Fall I rechnen, da bei dem Fall II keine Konstante mehr zur Verfügung steht, um die zweite Randbedingung erfüllen zu können.

Im Falle eines unendlichen Intervalles mit $a = \infty$ interessiert das Verhalten im Unendlichen, und man kann einen Reihenansatz versuchen:

$$y = \sum_{\nu=0}^{\infty} a_\nu \, x^{-(\varrho+\nu\sigma)} \quad \text{mit} \quad a_0 \neq 0, \sigma \neq 0, \varrho > 0.$$

$$y^3 = a_0^3 \, x^{-3\varrho} + \ldots$$

$$\sqrt{\frac{y^3}{x}} = \pm a_0^{\frac{3}{2}} \, x^{-\frac{3\varrho}{2}-\frac{1}{2}} + \ldots$$

$$-y'' = -a_0 \, \varrho \, (\varrho + 1) \, x^{-\varrho-2} + \ldots$$

Koeffizientenvergleich ergibt:

$$-\varrho - 2 = -\frac{3}{2}\varrho - \frac{1}{2} \quad \text{oder} \quad \varrho = 3$$

$$-a_0 \cdot 3 \cdot 4 = \pm a_0^{3/2} \quad \text{oder} \quad a_0 = 144,$$

und damit

$$y(x) = 144 \, x^{-3} + \ldots$$

Wie eingangs erwähnt, bleibt bei diesen formalen Ansätzen die Frage nach der Konvergenz noch unbeantwortet.

V. Exkurs in die partiellen Differentialgleichungen

Die allgemeine Form einer partiellen Differentialgleichung lautet

$$\text{(V.1)} \qquad F(x_1, x_2, \ldots, x_n, u, u_1, \ldots, u_n, u_{11}, u_{12}, \ldots, u_{1n}, \ldots, u_{nn}, \ldots) = 0.$$

Darin bedeuten bei u angehängte Marken partielle Ableitungen, also z. B.:

$$\text{(V.2)} \qquad u_j = \frac{\partial u}{\partial x_j}; \quad u_{jk} = \frac{\partial^2 u}{\partial x_j \, \partial x_k}.$$

Einzelne Beispiele für partielle Differentialgleichungen haben wir bereits in Kapitel III, § 5 kennengelernt.

§ 1 Allgemeine Lösungen linearer partieller Differentialgleichungen mit konstanten Koeffizienten

1. Einfache lineare partielle Differentialgleichungen. Beispiel 1. Die partielle Differentialgleichung für eine Funktion $u(x, y)$

$$u_x = 0$$

sagt aus, daß u nicht von x abhängig ist. Ihre allgemeine Lösung lautet daher

$$u = w(y),$$

wobei $w(y)$ eine *willkürliche Funktion* von y bedeutet.

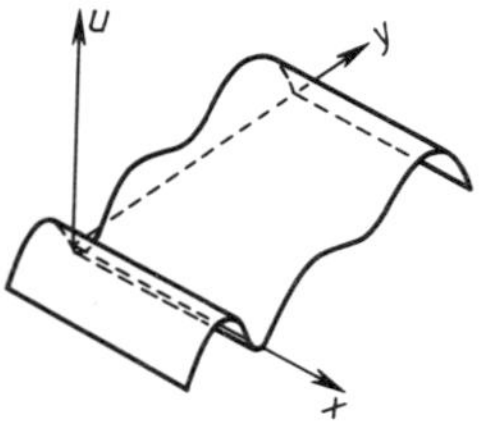

V/I. Zylinderfläche als Lösung von $u_x = 0$

Geometrisch stellt die zu $u = w(y)$ gehörige Fläche einen allgemeinen Zylinder mit einer Basiskurve in der y-z-Ebene dar, Fig. V/1.

Der Vergleich mit der entsprechenden gewöhnlichen Differentialgleichung

$$y' = 0$$

mit der Lösung

$$y = C$$

zeigt bereits in diesem einfachen Falle, daß partielle Differentialgleichungen eine unvergleichlich größere Lösungsmannigfaltigkeit besitzen als gewöhnliche Differentialgleichungen, denn an die Stelle von willkürlichen Integrationskonstanten treten jetzt willkürliche Funktionen; (die n Parameter der Lösung einer gewöhnlichen Differentialgleichung n-ter Ordnung legen nur n Punkte einer Kurve fest, während eine willkürliche Funktion in der Lösung einer partiellen Differentialgleichung erster Ordnung erst durch unendlich viele Punkte festgelegt wird).

Beispiel 2. Die partielle Differentialgleichung erster Ordnung

$$Au_x + Bu_y = 0 \tag{V.3}$$

ist linear homogen und besitze konstante Koeffizienten A, B. Durch die lineare Koordinaten-Transformation

$$\xi = \alpha x + \beta y, \quad \eta = \gamma x + \delta y$$

versucht man, die Differentialgleichung in eine Gleichung umzuformen, die Ableitungen nur nach einer Veränderlichen besitzt und sich daher wie eine gewöhnliche Differentialgleichung lösen läßt. Dazu seien die Konstanten α, β, γ, δ zunächst offen. Mit der verallgemeinerten Kettenregel wird

$$u_x = \frac{\partial u}{\partial \xi}\frac{\partial \xi}{\partial x} + \frac{\partial u}{\partial \eta}\frac{\partial \eta}{\partial x} = u_\xi \alpha + u_\eta \gamma, \quad u_y = u_\xi \beta + u_\eta \delta.$$

Die Differentialgleichung geht dann über in

$$u_\xi(A\alpha + B\beta) + u_\eta(A\gamma + B\delta) = 0.$$

Wählt man jetzt die Konstanten so, daß $A\gamma + B\delta = 0$ wird, z.B. $\gamma = B, \delta = -A$, so reduziert sich die Differentialgleichung auf $u_\xi = 0$ mit der allgemeinen Lösung $u = w(\eta)$. Daher ist die Lösung von (V.3)

$$u = w(Bx - Ay), \tag{V.4}$$

wobei w eine willkürliche differenzierbare Funktion ihres Argumentes ist.

Geometrisch liegen die gleichen Verhältnisse wie bei dem ersten Beispiel vor, jedoch bezogen auf das Koordinatensystem u, ξ, η.

Beispiel 3. Die allgemeine Lösung der homogenen linearen Differentialgleichung zweiter Ordnung

$$u_{xy} = 0$$

übersieht man sofort. Sie ergibt sich als Summe zweier willkürlicher differenzierbarer Funktionen

$$u = w_1(x) + w_2(y).$$

Die Mannigfaltigkeit aller Flächen, die sich in dieser Form angeben lassen, wird umgekehrt durch obige Differentialgleichung charakterisiert. Auch über die Frage, ob sich eine Funktion von zwei Veränderlichen $u(x, y)$ in zwei Summanden aufspalten läßt, deren erster nur von x und deren zweiter nur von y abhängt, entscheidet unsere Differentialgleichung. Geometrisch handelt es sich hier um „Schiebflächen", Fig. V/2. Man kann sie sich dadurch entstanden denken, daß eine parallel zur y-Achse stehende, in der Form $w_2(y)$ geschnittene Schablone in x-Richtung durch einen Sandkasten gezogen wird, wobei jeder Punkt der Schablone eine durch $w_1(x)$ festgelegte Bahn beschreibt.

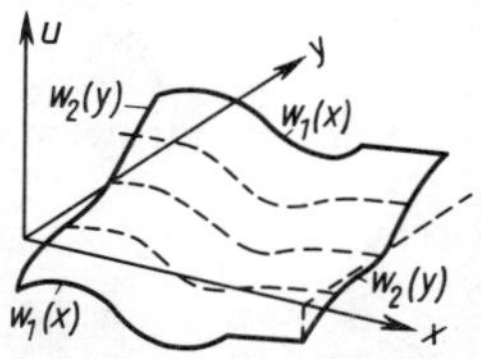

V/2. Lösungsfläche der partiellen Differentialgleichung $u_{xy} = 0$

2. Wellengleichung und Potentialgleichung. Die Wellengleichung trat für eine verschiedene Zahl von Argumenten schon in Kapitel III auf. Für zwei unabhängige Veränderliche hat sie die Form

$$c^2 u_{xx} - u_{yy} = 0. \tag{V.5}$$

c bedeutet darin die Fortpflanzungsgeschwindigkeit, wie sich gleich noch ergibt. Wie in dem vorletzten Beispiel ist die lineare Transformation erfolgreich (in den Anwendungen bedeutet y oft die Zeit; wir schreiben daher t statt y):

$$\xi = \alpha x + \beta t, \quad \eta = \gamma x + \delta t.$$

Die Ableitungen sind

$$u_x = u_\xi \alpha + u_\eta \gamma,$$

$$u_{xx} = \alpha [u_{\xi\xi}\alpha + u_{\xi\eta}\gamma] + \gamma [u_{\xi\eta}\alpha + u_{\eta\eta}\gamma],$$

$$u_{tt} = \beta [u_{\xi\xi}\beta + u_{\xi\eta}\delta] + \delta (u_{\eta\xi}\beta + u_{\eta\eta}\delta].$$

Die Differentialgleichung geht damit über in

$$u_{\xi\xi}[c^2\alpha^2 - \beta^2] + 2u_{\xi\eta}[c^2\alpha\gamma - \beta\delta] + u_{\eta\eta}[c^2\gamma^2 - \delta^2] = 0.$$

Wählt man die Konstanten so, daß die beiden äußeren Klammern verschwinden,

$$c^2\alpha^2 - \beta^2 = 0, \quad \text{d.h. } \beta = c\alpha,$$

und

$$c^2\gamma^2 - \delta^2 = 0, \quad \text{d.h. } \delta = -c\gamma,$$

dann bleibt als Differentialgleichung nur

$$u_{\xi\eta} = 0.$$

In den Verknüpfungsgleichungen für α und β bzw. γ und δ muß einmal ein negatives Vorzeichen gewählt werden, da sonst die Transformationsbeziehungen für ξ und η einander proportional würden, wodurch auch noch das mittlere Glied der Differentialgleichung verschwände. Als Lösung erhält man entsprechend dem vorigen Beispiel

$$u = w_1(\xi) + w_2(\eta)$$

und mit $$\xi = \alpha(x + ct), \quad \eta = \gamma(x - ct),$$

wenn man α und γ mit in den funktionalen Zusammenhang einbezieht,

(V.6) $$u = w_3(x + ct) + w_4(x - ct).$$

Jede Summe zweier zweimal stetig differenzierbarer willkürlicher Funktionen von Linearausdrücken $x + ct$ und $x - ct$ der Argumente erfüllt also die Differentialgleichung (V.5).

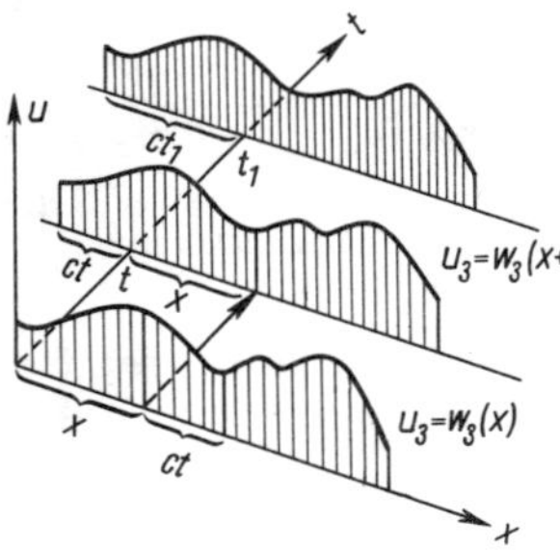

V/3. Wandernde Wellenzüge als Lösungen der Wellengleichung

Zu einer Veranschaulichung gelangt man, wenn man die Funktionen w_3 und w_4 getrennt betrachtet, $u = u_3 + u_4$.

Für den Anfangszeitpunkt $t = 0$ geht

$$u_3 = w_3(x + ct) \quad \text{in} \quad u_3 = w_3(x)$$

über. Einen bestimmten Funktionswert der Funktion $u_3 = w_3(x)$ hat man bei „größerer Zeit" schon bei kleinerem x, und zwar muß x um ct verkleinert werden, damit das gesamte Klammerargument konstant bleibt. Das aber bedeutet eine zeitliche Wanderung der Funktion w_3 nach „links" mit der Geschwindigkeit c, Fig. V/3. Entsprechend wandert die Funktion w_4 nach „rechts".

Insgesamt läßt sich etwa bei Schwingungsvorgängen die Lösung als Überlagerung zweier Wellenzüge deuten, die richtungsmäßig gegeneinander laufen. Bei geeigneter Wahl von w_3 und w_4 können dabei auch „stehende Wellen" auftreten. Setzt man in der Wellengleichung $c^2 = -1$, also $c = \mathrm{i}$, dann geht sie in die wichtige Potentialgleichung über

(V.7) $$u_{xx} + u_{yy} = \Delta u = 0,$$

mit deren Untersuchung sich ein selbständiger Zweig der Mathematik, die Potentialtheorie, beschäftigt. Auch auf anderen Gebieten, z. B. in der Vektoranalysis, in der Funktionentheorie, für konforme Abbildungen und für zahlreiche Anwendungsgebiete spielt sie eine grundlegende Rolle. Entsprechend der Wellengleichung erhält man die allgemeine Lösung

(V.7a) $$u = w_1(x + \mathrm{i}y) + w_2(x - \mathrm{i}y).$$

Alle (zweimal stetig differenzierbaren) Funktionen der komplexen Argumente $x + \mathrm{i}y$ und $x - \mathrm{i}y$ sind also Lösungen der Potentialgleichung, ebenso auch die Realteile und Imaginärteile dieser Funktionen allein sowie deren Linearkombinationen. Funktionen des komplexen Arguments $x + \mathrm{i}y$ bezeichnet man als „analytische oder holomorphe Funktionen", sofern sie in dem betrachteten Gebiet der komplexen Zahlenebene für jeden Punkt eine Ableitung besitzen.

Da man ferner jeden Imaginärteil einer analytischen Funktion auch als Realteil einer anderen analytischen Funktion schreiben kann

$$\mathrm{Jm}\, f(x+\mathrm{i}y) = \mathrm{Re}\,\frac{f(x+\mathrm{i}y)}{\mathrm{i}},$$

kann man die Mannigfaltigkeit aller Lösungen, die sogenannten Potentialfunktionen, zusammenfassen zu

$$u = \mathrm{Re}\, f(x+\mathrm{i}y), \tag{V.8}$$

wobei unter f wieder eine analytische Funktion zu verstehen ist. Wie man hier sieht, kann man bei partiellen Differentialgleichungen bei vorliegender allgemeiner Lösung die Ordnung nicht mehr unbedingt (wie bei gewöhnlichen Differentialgleichungen an der Zahl der freien Parameter) an der Zahl der willkürlichen Funktionen abzählen.

Beispiele für das Auftrennen analytischer Funktionen in Realteil und Imaginärteil:

Gegeben sei

$$f(x+\mathrm{i}y) = (x+\mathrm{i}y)^3 = x^3 + \mathrm{i}3x^2y - 3xy^2 - \mathrm{i}y^3.$$

Sowohl

$$\mathrm{Re}\, f(x+\mathrm{i}y) = u(x,y) = x^3 - 3xy^2$$

als auch

$$\mathrm{Jm}\, f(x+\mathrm{i}y) = v(x,y) = 3x^2y - y^3$$

sind je eine Lösung der Potentialgleichung. Die reellen Lösungen der Potentialgleichung heißen auch **harmonische** Funktionen. $u(x,y)$ und $v(x,y)$ bezeichnet man auch als **konjugierte harmonische** Funktionen.

Häufig empfehlen sich Polarkoordinaten r, φ nach

$$x = r\cos\varphi, \quad y = r\sin\varphi.$$

Man bekommt dann für das komplexe Argument

$$x + \mathrm{i}y = r(\cos\varphi + \mathrm{i}\sin\varphi) = r\mathrm{e}^{\mathrm{i}\varphi}.$$

Dann wird z. B.

$$(x+\mathrm{i}y)^n = r^n\,\mathrm{e}^{\mathrm{i}n\varphi} = \underbrace{r^n\cos n\varphi}_{u(r,\varphi)} + \mathrm{i}\underbrace{r^n\sin n\varphi}_{v(r,\varphi)}.$$

Abermals sind

$$u(r,\varphi) = r^n\cos n\varphi \quad \text{und} \quad v(r,\varphi) = r^n\sin n\varphi$$

Potentialfunktionen.

§ 2 Anfangs- und Randwertaufgaben

3. Die 3 Grundtypen einer quasilinearen partiellen Differentialgleichung 2. Ordnung. Die Methode der vorigen Nummer soll nun bei der allgemeineren Differentialgleichung 2. Ordnung

$$T\,u = a\,u_{xx} + 2b\,u_{xy} + c\,u_{yy} + \psi_1(x,y,u,u_x,u_y) = 0 \tag{V.9}$$

angewendet werden. Hierbei seien a, b, c gegebene, nicht sämtlich verschwindende Konstanten, und ψ_1 und später ψ_2 seien stetige, nach allen angegebenen Argumenten stetig partiell differenzierbare Funktionen. Wir führen wieder neue unabhängige Veränderliche ξ, η ein (behalten jetzt aber den Buchstaben y statt früher t):

(V.10) $$\xi = \alpha x + \beta y, \quad \eta = \gamma x + \delta y,$$

wobei die Determinante

$$\Phi = \alpha \delta - \beta \gamma \neq 0$$

sei (sonst wären ξ und η zueinander porportional), und wir berechnen genau wie in der vorigen Nummer u_{xx}, u_{yy} (damals u_{tt}) und auch

$$u_{xy} = \alpha [u_{\xi\xi} \beta + u_{\xi\eta} \delta] + \gamma [u_{\xi\eta} \beta + u_{\eta\eta} \delta].$$

Einsetzen dieser Ausdrücke in (V.9) ergibt

$$T u = A u_{\xi\xi} + 2B u_{\xi\eta} + C u_{\eta\eta} + \psi_2 (\xi, \eta, u, u_\xi, u_\eta) = 0$$

mit $$\begin{cases} A = a \alpha^2 + 2b \alpha \beta + c \beta^2 \\ B = a \alpha \gamma + b(\alpha \delta + \beta \gamma) + c \beta \delta \\ C = a \gamma^2 + 2b \gamma \delta + c \delta^2. \end{cases}$$

Man rechnet unmittelbar nach:

(V.11) $$A C - B^2 = (ac - b^2) \Phi^2.$$

Die Determinante $d = ac - b^2$ ist dabei in

$$D = A C - B^2 = d \Phi^2$$

übergegangen. Die Determinante behält also bei der Transformation ihr Vorzeichen bei und wird genau dann Null, wenn $d = 0$ war.

Es liegt daher nahe, das Vorzeichen bzw. Verschwinden der Determinante d für eine Typeneinteilung zugrunde zu legen, und in Analogie zu den Kegelschnitten, der Ellipse, der Parabel und Hyperbel in der ebenen analytischen Geometrie, bei denen auch der Wert der Determinante der zugehörigen quadratischen Form entscheidet, heißt in Gleichung (V. 9) der Differentialausdruck Tu

(V.12) $$\begin{cases} \text{elliptisch, wenn} & d = ac - b^2 > 0 \\ \text{parabolisch, wenn} & d = ac - b^2 = 0 \\ \text{hyperbolisch, wenn} & d = ac - b^2 < 0 \end{cases}$$

ist.

Nun kann man stets erreichen, daß in der transformierten Gleichung kein Glied mit der gemischten partiellen Ableitung $u_{\xi\eta}$ auftritt, daß also $B = 0$ ist. Im Falle $a = c = 0$ (und daher $b \neq 0$) kann man $\alpha = \beta = \delta = 1$, $\gamma = -1$, ($\Phi = 2 \neq 0$) wählen, und wenn nicht beide Konstanten a und c verschwinden, etwa für $c \neq 0$, kann man $\alpha = \delta = 1$, $\gamma = 0$, $\beta = -\dfrac{b}{c}$ ($\Phi = 1 \neq 0$) nehmen.

Hat man $B = 0$ erreicht, so kann man durch Maßstabsfaktoren in den Koordinatenrichtungen ξ, η die Koeffizienten der reinen 2. Ableitungen $u_{\xi\xi}$, und $u_{\eta\eta}$, sofern sie nicht verschwinden, zu ± 1 machen. So erhält man, wenn man wieder x, y statt ξ, η schreibt, die „Normalformen“

	elliptische Gleichung	$Tu = u_{xx} + u_{yy} + \psi(x,y,u,u_x,u_y) = 0$
(V.13)	parabolische Gleichung	$Tu = u_{xx} \qquad + \psi(x,y,u,u_x,u_y) = 0$
	hyperbolische Gleichung	$Tu = u_{xx} - u_{yy} + \psi(x,y,u,u_x,u_y) = 0$

Beispiel.

Potentialgleichung	$u_{xx} + u_{yy} = 0$	elliptisch
Wärmeleitungsgleichung	$u_{xx} - u_y = 0$	parabolisch
Wellengleichung	$u_{xx} - u_{yy} = 0$	hyperbolisch

Sind in Gleichung (V.9) a, b, c nicht Konstanten, sondern gegebene stetige Funktionen von x und y, so hat man zur Reduktion auf die Normalform Gleichung (V.10) zu ersetzen durch

$$\xi = \xi(x, y), \quad \eta = \eta(x, y)$$

mit noch zu bestimmenden Funktionen $\xi(x, y)$ und $\eta(x, y)$ (eine ausführliche Darstellung findet man z.B. bei Courant-Hilbert II [62] S. 154ff.). Es hängt dann im allgemeinen von der Stelle (x_0, y_0) ab, zu welchem Typ die Differentialgleichung an dieser Stelle gehört.

Beispiele: 1. Die aus der Aerodynamik bekannte Tricomi-Gleichung

(V.14) $$y\, u_{xx} + u_{yy} = 0$$

ist in der Halbebene $y > 0$ elliptisch, in der Halbebene $y < 0$ hyperbolisch und für $y = 0$ parabolisch. Man nennt hier die Gerade $y = 0$ die „parabolische Grenzlinie".

Hängen die Koeffizienten a, b, c außer von x, y auch noch von u, u_x, u_y ab, so kann man im allgemeinen nur noch sagen, daß sich eine bestimmte Lösung $u(x, y)$ der Differentialgleichung an einer bestimmten Stelle x_0, y_0 elliptisch, parabolisch oder hyperbolisch verhält.

2. In der Aerodynamik erhält man für die ebene, kompressible, stationäre Strömung die Differentialgleichung

(V.15) $$(\gamma^2 - u_x^2)\, u_{xx} - 2\, u_x\, u_y\, u_{xy} + (\gamma^2 - u_y^2)\, u_{yy} = 0,$$

wobei γ die Schallgeschwindigkeit und u_x, u_y die Komponenten des Geschwindigkeitsvektors v bedeuten. Die Determinante hat hier den Wert

$$(\gamma^2 - u_x^2)(\gamma^2 - u_y^2) - u_x^2\, u_y^2 = \gamma^2 (\gamma^2 - v^2).$$

Es liegt also im „unterkritischen Bereich" ($|v| < \gamma$) elliptisches, im „überkritischen Bereich" ($|v| > \gamma$) hyperbolisches Verhalten und beim Durchgang durch die kritische Geschwindigkeit ($|v| = \gamma$, „Schallmauer") parabolisches Verhalten vor.

Es gibt aber auch Differentialgleichungen, die für alle Lösungen auf dem ganzen Definitionsbereich der Lösungen einem festen Typ angehören:

3. Taucht man einen Draht, dessen Mittellinie die Form einer geschlossenen Raumkurve C hat, in eine Seifenlösung und hebt den Draht aus der Lösung

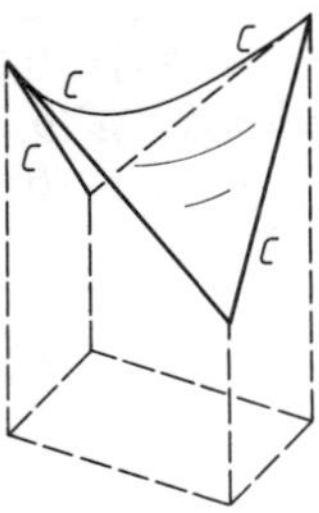

derart, daß die Kurve C eine dünne Seifenhaut berandet, Fig. V/4, so bildet die Mittelfläche der Seifenhaut unter einfachen Annahmen eine „Minimalfläche", die einer Differentialgleichung

$$(V.16) \qquad (1 + u_y^2)\, u_{xx} - 2\, u_x\, u_y\, u_{xy} + (1 + u_x^2)\, u_{yy} = 0$$

genügt.

V/4. Minimalfläche durch geschlossene Randkurve C (4 Kanten eines Tetraeders)

Hier ist die Differentialgleichung schlechthin elliptisch, weil für alle Lösungen $u(x, y)$ die Determinante

$$\begin{vmatrix} 1 + u_y^2 & u_x\, u_y \\ u_x\, u_y & 1 + u_x^2 \end{vmatrix} = 1 + u_x^2 + u_y^2 > 0$$

stets positiv ist.

Die Differentialgleichung (V.16) ist nicht linear, aber noch quasilinear. Eine Differentialgleichung für eine Funktion u heißt „fast linear", wenn sie als Funktion der sämtlichen vorkommenden Ableitungen von u linear ist, sie heißt „quasilinear", wenn sie in den Ableitungen der höchsten vorkommenden Ordnung linear ist.

Die nach (V.12) vorgenommene Typeneinteilung nach dem Vorzeichen der Determinante d erscheint zunächst vielleicht gekünstelt und äußerlich, erweist sich aber in der weiteren Theorie der quasilinearen Differentialgleichungen 2. Ordnung als grundlegend und entscheidend für wesentliche Eigenschaften der Lösungen, und findet ihr Analogon bei der Beschreibung von Naturvorgängen und Zuständen, indem häufig elliptische Differentialgleichungen stationäre Probleme und Zustände, parabolische und hyperbolische Differentialgleichungen dagegen häufig Ausbreitungsvorgänge und Wellen beschreiben.

4. Einfluß- und Fortsetzungsgebiet. Wie bei gewöhnlichen Differentialgleichungen unterscheidet man auch bei partiellen Differentialgleichungen 1. Anfangswertprobleme, 2. Randwertprobleme und 3. Eigenwertprobleme. Es gibt aber hier noch eine Kombination von 1. und 2., die „Anfangsrandwertaufgaben". Ein Beispiel hierfür wird am Schluß dieser Nummer gegeben.

Ein besonders einfaches Beispiel einer Anfangswertaufgabe bietet die Differentialgleichung (V.5) einer schwingenden Saite. Es sei $u(x, t)$ die Auslenkung der Saite an der Stelle x zur Zeit t. Zur Zeit $t = 0$ seien die Anfangsauslenkung $u(x, 0) = f(x)$ und die Anfangsgeschwindigkeit $u_t(x, 0) = g(x)$, etwa als stetige Funktionen gegeben. Nun müssen die willkürlichen Funktionen w_3 und w_4 in der allgemeinen Lösung (V.6) den Anfangsbedingungen angepaßt werden

$$(V.17) \qquad \begin{cases} u(x, 0) = f(x) = w_3(x) + w_4(x) \\ u_t(x, 0) = g(x) = c\, w_3'(x) - c\, w_4'(x) \end{cases}$$

oder

$$G(x) = \int_0^x g(s)\, \mathrm{d}s = c\, w_3(x) - c\, w_4(x) - \gamma$$

mit $\gamma = c(w_3(0) - w_4(0))$. Man hat jetzt 2 Gleichungen zur Bestimmung von

w_3 und w_4:

$$w_3(x) = \frac{1}{2} f(x) + \frac{1}{2c} [G(x) + \gamma], \quad w_4(x) = \frac{1}{2} f(x) - \frac{1}{2c} [G(x) + \gamma].$$

Somit ergibt sich die Lösung der Anfangswertaufgabe

$$\text{(V.18)} \quad \begin{cases} u(x, t) = w_3(x + c\,t) + w_4(x - c\,t) \\ \quad = \frac{1}{2} [f(x + c\,t) + f(x - c\,t)] + \frac{1}{2c} \int\limits_{x-ct}^{x+ct} g(s)\, ds. \end{cases}$$

Man sieht: auf den Funktionswert u an einer Stelle (x, t) haben nur die Anfangswerte aus dem Intervall

$$J = [x_1 - c\,t_1, \ x_1 + c\,t_1]$$

Einfluß, Fig. V/5. Man nennt den Rhombus R, Fig. V/5,

$$R = \{(x, t), |x - x_1| + c\,|t| \leqq c\,|t_1|\}$$

das „Fortsetzungsgebiet" des Intervalles J, und den Bereich der Punkte (x, t), deren Funktionswerte durch die Anfangswerte auf J beeinflußt werden können, das „Einflußgebiet" F des Intervalles J (Fig. V/5)

$$F = \{(x, t), |x - x_1| - c\,|t| \leqq c\,|t_1|\}.$$

Ferner zeigt Gleichung (V.18), daß sich die Lösung $u(x, t)$ bei stetiger Änderung der Anfangsdaten f, g ebenfalls stetig ändert.

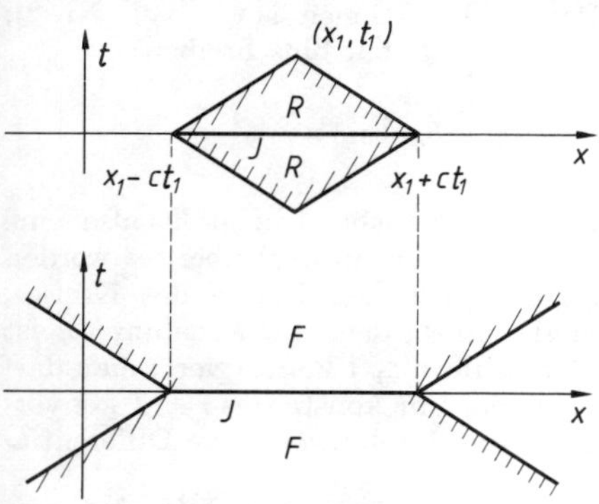

V/5. Fortsetzungsgebiet R und Einflußgebiet F eines Intervalles

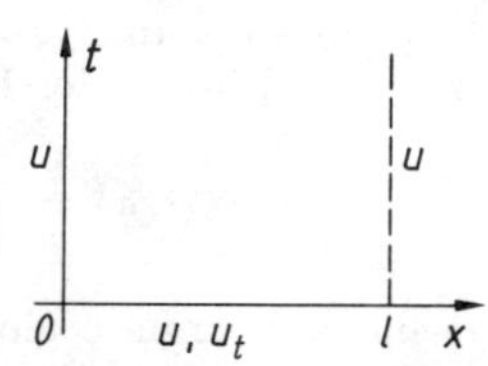

V/6. Anfangsrandwertaufgabe bei der Wellengleichung

An der Lösungsformel (V.18) sieht man auch, daß sich Unstetigkeiten in den Ableitungen der Anfangsdaten („Wellenfronten", „Schockwellen") längs der Geraden

$$x \pm c\,t = \text{const},$$

den sogenannten „Charakteristiken" fortpflanzen (vgl. Fig. V/3).

Es sei noch erwähnt, daß in den Anwendungen oft andere Randbedingungen auftreten, z.B. kann man bei einer schwingenden Saite endlicher Länge l, die etwa das Intervall $0 \leq x \leq l$ bedeckt, die Auslenkungen u längs der beiden Halbgeraden $t \geq 0$, $x = 0$ und $x = l$ und längs des geraden Stückes $0 \leq x \leq l$, $t = 0$ die Werte von u und von u_t vorschreiben, Fig. V/6. Es liegt dann eine „Anfangsrandwertaufgabe" vor.

5. Lösung der Randwertaufgabe für den Kreisbereich. Gegeben sei ein zylinderförmiger Körper vom Radius $R = 1$, der allseitig gegen Wärmeabströmung und Wärmeabstrahlung isoliert sei. Vom Rande her werde ihm eine Temperaturverteilung aufgezwungen. Das Problem werde als ebenes Problem in einer x-y-Ebene behandelt. Gefragt ist nach der sich im Inneren des Körpers einstellenden Temperaturverteilung. Dieses Temperaturfeld genügt der Potentialgleichung

$$u_{xx} + u_{yy} \equiv \Delta u = 0 .$$

Damit läßt sich das Randwertproblem formulieren:

Welche Potentialfunktion nimmt am Rande des Körpers vorgegebene, etwa längs des Randes stetige Werte an?

Die Funktion $u(x, y)$ oder in Polarkoordinaten $u^*(r, \varphi)$ soll also der Potentialgleichung und der Randbedingung

$$u^*(1, \varphi) = g(\varphi)$$

genügen. Die Temperaturfunktion am Rande $g(\varphi)$ muß dabei die Periode 2π haben. Es werde angenommen, daß sie in eine gleichmäßig konvergente Fourierreihe entwickelbar ist:

$$g(\varphi) = \frac{a_0}{2} + \sum_{n=1}^{\infty} (a_n \cos n\varphi + b_n \sin n\varphi) . \tag{V.19}$$

Da $u = r^n \cos n\varphi$ und $v = r^n \sin n\varphi$ Potentialfunktionen sind (vgl. Nr. 2), kann man die Lösung der Randwertaufgabe unmittelbar hinschreiben:

$$u^*(r, \varphi) = \frac{a_0}{2} + \sum_{n=1}^{\infty} (a_n r^n \cos n\varphi + b_n r^n \sin n\varphi) . \tag{V.20}$$

Die Reihe konvergiert gleichmäßig im ganzen Kreisbereich, stellt also eine stetige Funktion dar; für $r \to 1$ geht die Reihe in die für $g(\varphi)$ über, es werden also die vorgeschriebenen Randwerte angenommen. Im Innern des Kreises, für $r < 1$, erfüllt die Reihe die Potentialgleichung; denn für konstantes φ ist die Reihe eine Potenzreihe in r, die mindestens für $r \leqq 1$ konvergiert; man darf sie also nach r gliedweise zweimal differenzieren. Für konstantes $r < 1$ konvergiert die Reihe in φ gleichmäßig, und auch die durch zweimalige Differentiation nach φ entstehende Reihe konvergiert in φ gleichmäßig, da $\sum_{n=1}^{\infty} C \cdot n^2 r^n$ (mit C als Konstante) für $r < 1$ eine konvergente Majorante ist, so daß die Reihe auch nach φ gliedweise zweimal differenziert werden darf. Man darf also bei der Reihe die Bildung des Laplaceschen Operators mit der Summation vertauschen. Bestimmt man jetzt noch die Fourier-Konstanten a_n und b_n aus der gegebenen Funktion $g(\varphi)$ nach den bekannten Formeln der Fourier-Analyse zu

$$\begin{Bmatrix} a_n \\ b_n \end{Bmatrix} = \frac{1}{\pi} \int_{-\pi}^{\pi} g(\psi) \begin{Bmatrix} \cos n\psi \\ \sin n\psi \end{Bmatrix} d\psi , \qquad (n = 0, 1, 2, \ldots)$$

so ist das Randwertproblem gelöst.

Die Lösung $u(r, \varphi)$ (wenn wir den Stern wieder fortlassen) läßt sich auch in geschlossener Form schreiben:

$$u(r, \varphi) = \int_{-\pi}^{\pi} G(r, \varphi, \psi)\, g(\psi)\, d\psi,$$

wobei $G(r, \varphi, \psi)$ die Greensche Funktion bedeutet:

$$\pi \cdot G(r, \varphi, \psi) = \frac{1}{2} + \sum_{n=1}^{\infty} r^n [\cos(n\varphi) \cos(n\psi) + \sin(n\varphi) \sin(n\psi)].$$

Die eckige Klammer ist mit $\alpha = \varphi - \psi$ nach dem Additionstheorem für den Cosinus gerade

$$\cos(n\alpha) = \operatorname{Re} e^{in\alpha} = \text{Realteil von } e^{in\alpha}.$$

Daher läßt sich die Summe als geometrische Reihe auswerten:

$$\pi \cdot G(r, \varphi, \psi) = \frac{1}{2} + \left(\sum_{n=0}^{\infty} r^n \cos(n\alpha) - 1\right) = -\frac{1}{2} + \operatorname{Re} Z$$

mit

$$Z = \sum_{n=0}^{\infty} r^n e^{in\alpha} = \frac{1}{1 - r e^{i\alpha}} = \frac{1}{1 - r(\cos\alpha + i \sin\alpha)} = \frac{1 - r\cos\alpha + i\, r \sin\alpha}{N}$$

mit

$$N = (1 - r\cos\alpha)^2 + r^2 (\sin\alpha)^2 = 1 - 2r\cos\alpha + r^2.$$

Somit wird

$$\operatorname{Re} Z = \frac{1 - r\cos\alpha}{N}$$

und

$$\pi G = \frac{1}{2N}[-N + 2 - 2r\cos\alpha] = \frac{1}{2N}(1 - r^2).$$

Die Lösung der Randwertaufgabe läßt sich somit in Gestalt des sogenannten „Poissonschen Integrales" schreiben:

$$\text{(V.21)} \qquad u(r, \varphi) = \frac{1 - r^2}{2\pi} \int_{-\pi}^{\pi} \frac{g(\psi)\, d\psi}{1 - 2r\cos(\varphi - \psi) + r^2} = \int_{-\pi}^{\pi} G(r, \varphi, \psi)\, g(\psi)\, d\psi$$

mit der Greenschen Funktion

$$\text{(V.22)} \qquad G(r, \varphi, \psi) = \frac{1 - r^2}{2\pi(1 - 2r\cos(\varphi - \psi) + r^2)}.$$

Aus dieser Formel lassen sich wichtige Folgerungen ziehen. Z.B. erhält man aus (V.21) für $r = 0$

$$\text{(V.23)} \qquad u(0, \varphi) = \frac{1}{2\pi} \int_{-\pi}^{\pi} g(\psi)\, d\psi.$$

Dies ist der sogenannte „Mittelwertsatz der Potentialtheorie" (in der Ebene). Er besagt, daß der Wert einer Potentialfunktion im Mittelpunkte eines Kreises K gleich dem Mittelwert der Randwerte der Potentialfunktion auf dem Rande des Kreises K ist. Sind die Randwerte $g(\varphi)$ im Intervall $I = \{\varphi;\ -\pi \leq \varphi \leq \pi\}$ stetig, so ergibt sich hieraus insbesondere

$$\text{(V.24)} \qquad \operatorname*{Min}_{I} g(\psi) \leq u(0, \varphi) \leq \operatorname*{Max}_{I} g(\psi)$$

als spezielle Form des „Randmaximumsatzes", der in Nr. 7 in allgemeinerer Form hergeleitet werden soll.

Die hier angewandte Methode, zunächst Lösungen aufzusuchen, um nachträglich ihre Richtigkeit nachzuweisen, wird bei der Lösung von Randwertproblemen häufig benutzt.

6. Beispiel: Temperaturverteilung. Als konkretes Beispiel sei gegeben

$$g(\varphi) = \begin{cases} A & \text{für } |\varphi| < \alpha \\ 0 & \text{für } |\varphi| > \alpha \end{cases} \quad \text{und } |\varphi| < \pi, \quad 0 < \alpha < \pi, \quad \text{Fig. V/7}$$

(Kreisförmige Linien konstanter Temperatur wurden gestrichelt eingezeichnet). Nun berechnen sich leicht die Fourier-Koeffizienten zu

$$a_0 = \frac{1}{\pi} \int_{-\pi}^{+\pi} g(\varphi)\,d\varphi = \frac{2}{\pi} A\alpha;$$

$$a_n = \frac{1}{\pi} \int_{-\pi}^{\pi} g(\varphi) \cos n\varphi\,d\varphi = \frac{A}{\pi} \int_{-\alpha}^{\alpha} \cos n\varphi\,d\varphi$$

$$= \frac{2A}{\pi n} \sin n\alpha \quad (n = 1, 2, \ldots),$$

$$b_n = \frac{A}{\pi} \int_{-\alpha}^{\alpha} \sin n\varphi\,d\varphi = 0.$$

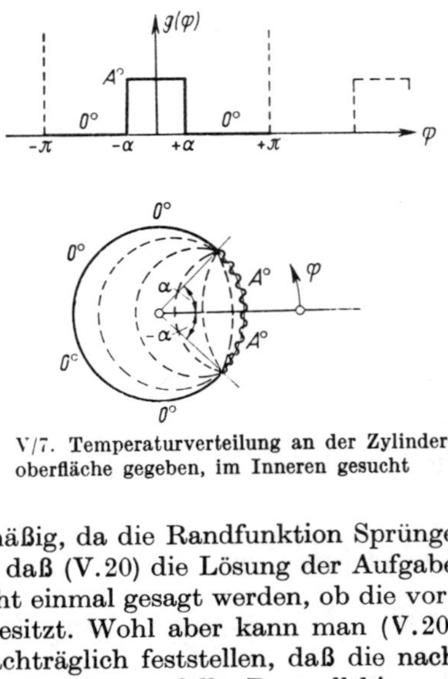

V/7. Temperaturverteilung an der Zylinderoberfläche gegeben, im Inneren gesucht

Damit lautet die Randwertfunktion in Gestalt einer Fourier-Reihe

$$g(\varphi) = \frac{A}{\pi} \left[\alpha + \sum_{n=1}^{\infty} \frac{2}{n} \sin n\alpha \cos n\varphi \right].$$

Diese Reihe konvergiert in φ nicht gleichmäßig, da die Randfunktion Sprünge hat, und es ist daher noch nicht gesichert, daß (V.20) die Lösung der Aufgabe liefert; nach dem bisherigen kann noch nicht einmal gesagt werden, ob die vorgelegte Aufgabe überhaupt eine Lösung besitzt. Wohl aber kann man (V.20) als heuristisches Mittel verwenden und nachträglich feststellen, daß die nach (V.20) erhaltene Lösung tatsächlich alle Forderungen erfüllt. Das soll hier geschehen. (V.20) ergibt:

$$u^*(r, \varphi) = \frac{A}{\pi} \left[\alpha + \sum_{n=1}^{\infty} \frac{2}{n} r^n \sin n\alpha \cos n\varphi \right].$$

Summierung der Reihe in geschlossener Form. Eine Auswertung dieser Reihe geschieht zweckmäßig wieder auf dem Wege über die komplexe Darstellung.

Mit Hilfe von

$$\sin n\alpha \cos n\varphi = \frac{1}{2}\sin n(\alpha + \varphi) + \frac{1}{2}\sin n(\alpha - \varphi)$$

faßt man die beiden Summanden je als Imaginärteil im Eulerschen Satz auf:

$$\sin n\alpha \, \cos n\varphi = \frac{1}{2}\,\mathrm{Jm}\, e^{\mathrm{i}n(\alpha+\varphi)} + \frac{1}{2}\,\mathrm{Jm}\, e^{\mathrm{i}n(\alpha-\varphi)}.$$

Damit nimmt die Lösung mit den Abkürzungen

$$r e^{\mathrm{i}(\alpha+\varphi)} = q, \quad r e^{\mathrm{i}(\alpha-\varphi)} = p$$

die Gestalt an

$$u^*(r, \varphi) = \frac{A\alpha}{\pi} + \frac{A}{\pi}\,\mathrm{Jm}\left\{\sum_{n=1}^{\infty}\frac{q^n}{n} + \sum_{n=1}^{\infty}\frac{p^n}{n}\right\}.$$

Da die Beträge von q und p kleiner sind als Eins, konvergieren die Reihen (auch im Komplexen). Man kann sich die vorliegenden Reihen aus der geometrischen Reihe

$$\sum_{n=0}^{\infty} q^n = 1 + q + q^2 + q^3 \cdots = \frac{1}{1-q} \quad \text{mit} \quad |q| < 1$$

durch Integration entstanden denken:

$$\sum_{n=1}^{\infty}\frac{q^n}{n} = q + \frac{q^2}{2} + \frac{q^3}{3} + \frac{q^4}{4} + \cdots = -\ln(1-q) \quad \text{für} \quad |q| < 1.$$

So erhält man für die Summen geschlossene Ausdrücke:

$$u^*(r, \varphi) = \frac{A\alpha}{\pi} - \frac{A}{\pi}\,\mathrm{Jm}\ln\overbrace{(1-q)\cdot(1-p)}^{\tilde{u}}.$$

Man hat hier den natürlichen Logarithmus einer komplexen Zahl $\tilde{z} = \tilde{x} + \mathrm{i}\tilde{y}$ zu bilden. Dafür gilt

$$\ln\tilde{u} = \ln(\tilde{x} + \mathrm{i}\tilde{y}) = \ln\left[|\tilde{u}|\, e^{\mathrm{i}(\tilde{\varphi}+2k\pi)}\right] = \ln|\tilde{u}| + \mathrm{i}(\tilde{\varphi} + 2k\pi)$$

$$\text{mit } \tilde{\varphi} = \arctan\frac{\tilde{y}}{\tilde{x}} \quad \text{und} \quad k = 0, \pm 1, \pm 2, \ldots.$$

Den Wert für $k = 0$ und $-\pi < \tilde{\varphi} \leqq \pi$ nennt man den Hauptwert des Logarithmus. Da die Addition von $2k\pi\mathrm{i}$ ohne Einfluß auf das Ergebnis ist, erhält man

$$u^*(r, \varphi) = \frac{A}{\pi}(\alpha - \tilde{\varphi}).$$

Beispiel:

Zunächst sei

$$\alpha = \frac{\pi}{2}.$$

Dann wird

$$u^*(r, \varphi) = \frac{A}{2} - \frac{A}{\pi}\,\mathrm{Jm}\ln\left[\left(1 - r e^{\mathrm{i}\left(\frac{\pi}{2}+\varphi\right)}\right)\left(1 - r e^{\mathrm{i}\left(\frac{\pi}{2}-\varphi\right)}\right)\right].$$

Mit

$$e^{i\pi} = -1, e^{i\frac{\pi}{2}} = i \quad \text{und} \quad e^{i\varphi} + e^{-i\varphi} = 2\cos\varphi$$

folgt

(V.25) $$u^*(r, \varphi) = \frac{A}{2} - \frac{A}{\pi} \operatorname{Jm} \ln (1 - ir\, 2\cos\varphi - r^2).$$

Für $\varphi = \frac{\pi}{2}$ hat der Logarithmus ein reelles positives Argument

$$u^*\left(r, \frac{\pi}{2}\right) = \frac{A}{2}.$$

Die Temperatur stellt sich dort auf den arithmetischen Mittelwert ein.

Für $\varphi = 0$ entsteht

$$\begin{aligned} u^*(r, 0) &= \frac{A}{2} - \frac{A}{\pi} \operatorname{Jm} \ln (1 - 2ir - r^2) = \frac{A}{2} - \frac{2A}{\pi} \operatorname{Jm} \ln (1 - ir) \\ &= \frac{A}{2} - \frac{2A}{\pi} \operatorname{Jm} \ln \left(\sqrt{1 + r^2} \cdot e^{-i \arctan r}\right) \\ &= \frac{A}{2} - \frac{2A}{\pi} \operatorname{Jm} \left(\ln \sqrt{1 + r^2} - i \arctan r\right) \\ &= \frac{A}{2} + \frac{2A}{\pi} \arctan r. \end{aligned}$$

In dem betrachteten Querschnitt ($\varphi = 0$) hat die Temperaturfunktion den Verlauf der Fig. V/8.

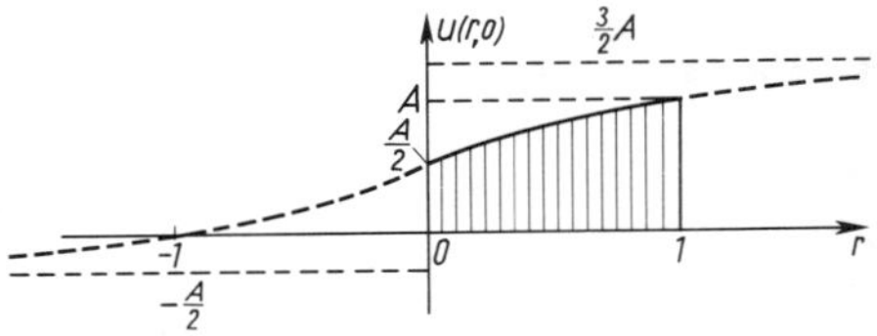

V/8. Temperaturverlauf längs des Durchmessers $\varphi = 0$

Für beliebige x, y im Innern des Einheitskreises $|r| < 1$ erhält man ebenso aus (V.25) durch Herausgreifen des Imaginärteils

$$\begin{aligned} u(x, y) &= u^*(r, \varphi) = A\left(\frac{1}{2} - \frac{1}{\pi} \operatorname{Jm} \ln (1 - 2ix - x^2 - y^2)\right) \\ &= A\left(\frac{1}{2} + \frac{1}{\pi} \arctan \frac{2x}{1 - x^2 - y^2}\right). \end{aligned}$$

Nun kann man von dieser Funktion leicht feststellen, daß sie die Differentialgleichung und die Randbedingung erfüllt und somit tatsächlich eine Lösung der Randwertaufgabe vorliegt. (Daß die Differentialgleichung erfüllt ist, folgt wegen

$$\ln (1 - 2ix - x^2 - y^2) = \ln (1 - i(x + iy)) + \ln (1 - i(x - iy))$$

unmittelbar nach (V.7a)).

Für ein beliebiges α aus $0 < \alpha < \pi$ sei nur das Ergebnis angegeben:

$$u = A\frac{\alpha}{\pi} + \frac{A}{\pi} \arctan \frac{2x \sin\alpha - r^2 \sin 2\alpha}{1 - 2x\cos\alpha + r^2 \cos 2\alpha}.$$

Die Kurven konstanter Temperatur u sind also Kreise (oder zu geraden Linien ausgeartet).

§ 3 Randmaximumsatz und Monotonie

7. Randmaximumsatz der Potentialtheorie in der Ebene und im dreidimensionalen Raum. Es sei u eine in einem offenen beschränkten zusammenhängenden Bereich B der x-y-Ebene (bzw. des x-y-z-Raumes) definierte Lösung der Differentialgleichung

$$\text{(V.26)} \qquad -\Delta u(x, y) = h(x, y) < 0 \quad \text{für alle } (x, y) \in B$$

mit einer in B gegebenen stetigen negativen Funktion h. Ist ∂B der Rand von B und $\overline{B} = B \cup \partial B$ der Abschluß von B, so sei u stetig in $\overline{B}$. Daraus folgt: u nimmt das Maximum in $\overline{B}$ an, etwa in einem Punkte P aus $\overline{B}$; dann kann P kein innerer Punkt sein, denn dort hätte u ein differenzierbares Maximum, d.h. es wäre dort

$$\text{(V.27)} \qquad \frac{\partial u}{\partial x} = \frac{\partial u}{\partial y} = 0, \quad \frac{\partial^2 u}{\partial x^2} \leq 0, \quad \frac{\partial^2 u}{\partial y^2} \leq 0, \quad -\Delta u \geq 0$$

im Widerspruch zu $-\Delta u = h < 0$ (im Raum hätte man noch $\frac{\partial u}{\partial z} = 0$, $\frac{\partial^2 u}{\partial z^2} \leq 0$ hinzuzufügen). Die Funktion u nimmt daher ihr Maximum n u r auf dem Rande ∂B an.

Nun werde eine Funktion u in B „subharmonisch" (bzw. „superharmonisch)" genannt, wenn in B gilt

$$\text{(V.28)} \qquad -\Delta u = h^*(x, y) \leq 0 \quad (\text{bzw. } -\Delta u = h^*(x, y) \geq 0).$$

(Im Raum hätte man $h^*(x, y, z)$ zu schreiben).

Dann gilt der

Satz: *Für jede in einem abgeschlossenen beschränkten Bereich B subharmonische Funktion u gibt es (mindestens) einen Punkt P auf dem Rande ∂B, in welchem u sein Maximum annimmt.*

B e w e i s. (Nach H. F. W e i n b e r g e r, Partial Differential Equations, Blaisdell 1965, S. 55). Es sei M das Maximum von u auf dem Rande ∂B. Nun werde für beliebiges positives $\varepsilon > 0$ die Hilfsfunktion $v(x, y)$ eingeführt:

$$\text{(V.29)} \qquad v(x, y) = u(x, y) + \varepsilon(x^2 + y^2) = u(x, y) + \varepsilon r^2 \quad \text{mit} \quad r^2 = x^2 + y^2$$

(bzw. im Raum $v(x, y, z) = u(x, y, z) + \varepsilon r^2$ mit $r^2 = x^2 + y^2 + z^2$).

Nach leichter Rechnung folgt

$$\text{(V.30)} \qquad \begin{aligned} -\Delta v &= -\Delta u - \varepsilon \Delta (x^2 + y^2) \\ &= h^*(x, y) - 4\varepsilon < 0 \text{ in } B \end{aligned}$$

(bzw. im Raum $-\Delta v = h^* - 6\varepsilon < 0$ in B).

v erfüllt somit die Voraussetzung (V.26) und nimmt sein Maximum auf dem Rande ∂B an.

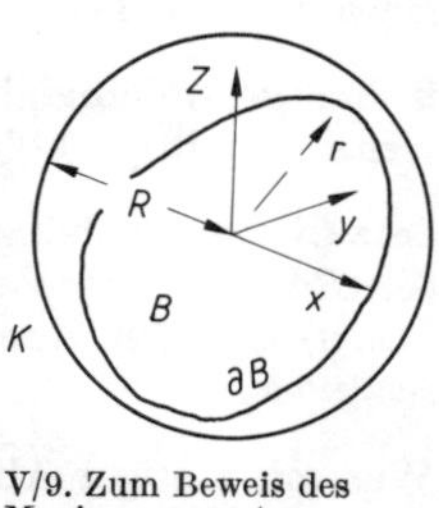

V/9. Zum Beweis des Maximumumsatzes

Nun sei R der Radius eines Kreises K (bzw. einer Kugel im Raum), Fig. V/9, der alle Punkte von $\overline{B}$ enthält. Dann folgt aus (V.29):

(V.31) $$\operatorname*{Max}_{\bar{B}} v = \operatorname*{Max}_{\partial B} v \leq \operatorname*{Max}_{\partial B} u + \varepsilon R^2 = M + \varepsilon R^2.$$

Für $\varepsilon \to 0$ ergibt sich daraus die Behauptung

(V.32) $$\operatorname*{Max}_{\bar{B}} u = \lim_{\varepsilon \to 0} \operatorname*{Max}_{\bar{B}} v \leq M.$$

Analog folgt, daß für jede in einem abgeschlossenen Bereich B superharmonische Funktion $u(x, y)$ ein Punkt P am Rande existiert, in welchem u das Minimum annimmt.

Jede in B „harmonische Funktion", d.h. für welche $\Delta u = 0$ ist, ist sowohl subharmonisch als auch superharmonisch und nimmt daher Minimum und Maximum am Rande an. Ist eine solche Funktion am Rande konstant, $u = M$ auf ∂B, so muß sie auch im Innern konstant M sein. Ist speziell eine harmonische Funktion $u = 0$ auf ∂B, so ist $u \equiv 0$ in ganz B. Daraus folgt der

Eindeutigkeitssatz: *Für eine Funktion $u(x, y)$ sei in einem offenen beschränkten zusammenhängenden Bereich B mit Rand ∂B die Randwertaufgabe*

(V.33) $$\begin{cases} -\Delta u = h(x, y) & \text{in } B \\ \quad u = k(x, y) & \text{auf } \partial B \end{cases}$$

mit gegebenen stetigen Funktionen $h(x, y)$ und $k(x, y)$ vorgelegt. Diese Randwertaufgabe hat, wenn sie überhaupt eine Lösung besitzt, genau eine Lösung $u(x, y)$ (bzw. im Raum hat man $u(x, y, z)$, $h(x, y, z)$ und $k(x, y, z)$ zu schreiben).

Beweis: Wenn die Randwertaufgabe zwei Lösungen $u_1(x, y)$ und $u_2(x, y)$ besitzt, so genügt die Differenz

$$v(x, y) = u_1(x, y) - u_2(x, y)$$

der Randwertaufgabe

(V.34) $$\begin{cases} \Delta v = \Delta u_1 - \Delta u_2 = h - h = 0 & \text{in } B \\ \quad v = u_1 - u_2 = k - k = 0 & \text{auf } \partial B. \end{cases}$$

v ist also in B eine harmonische Funktion, die auf dem Rande ∂B identisch verschwindet und die nach der obigen Bemerkung auch in B identisch verschwindet. Es ist also

$$u_1(x, y) \equiv u_2(x, y),$$

d.h. die etwa vorhandene Lösung ist eindeutig bestimmt (vgl. einen anderen Beweis in Nr. 14).

8. Stetige Abhängigkeit der Lösung der Randwertaufgabe von den Daten. Eine weitere wichtige Folgerung ist der

Satz (Stetige Abhängigkeit von den Daten): *Die etwa vorhandene Lösung $u(x, y)$ der Randwertaufgabe* (V.33) *hängt stetig von den gegebenen Daten $h(x, y)$ und $k(x, y)$ ab.* (*Im Raum hat man entsprechend $u(x, y, z)$, $h(x, y, z)$, $k(x, y, z)$ zu schreiben.*)

Was mit stetiger Abhängigkeit von den Daten gemeint ist, ergibt sich sogleich aus dem Beweise.

Beweis. Es werde gesetzt

$$H = \operatorname*{Sup}_{B} |h(x, y)|, \quad K = \operatorname*{Max}_{\partial B} |k(x, y)|; \tag{V.35}$$

dann gilt im Innern

$$-\Delta\left(u + \frac{1}{4} H(x^2 + y^2)\right) = h(x, y) - H \leq 0 \quad \text{in } B \tag{V.36}$$

(im Raum hat man entsprechend mit $H = \operatorname*{Sup}_{B} |h(x, y, z)|$ anstelle von $\frac{1}{4} H(x^2 + y^2)$ zu schreiben: $\frac{1}{6} H(x^2 + y^2 + z^2)$, und auch in Klammer (V.39) tritt der Faktor $\frac{1}{6}$ anstelle von $\frac{1}{4}$) und

$$u + \frac{1}{4} H(x^2 + y^2) \leq K + \frac{1}{4} HR^2 = M \quad \text{auf dem Rand } \partial B. \tag{V.37}$$

Die Funktion

$$v = u + \frac{1}{4} H(x^2 + y^2)$$

ist daher subharmonisch und nimmt das Maximum am Rande an. Dieses Maximum ist $\leq M$, also gilt

$$v \leq M \quad \text{in } B.$$

Daraus ergibt sich für u die obere Schranke

$$u = v - \frac{1}{4} H(x^2 + y^2) \leq K + \frac{1}{4} HR^2 - \frac{1}{4} H(x^2 + y^2) \leq K + \frac{1}{4} HR^2. \tag{V.38}$$

Ersetzt man u durch $-u$, d.h. h und k durch $-h$ und $-k$, so folgt für $-u$ dieselbe Schranke

$$-u \leq K + \frac{1}{4} HR^2$$

und damit für u insgesamt die Abschätzung

$$|u| \leq K + \frac{1}{4} HR^2 = \operatorname*{Max}_{\partial B} |k| + \frac{1}{4} R^2 \operatorname*{Sup}_{B} |h|. \tag{V.39}$$

Dies ist eine auch für numerische Zwecke nützliche Abschätzung der Lösung u der Randwertaufgabe (V.33).

Nun folgt sofort die gewünschte Stetigkeitsaussage. Es sei $u^*(x, y)$ die Lösung der Randwertaufgabe

$$\begin{cases} -\Delta u^* = h^*(x, y) & \text{in } B \\ \quad u^* = k^*(x, y) & \text{auf } \partial B, \end{cases} \tag{V.40}$$

und für die Differenz $\varphi = u - u^*$ gilt dann

$$\begin{cases} -\Delta \varphi = h - h^* & \text{in } B \\ \quad \varphi = k - k^* & \text{auf } \partial B. \end{cases} \tag{V.41}$$

Nach (V.39) folgt daraus

$$|\varphi| = |u - u^*| \leq \operatorname*{Max}_{\partial B} |k - k^*| + \frac{1}{4} R^2 \operatorname*{Sup}_{B} |h - h^*|; \tag{V.42}$$

das besagt grob gesprochen: wenn man h und k nur hinreichend wenig ändert, ändert sich auch die Lösung u „nur wenig“. Die präzise Form dieser Stetigkeitsaussage wird durch Formel (V.42) gegeben; man kann bei beliebig gegebenem $\varepsilon > 0$ erreichen: $|u - u^*| < \varepsilon$, und zwar gleichmäßig in B, indem man die rechte Seite in (V.42) hinreichend klein macht.

9. Monotoniesätze. Optimierung und Approximation. Eine weitere, für die numerische Rechnung sehr wichtige Folgerung des Randmaximumsatzes ist der

Monotoniesatz I: *Es sei B ein beliebiger offener, beschränkter, zusammenhängender Bereich mit Rand ∂B. Dann gilt für jede Lösung $u(x, y)$ (bzw. $u(x, y, z)$ im Raum) der Ungleichungen*

$$\begin{cases} -\Delta u \leq 0 & \textit{in } B \\ u \leq 0 & \textit{auf } \partial B \end{cases} \tag{V.43}$$

die Folgerung

$$u \leq 0 \quad \textit{in } B. \tag{V.44}$$

Beweis. Da u subharmonisch ist, nimmt u sein Maximum auf dem Rand ∂B an, dort ist aber u nichtpositiv, also ist u auch im ganzen Bereich B nichtpositiv.

Etwas anders ausgedrückt besagt dies:

Monotoniesatz II: *Der Operator*

$$T u = \begin{cases} -\Delta u & \textit{in } B, \\ u & \textit{auf } \partial B \end{cases} \tag{V.45}$$

ist von „monotoner Art“, d.h.: für zwei im offenen, beschränkten, zusammenhängenden Bereich B zweimal stetig differenzierbare und im Abschluß $\overline{B}$ stetige Funktionen $v(x, y)$ und $w(x, y)$ (bzw. $v(x, y, z)$ und $w(x, y, z)$ im Raum) gilt:

$$\textit{Aus} \quad T v \leq T w \quad \textit{folgt} \quad v \leq w \quad \textit{in } \overline{B}. \tag{V.46}$$

Hiermit wiederum ist gemeint

$$\left.\begin{cases} -\Delta v \leq -\Delta w & \text{in } B \\ v \leq w & \text{auf } \partial B \end{cases}\right\} \quad \text{ergibt } v \leq w \quad \text{in } \overline{B}. \tag{V.47}$$

Der Beweis ergibt sich unmittelbar aus dem Monotoniesatz I, indem man $u = v - w$ setzt.

Anwendung von Optimierung und Approximation. Ein wichtiges Näherungsverfahren zur Aufstellung einer Näherungslösung v für die gesuchte Lösung u der Randwertaufgabe (V.33) besteht in folgendem:

Man nähert u an durch einen Ausdruck v der Form

$$u \approx v = \varphi_0 + \sum_{\nu=1}^{p} a_\nu \, \varphi_\nu(x, y),$$

wobei $\varphi_\nu(x, y)$ fest gewählte Funktionen sind, die den Differentialgleichungen

$$\Delta\varphi_0 = -h, \quad \Delta\varphi_\nu = 0 \quad (\nu = 1, \ldots, p)$$

genügen und die a_ν zunächst unbekannte reelle Konstanten sind. Bei jeder Wahl der a_ν genügt v und damit auch der Fehler $\varepsilon = v - u$ der Potentialgleichung $\Delta\varepsilon = 0$. Bei beliebig gewählten Werten der a_ν kennt man für die zugehörige Funktion v den Fehler ε am Rande ∂B und kann damit eine Zahl δ bestimmen mit

(V.48) $$-\delta \leq \varepsilon(P) \leq \delta,$$

wobei P die Punkte des Randes ∂B durchläuft. Nach dem Monotoniesatz hat man damit für die gewählte Funktion v die Fehlerabschätzung (V.48) auch für alle inneren Punkte P von B, oder auch

(V.49) $$|\varepsilon(P)| = |v(P) - u(P)| \leq \delta \quad \text{für } P \in B.$$

Um nun eine möglichst günstige Fehlerabschätzung zu erhalten, wird man versuchen, die noch freien Konstanten a_ν so zu wählen, daß die Schranke δ möglichst klein ausfällt. Man hat damit eine „lineare Optimierungsaufgabe" mit der zum Minimum zu machenden Zielfunktion δ:

$$\delta \overset{!}{=} \text{Min}$$

unter den unendlich vielen Nebenbedingungen („Restriktionen")

(V.50) $$-\delta \leq \varphi_0(P) t \sum_{\nu=1}^{p} a_\nu \varphi_\nu(P) - k(P) \leq \delta \quad \text{für alle } P \in \partial B.$$

Die $(p + 1)$ Variablen der Optimierungsaufgabe sind die a_ν und δ.

Numerisch wird man die Aufgabe „diskretisieren", indem man längs des Randes endlich viele Punkte $P_\varrho(\varrho = 1, \ldots, q)$ auswählt und die Nebenbedingungen nur für $P = P_\varrho$ anschreibt. Dann liegt eine endliche („finite") Optimierung vor, für deren Behandlung Algorithmen (z.B. der „Simplex-Algorithmus", vgl. etwa Collatz-Wetterling [71], ferner Glashoff-Gustafson, Einführung in die Lineare Optimierung, Darmstadt 1978, U. Grothkopf, Diplomarbeit Univ. Hamburg 1980) entwickelt worden sind. Auf diese Weise sind die Lösungen zahlreicher Randwertaufgaben auf Computern numerisch berechnet worden.

Man kann in diesem Beispiel der „ersten Randwertaufgabe" anstelle des Monotoniesatzes auch den Randmaximumsatz benutzen und die Tschebyscheffsche Approximationsaufgabe folgendermaßen mit Hilfe der Maximumnorm einer auf dem Rande definierten stetigen Funktion φ

$$\|\varphi\| = \underset{P \in \partial B}{\text{Max}} |\varphi(P)|.$$

formulieren. Es soll

(V.51) $$\|v - u\| = \left\| \varphi_0 + \sum_{\nu=1}^{p} a_\nu \varphi_\nu - u \right\| = \underset{P \in \partial B}{\text{Max}} \left| \varphi_0(P) + \sum_{\nu=1}^{p} a_\nu \varphi_\nu(P) - u(P) \right|$$

möglichst klein gemacht werden.

Für die Aufgabe (V.33) sind Randmaximumsatz und Monotoniesatz einander äquivalent. Aber in komplizierteren Fällen ist die Reichweite des Monotoniesatzes sehr viel größer als die des Randmaximumsatzes. Bei nichtlinearen Randwertaufgaben kann unmittelbar (ohne besondere Tricks) nur der Monotoniesatz zur Einschließung der gesuchten Lösungen verwendet werden, und selbst bei linearen Randwertaufgaben ist oft der Randmaximumsatz nicht direkt zur Lösungseinschließung benutzbar, z. B. schon bei der 2. und 3. Randwertaufgabe, bei denen auf Teilen des Randes der Wert der Normalableitung oder einer Kombination von Funktionswert und Normalableitung vorgeschrieben ist. Bei nichtlinearen Aufgaben gibt häufig der Monotoniesatz die einzige Möglichkeit einer brauchbaren, unmittelbaren Fehlerabschätzung für Näherungslösungen (vgl. Collatz, Günter, Sprekels, ZAMM **56** (1976) 1–11).

10. Numerisches Beispiel: Torsionsproblem. Ein homogener prismatischer Träger mit dem einfach zusammenhängenden (also nicht gelochten) Querschnitt B wird durch ein Moment M, Fig. V/10, auf Torsion beansprucht. Der Querschnitt liege im unverformten Zustande in einer x-y-Ebene. Die Torsionsspannungen sind dann unter vereinfachenden Annahmen (vgl. z. B. die ausführliche Darstellung in I. Szabo, Höhere Technische Mechanik, 4. Auflage, Springer 1964, S. 273) den partiellen Ableitungen $\frac{\partial \Phi}{\partial x}, \frac{\partial \Phi}{\partial y}$ einer Spannungsfunktion $\Phi(x, y)$ proportional, wobei Φ in B einer Laplaceschen Differentialgleichung genügt und die Randwerte 0 hat:

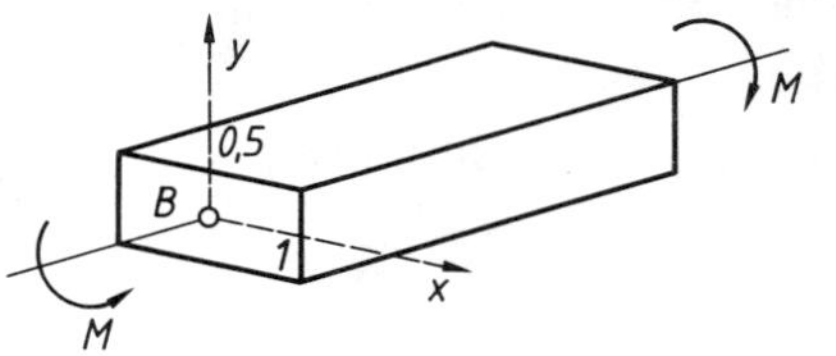

V/10. Torsionsproblem

(V.52) $$\Delta \Phi = -1 \quad \text{in } B, \qquad \Phi = 0 \quad \text{auf } \partial B.$$

B sei der Bereich $|x| < 1$, $|y| < \frac{1}{2}$.

Die Inhomogenität wird durch

$$u = \Phi + \frac{x^2 + y^2}{4}$$

auf die Randbedingung verlagert:

(V.53) $$\Delta u = 0 \quad \text{in } B, \quad u = \frac{x^2 + y^2}{4} \quad \text{auf } \partial B.$$

Man kann nun u annähern durch einen Ausdruck der Form v

$$v = \sum_{\nu=1}^{p} a_\nu \Phi_\nu(x, y) \quad \text{mit} \quad \Phi_\nu(x, y) = \operatorname{Re}(x + \mathrm{i}\, y)^{2(\nu-1)} \quad (\nu = 1, \ldots, p)$$

also

$$\Phi_1 = 1, \quad \Phi_2 = x^2 - y^2, \quad \Phi_3 = x^4 - 6x^2y^2 + y^4;$$

für $p = 1$ hat man die Randwerte $\frac{1}{4}(x^2 + y^2)$ möglichst gut durch eine Konstante a_1 anzunähern; der beste Wert ist $a_1 = \frac{3}{16}$, dann wird

$$\left| u - \frac{3}{16} \right| = \left| \frac{1}{4}(x^2 + y^2) - \frac{3}{16} \right| \leq \frac{1}{8} \quad \text{auf dem ganzen Rand } \partial B.$$

Wesentlich besser kann man die Randwerte mit dem Ansatz $a_1 + a_2(x^2 - y^2)$

erfassen; mit $a_1 = a_2 = \frac{3}{20}$ wird

$$\left| u - \frac{3}{20}(1 + x^2 - y^2) \right| \leq \frac{1}{20} \quad \text{auf } \partial B.$$

Durch Hinzunahme weiterer Funktionen Φ_ν läßt sich die Genauigkeit leicht steigern. Die Tabelle (für die Durchrechnung danke ich Herrn Uwe Grothkopf) gibt für $p = 1, 2, 3, 4, 5, 6$ jeweils die erreichte Genauigkeit δ und den Wert von $a_1 = v(0, 0)$ als Näherungswert für den Wert von u im Mittelpunkt des Rechteckes (die Zahlen sind gerundete Werte):

p	δ	$a_1 = v(0,0)$
1	0,123	0,188
2	0,050	0,150
3	0,00862	0,112
4	0,002070	0,1130
5	0,001318	0,11399
6	0,0003720	0,113857

Man hat für $p = 6$ mit geringem Rechenaufwand die Einschließung erhalten

$$|u(0,0) - 0{,}113857| \leq 0{,}000372,$$

während mit anderen Methoden wie z. B. Differenzenverfahren, Finiten Elementen, Ritz-Verfahren eine derartige garantierbare Fehlerabschätzung kaum oder nur mit großem Aufwand zu gewinnen ist.

§ 4 Sachgemäßheit und freie Randwertaufgaben

11. Sachgemäße und unsachgemäße Aufgaben. Es werde nach der Lösung u einer Differentialgleichung

$$Tu = 0 \quad \text{in einem Bereich } B \tag{V.54}$$

gefragt, die Anfangs- oder Randbedingungen

$$Ru = r \quad \text{auf dem Rande } \partial B \text{ von } B \tag{V.55}$$

genügt (Bereich B und Rand ∂B wie in Nr. 7). Die Aufgabe heißt „sachgemäß" (oder „korrekt gestellt"), wenn

1. eine Lösung u der Aufgabe existiert,
2. u eindeutig bestimmt ist und
3. die Lösung u bei festem T stetig von r abhängt.

Wir betrachten mehrere Beispiele:

A) Sachgemäßheit einer speziellen Anfangswertaufgabe bei einer hyperbolischen Gleichung: Die in Nr. 4 gestellte Anfangswertaufgabe bei der Wellengleichung (V.5) mit vorgegebenen stetigen Anfangswerten (V.17):

$$u(x, 0) = f(x), \quad u_t(x, 0) = g(x)$$

ist sachgemäß, da eine eindeutige Lösung durch (V.18) gegeben ist, die stetig von den Anfangsdaten abhängt. Die Eindeutigkeit der Lösung folgt daraus, daß (V.6) die allgemeine Lösung von (V. 5) ist und die Funktionen w_3 und w_4 (bis auf eine Konstante) durch die Anfangsbedingungen festgelegt sind.

B) Unsachgemäßheit einer speziellen Anfangswertaufgabe bei einer elliptischen Gleichung: Bei der Potentialgleichung (V.7) seien dieselben Anfangswerte vorgegeben wie beim vorigen Beispiel A). Dann werde speziell die Folge der Anfangswertaufgaben mit den Anfangswerten

$$u(x, 0) = 0, \quad u_y(x, 0) = \frac{1}{n} \cos(nx) \quad (\text{für } n = 1, 2, \ldots)$$

betrachtet (hier ist gegenüber dem vorigen Beispiel y statt t geschrieben). Diese Anfangswertaufgaben haben die Lösungen

$$u_n(x, y) = \frac{\cos(n x) \sinh(n y)}{n^2}.$$

Die Anfangswerte von u und u_y konvergieren gleichmäßig gegen 0. Es ist $u \equiv 0$ Lösung von (V.7) mit den Anfangswerten $u(x, 0) = u_y(x, 0) = 0$. Die Lösungen der betrachteten Anfangswertaufgaben $u_n(x, y)$ aber konvergieren für $y = 0$ nicht gegen die Nullfunktion, sie konvergieren überhaupt nicht. Stetige Abhängigkeit von den Anfangsdaten besteht nicht.

C) Unsachgemäßheit einer speziellen Randwertaufgabe bei einer hyperbolischen Gleichung: Bei der Wellengleichung (V.5) (mit $c = 1$) seien die Randwerte vorgeschrieben, Fig. V/11

$$u(x, 0) = g(x), \quad u(x, 1) = h(x), \quad u(0, y) = u(1, y) = 0.$$

Es werde der Einfachheit halber $g(x) = 0$ gewählt. Die etwa vorhandene Lösung hat die Form (V.6).

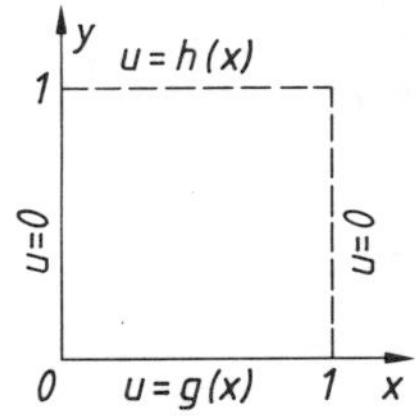

V/11. Unsachgemäße Randwertaufgabe bei der Wellengleichung

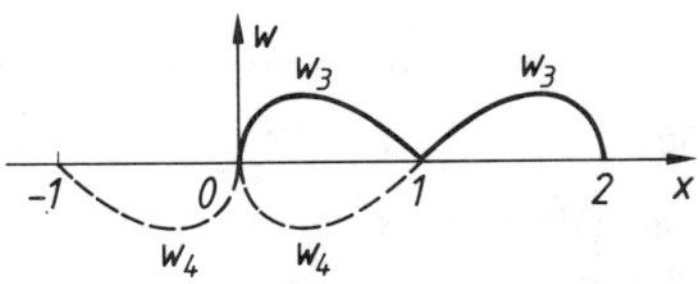

V/12. Zur Konstruktion der Hilfsfunktionen

$u(x, 0) = 0$	verlangt (1) $w_3(x) = -w_4(x)$	für $0 < x < 1$.
$u(0, y) = 0$	verlangt (2) $w_3(y) = -w_4(-y)$	für $0 < y < 1$
$u(1, y) = 0$	verlangt (3) $w_3(1 + y) = -w_4(1 - y)$	für $0 < y < 1$
$u(x, 1) = h(x)$	verlangt (4) $h(x) = \psi(x)$ mit $\psi(x) = w_3(1 + x) + w_4(x - 1)$	für $0 < x < 1$.

Nun ist

$$\left.\begin{aligned} w_4(x-1) &= -\,w_3(1-x)\ [\text{nach } (2)] \\ &= \quad w_4(1-x)\ [\text{nach } (1)] \\ &= -\,w_3(1+x)\ [\text{nach } (3)] \end{aligned}\right\}\ \text{Fig. V/12,}$$

also wird

$$\psi(x) = w_3(1+x) + w_4(x-1) \equiv 0 \qquad \text{für } 0 < x < 1.$$

Ist nun $h(x) \neq 0$ in $0 < x < 1$ vorgegeben, so gibt es keine Lösung der Randwertaufgabe. Ist aber $h(x) \equiv 0$ vorgegeben, so ist die Stetigkeitsbedingung verletzt, da bei „kleiner" Störung ($h(x)$ „klein", aber $\neq 0$), keine Lösung mehr existiert, und die Eindeutigkeit ist auch verletzt: schreibt man nämlich auf dem ganzen Rande die Randwerte $u = 0$ vor, so gibt es die unendlich vielen Lösungen

$$u = c \sin(k\,\pi\,x) \sin(k\,\pi\,y)$$

mit beliebigem reellen c und $k = 1, 2, \ldots$.

D) Sachgemäßheit einer speziellen Randwertaufgabe bei einer elliptischen Gleichung: In Nr. 5 wurde gezeigt, daß die sogenannte 1. Randwertaufgabe der Potentialtheorie für den Kreisbereich bei vorgegebenen Randwerten $g(\varphi)$ eine Lösung besitzt, die stetig von den Randwerten abhängt, sofern man sich auf Randverteilungen beschränkt, die sich in gleichmäßig konvergente Fourierreihen entwickeln lassen (diese beim Beweis benutzte Voraussetzung kann gemildert werden) vgl. auch Nr. 8. Man braucht dann noch die Eindeutigkeit der Lösung, um zur Aussage der Sachgemäßheit zu kommen. Diese Eindeutigkeit wurde in Nr. 7 gezeigt.

12. Weitere inkorrekt gestellte Aufgaben. Normalerweise betrachtet man als sachgemäße Aufgaben bei elliptischen Problemen Randwertaufgaben und bei hyperbolischen und parabolischen Problemen Anfangswertaufgaben oder Anfangsrandwertaufgaben. In neuerer Zeit sind jedoch in steigendem Maße inkorrekt gestellte Aufgaben zu Bedeutung gelangt. Es seien einige einfache Beispiele genannt:

1. Rückschluß bei parabolischen Gleichungen auf die Vergangenheit: Man beobachtet den gegenwärtigen Stand eines Mediums und möchte wissen, wie der Zustand früher war. Man beobachtet z.B. eine Temperaturverteilung, eine Dichteverteilung oder eine Konzentrationsverteilung und möchte auf die Verteilung zu einer früheren Zeit schließen.

2. Man beobachtet den Zustand eines Mediums auf beschränktem Raum und möchte auf den Zustand in der Umgebung schließen. Als Beispiel werde eine Ozeanbucht betrachtet; auf einem Küstenstreifen von A bis B, Fig. V/13, ist die Höhe u des Wasserstandes gemessen. Mit n als Normalenrichtung ist längs des Bogens $\dfrac{\partial u}{\partial n} = 0$ (es tritt kein Wasser in das Innere des Landes) gegeben. F sei das Gebiet des Ozeans zwischen der Küste von A bis B und der Sekante von A bis B. In F gelte $\Delta u = 0$. Aus diesen Angaben möchte man den Wasser-

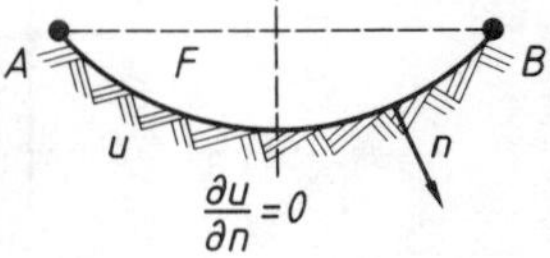

V/13. Ozeanbucht

stand u längs der Sekante von A nach B ermitteln, weil dort die Messung von u etwas schwierig wäre. Das ist eine Anfangswertaufgabe für eine elliptische Differentialgleichung, und diese Aufgabe ist inkorrekt gestellt.

3. Inverse Differentialgleichungsaufgaben: Man möchte aus Messungen auf die Koeffizienten der Differentialgleichung zurückschließen. Z.B. gelte für einen Stab die Wärmeleitungsgleichung:

(V.56) $$\frac{\partial u}{\partial t} = \frac{\partial}{\partial x}\left(k\,(x)\,\frac{\partial u}{\partial x}\right)\;;$$

aus Messungen kennt man die Temperaturverteilung im Stabe

$$u(x, t_0) \quad \text{und} \quad u(x, t_1)$$

zu zwei verschiedenen Zeiten t_0 und t_1. Man möchte daraus $k(x)$ ermitteln.

13. Beispiele freier Randwertaufgaben. Wiederum ganz andersartige Aufgaben beziehen sich auf freie Ränder. Hierbei besteht das betrachtete Gebiet B aus zwei (oder auch mehreren) Bereichen B_1, B_2. Man weiß, daß in B_1 eine Differentialgleichung $T_1 u = 0$ und in B_2 eine andere Differentialgleichung $T_2 u = 0$ gilt; aber die Grenze Γ zwischen beiden Bereichen („interface") ist nicht bekannt, sondern man hat nur gewisse Übergangsbedingungen, die auf Γ gelten sollen. Es seien einige Beispiele genannt:

1. Stefan-Problem: als einfacher Fall eines Stefan-Problemes werde (als idealisierte Aufgabe) ein See betrachtet, der in einer x-y-Ebene die Halbebene $x > 0$ bedeckt, während $x < 0$ Land bedeutet, Fig. V/14. Zur Zeit t sei der Streifen S: $0 < x < s(t)$, y beliebig, eisfrei (Wasser), während das Gebiet $x > s(t)$ mit Eis bedeckt sei. Es sei $u(x, t)$ die Temperatur des Wassers auf der Geraden $x = \text{const}$ (y beliebig) zur Zeit t. Vom Lande her ströme Wärme in das Wasser gemäß

(V.57) $$\frac{\partial u}{\partial x} = -\,g(t) \quad \text{für } x = 0,\ t > 0.$$

Dabei ist $g(t)$ als gegeben anzusehen. Ferner sei der Anfangszustand bekannt:

(V.58) $$u(x, 0) = f(x) \quad \text{für } 0 \leq x \leq s_0 = s(0).$$

Gesucht ist die Schmelzkurve C:

$$x = s(t), \quad \text{Fig. V/15.}$$

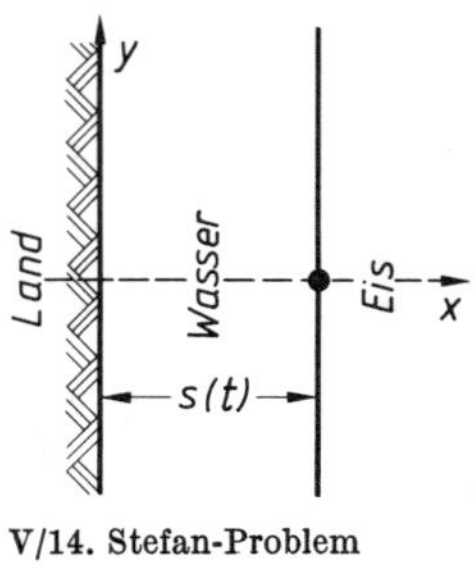

V/14. Stefan-Problem

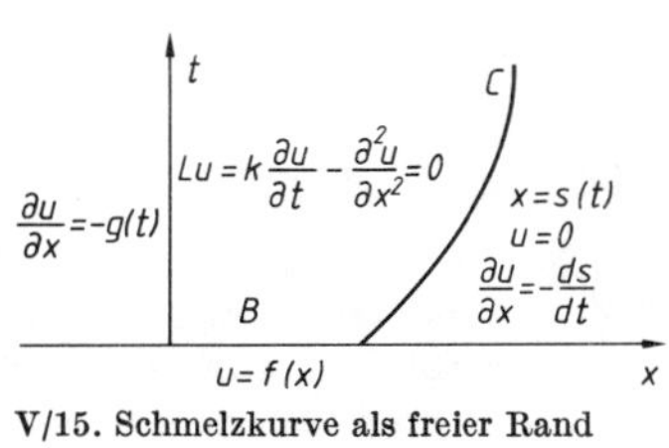

V/15. Schmelzkurve als freier Rand

In dem Gebiet des Wassers

$$B: \{0 < x < s(t), \quad y > 0\}$$

genügt u der Wärmeleitungsgleichung (mit gegebener Konstante k)

(V.59) $$Lu = k\frac{\partial u}{\partial t} - \frac{\partial^2 u}{\partial x^2} = 0 \quad \text{in } B.$$

Im Eis gilt eine andere Differentialgleichung. An der Schmelzkurve C gilt als Übergangsbedingung:

(V.60) $$u = 0 \quad \text{und} \quad \frac{\partial u}{\partial x} = -\frac{\mathrm{d}s}{\mathrm{d}t} \quad \text{(Wärmeleitungsbilanz).}$$

C ist freier Rand. Die Aufgabe ist gegenüber den klassischen Aufgaben dadurch erschwert, daß man noch nicht weiß, wo die Differentialgleichung (V.59) gilt. Der Randteil C ist gesucht, dafür hat man dort aber 2 Randbedingungen (V.60). Entsprechende Probleme treten auf bei Erstarrungsvorgängen (z.B. bei flüssigem Stahl).

2. Freie Ränder zwischen Bereichen elastischen Verhaltens und plastischen Verhaltens treten auf in der Kontinuumsmechanik deformierbarer Körper. Die Differentialgleichungen sind im elastischen Bereich und im plastischen Bereich voneinander verschieden, aber die Grenzfläche Γ zwischen beiden Bereichen ist nicht von vornherein bekannt, Fig. V/16.

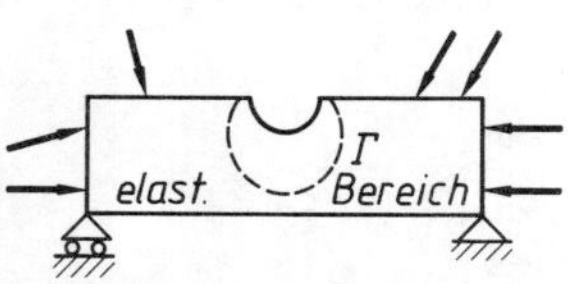

V/16 Freier Rand zwischen elastischem und plastischem Bereich

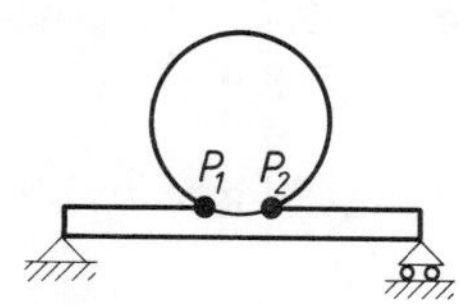

V/17. Kontaktproblem

3. Freie Ränder treten auf als freie Wasseroberfläche auf dem Meere, bei Wellen, Schiffswellen, bei Strömung durch poröse Medien, u.a., vgl. z.B. Wieghardt.

4. Wenn sich zwei elastische Körper unter Druck berühren, wird die Berührung nicht in einem Punkte stattfinden, sondern längs eines Flächenstückes, dessen Größe nicht von vornherein bekannt ist und von dessen Größe auch der Maximalwert der auftretenden Spannungen abhängt. (Sogenanntes „Kontaktproblem"); wenn z.B. ein Rad eines Wagens einen Träger belastet, wie es in Fig. V/17 schematisch in einem ebenen Schnitt angedeutet ist, so wird der Träger eine Verformung erfahren und Berührung zwischen Rad und Träger von P_1 bis P_2 eintreten. Die Punkte P_1 und P_2 sind gesucht.

5. In neuerer Zeit sind freie Randwertaufgaben in zahlreichen anderen Anwendungen aufgetreten und untersucht worden, bei Strömungen durch poröse Medien, Konzentrationsverteilungen u.a., vgl. D.G. Wilson, A.D. Solomon, P.T. Boggs, Moving Boundary Problems, Acad. Press 1978, 329 S.

§ 5 Beziehungen zur Variationsrechnung und Methode der finiten Elemente

Wie bei den gewöhnlichen Differentialgleichungen können auch bei partiellen Differentialgleichungen die Beziehungen zur Variationsrechnung für vielerlei Zwecke nützlich gemacht werden. Dies kann hier jedoch nur anhand einiger sehr einfacher Beispiele angedeutet werden.

14. Variationsproblem für die 1. Randwertaufgabe der Potentialtheorie. Als wichtigstes Hilfsmittel sei, um die späteren Betrachtungen nicht zu stören, die sog. „Erste Greensche Formel" genannt.

Ohne in topologische Einzelheiten zu gehen, sei der Einfachheit halber angenommen, daß B ein offener beschränkter Bereich in der x-y-Ebene (bzw. im x-y-z-Raum) sei, für den der Gaußsche Integralsatz gilt, und B sei von einer geschlossenen, doppelpunktfreien, stückweise glatten Randkurve ∂B (bzw. von einer stückweise glatten Randfläche ∂B) begrenzt. Auf ∂B werde die nach außen weisende Normale mit n bezeichnet. Für zwei Funktionen v, w aus $C^2(B)$ (d.h. Funktionen die in B stetige partielle Ableitungen bis zur 2. Ordnung einschließlich besitzen), und die auf dem Rand ∂B stetig und „fast überall" auf dem Rande differenzierbar sind, lautet dann die erste Greensche Formel (vgl. z.B. Courant-Hilbert [62], S. 252, Gilbarg-Trudinger [77], S. 17)

(V.61) $$\int_B v \,\Delta w \,\mathrm{d}\tau + \int_B (\operatorname{grad} v, \operatorname{grad} w)\,\mathrm{d}\tau - \int_{\partial B} v \frac{\partial w}{\partial n}\,\mathrm{d}f = 0.$$

Dabei ist $\mathrm{d}\tau$ das Volumenelement, $\mathrm{d}f$ das Längenelement (bzw. Oberflächenelement) und wie üblich:

(V.62) $$\begin{cases} (\operatorname{grad} v, \operatorname{grad} w) = \dfrac{\partial v}{\partial x}\dfrac{\partial w}{\partial x} + \dfrac{\partial v}{\partial y}\dfrac{\partial w}{\partial y} + \dfrac{\partial v}{\partial z}\dfrac{\partial w}{\partial z} \\ (\operatorname{grad} v)^2 = \left(\dfrac{\partial v}{\partial x}\right)^2 + \left(\dfrac{\partial v}{\partial y}\right)^2 + \left(\dfrac{\partial v}{\partial z}\right)^2, \end{cases}$$

wobei bei Betrachtung in der Ebene die Glieder $\dfrac{\partial v}{\partial z}\dfrac{\partial w}{\partial z}$, $\left(\dfrac{\partial v}{\partial z}\right)^2$ wegzulassen sind.

1. Randwertaufgabe. Es werde die 1. Randwertaufgabe der Potentialtheorie betrachtet: eine Funktion u genüge in einem Gebiete B (Bezeichnungen wie oben), für welches der Gaußsche Integralsatz gültig ist, der Differentialgleichung

(V.63) $$-\Delta u = q \quad \text{in } B$$

und der Randbedingung

(V.64) $$u = p \quad \text{auf } \partial B,$$

wobei q und p gegebene stetige Ortsfunktionen sind (wie bei (V.33)). Es werde angenommen, daß diese Randwertaufgabe eine Lösung $u = \hat{u}$ besitzt. Nun mögen Funktionen φ „zulässig" heißen, wenn sie denselben Bedingungen genügen wie oben die Funktionen v, w in der 1. Greenschen Formel, und die außerdem auf ∂B die vorgeschriebenen Randwerte p annehmen. Es werde $\varphi = \hat{u} + \psi$ gesetzt, wobei $\psi = 0$ auf ∂B gilt, und es wird nach dem Minimum des Integrals $I[\varphi]$ gefragt:

$$I[\varphi] = \int_B [(\operatorname{grad} \varphi)^2 - 2\varphi q]\, d\tau \overset{!}{=} \text{Min}, \tag{V.65}$$

wenn φ den Bereich der zulässigen Funktionen durchläuft. Setzt man hier

$$(\operatorname{grad} \varphi)^2 = (\operatorname{grad} (\hat{u} + \psi))^2 = (\operatorname{grad} \hat{u})^2 + 2\,(\operatorname{grad} \hat{u}, \operatorname{grad} \psi) + (\operatorname{grad} \psi)^2$$

ein, so kann man die Greensche Formel (V.61) benutzen:

$$\int_B (\operatorname{grad} \hat{u}, \operatorname{grad} \psi)\, d\tau = \int_{\partial B} \psi \frac{\partial \hat{u}}{\partial n}\, df - \int_B \psi \,\Delta \hat{u}\, d\tau = \int_B q\,\psi\, d\tau; \tag{V.66}$$

dabei ist $\psi = 0$ auf ∂B und $-\Delta \hat{u} = q$ benutzt. Somit wird aus (V.65)

$$I[\varphi] = \int_B \{(\operatorname{grad} \hat{u})^2 - 2\hat{u}q + (\operatorname{grad} \psi)^2\}\, d\tau \tag{V.67}$$

oder

$$I[\varphi] = I[\hat{u}] + \int_B (\operatorname{grad} \psi)^2\, d\tau. \tag{V.68}$$

Insbesondere ist $I[\varphi] \geq I[\hat{u}]$ für alle zulässigen Funktionen φ, und das Gleichheitszeichen steht hier genau dann, wenn $\operatorname{grad} \psi \equiv 0$ oder $\psi = \text{const}$ ist. Das tritt, da $\psi = 0$ am Rande ist, genau für $\psi \equiv 0$ ein. Somit gilt der

Satz: *Es sei B ein Bereich, für den der Gaußsche Integralsatz gilt, mit stückweise glattem Rand ∂B. Mit gegebenen stetigen Ortsfunktionen p, q besitze die Randwertaufgabe* (V.63), (V.64) *eine Lösung $u = \hat{u}$. Diese Funktion $\hat{u}$ erteilt dem Integral $I[\varphi]$ in* (V.65) *seinen kleinsten Wert, wenn φ den Bereich aller zulässigen (d.h. genügend oft differenzierbaren und der Randbedingung* (V.64) *genügenden) Funktionen durchläuft. Überdies ist $\hat{u}$ die einzige Lösung der Randwertaufgabe* (V.63), (V.64).

Die letztgenannte Aussage (vgl. Nr. 7) ergibt sich hier direkt aus der ersten Greenschen Formel (V.61), wenn man $v = w$ setzt:

$$\int_B v \,\Delta v\, d\tau + \int_B (\operatorname{grad} v)^2\, d\tau - \int_{\partial B} v \frac{\partial v}{\partial n}\, df = 0. \tag{V.69}$$

Aus

$$\Delta v = 0 \quad \text{in } B \quad \text{und} \quad v = 0 \quad \text{auf } \partial B \tag{V.70}$$

folgt hier $\operatorname{grad} v \equiv 0$, daraus $v = \text{const}$ und wegen $v = 0$ auf ∂B sogar $v \equiv 0$ in B. Hat nun die Randwertaufgabe (V.63), (V.64) zwei Lösungen u_1, u_2, so erfüllt die Differenz $v = u_1 - u_2$ die Randwertaufgabe (V.70), also ist $v \equiv 0$ oder $u_1 \equiv u_2$. Das besagt, daß die Lösung der Randwertaufgabe, falls sie existiert, eindeutig bestimmt ist.

15. Ritzsches Verfahren. Wie bei gewöhnlichen Differentialgleichungen in Kap. III, § 7 kann man den Zusammenhang zwischen Randwertaufgaben und Variationsaufgaben benutzen, um eine Näherungslösung φ für die Lösung $u(x)$ einer Randwertaufgabe zu erhalten. Man geht mit einem Ansatz

(V.71) $$\varphi \approx w = w_0 + \sum_{\nu=1}^{s} a_\nu w_\nu$$

in den Ausdruck $I[\varphi]$ von (V.65) und bestimmt die freien reellen Parameter a_ν so, daß der Ausdruck $I[\varphi]$ möglichst klein wird, also aus den Gleichungen

(V.72) $$\frac{\partial I[\varphi]}{\partial a_\nu} = 0 \quad (\nu = 1, \ldots, s).$$

Dabei sollen die w_ν die Randbedingungen erfüllen

$$\left.\begin{cases} w_0 = p & \\ w_\sigma = 0 & (\sigma = 1, \ldots, s) \end{cases}\right\} \text{ auf } \partial B.$$

Der Erfolg des Verfahrens hängt stark von der guten Wahl der Ansatzfunktionen w_ν ab.

Beispiel: Torsionsproblem für einen Träger von rechteckigem Querschnitt. Bei dem in Nr. 10 genannten Beispiel der Torsion eines homogenen prismatischen Trägers mit dem Querschnitt B ist eine Spannungsfunktion u zu berechnen, welche der folgenden Randwertaufgabe genügt:

(V.73) $$-\Delta u = 1 \quad \text{in } B, \quad u = 0 \quad \text{auf } \partial B.$$

Ein zugehöriges Variationsproblem lautet nach (V.65)

(V.74) $$I[\varphi] = \int_B [\varphi_x^2 + \varphi_y^2 - 2\varphi]\, dx\, dy \overset{!}{=} \text{Min} \quad \text{für } \varphi = 0 \text{ auf } \partial B.$$

Wie in Nr. 10 werde als B der Bereich $|x| < 1$, $|y| < \frac{1}{2}$ zugrunde gelegt als ein Rechteck mit den Seitenlängen 10 cm und 20 cm mit 10 cm als Längeneinheit; als Näherungsansatz werde die den Randbedingungen genügende Funktion φ gemäß

$$u \approx \varphi = a_1 \cos\left(\frac{\pi x}{2}\right) \cos(\pi y) + a_2 \cos\left(\frac{3\pi x}{2}\right) \cos(\pi y)$$

gewählt; die Parameter a_ν sind so zu bestimmen, daß das Integral in (V.74) möglichst klein wird; nach Bildung von φ_x und φ_y und Ausrechnung der Integrale erhält man:

$$I[\varphi] = \frac{\pi^2}{8}(5a_1^2 + 13a_2^2) - \frac{2}{3\pi^2}(24a_1 - 8a_2) \overset{!}{=} \text{Min}.$$

Die Gleichungen (V.72) lauten hier

$$\frac{5\pi^2}{4} a_1 - \frac{16}{\pi^2} = 0, \quad \frac{13\pi^2}{4} a_2 + \frac{16}{3\pi^2} = 0$$

und ergeben

$$a_1 = \frac{64}{5\pi^4} \approx 0{,}1314, \quad a_2 = -\frac{64}{39\pi^4} \approx -0{,}0168.$$

Der Wert $u(0, 0)$ im Mittelpunkt wird angenähert durch

$$\varphi(0, 0) = \frac{64 \cdot 34}{195\pi^4} \approx 0{,}11456.$$

Bessere Werte kann man erhalten, indem man zu φ weitere Terme, wie z.B. $\cos\left(\frac{\pi x}{2}\right)\cos(3\pi y)$ u.a. hinzunimmt.

16. Methode der finiten Elemente. Für die Methode der finiten Elemente wird eine Verallgemeinerung des Zusammenhangs zwischen Randwertaufgabe und Variationsproblem gebraucht, indem die Minimaleigenschaft des Ausdruckes (V.65) unter schwächeren Differenzierbarkeitsvoraussetzungen für die zulässigen Funktionen bewiesen wird. Der zugrundegelegte Bereich B wird in eine Anzahl offener Teilbereiche $B_1, \ldots, B_m$ (und deren Ränder) zerlegt, Fig. V/18; es sei B_{jk} der Durchschnitt der Ränder ∂B_j und ∂B_k; die Funktion φ heißt „zulässig", wenn sie in $B \cup \partial B$ stetig und im Innern jedes Teilbereiches B_ν $(\nu = 1, \ldots, m)$ zweimal stetig differenzierbar ist; es soll φ zur Klasse „$C_0^2(B)$" gehören, wobei $C_s^r(B)$ die Klasse der Funktionen f bedeutet, die in B r-mal stetig differenzierbar sind, und für die es eine Zerlegung der eben beschriebenen Art in Teilbereiche B_j gibt derart, daß f in jedem Teilbereich B_j s-mal stetig differenzierbar ist. Nun werde die in (V.66) vorgenommene Umformung für jeden Teilbereich B_j durchgeführt und die Gleichungen für $j = 1, \ldots, m$ addiert:

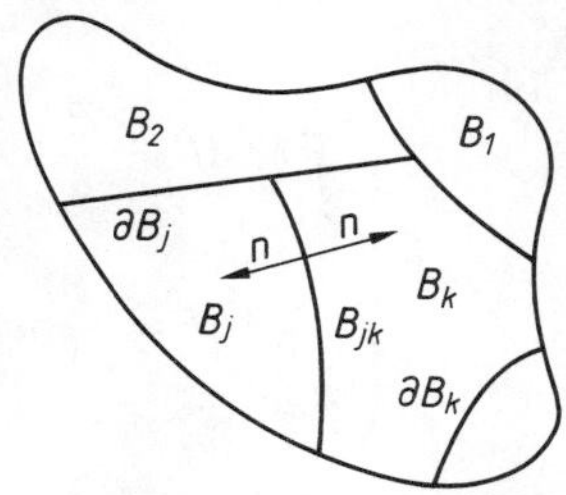

V/18. Zerlegung eines Bereiches in Teilbereiche

$$(V.75)\quad I[\varphi] = \int_B (\operatorname{grad} u)^2\, d\tau + \int_B (\operatorname{grad} \psi)^2\, d\tau - \int_B 2\psi q\, d\tau - 2\int_B \psi\, \Delta \hat{u}\, d\tau + 2\int_{\sum_j \partial B_j} \psi \frac{\partial \hat{u}}{\partial n}\, df.$$

Die letzte Summe enthält Randintegrale über die „Zwischenränder" B_{jk}; es liegt B_{jk} zwischen B_j und B_k; auf B_{jk} sind die beiderseitigen Grenzwerte von ψ dieselben, da ψ stetig ist; die beiderseitigen Grenzwerte von $\frac{\partial \hat{u}}{\partial n}$ aber unterscheiden sich durch den Faktor -1, da die äußere Normale n für den Bereich B_j gerade entgegengesetzt zur Normale für den Bereich B_k ist. In der Summe heben sich die Beiträge von $\psi \frac{\partial \hat{u}}{\partial n}$ gegenseitig fort, und mit $\psi = 0$ auf ∂B verschwindet das Randintegral. Man erhält daher wieder (V.67) und (V.68), und das Variationsprinzip gilt auch für die allgemeinere Klasse zulässiger Funktionen φ.

Die Aufteilung des Bereiches B in Teilbereiche wird man dem jeweiligen Problem anpassen, und in dieser Flexibilität liegt eine Stärke der Methode der finiten Elemente. Bei ebenen Problemen teilt man häufig in Quadrate, Rechtecke oder Dreiecke auf und verwendet als zulässige Funktionen stückweise lineare oder bilineare Funktionen. Es seien als Beispiele rechtwinklige Dreiecke und Rechtecke genannt:

Rechtwinkliges Dreieck D: Die Katheten mögen die Längen h und k haben, und die Werte der linearen Funktion φ in den drei Eckpunkten des Dreieckes seien

a, b, c, Fig. V/19. Werden die x- und y-Achse in Richtung der Katheten gelegt, so ist

$$\varphi = a + (b - a)\frac{x}{h} + (c - a)\frac{y}{k}.$$

Das Dreieck D hat die Fläche $F = \frac{hk}{2}$, und man rechnet leicht aus:

$$\text{(V.76)}\quad \begin{cases} \int\limits_D (\text{grad}\,\varphi)^2\,\mathrm{d}f = \int\limits_D [\varphi_x^2 + \varphi_y^2]\,\mathrm{d}f = F\left[\left(\frac{b-a}{h}\right)^2 + \left(\frac{c-a}{k}\right)^2\right] \\ \int\limits_D \varphi\,\mathrm{d}f = \frac{F}{3}(a + b + c) \\ \int\limits_D \varphi^2\,\mathrm{d}f = \frac{F}{6}(a^2 + b^2 + c^2 + ab + bc + ca) \\ \int\limits_D \varphi^3\,\mathrm{d}f = \frac{F}{10}(a^3 + b^3 + c^3 + a^2(b+c) + b^2(c+a) + c^2(a+b) + abc) \end{cases}$$

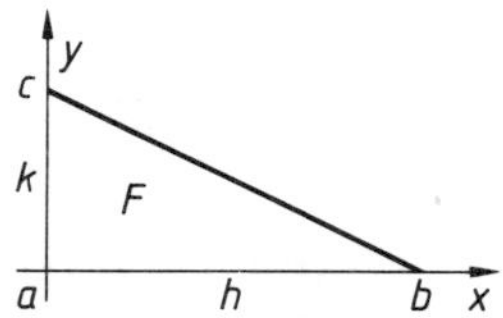

V/19. Rechtwinkliges Dreieck als finites Element

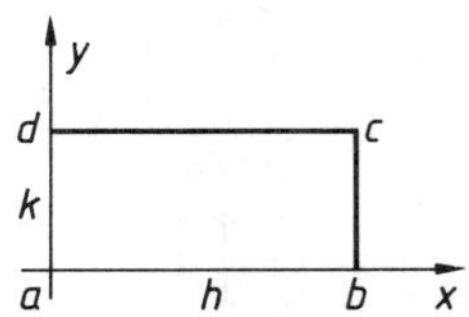

V/20. Rechteck als finites Element

Rechteck R: Das Rechteck habe die Seitenlängen h und k und die Werte der bilinearen Funktion φ in den 4 Eckpunkten seien a, b, c, d, wie in Fig. V/20, und zwei Kanten des Rechteckes mögen auf der x- bzw. y-Achse liegen. Die Funktion φ lautet:

$$\varphi = a + \frac{b-a}{h}x + \frac{d-a}{k}y + \frac{a+c-b-d}{hk}xy.$$

Man rechnet dann leicht aus

$$\text{(V.77)}\quad \begin{cases} \int\limits_R \varphi\,\mathrm{d}f = \frac{hk}{4}(a + b + c + d) \\ \int\limits_R (\text{grad}\,\varphi)^2\,\mathrm{d}f = \frac{1}{3}\left\{\frac{h}{k}[(d-a)^2 + (c-b)^2 + (d-a)(c-b)]\right. \\ \qquad\qquad \left.+ \frac{k}{h}[(b-a)^2 + (c-d)^2 + (b-a)(c-d)]\right\}. \end{cases}$$

Der letztgenannte Ausdruck wird auch für ein Quadrat Q mit $h = k$ nicht viel einfacher:

$$\int_Q (\text{grad}\,\varphi)^2\,\mathrm{d}f = \frac{1}{3}\,\{2\,(a^2 + b^2 + c^2 + d^2) - 2\,(a\,c + b\,d) - (a + c)\,(b + d)\}.$$

Ist der Bereich B ein Polygon, Fig. V/21, so kann man ihn vollständig „triangulieren" und die Funktionswerte in allen „inneren" Eckpunkten der Dreiecke als unbekannte Parameter $a_1, a_2, \ldots$ (in Fig. V/19 als a, b, c bezeichnet) einführen und $I[\varphi]$, zumindest angenähert, als Funktion der $a_1, a_2, \ldots$ ausdrücken. Die Gleichungen (V.72) dienen dann zur Bestimmung der a_ν und damit hat man die Funktionswerte von u in den Dreieckspunkten näherungsweise berechnet.

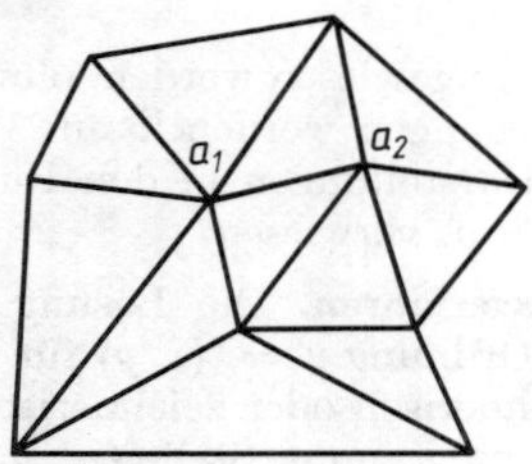

V/21. Triangulierung eines Polygons

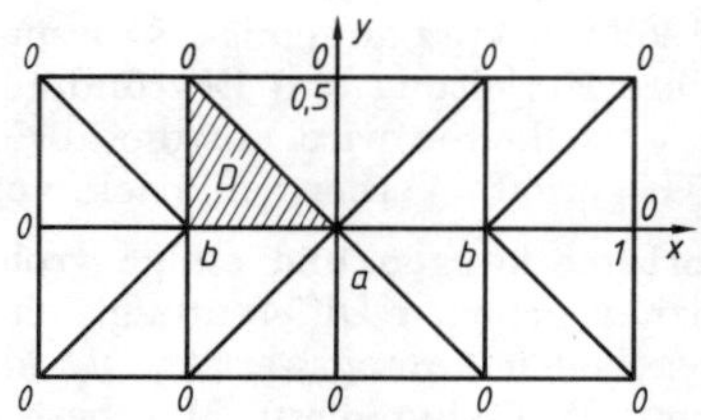

V/22. Triangulierung des Rechteckes (Beispiel Nr. 15)

17. Beispiel. Es werde wieder das Torsionsproblem (V.73) für den rechteckigen Querschnitt B der Nr. 15 zugrundegelegt. Zunächst werde eine Triangulierung nach Fig. V/22 durchgeführt, wobei als unbekannte Funktionswerte unter Benutzung der Symmetrie nur zwei Werte auftreten, die etwa mit a und b bezeichnet werden. Hier ist stets $h = k = \frac{1}{2}$, $F = \frac{1}{8}$; das in Fig. V/22 schraffierte Dreieck D liefert dann nach (V.76) zum Integral (V.74) den Beitrag

$$F\left[(2(a - b))^2 + (2\,b)^2 - \frac{2}{3}\,(a + b)\right];$$

alle 16 Dreiecke in Fig. V/22 zusammen ergeben:

$$I[\varphi] = F\left[16\,(2\,a^2 - 2\,a\,b + 4\,b^2) - \frac{16\,a}{3} - 8b\right] \overset{!}{=} \text{Min.}$$

Die Gleichungen (V.72) lauten:

$$\frac{1}{32F}\,\frac{\partial I[\varphi]}{\partial a} = 2a - b - \frac{1}{6} = 0$$

$$\frac{1}{32F}\,\frac{\partial I[\varphi]}{\partial b} = -\,a + 4b - \frac{1}{4} = 0.$$

Man erhält $a = \frac{11}{84} \approx 0.13095$; $b = \frac{8}{84}$.

Diese Werte sind noch sehr grob, lassen sich aber natürlich durch Maschenverfeinerung leicht verbessern; hier sollte nur die Methode illustriert werden.

VI Anhang

Einige Näherungsmethoden und weitere Übungsaufgaben

§ 1 Einige Näherungsverfahren zur Lösung gewöhnlicher Differentialgleichungen

Hier soll nur kurz auf einige Näherungsverfahren hingewiesen werden, ohne daß auf ihre Herleitung und Begründung näher eingegangen werden kann. Wegen aller Einzelheiten wird auf die ausführlicheren Darstellungen in den Büchern von Grigorieff, Werner-Schaback, vom Verfasser u. a. verwiesen.

1. Vorbemerkungen und einige grobe Näherungsverfahren. Die Lösung einer explizit gegebenen Differentialgleichung erster Ordnung $y' = f(x, y)$ für einen vorgegebenen Anfangswert (x_0, y_0) kann man rechnerisch oder zeichnerisch auf folgende Weise annähern: Man bestimmt die Steigung an der Stelle (x_0, y_0) und zeichnet ein Stück der so gewonnenen Tangente an die Lösungskurve oder berechnet einen zweiten Punkt (x_1, y_1) oder allgemein den $(n+1)$-ten Punkt für $x_{n+1} = x_n + h$ nach

(VI.1) $$y_{n+1} = y_n + h f_n \quad \text{mit} \quad f_n = f(x_n, y_n).$$

Der Fehler kann, zumal bei dieser ganz groben Näherungsformel, schon nach wenigen Schritten beträchtlich anwachsen. Als Grundregel hat daher zu gelten: Für größere Rechnungen bei Integrationen über größere Intervalle 1. kleine Schrittweite h wählen; 2. möglichst genau rechnen (genauere Formeln verwenden).

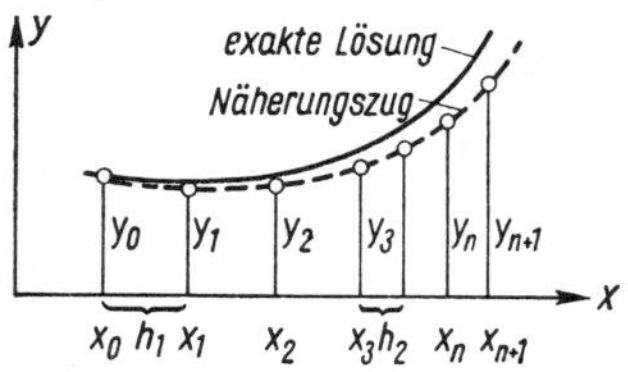

VI/1. Zur genäherten Integration von Differentialgleichungen

Für kleinere Rechnungen 1. größere Schrittweite h zulässig; 2. häufig reicht Rechenschiebergenauigkeit aus. Man kann dann irgendein grobes Verfahren verwenden.

Es ist oft zweckmäßig, die Schrittweite h entsprechend der Krümmung zu variieren, d. h. für große Krümmung kleine h zu wählen, Fig. VI/1.

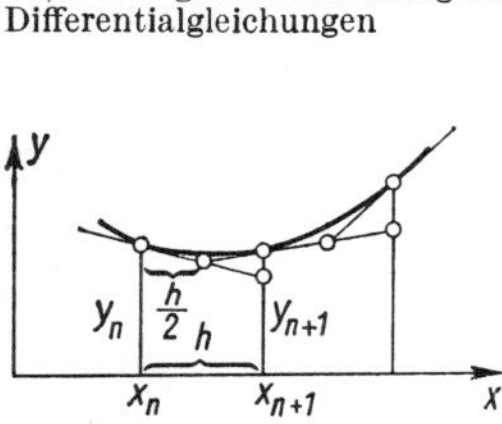

VI/1a. Verbesserung durch Benutzung von Zwischenpunkten

Für Stellen mit sehr großer Steigung ist das Verfahren im allgemeinen schlecht geeignet. (In solchen Fällen hilft oft Vertauschen der Achsen x, y).

Eine Verbesserung des Verfahrens erzielt man dadurch, daß man den jeweils für die Stelle $x_n + h$ errechneten Steigungswert bereits von $x_n + h/2$ aus anträgt, Fig. VI/1 a, oder nach der Formel rechnet

(VI.2) $$y_{n+1} = y_n + h f\left(x_n + \frac{h}{2},\ y_n + \frac{1}{2} h f_n\right).$$

2. Angenäherte numerische Integration nach Runge und Kutta. Bei der Anfangswertaufgabe $y' = f(x, y)$, $y(x_0) = y_0$ sollen Näherungswerte y_n an den Stellen $x_n = x_0 + nh$ berechnet werden ($n = 1, 2, \ldots$; h = Schrittweite). Man ermittelt jeweils den nächsten Wert y_{n+1} an der Stelle x_{n+1} aus dem bereits bekannten Funktionswert y_n nach folgenden Formeln:

$$\text{(VI.3)} \qquad \begin{cases} k_1 = hf(x_n, y_n), \\ k_2 = hf\left(x_n + \frac{h}{2}, y_n + \frac{k_1}{2}\right), \\ k_3 = hf\left(x_n + \frac{h}{2}, y_n + \frac{k_2}{2}\right), \\ k_4 = hf(x_n + h, y_n + k_3). \end{cases}$$

Dann ergibt sich der neue Funktionswert zu

$$\text{(VI.4)} \qquad y_{n+1} = y_n + k \quad \text{mit} \quad k = \frac{k_1 + 2k_2 + 2k_3 + k_4}{6}.$$

Die numerische Rechnung legt man dabei zweckmäßig in Gestalt des folgenden Schemas an:

x	y	$hf(x, y)$
x_n	y_n	k_1
$x_n + \frac{h}{2}$	$y_n + \frac{k_1}{2}$	k_2
$x_n + \frac{h}{2}$	$y_n + \frac{k_2}{2}$	k_3
$x_n + h$	$y_n + k_3$	k_4
x_{n+1}	$y_{n+1} = y_n + k$	

Als Kriterium für eine geeignete Wahl der Schrittweite h kann gelten, daß die Verbesserungswerte k_2 und k_3 etwa in den beiden ersten Dezimalen übereinstimmen sollen. Ist diese Bedingung nicht erfüllt, so wähle man h kleiner. Für die Differentialgleichung $y' = f(x)$ geht das Verfahren in die Simpsonsche Regel über. Gegenüber dem nachfolgend beschriebenen Verfahren der zentralen Differenzen, das sich besonders eignet, wenn die Lösungsfunktion einen glatten Verlauf hat, hat das Runge-Kutta-Verfahren den Vorteil, auch bei weniger glatten Lösungsfunktionen in zügiger Rechnung zum Ziel zu führen.

Beispiel. Es werde zur Erläuterung ein einfaches Beispiel genommen, dessen exakte Lösung man kennt und für das man somit zugleich die Genauigkeit des Verfahrens beurteilen kann. Die Anfangswertaufgabe

$$\text{(VI.5)} \qquad y' = -2xy^2, \qquad y(-1) = \frac{1}{2}$$

hat die exakte Lösung $y = \frac{1}{1 + x^2}$. Als Schrittweite werde $h = 0{,}2$ gewählt. Die nach dem Schema angelegte zeilenweise durchgeführte Rechnung ist wohl ohne weiteres verständlich; es wurden lediglich die dritte Spalte mit y^2 zur bequemen Funktionsberechnung und die fünfte Spalte zur Berechnung der k-Werte hinzugefügt und in der vierten Spalte mit den Werten $\frac{1}{2} k_j$ an Stelle von k_j gerechnet. Der Fehler ist in einer Tafel in Nr. 7 mit angegeben.

Runge-Kutta-Verfahren $h = 0{,}2$

x	y	y^2	$\frac{h}{2} f(x, y) = -0{,}2\,x y^2$	$3k$ und k
− 1	0,5	0,25	0,05	
− 0,9	0,55	0,3025	0,05445	0,329237
,,	0,55445	0,307415	0,055335	0,109746
− 0,8	0,610670	0,372918	0,059667	
,,	0,609746	0,371790	0,059486	
− 0,7	0,669232	0,447871	0,062702	0,376569
,,	0,672448	0,452186	0,063306	0,125523
− 0,6	0,736358	0,542223	0,065067	
,,	0,735269	0,540621	0,064875	
− 0,5	0,800144	0,640230	0,064023	0,380282
,,	0,799292	0,638868	0,063887	0,126761
− 0,4	0,863043	0,744843	0,059587	
− 0,4	0,862030			

3. Verfahren der zentralen Differenzen. Ist bereits ein Stück der Lösungskurve mit den y_ν an der Stelle x_ν für $\nu = 0, 1, \ldots, n$ bekannt, so kann man bei der Schrittweite h den nächstfolgenden Wert

$$y_{n+1} \text{ an der Stelle } x_{n+1}$$

auch durch Anwendung des Verfahrens der zentralen Differenzen ermitteln (Zur Gewinnung der Anfangswerte s. u.). Man definiert als erste Differenzen

(VI.6) $$\nabla(hf_n) = \nabla[hf(x_n, y_n)] = \nabla_n = hf_n - hf_{n-1}$$

und als zweite Differenzen (nicht zweite Potenz!)

$$\nabla_n^2 = \nabla_n - \nabla_{n-1}$$

und hat dann das Differenzenschema

$$\begin{array}{ccccc}
x_{n-2} & y_{n-2} & hf_{n-2} & & \\
 & & & \nabla_{n-1} & \\
x_{n-1} & \underline{y_{n-1}} & hf_{n-1} & & \nabla_n^2 \\
 & & & \nabla_n & \\
x_n & y_n & \underline{hf_n} & & \underline{\nabla_{n+1}^2} \\
\hline
 & & & \nabla_{n+1} & \\
x_{n+1} & \underline{y_{n+1}} & hf_{n+1} & &
\end{array}$$

Der neue Funktionswert y_{n+1} errechnet sich aus den vier unterstrichenen Gliedern auf Grund der Formel

(VI.7) $$y_{n+1} = y_{n-1} + 2hf_n + \frac{1}{3}\nabla_{n+1}^2.$$

Da jedoch zu Beginn nur die über dem gestrichelten Linienzug stehenden Glieder bekannt sind, muß ∇^2_{n+1} noch ermittelt werden. Dazu extrapoliert man diese zweite Differenz zunächst aus dem Verlauf der vorhergegangenen zweiten Differenzen. (Zu Beginn setze man etwa $\nabla^2_{n+1} \approx \nabla^2_n$). Damit errechnet man einen „Rohwert" $y^{(0)}_{n+1}$. Bezeichnet man mit (ν) die ν-te errechnete Näherung, so rechnet man nach

$$y^{(\nu+1)}_{n+1} = y_{n-1} + 2hf_n + \frac{1}{3}\nabla^{2(\nu)}_{n+1}. \qquad \text{(VI.8)}$$

Durch die Differenzenbildungen mit Hin- und Rückrechnung gewährleistet das Verfahren in sich bereits eine gute Kontrolle.

Die ersten Werte der Lösungskurve lassen sich auf verschiedene Weise ermitteln: 1. Durch Anwendung des Verfahrens nach Runge-Kutta mit kleiner Schrittweite, 2. durch einen Potenzreihensatz, 3. durch Ansetzen einer „nullten Näherung" in Gestalt einer Tangente:

$$y^{(0)}_j = y_0 + jhf_0; \quad j = -1, 1, 2;$$

eine „erste Näherung" erhält man nach den Iterationsformeln

$$\text{(VI.9)} \quad \begin{cases} y^{(1)}_2 = y_0 + \dfrac{h}{3}\left(f^{(0)}_2 + 4f^{(0)}_1 + f_0\right), \\ y^{(1)}_1 = y_0 + \dfrac{h}{24}\left(-f^{(0)}_2 + 13f^{(0)}_1 + 13f_0 - f^{(0)}_{-1}\right), \\ y^{(1)}_{-1} = y^{(1)}_1 - \dfrac{h}{3}\left(f^{(0)}_1 + 4f_0 + f^{(0)}_{-1}\right). \end{cases}$$

Notfalls wird diese Iteration nochmals wiederholt. Es ist notwendig, diese Anfangswerte möglichst genau zu berechnen.

Beispiel. Es werde dasselbe Beispiel (VI.5) wie beim Runge-Kutta-Verfahren gewählt: Die Schrittweite sei $h = 0{,}1$. Zur Aufstellung der benötigten drei Anfangswerte soll hier eine Potenzreihe aufgestellt und mit ihr sollen die Werte $y(-1{,}1)$ und $y(-0{,}9)$ berechnet werden. Durch fortgesetzte Differentiation findet man aus der Differentialgleichung, wobei auf der rechten Seite für y' jeweils wieder $-2xy^2$ eingesetzt wird,

$$\begin{aligned} y'' &= -2y^2 - 4xyy' = -2y^2 + 8x^2y^3, \\ y''' &= -4yy' + 16xy^3 + 24x^2y^2y' = 24(xy^3 - 2x^3y^4), \\ y^{\mathrm{IV}} &= 24(y^3 - 12x^2y^4 + 16x^4y^5), \\ y^{\mathrm{V}} &= 240(-3xy^4 + 16x^3y^5 - 16x^5y^6); \end{aligned}$$

daraus die Werte für $x = -1$

$$y'(-1) = \frac{1}{2}; \; y''(-1) = \frac{1}{2};$$

$$y'''(-1) = 0; \; y^{\mathrm{IV}}(-1) = -3; \; y^{\mathrm{V}}(-1) = -15$$

und nach dem Taylorschen Satz

$$y(-1 \pm 0{,}1)$$

$$= \frac{1}{2} \pm \frac{0{,}1}{1!} \cdot \frac{1}{2} + \frac{(0{,}1)^2}{2!} \cdot \frac{1}{2} \pm \frac{(0{,}1)^3}{3!} \cdot 0 + \frac{(0{,}1)^4}{4!}(-3) \pm \frac{(0{,}1)^5}{5!}(-15) + \ldots.$$

Auf 6 Stellen genau ergibt sich

$$y(-1{,}1) = 0{,}452489, \quad y(-0{,}9) = 0{,}552486.$$

Mit diesen Werten kann man das Differenzenschema der folgenden Tafel bereits bis zur doppelt gezeichneten Linie bilden, wobei der Bequemlichkeit halber die Differenzen nicht auf die Lücke geschrieben, sondern je um eine halbe Zeile gesenkt sind.

Einen Rohwert $y_3^{(0)}$ für die Stelle $x = -0{,}8$ erhält man nun nach

$$\text{(VI.10)} \qquad y_3^{(0)} = y_1 + 2hf_2 + \frac{1}{3}\nabla_3^2$$

mit $y_1 = y(-1) = \frac{1}{2}$, $hf_2 = 0{,}0549434$; ∇_3^2 wird zunächst grob geschätzt zu $h^4 y^{IV}(-1) = -0{,}0003$ (da $y'''(-1)$ verschwindet); so ergibt sich

$$y_3^{(0)} = 0{,}609787.$$

Man kann damit das Differenzenschema um eine Zeile fortführen und erhält an Stelle des geschätzten Wertes $-0{,}0003$ von ∇_3^2 den besseren Wert $-0{,}0003924$, mit dem man die Rechnung wiederholt; nach 2 weiteren Schritten ist die Rechnung zum Stillstand gekommen mit dem Wert $y(-0{,}8) \approx 0{,}609754$. Die Tafel zeigt noch einige weitere Schritte. Man kann die Rechnung noch etwas abkürzen und braucht nicht bei jedem Iterationsschritt alle Differenzen neu zu bilden; doch sei wegen aller praktischen Einzelheiten bei der Rechnung auf die Literatur verwiesen.

Verfahren der zentralen Differenzen $h = 0{,}1$. $y(-1 \pm 0{,}1)$ durch Potenzreihe.

x	y	y^2	$hf(x, y)$	∇	∇^2	geschätzt neues ∇^2	∇^3
−1,1	0,452489	0,204746	0,0450441				
−1	0,5	0,25	0,05	0,0049559			
−0,9	0,552486	0,305241	0,0549434	0,0049434	−0,0000125	−0,0003	
−0,8	0,609787	0,371840	0,0594944	0,0045510	−0,0003924		
	0,609756	802	4883	5449	3985		
	0,609754	800	4880	5446	3988	−0,00084	−0,0003863
−0,7	0,671182	0,450485	0,0630679	0,0035799	−0,0009647		
	0,671140	429	0601	5721	9725		
	0,671138	426	0596	5716	9730	−0,00174	−0,0005742
−0,6	0,735293	0,540656	0,0648787	0,0018191	−0,0017525		
	0,735289	650	8780	8184	7532	−0,00276	−0 0007802

Zum Genauigkeitsvergleich seien in der folgenden Tafel die nach dem Runge-Kutta-Schema und nach dem Verfahren der zentralen Differenzen erhaltenen Näherungswerte mit den exakten Werten verglichen. Ein Werturteil über die beiden Näherungsverfahren darf auf Grund eines einzelnen Beispiels nicht gefällt werden, hier schon deshalb nicht, weil der Arbeitsaufwand bei beiden Verfahren verschieden groß ist und die Schrittweiten verschieden waren. (Das Runge-Kutta-Verfahren verträgt in der Regel etwas größere Schrittweiten als das Differenzenverfahren.)

Genauigkeitsvergleich.

x	Exakte Lösung $y(x)$	Runge-Kutta-Verfahren y	Fehler	Verfahren der zentralen Differenzen y	Fehler
-1	0,5	0,5	0	0,5	0
$-0,9$	0,5524862			0,552486	—
$-0,8$	0,6097561	0,609746	$-0,000010$	0,609754	$-0,000002$
$-0,7$	0,6711409			0,671138	$-0,000003$
$-0,6$	0,7352941	0,735269	$-0,000025$	0,735289	$-0,000005$
$-0,5$	0,8			0,799995	$-0,000005$
$-0,4$	0,8620690	0,862030	$-0,000039$	0,862064	$-0,000005$

4. Differenzenverfahren. Es liege eine Randwertaufgabe für ein Intervall (a, b) vor. Es wird eine Einteilung der x-Achse in Intervalle der Länge oder „Maschenweite" h mit den Teilungspunkten $x_j = x_0 + jh$ vorgenommen. Oft wird man $a = x_0$ und $b = x_n$ wählen mit einem festen $n > 0$. Es sei y_j eine Näherung für den Wert $y(x_j)$ der gesuchten Lösung an der Stelle x_j. Man ersetzt nun Differentialquotienten an der Stelle x_j durch Differenzenquotienten:

$$\frac{dy}{dx} \quad \text{durch} \quad \frac{1}{h}(y_{j+1} - y_j) \quad \text{oder durch} \quad \frac{1}{2h}(y_{j+1} - y_{j-1})$$

$$\frac{d^2y}{dx^2} \quad \text{durch} \quad \frac{1}{h^2}(y_{j+1} - 2y_j + y_{j-1})$$

und entsprechend höhere Ableitungen durch höhere Differenzenquotienten. So werden der Differentialgleichung an jeder Stelle x_j des Intervalls und auch den Randbedingungen Gleichungen für Näherungswerte y_j gegenübergestellt.

Beispiel: Bei der Eigenwertaufgabe (IV.59) (IV.60)

(VI.11) $\qquad y'' + \lambda xy = 0, \quad y'(0) = y(1) = 0$

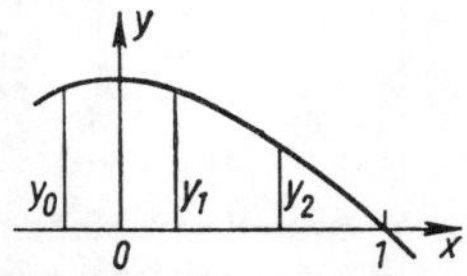

VI/2. Differenzenverfahren b. der Eigenwertaufgabe (V.22)

empfiehlt es sich, das Gitter so zu legen, daß $x = 0$ in der Mitte zwischen zwei Gitterpunkten liegt, damit man für $y'(0)$ einen „zentralen Differenzenquotienten" verwenden kann; bei der Maschenweite $h = 2/5$, Fig. VI/2, hat man dann drei Unbekannte y_0, y_1, y_2; die Randbedingung $y'(0) = 0$ wird dann durch die Symmetrie $y_0 = y_1$ erfaßt. Der Differentialgleichung entsprechen dann die Gleichungen mit $\frac{\Lambda h^2}{5} = \mu$, wobei Λ ein Näherungswert für λ sei:

$$\text{Für } x = \frac{1}{5}: \qquad y_2 - 2y_1 + y_1 + \mu y_1 = 0$$

$$\text{für } x = \frac{3}{5}: \qquad 0 - 2y_2 + y_1 + \mu \cdot 3y_2 = 0.$$

Diese beiden linearen homogenen Gleichungen haben genau dann eine nichttriviale Lösung, wenn die Koeffizientendeterminante verschwindet:

$$\begin{vmatrix} -1+\mu & 1 \\ 1 & -2+3\mu \end{vmatrix} = 1 - 5\mu + 3\mu^2 = 0.$$

Die Wurzeln dieser Gleichung lauten

$$\mu = \frac{1}{6}\left(5 \pm \sqrt{13}\right) = \begin{cases} 0{,}2324 \\ 1{,}4343 \end{cases}$$

und ergeben

$$\Lambda = \frac{125}{4}\mu = \begin{cases} 7{,}263 & (-\ 7{,}4\%) \\ 44{,}8 & (-\ 20{,}0\%). \end{cases}$$

Hier ist in Klammern der Fehler des Näherungswertes durch Vergleich mit den in Kap. IV, 13 nach der Potenzreihenmethode berechneten Werten (IV.66)

$$\lambda_1 = 7{,}837; \quad \lambda_2 = 56{,}0$$

angegeben.

Bei kleineren Maschenweiten sind bessere Werte zu erwarten. Bei $h = \frac{2}{7}$ und den Funktionswerten y_j nach Fig. VI/2a hat man mit $\frac{\Lambda h^2}{7} = \mu = \frac{1}{s}$ das Gleichungssystem

$$y_2 - y_1 + \mu y_1 = y_3 - 2y_2 + y_1 + 3\mu y_2 = -2y_3 + y_2 + 5\mu y_2 = 0.$$

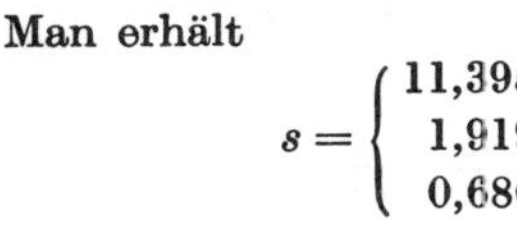

VI/2a Kleinere Maschenweite

Die Determinante lautet hier

$$\begin{vmatrix} -1+\mu & 1 & 0 \\ 1 & -2+3\mu & 1 \\ 0 & 1 & -2+5\mu \end{vmatrix} = 0$$

oder

$$s^3 - 14s^2 + 31s - 15 = 0.$$

Man erhält

$$s = \begin{cases} 11{,}3950 \\ 1{,}9190 \\ 0{,}6860 \end{cases} \text{ und } \Lambda = \frac{343}{4s} = \begin{cases} 7{,}525 & (-\ 4{,}0\%) \\ 44{,}68 & (-\ 20{,}2\%) \\ 125{,}0 \end{cases}$$

5. Mehrstellenverfahren. Wünscht man genauere Werte, so empfiehlt es sich nicht, das Differenzenverfahren mit sehr kleiner Maschenweite zu wiederholen, da dann die Rechenarbeit stark anwächst, sondern man benutze lieber genauere Verfahren. Eines dieser Verfahren ist das „Mehrstellenverfahren", bei welchem man bei jeder einzelnen, für die Stelle x_j angeschriebenen Näherungsgleichung die Differentialgleichung an mehreren Stellen heranzieht. Es soll hier nur an dem Beispiel der vorigen Nummer die Idee des Verfahrens erläutert werden. Für das „gewöhnliche Differenzenverfahren" der vorigen Nummer benutzt man als Ersatz für die zweite Ableitung den zweiten Differenzenquotienten; entwickelt man alle dabei auftretenden Werte nach dem **Taylor**schen Satz nach den Werten von y und seinen Ableitungen an der Stelle x_j, so gilt

$$h^2 y''(x_j) - [y(x_{j+1}) - 2y(x_j) + y(x_{j-1})] = \text{Restglied vierter Ordnung.} \tag{VI.12}$$

Man kann nun durch Hinzunahme der zweiten Ableitungen an den Stellen x_{j-1} und x_{j+1} durch Wahl geeigneter Koeffizienten erreichen, daß das Restglied von höherer Ordnung wird:

$$h^2[y''(x_{j+1}) + 10y''(x_j) + y''(x_{j-1})] - 12[y(x_{j+1}) - 2y(x_j) + y(x_{j-1})] \\ = \text{Restglied sechster Ordnung.} \tag{VI.13}$$

Man schreibt nun diese Gleichung für jedes x_j aus dem betrachteten Intervall an, läßt das Restglied fort, hat dafür die Näherung y_j an Stelle von $y(x_j)$ zu schreiben und ersetzt y'' mit Hilfe der vorgelegten Differentialgleichung (entsprechende Mehrstellenformeln lassen sich auch für andere Ableitungen aufstellen). Rechnet man das Beispiel der vorigen Nummer jetzt mit derselben Maschenweite $h = 2/5$ durch, so wäre es nicht sinnvoll, wieder $y_0 = y_1$ zu setzen, da man durch eine so grobe Erfassung der Randbedingung $y'(0) = 0$ sich die durch die Formel (VI.13) erzielte hohe Genauigkeit verscherzen würde. Man denkt sich etwa durch die 4 Werte y_0, y_1, y_2, y_3 eine Parabel dritten Grades $y = p(x)$ gelegt und berechnet deren Steigung an der Stelle $x = 0$:

$$p'(0) = \frac{1}{24h}(-23y_0 + 21y_1 + 3y_2 - y_3). \tag{VI.14}$$

Nun soll $y_3 = 0$ und $p'(0) = 0$ sein, also wird

$$23y_0 - 21y_1 - 3y_2 = 0. \tag{VI.15}$$

Die Mehrstellengleichungen lauten hier mit der Abkürzung $\frac{\Lambda h^2}{12\cdot 5} = m = \frac{1}{s}$ für die Stelle

$$x = \frac{1}{5}: \quad m(3y_2 + 10y_1 - y_0) + y_2 - 2y_1 + y_0 = 0$$

$$x = \frac{3}{5}: \quad m(30y_2 + y_1) \qquad - 2y_2 + y_1 \qquad = 0.$$

Eliminiert man y_0 mit Hilfe von (VI.15), so kommt man auf die Gleichung

$$\begin{vmatrix} -25 + 209m & 26 + 66m \\ 1 + m & -2 + 30m \end{vmatrix} = 0 \quad \text{oder} \quad s^2 - 52{,}5s + 258{,}5 = 0.$$

Man erhält

$$s = \begin{cases} 47 \\ 5{,}5 \end{cases} \text{und } \Lambda = \begin{cases} 7{,}9787 \ (+\ 1{,}8\%) \\ 68{,}182 \ (+\ 22\%). \end{cases}$$

6. Ritzsches Verfahren (vgl. Kap. V, § 5). Auch hier kann nur die Idee kurz und ohne jeden Beweis angedeutet werden (eine ausführliche Darstellung findet sich z. B. in dem Buch des Verfassers „Numerische Behandlung von Differentialgleichungen").

Hier werden die Betrachtungen von Kap. III, Nr. 24 von gewöhnlichen Differentialgleichungen 2. Ordnung auf solche höherer Ordnung erweitert und das Ergebnis ohne Beweis genannt.

In der Variationsrechnung behandelt man die Aufgabe, einem Integral der Form

$$\text{(VI.16)} \qquad J[\varphi] = \int_a^b F(x, \varphi(x), \varphi'(x), \ldots, \varphi^{(m)}(x))\,\mathrm{d}x = \min,$$

wobei F eine gegebene Funktion der angeschriebenen Argumente ist, einen möglichst kleinen Wert zu erteilen, wenn man $\varphi(x)$ die Gesamtheit aller m-mal stetig differenzierbaren Funktionen durchlaufen läßt, die noch gewisse Randbedingungen erfüllen sollen. Eine solche Aufgabe braucht keineswegs stets eine Lösung zu besitzen. Wenn sie aber eine Lösung besitzt, so muß diese der „Eulerschen Differentialgleichung"

$$\text{(VI.17)} \qquad \frac{\partial F}{\partial \varphi} - \frac{\mathrm{d}}{\mathrm{d}x}\left(\frac{\partial F}{\partial \varphi'}\right) + \frac{\mathrm{d}^2}{\mathrm{d}x^2}\left(\frac{\partial F}{\partial \varphi''}\right) - + \cdots + (-1)^m \frac{\mathrm{d}^m}{\mathrm{d}x^m}\left(\frac{\partial F}{\partial \varphi^{(m)}}\right) = 0$$

genügen. Man sucht nun beim Ritzschen Verfahren umgekehrt eine vorgelegte Differentialgleichung als Eulersche Gleichung zu schreiben und ein zugehöriges Variationsproblem (VI.16) aufzustellen. Man geht dann mit einem Ansatz

$$\text{(VI.18)} \qquad \varphi(x) \approx w(x) = \sum_{\nu=0}^{p} a_\nu w_\nu(x)$$

in den Ausdruck $J[\varphi]$ hinein, d. h. man bildet $J[w]$ und sucht die a_ν so zu bestimmen, daß $J[w]$ möglichst klein ausfällt; man bestimmt daher die a_ν aus den Gleichungen

$$\text{(VI.19)} \qquad \frac{\partial J[w]}{\partial a_\nu} = 0, \quad \nu = 0, \ldots, p.$$

Der Erfolg des Ritzschen Verfahrens hängt stark davon ab, daß man die Ansatzfunktionen $w_\nu(x)$ gut gewählt hat.

Beispiel. Bei der Eigenwertaufaabe (VI.11) ist die Differentialgleichung die Eulersche Gleichung zu dem Integral

$$\text{(VI.20)} \qquad J[\varphi] = \int_0^1 (-\varphi'^2 + \lambda x \varphi^2)\,\mathrm{d}x.$$

Die Randbedingungen erfordern im allgemeinen eine besondere Berücksichtigung; im vorliegenden Falle genügt es, von den Ansatzfunktionen zu verlangen, daß sie die Randbedingung $\varphi(1) = 0$ erfüllen; bessere Resultate sind zu erwarten, wenn sie auch der anderen Randbedingung $\varphi'(0) = 0$ genügen.

1. Ansatz: Der einfachste Ansatz ist $w(x) = a_0(1 - x^2)$ (mit $a_0 \neq 0$). Dann wird

$$J[w] = \int_0^1 \left[-(2a_0x)^2 + \lambda x a_0^2 (1-x^2)^2\right] dx = a_0^2\left[-\frac{4}{3} + \lambda\frac{1}{6}\right];$$

(VI.19) ergibt
$$\frac{\partial J}{\partial a_0} = 2a_0\left[-\frac{4}{3} + \Lambda\frac{1}{6}\right] = 0$$

oder $\Lambda = 8$ (Fehler $+ 2{,}1\%$), wobei Λ wieder eine Näherung für λ bedeutet.

2. Ansatz: $w(x) = a_0(1 - x^2) + a_1(1 - x^3)$. Jetzt wird, wenn kurz a, b statt a_0, a_1 geschrieben wird,

$$J[w] = -\left[\frac{4}{3}a^2 + 2\cdot\frac{3}{2}ab + \frac{9}{5}b^2\right] + \lambda\left[\frac{1}{6}a^2 + 2\cdot\frac{27}{140}ab + \frac{9}{40}b^2\right].$$

Die Gleichungen (VI.19) für diesen Ansatz

$$-\frac{4}{3}a - \frac{3}{2}b + \lambda\left[\frac{1}{6}a + \frac{27}{140}b\right] = 0$$

$$-\frac{3}{2}a - \frac{9}{5}b + \lambda\left[\frac{27}{140}a + \frac{9}{40}b\right] = 0$$

haben genau dann eine nichttriviale Lösung a, b, wenn die Determinante verschwindet:

$$\begin{vmatrix} -\frac{4}{3} + \frac{1}{6}\Lambda & -\frac{3}{2} + \frac{27}{140}\Lambda \\ -\frac{3}{2} + \frac{27}{140}\Lambda & -\frac{9}{5} + \frac{9}{40}\Lambda \end{vmatrix} = 0$$

oder $\Lambda^2 - 70\Lambda + 490 = 0$. Die Näherungswerte lauten somit:

$$\Lambda = \begin{cases} 7{,}8891 & (\text{Fehler } + 0{,}66\%) \\ 62{,}111 & (\text{Fehler } + 11{,}0\%). \end{cases}$$

§ 2 Weitere Aufgaben mit Lösungen

7. Vermischte Aufgaben zu Kapitel I. 1. Man stelle die allgemeine Lösung auf von:

a) $y - xy' = \dfrac{x^2y'^2}{1-4y}$

b) $y' = \dfrac{y^2 - x + x^3}{y}$

c) $xy' - y = x^2 - y^2$

d) $x^2y' + xy + ay = 0$

e) $(x + y)y' + 1 = 0$

f) $(x + y)^2y' + 1 = 0$

g) $y - y' = ay'^3$

h) $(x - 2x^2 - 7y)y' = 6x - 2xy - y - 3$

i) $y + \dfrac{x}{y'} - \dfrac{a}{\sqrt{1+y'^2}} = 0$

j) $y^2 - 2xyy' + (yy')^3 = 0$

k) $xy'^2 + x - y = 0$

l) $2\sqrt{y(1-y)} + \sqrt{1-x^2}\,y' = 0$

m) $(e^x - 1)e^y y' + e^x = 0$ n) $y' = \dfrac{2x-5}{4y+3}$

o) $y' \sin x = 3 \sin y$ p) $y - xy' + \dfrac{x^2 + by^2}{ax} = 0$

q) $y' = \dfrac{ay \sin x - \sin y}{x \cos y + a \cos x}$.

2. Man stelle zu folgenden Kurvenscharen (mit c als Scharparameter) Differentialgleichungen 1. Ordnung auf:

a) $\sqrt{1+x^2} + \sqrt{1+y^2} = c$ b) $(x - ac)^2 + y^2 = c^2$

c) $y = cx + e^{(x/c)}$ d) Konfokale Kegelschnitte: $\dfrac{x^2}{a^2+c} + \dfrac{y^2}{c} = 1$.

3. Man bestimme die Lösung der Anfangswertaufgabe $xy'(x) - 2y(x) = x^3 f(x), y(a) = 0$ mit $a > 0$ und $f(x)$ als gegebener Funktion.

4. Es sei die Differentialgleichung vorgelegt, deren allgemeine Lösung nach Aufgabe 2c) durch

$$y = cx + e^{(x/c)}$$

mit c als freiem Parameter gegeben ist. Es sei k die Anzahl der Lösungen der Differentialgleichung, die durch einen vorgegebenen Punkt gehen; man zeichne in der x-y-Ebene die Bereiche mit $k = 0$, $k = 1$, $k = 2, \ldots$

5. Diskutiere in einer x-$\dot{x}$-Phasenebene das Verhalten der Lösungen der Differentialgleichung eines Schwingers mit nichtlinearer Rückstellkraft und nichtlinearer Dämpfung:

$$\ddot{x} + \dot{x}^2 \operatorname{sgn} \dot{x} + x - x^3 = 0$$

bei den Anfangsbedingungen $x(0) = 0$, $\dot{x}(0) = v_0$.

6. Im folgenden wird nur nach stetigen Lösungen der Funktionalgleichung $y\left(\dfrac{x+\xi}{1+x\xi}\right) = y(x)y(\xi)$ gefragt.

a) Welche Lösung hat die Funktionalgleichung mit der Differentialgleichung $y' = y/(1-x^2)$ gemeinsam?

b) Man gebe eine der Funktionalgleichung äquivalente Differentialgleichung an.

7. Man mache einen Potenzreihenansatz

$$y(x) = \sum_{\nu=0}^{\infty} a_\nu x^\nu$$

für die Lösung $y(x)$ der nichtlinearen Anfangswertaufgabe

$$y'(x) = x^2 + x y^2, \quad y(0) = 1$$

und berechne einige der Konstanten a_ν.

8. Die in der vorigen Aufgabe festgelegte Funktion $y(x)$ wächst an einer Stelle $x = p$ über alle Grenzen. Man schließe p in Schranken ein, indem man für $y(x)$ eine Unterfunktion $q(x) \leq y(x)$ und eine Oberfunktion $z(x) \geq y(x)$ berechnet. Das kann erreicht werden, indem man in der Differentialgleichung x^2 so in Schranken einschließt, daß elementar lösbare Differentialgleichungen entstehen.

9. Man betrachtet folgendes sehr grobe Modell für die tägliche Temperaturschwankung $u(t)$ in einem flachen Gewässer. Der einfachereren Rechnung wegen sei die Zeiteinheit so gewählt, daß die Periode eines Tages 2π Zeiteinheiten umfaßt. 12 Uhr mittags entspreche der Zeit $t = 0$ und Mitternacht der Zeit $t = \pi$. Die Außentemperatur sei gegeben durch $v(t)$:

$$v(t) = \begin{cases} a & \text{für } \frac{\pi}{2} \leq |t| \leq \frac{3\pi}{2} \\ a + c\cos t & \text{für } |t| \leq \frac{\pi}{2} \\ v(t + 2\pi) & \text{für alle } t. \end{cases}$$

Das Glied $a + c\cos t$ trage der Sonneneinstrahlung Rechnung. Die Erwärmung des Wassers $\dot{u}$ sei gegeben durch die Differenz $v - u$, es sei also

$$\frac{du}{dt} = \dot{u} = v - u.$$

Man berechne die stetige periodische Lösung $u(t)$, die Zeit τ und die Größe U des Temperaturmaximums:

$$\max_{0 \leq t \leq 2\pi} u(t) = U = u(\tau).$$

8. **Lösungen.** 1. Allgemeine Lösung (mit c als freiem Parameter):

a) $y = \frac{cx - x^2}{c^2}$ b) $y^2 = ce^{2x} - \left(x^3 + \frac{3}{2}x^2 + \frac{x}{2} + \frac{1}{4}\right)$ c) $y = x\tanh(x + c)$

d) $\ln(xy) - \frac{a}{x} = c$ e) $(x + y - 1)e^y = c$ f) $y = c + \frac{1}{2}\ln\left|\frac{x + y + 1}{x + y - 1}\right|$

g) mit s als Parameter: $\begin{cases} x = c + \ln s + \frac{3a}{2}s^2 \\ y = s + as^3 \end{cases}$

h) $y = \frac{7}{22}x - \frac{1}{11} + c\sqrt{7x^2 - x + 6}\,\exp\left[\frac{3}{\sqrt{167}}\arctan\left(\frac{1}{\sqrt{167}}(14x - 1)\right)\right]$

i) Die Lösung in Parameterform lautet mit $p = \tan\alpha$ als Parameter:

$$x = \left(c + \frac{a}{2\sqrt{1 + p^2}}\right)\frac{p}{\sqrt{1 + p^2}} = c\sin\alpha + \frac{a}{2}\cos^2\alpha$$

$$y = \frac{2(a - c)p^2 + a - 2c}{2(1 + p^2)^{\frac{3}{2}}} = -c\cos\alpha + \frac{a}{2}\cos\alpha\,[1 + \sin^2\alpha]$$

j) $y^2 = cx - \frac{1}{8}c^3$

k) Die Lösung erhält man durch Trennung der Veränderlichen mit p als Parameter:

$$x = \frac{c}{p^2 - p + 1}\exp\left[-\frac{2}{3}\sqrt{3}\arctan\left(\frac{2p - 1}{\sqrt{3}}\right)\right]$$

$$y = \frac{c(1 + p^2)}{p^2 - p + 1}\exp\left[-\frac{2}{3}\sqrt{3}\arctan\left(\frac{2p - 1}{\sqrt{3}}\right)\right]$$

l) $\arcsin x + \arcsin \sqrt{y} = c$

m) $y = \ln(c - \ln(1 - e^x))$

n) $2y^2 + 3y = x^2 - 5x + c$

o) $\tan \frac{y}{2} = c\left(\tan \frac{x}{2}\right)^3$

p) $\ln x + \frac{a}{\sqrt{b}} \operatorname{arccot} \frac{y\sqrt{b}}{x} = c$

q) $x \sin y + a y \cos x = c$

2. a) $x\sqrt{1+y^2} + yy'\sqrt{1+x^2} = 0$

b) $ay\sqrt{1+y'^2} = x + yy'$

c) $y = \frac{x^2}{\psi(xy'-y)} + e^{\psi(xy'-y)}$; dabei ist $s = \psi(t)$ die Umkehrfunktion zu $t = (s-1)e^s$; es ist $\psi(t)$ eine transzendente Funktion, für welche kein besonderes Symbol eingeführt ist.

d) $xyy'^2 + (x^2 - y^2 - a^2)y' = xy$.

3. $y(x) = \int\limits_a^x x^2 f(s)\,ds$.

4. Fig. VI/3 ergibt (nichtmaßstäblich, sondern nur qualitativ) die Bereiche $k = 0, 1, 2, 3$ an; ein Bereich mit $k = 4$ existiert nicht. Die Grenzkurven zwischen den Bereichen sind die x-Achse und die Kurve

$$x = 2c \ln c, \quad y = c^2(1 + 2 \ln c)$$

(mit c als Parameter), welche in den beiden Punkten $x = \pm 2e^{-1}$, $y = -e^{-2}$ Spitzen haben.

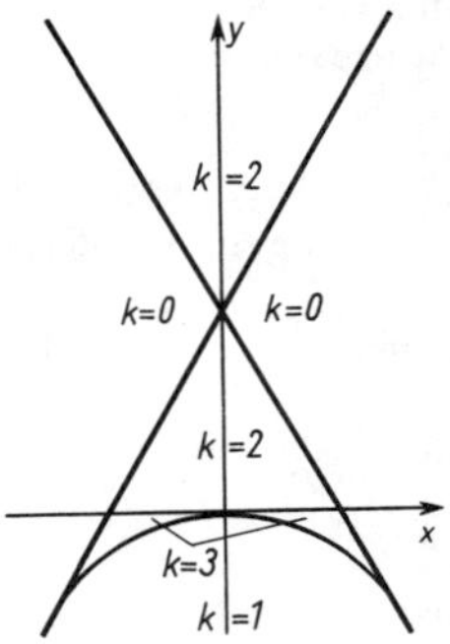

VI/3. Bereiche mit $k = 0, 1, 2, 3$ Lösungen

5. Die Diskussion ergibt die drei Fälle:

a) $v_0^2 > \frac{1}{4}(e^2 - 1)$, dann ist $\dot{x}(t) \neq 0$ für alle t, es treten keine Schwingungen ein;

b) $v_0^2 = \frac{1}{4}(e^2 - 1)$, etwa $v_0 > 0$; $x(t)$ hat für $t > 0$ festes Vorzeichen und bleibt beschränkt;

c) $v_0^2 < \frac{1}{4}(e^2 - 1)$. Es liegen gedämpfte Schwingungen mit unendlich vielen Nulldurchgängen vor.

6. a) $y = \left(\frac{1+x}{1-x}\right)^{1/2}$.

b) Die allgemeine stetige Lösung $y = \left(\frac{1+x}{1-x}\right)^c$ der Funktionalgleichung (mit c als freier Konstanten) gehört zu der Differentialgleichung

$$y' = \frac{2y}{1-x^2} \, \frac{\ln y}{\ln(1+x) - \ln(1-x)}.$$

7. Einsetzen der Reihe und Koeffizientenvergleich ergeben:

$$y(x) = 1 + \frac{x^2}{2} + \frac{x^3}{3} + \frac{x^4}{4} + \frac{2}{15}x^5 + \frac{1}{8}x^6 + \frac{13}{210}x^7 + \dots$$

8. Man läßt zunächst x^2 fort und berechnet eine Unterfunktion $q(x)$ aus

$$q' = x\,q^2, \quad q(0) = 1 \quad \text{zu} \quad q(x) = \frac{2}{2 - x^2}.$$

Diese Funktion hat einen Pol bei $x = x_0 = \sqrt{2} \approx 1{,}414$. Es ist also $p < \sqrt{2}$. Nun ersetzt man im Intervall $0 \leq x < \sqrt{2}$ die Funktion x^2 durch $x\sqrt{2}$ und bestimmt in diesem Intervall eine Oberfunktion $z(x)$ aus

$$z' = x\sqrt{2} + x\,z^2, \quad z(0) = 1 \quad \text{zu} \quad z(x) = \alpha \tan\left(\arctan\left(\frac{1}{\alpha}\right) + \frac{\alpha\,x^2}{2}\right) \quad \text{mit} \quad \alpha = \sqrt[4]{2}.$$

Der Tangens wächst über alle Grenzen, wenn das Argument gegen $\frac{\pi}{2}$ strebt; es tritt also ein Pol bei $x = x_1$ mit

$$\arctan\left(\frac{1}{\alpha}\right) + \alpha\frac{x_1^2}{2} = \frac{\pi}{2} \quad \text{oder} \quad x_1 = \sqrt{\frac{2}{\alpha}\left(\frac{\pi}{2} - \arctan\left(\frac{1}{\alpha}\right)\right)} \approx 1{,}211$$

auf; die Polstelle p liegt daher im Intervall

$$1{,}211 \leq p \leq \sqrt{2} < 1{,}415.$$

9. Da in v die Größe a nur additiv auftritt, kann man $u - a$ und $v - a$ als neue Variable einführen; es fällt dann a heraus, man kann daher für die Rechnung von vornherein $a = 0$ setzen und im Ergebnis a wieder additiv hinzufügen. Es gilt mithin

$$\dot{u} + u = \begin{cases} c\cos t & \text{für } |t| \leq \dfrac{\pi}{2} \\[2ex] 0 & \text{für } \dfrac{\pi}{2} \leq |t| \leq \dfrac{3\pi}{2}. \end{cases}$$

Mit einer noch unbekannten Zahl k ist dann

$$u = k\,\mathrm{e}^{-t} \quad \text{für} \quad \frac{\pi}{2} \leq t \leq \frac{3\pi}{2}.$$

Weiter gilt

$$u = \frac{c}{2}(\cos t + \sin t) + d\mathrm{e}^{-t} \quad \text{für} \quad |t| \leq \frac{\pi}{2},$$

wobei d ebenfalls noch unbekannt ist. Mit der Abkürzung $\varepsilon = \mathrm{e}^{-\pi/2}$ hat man dann die Bedingungen

$$u\left(-\frac{\pi}{2}\right) = u\left(\frac{3\pi}{2}\right) = -\frac{c}{2} + \frac{d}{\varepsilon} = k\,\varepsilon^3$$

$$u\left(\frac{\pi}{2}\right) = \frac{c}{2} + d\varepsilon = k\,\varepsilon.$$

Aus diesen beiden Gleichungen rechnet man aus:

$$d = \frac{c}{2}\,\frac{\varepsilon}{1 - \varepsilon^2} = \frac{c}{2}\,\frac{1}{2\sinh\dfrac{\pi}{2}}$$

$$k = \frac{c}{2}\,\frac{1}{\varepsilon(1 - \varepsilon^2)}.$$

Die Stelle $t = \tau$ des Maximum von u berechnet sich aus der Gleichung

$$\dot{u} = 0 \quad \text{oder} \quad \cos t - \sin t - \frac{\varepsilon}{1 - \varepsilon^2}\, e^{-t} = 0$$

zu $\tau = 0{,}7098$ (das entspricht etwa 14.43 Uhr). Fig. VI/4 zeigt die Graphen von $u(t)$ und $v(t)$ für $c = 10°$C. Wenn $v(t) > u(t)$ ist, steigt $u(t)$, für $v(t) < u(t)$ sinkt $u(t)$. Minimum und Maximum von $u(t)$ treten ein für $v(t) = u(t)$, Fig. VI/4.

Natürlich kann man dieses Modell verfeinern und damit besser den realenVerhältnissen anpassen.

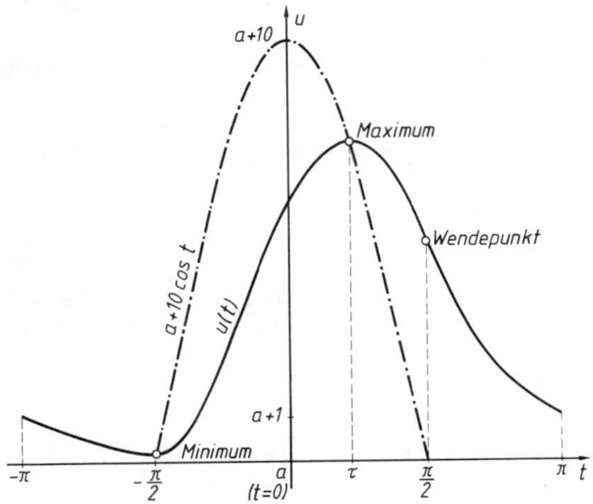

VI/4. Täglicher Temperaturverlauf

9. Vermischte Aufgaben zu Kapitel II und III. 1. Man stelle die allgemeine Lösung folgender nichtlinearer Differentialgleichungen auf:

a) $y''^2 + 2yy'' - y'^2 = 0$

b) $y'' = ay'^2$

c) $y'' = f(x)\,(a + y')^2$

d) $y'' = 2axy'^2$

e) $y'' + (1 + y')^3 = 0$

f) $yy'' = y'^2(y' - 2)$

g) $(yy'' - y'^2)x^2 + y^2 = 0$

h) $y'' = -2y'^3$

i) $yy'' - y'(y' + xy) - y^2 e^{\frac{x^2}{2}} = 0.$

2. Man stelle die allgemeine Lösung folgender linearer Differentialgleichungen auf:

a) $y'' = 3y = 1 + x$

b) $y''' - y'' - 4y' + 4y = 4x^3$

c) $y'' - 3y' - 10y = e^x$

d) $y'' - 2y' = 6x^2$

e) $y''' - 5y'' + 5y' - y = 0$

f) $y''' - 5y'' + 7y' - 3y = e^{2x} + 2$

g) $y'' - 2y' + y = x$

h) $y^{IV} - 2y'' + y = \cos x + 2 \sin x$

i) $y^{VI} - 3y^{IV} + 3y'' - y = -\dfrac{x^2}{3}$

j) $y'' + 5y' + 7y = a e^{-x}$

k) $y'' + y = 5x \cos x + 4 \sin x$

l) $y'' + 4y' + 4y = 6 e^{-2x}$

m) $y^{IV} + 4y = e^x \cos x$

n) $x^2y'' - 2xy' + (a^2x^2 + 2)y = 0$

o) $(1 - x^2)y'' - xy' + a^2y = 0$

p) $x^4y'' + 2x^3y' + a^2y = 1$

q) $x(1 - x)y'' + [(a + 1) - 2x]y' + a(a - 1)y = 0$

r) $x^2y'' + xy' - y = 0$

s) $y''' - y'' - y' + y = (1 + x)e^x$

t) $6y^{IV} - 35y''' + 62y'' - 35y' + 6y = x^3$

u) $y'' + a^2y = e^{bx} \cos ax$.

3. Man stelle zu folgenden Kurvenscharen Differentialgleichungen 2. Ordnung auf [c_1, c_2 bedeuten freie Parameter]:

a) Gesamtheit aller Kreise, die den Einheitskreis berühren,

b) $y = x^x(e^{c_1 + c_2x})$.

4. Man gebe eine spezielle Lösung der folgenden Differentialgleichungen an, wobei $r(x)$ eine gegebene Funktion und a, b gegebene Konstanten sind:

a) $y'' + ay' = r(x)$ mit $a \neq 0$

b) $y''' + ay'' + by' = r(x)$ mit $a^2 - 4b \neq 0$, $a \neq 0$

c) Löse die Randwertaufgabe $y''(x) = r(x)$
bei den Randbedingungen $y'(0) + y'(1) = 0$
$y(0) + y(1) + y'(0) = 0$.

5. Man stelle die durch $xy'' + (x - b)y' + ay = 0$, $y(0) = 1$ eindeutig festgelegte Funktion $y(x)$ durch eine Potenzreihe und für $-b > a > 0$ mit Hilfe bestimmter Integrale dar und entscheide, ob $y(1)$ positiv ist.

6. Man entwickle folgende Funktionen in Potenzreihen:

a) $f(x) = (\arcsin x)^2$

b) $f(x) = (\arcsin x)^3$

c) $f(x) = (\arctan x)^2$

d) Man gebe für die Funktion

$$f(x) = \sum_{n=0}^{\infty} \frac{n!}{(2n)!} x^{2n} = 1 + \frac{x^2}{2} + \frac{x^4}{2 \cdot 6} + \frac{x^6}{2 \cdot 6 \cdot 10} + \frac{x^8}{2 \cdot 6 \cdot 10 \cdot 14} + \cdots$$

einen geschlossenen Ausdruck an.

7. Ermittle periodische Lösungen von $y'' = y \cos x$ durch Entwicklung der Lösung nach Potenzen von $\cos x$.

8. a) Bei einer dünnen Kreisplatte mit symmetrischer Belastungsdichte $p(r)$ [mit r als Abstand vom Kreismittelpunkt] und der Plattensteifigkeit N genügen die als klein vorausgesetzten Durchbiegungen $w(r)$ der Differentialgleichung

$$w^{IV} + \frac{2}{r} w''' - \frac{1}{r^2} w'' + \frac{1}{r^3} w' = \frac{1}{N} p(r).$$

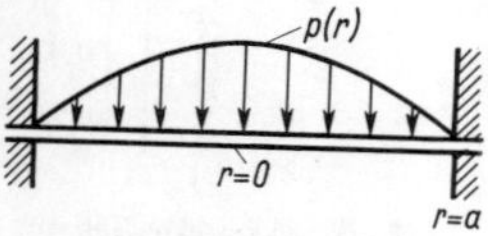

VI/5. Symmetrisch belastete Kreisplatte

Man bestimme die Durchbiegung $w(r)$ bei Einspannung am Rand $r = a$ (d. h. $w(a) = w'(a) = 0$) bei der Belastungsdichte $p(r) = a^2 - r^2$, Fig. VI/5.

b) Man stelle die allgemeine Lösung der Differentialgleichung auf für den Fall, daß $p(r) = r^k$ mit $k \geqq 0$ ist.

9. Führe das System

$$y_j'(x) = \sum_{k=1}^{2} a_{jk}(x) y_k(x) + r_j(x) \qquad (j = 1, 2)$$

in eine Differentialgleichung 2. Ordnung für y_1 allein über.

10. a) Stelle die allgemeine Lösung $Y = \begin{pmatrix} x(t) \\ y(t) \end{pmatrix}$ des folgenden Systems auf:

$$\begin{aligned} \dot{x} + x - 2y &= \sin t \\ \dot{y} + 5x + 3y &= \cos t. \end{aligned}$$

b) Desgleichen für das System

$$\begin{aligned} \dot{x} &= 2x + 3y - 3z \\ \dot{y} &= \phantom{2x +{}} 2y + 2z \\ \dot{z} &= 5x + 4y. \end{aligned}$$

c) Integriere das Eulersche System

$$\begin{aligned} x^2 u' + xu + 2x^2 v + 3x^3 w &= 0 \\ x^3 v' - (4xu + 6x^2 v + 10x^3 w) &= 0 \\ x^4 w' + 2xu + 3x^2 v + 6x^3 w &= 0 \end{aligned} \qquad \text{für} \quad \begin{cases} u(1) = 3 \\ v(1) = -2 \\ w(1) = -1 \end{cases}$$

11. Ein Eisenbahnwagen W_1 (Gewicht $G_1 = 15\,[\mathrm{t}]$) trifft mit der Geschwindigkeit v_0 auf einen anderen Wagen $W_2 (G_2 = 10\,[\mathrm{t}])$, hinter dem unmittelbar ein weiterer Wagen W_3 ($G_3 = 15\,[\mathrm{t}]$) steht.

Die Federkonstante jeder Pufferfederanordnung ist $c = 4$ [t/cm], Fig. VI/6. Diskutiere den weiteren Bewegungsablauf.

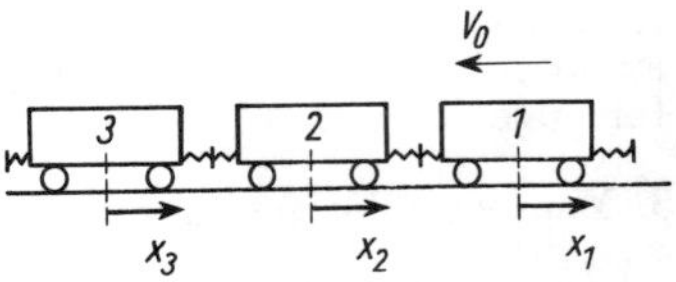

VI/6. Bewegungsablauf bei drei Eisenbahnwagen

12. Welcher notwendigen Bedingung müssen die in einem abgeschlossenen t-Intervall einmal stetig differenzierbaren Koeffizientenfunktionen $a(t)$, $b(t)$, $c(t)$, $A(t)$, $B(t)$, $C(t)$ genügen, damit die beiden Differentialgleichungen

$$\begin{aligned} ax + b\dot{x} + c\ddot{x} &= 0 \\ Ax + B\dot{x} + C\ddot{x} &= 0 \end{aligned}$$

eine gemeinsame Lösung $x = x(t)$ haben? Ist diese Bedingung auch hinreichend?

13. Untersuche das Verhalten der Lösungen der Schrödingergleichung im eindimensionalen periodischen Kraftfeld. (Bändermodell der Metallelektronen-Theorie)

$$y'' + (\mu - p(x))y = 0 \qquad \text{mit} \qquad p(x) = \begin{cases} 1 & \text{für } 0 \leqq x < 1 \\ 0 & \text{für } 1 \leqq x < 3 \\ p(x+3) & \text{für alle } x \end{cases}$$

14. Um welches Stück a muß ein auf einem Tisch liegendes Seil (Länge $l = 1$ m, Querschnitt F, spez. Gewicht γ) überhängen, damit es ohne Anfangsgeschwindigkeit zu gleiten beginnen kann, Fig. VI/7? Die auftretende Reibungskraft R sei proportional dem Normaldruck N des auf der Tischplatte liegenden Seilendes (Coulombsche Reibung, $R = fN$, Reibungsziffer $f = 0.1$). Diskutiere die Zeit $T(a)$ bis zum Beginn des freien Falls als Funktion des Überhanges a.

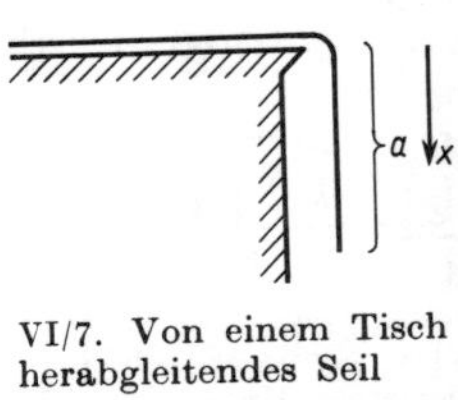

VI/7. Von einem Tisch herabgleitendes Seil

15. Man diskutiere bei den folgenden Differentialgleichungen, wann die Randwertaufgabe mit der gegebenen Differentialgleichung und den Randbedingungen

$$y(0) = a, \; y(h) = b$$

lösbar ist und wieviele Lösungen sie dann hat, d. h. man gebe den Bereich der Punkte h, b in einer h-b-Ebene an, für die Lösungen der Randwertaufgabe existieren.

a) $y'' = \alpha y'^3$ mit $\alpha > 0$. b) $y'' + 6yy'^3 = 0$ mit $a = 0$. c) $y'' = (1 + y')^3$.

16. a) Ein Stab der Länge a wird an seinen beiden Enden auf den Temperaturen $y = 0$ bei $x = 0$ und $y = b$ bei $x = a$ gehalten $(a > 0)$. Infolge chemischer Reaktionen wird die Wärmemenge Q pro Längen- und Zeiteinheit erzeugt, welche in dimensionslosen Größen durch e^y gegeben sei. Gefragt wird nach der stationären Temperaturverteilung, also der Lösung der Randwertaufgabe $y'' = e^y$, $y(0) = 0$, $y(a) = b$. Für welche Paare (a, b) gibt es zwei, eine bzw. keine Lösung der Randwertaufgabe?

b) In der vorangehenden Aufgabe sei $b = 0$; also beide Enden des Stabes werden auf gleicher Temperatur gehalten. Wie kann man jetzt die Lösung berechnen? Welches ist der größte Wert der Stablänge a, für den ein Gleichgewichtszustand möglich ist?

17. Man stelle die transzendente Gleichung für die Eigenwerte λ auf für

a)
$$-y'' = \lambda y = k^2 y$$
und
$$\alpha y(0) + l\beta y'(0) + \gamma y(l) + l\delta y'(l) = 0$$
$$a y(0) + l b y'(0) + c y(l) + l d y'(l) = 0$$

b)
$$y^{IV} = -\lambda y'' = -k^2 y''$$
mit
$$y(0) = y'(0) = y''(0) + a y'''(0) = y(1) + b y'(1) = 0.$$

18. Zweiparametrige Eigenwertaufgabe:
$$-y'' = \lambda y(x) + \mu y'(0), \qquad y(0) = y(1) = 0.$$
Man gebe in einer λ-μ-Ebene, „Eigenkurven" an, auf denen diejenigen Paare λ, μ liegen, für die es eine nicht identische verschwindende Lösung $y(x)$ (eine „Eigenfunktion") gibt. Ist k die Anzahl der „Knoten" (Nullstellen) von $y(x)$ im Innern des Intervalls (0,1), so bezeichne man die verschiedenen Eigenkurven nach den Werten von k. Man diskutiere insbesondere die Eigenwertaufgaben, die sich für folgende Zusammenhänge zwischen λ und μ ergeben:

a) $\mu = \text{const}$, $\mu < 2$ b) $\mu = \text{const}$, $\mu > 2$
c) $\mu = \lambda^2$ d) $\lambda = \mu^2$
e) $\lambda = 4\pi^2 + \mu^2$.

19. Gefragt ist nach den Eigenkurven (wie bei 18.) für
$$y'' = \lambda y', \; y(0) = y(1) - \mu y'(1) = 0.$$

20. Gegeben sei das System
$$\begin{aligned} u' &= \alpha u + \beta v \\ v' &= -\beta u - \alpha v \end{aligned} \quad \text{mit den Randbedingungen} \quad \begin{cases} u(0) + v(1) = 0 \\ v(0) - u(1) = 0. \end{cases}$$
Für welche reellen Eigenwertpaare α, β gibt es nichttriviale Lösungen? (Skizze in einer α-β-Ebene).

10. Lösungen. 1. Bei den Lösungen sind c_1, c_2 freie Parameter.

a) $y = c_1[1 - (x + c_2)^2]$ b) $y = -\dfrac{1}{a} \ln |x + c_1| + c_2$

c) $y = -\displaystyle\int^{x} \frac{ds}{F(s) + c_1} - ax + c_2$ mit $F(x) = \displaystyle\int_{x_0}^{x} f(s)\,ds$

d) Lösungen sind:

$$\frac{1}{2ac_1}\ln\left|\frac{x+c_1}{x-c_1}\right|+c_2, \qquad \frac{1}{ax}+c_2, \qquad -\frac{1}{ac_1}\left(\arctan\frac{x}{c_1}\right)+c_2.$$

Bestehen Zusammenhänge zwischen diesen Formen; gibt es noch weitere Lösungen?

e) $y=-x+c_1+(2x+c_2)^{1/2}$

f) $y+c_1y^3=2x+c_2$

g) $y=c_1xe^{c_2x}$

h) $x=y^2+c_1y+c_2$

i) $y=c_1\exp\left[\int\limits_0^x e^{\frac{t^2}{2}}(c_2+t)\,dt\right].$

2. Hier bedeuten $c_1, c_2, \ldots$ freie Konstanten.

a) $y=c_1e^{x\sqrt{3}}+c_2e^{-x\sqrt{3}}-\dfrac{1+x}{3}$

b) $y=c_1e^{x}+c_2e^{2x}+c_3e^{-2x}+x^3+3x^2+\dfrac{15}{2}x+\dfrac{15}{2}$

c) $y=c_1e^{5x}+c_2e^{-2x}-\dfrac{1}{12}e^{x}$

d) $y=c_1+c_2e^{2x}-\left(x^3+\dfrac{3}{2}x^2+\dfrac{3}{2}x\right)$

e) $y=c_1e^{x}+e^{2x}\left(c_2e^{x\sqrt{3}}+c_3e^{-x\sqrt{3}}\right)$

f) $y=(c_1+c_2x)e^{x}+c_3e^{3x}-e^{2x}-\dfrac{2}{3}$

g) $y=(c_1+c_2x)e^{x}+x+2$

h) $y=(c_1+c_2x)e^{x}+(c_3+c_4x)e^{-x}+\dfrac{1}{4}(\cos x+2\sin x)$

i) $y=(c_1+c_2x+c_3x^2)e^{x}+(c_4+c_5x+c_6x^2)e^{-x}+\dfrac{x^2}{3}+2$

j) $y=\left(c_1\cos\left(\dfrac{\sqrt{3}}{2}x\right)+c_2\sin\left(\dfrac{\sqrt{3}}{2}x\right)\right)e^{-\frac{5}{2}x}+\dfrac{a}{3}e^{-x}$

k) $y=c_1\cos x+c_2\sin x-\dfrac{3}{4}x\cos x+\dfrac{5}{4}x^2\sin x$

l) $y=(c_1+c_2x+3x^2)e^{-2x}$

m) $y=(c_1\cos x+c_2\sin x)e^{x}+(c_3\cos x+c_4\sin x)e^{-x}+\dfrac{1}{16}xe^{x}(\sin x-\cos x)$

n) $y=(c_1\cos ax+c_2\sin ax)x$

o) $y=c_1\cos(a\arcsin x)+c_2\sin(a\arcsin x)$

p) $y=c_1\cos\dfrac{a}{x}+c_2\sin\dfrac{a}{x}+\dfrac{1}{a^2}$

q) $y=x^{-a}\left(c_1+c_2\int\limits_{x_0}^{x}[s(1-s)]^{a-1}\,ds\right)$

r) $y=c_1x+\dfrac{c_2}{x}$

s) $y=e^{x}\left(c_1+c_2x+\dfrac{1}{8}x^2+\dfrac{1}{12}x^3\right)+c_3e^{-x}$

t) $y=c_1e^{3x}+c_2e^{\frac{1}{3}x}+c_3e^{2x}+c_4e^{\frac{1}{2}x}+\dfrac{18095}{216}+\dfrac{853}{36}x+\dfrac{35}{12}x^2+\dfrac{1}{6}x^3$

u) $y=c_1\cos ax+c_2\sin ax+\dfrac{1}{b^2+4a^2}e^{bx}\left(\cos ax+\dfrac{2a}{b}\sin ax\right).$

3. a) $y'' = \dfrac{2(1+y'^2)[(1+y'^2)^{1/2} + xy' - y]}{x^2+y^2-1}$ b) $yy'' - y'^2 = \dfrac{1}{x}y^2$.

4. a) $y = \int\limits_{x_0}^{x} \frac{1}{a}(1 - \mathrm{e}^{-a(x-s)})r(s)\,\mathrm{d}s$

b) $y = \int\limits_{x_0}^{x} \left[\frac{1}{k_1k_2} + \frac{1}{k_2(k_2-k_1)}\mathrm{e}^{k_2(x-s)} + \frac{1}{k_1(k_1-k_2)}\mathrm{e}^{k_1(x-s)}\right] r(s)\,\mathrm{d}s;$

dabei sind k_1 und k_2 die beiden Wurzeln der Gleichung $k^2 + ak + b = 0$. Wie sieht die Lösung im Falle einer Doppelwurzel dieser Gleichung, d. h. im Falle $a^2 = 4b$ aus?

c) $y(x) = \frac{1}{2}\int\limits_0^1 |x-s|\,r(s)\,\mathrm{d}s$

5. Es ist $y(x) = 1 + \dfrac{a}{1\cdot b}x + \dfrac{a(a+1)}{2!b(b-1)}x^2 + \dfrac{a(a+1)(a+2)}{3!b(b-1)(b-2)}x^3 + \ldots,$

wobei für b die ganzzahlig positiven Werte ausgeschlossen werden müssen; die Reihe konvergiert für alle x; es ist

$$y(x) = \frac{z(x)}{z(0)} \quad \text{mit} \quad z(x) = \int\limits_0^1 u^{a-1}(1-u)^{-b-a-1}\mathrm{e}^{-xu}\mathrm{d}u.$$

Daß $z(x)$ eine Lösung der Differentialgleichung ist, sieht man, wenn man $z(x)$ differenziert und in die Differentialgleichung einsetzt. Das Integral existiert für $-b > a > 0$, und dann sind $z(0)$ und $z(1)$, also auch $y(1)$, positiv; es ist aber $y(x)$ nicht für alle reellen a, b positiv, z. B. für $a = 1$ und $b = 0.9$ wird $y(1) < -2$.

6. a) Geht man von der Reihe

$$\arcsin x = x + \frac{1}{2}\frac{x^3}{3} + \frac{1\cdot 3}{2\cdot 4}\frac{x^5}{5} + \frac{1\cdot 3\cdot 5}{2\cdot 4\cdot 6}\frac{x^7}{7} + \ldots$$

aus und quadriert diese Reihe, so ist das Bildungsgesetz schwer zu erkennen. Hier leistet die Differentialgleichung gute Dienste; es genügt $f(x)$ der Anfangswertaufgabe

$$(1-x^2)f'' - xf' - 2 = 0, \qquad f(0) = f'(0) = 0;$$

der Ansatz

$$f(x) = \sum_{n=0}^{\infty} a_n x^n \quad \text{ergibt hier} \quad (n+2)(n+1)a_{n+2} - n^2 a_n = 0 \quad \text{für } n = 1, 2, \ldots,$$

$a_0 = a_1 = 0, \quad a_2 = 1$ und damit die Reihe

$$f(x) = (\arcsin x)^2 = x^2 + \frac{2}{3}\frac{x^4}{2} + \frac{2\cdot 4}{3\cdot 5}\frac{x^6}{3} + \frac{2\cdot 4\cdot 6}{3\cdot 5\cdot 7}\frac{x^8}{4} + \cdots$$
$$+ \frac{2\cdot 4\cdots(2n-2)}{3\cdot 5\cdots(2n-1)}\frac{x^{2n}}{n} + \cdots$$

b) Aus $(1-x^2)f'' - xf' = 6\arcsin x$; $f(0) = f'(0) = 0$ erhält man

$$f(x) = x^3 + \frac{3!}{5!}3^2\left(1 + \frac{1}{3^2}\right)x^5 + \frac{3!}{7!}3^2\cdot 5^2\left(1 + \frac{1}{3^2} + \frac{1}{5^2}\right)x^7 + \cdots$$
$$+ \frac{3!}{(2k+1)!}3^2\cdot 5^2\ldots(2k-1)^2\left(1 + \frac{1}{3^2} + \cdots + \frac{1}{(2k-1)^2}\right)x^{2k+1} + \ldots$$

c) Aus $f'(x) = \frac{2\arctan x}{1+x^2}$, $f(0) = f'(0) = 0$ erhält man

$$f(x) = x^2 - \frac{x^4}{2}\left(1+\frac{1}{3}\right) + \frac{x^6}{3}\left(1+\frac{1}{3}+\frac{1}{5}\right) - \frac{x^8}{4}\left(1+\frac{1}{3}+\frac{1}{5}+\frac{1}{7}\right) + \dots$$

d) Die Lösung der Anfangswertaufgabe

$2xf'(x) - (2+x^2)f(x) + 2 = 0, \quad f(0) = 1, \quad f'(0) = 0$ lautet

$$f(x) = 1 + \frac{x}{2}\,e^{\frac{1}{4}x^2}\int\limits_0^x e^{-\frac{1}{4}t^2}\,dt = 1 + \frac{1}{2}\sqrt{\pi}\,x\,e^{\frac{x^2}{4}}\,\Phi\left(\frac{x}{2}\right),$$

wobei $\Phi(x)$ das Fehlerintegral ist.

7. Der Ansatz $y = \sum\limits_{n=0}^{\infty} a_n \cos^n x$ ergibt für die a_n die Rekursionsformel

$(n+3)(n+2)a_{n+3} = (n+1)^2 a_{n+1} + a_n$ für $n = 0, 1, 2, \dots$ und $a_2 = 0$.

und damit die beiden speziellen Lösungen

$$y_1(x) = 1 + \frac{1}{6}\cos^3 x + \frac{3}{40}\cos^5 x + \frac{1}{180}\cos^6 x + \cdots$$

$$y_2(x) = \cos x + \frac{1}{6}\cos^3 x + \frac{1}{12}\cos^4 x + \frac{3}{40}\cos^5 x + \dots$$

Aus der Rekursionsformel kann man $0 \leqslant a_n \leqslant \frac{1}{n}$ durch vollständige Induktion beweisen, wenn es für $n = 0, 1, 2$ gilt; so beweist man die Konvergenz der Reihen für alle reellen x außer $x = k\pi$ $(k = 0, \pm 1, \pm 2, \dots)$.

8. a) $w(r) = \frac{1}{576N}(a^2 - r^2)^2(7a^2 - r^2)$

b) $w(r) = c_1 + c_2 r^2 + c_3 \ln r + c_4 r^2 \ln r + \frac{1}{N}\,\frac{1}{(k+2)^2}\,\frac{1}{(k+4)^2}\,r^{k+4}$

mit $c_1, \dots, c_4$ als freien Konstanten.

9. $b_2 y_1'' + b_1 y_1' + b_0 y_1 + r_0(x) = 0$ mit $b_2 = a_{12}$, $b_1 = -(a_{12}' + a_{12}(a_{11} + a_{22}))$.

b_0 und r_0 sind leicht angebbare, aber etwas kompliziertere Ausdrücke.

10. a) $$Y = e^{-2t}\begin{pmatrix}\sin 3t - \cos 3t & \sin 3t + \cos 3t\\ \sin 3t + 2\cos 3t & -2\sin 3t + \cos 3t\end{pmatrix}\begin{pmatrix}c_1\\ c_2\end{pmatrix} + \begin{pmatrix}\frac{6}{40}\cos t + \frac{12}{40}\sin t\\ \frac{9}{40}\cos t - \frac{17}{40}\sin t\end{pmatrix}$$

b) $$Y = \begin{pmatrix}x(t)\\ y(t)\\ z(t)\end{pmatrix} = c_1 e^{4t}\begin{pmatrix}0\\1\\1\end{pmatrix} + c_2\begin{pmatrix}\frac{1}{5}(19\cos\sqrt{11}\,t - 2\sqrt{11}\sin\sqrt{11}\,t)\\ -2\cos\sqrt{11}\,t\\ 2\cos\sqrt{11}\,t + \sqrt{11}\sin\sqrt{11}\,t\end{pmatrix} +$$

$$+ c_3\begin{pmatrix}\frac{1}{5}(19\sin\sqrt{11}\,t + 2\sqrt{11}\cos\sqrt{11}\,t)\\ -2\sin\sqrt{11}\,t\\ 2\sin\sqrt{11}\,t - \sqrt{11}\cos\sqrt{11}\,t\end{pmatrix}.$$

c) Die Substitutionen $xu = z_1,\ x^2 v = z_2,\ x^3 w = z_3,\ x = e^t$

ergeben $\dot{z} = Bz$ mit $B = \begin{pmatrix} 0 & -2 & -3 \\ 4 & 8 & 10 \\ -2 & -3 & -3 \end{pmatrix}$.

Die Säkulargleichung hat die Wurzeln $\mu_1 = 1,\ \mu_2 = \mu_3 = 2.$

Zugehörige Eigenvektoren sind $\begin{pmatrix} 1 \\ -2 \\ 1 \end{pmatrix},\ \begin{pmatrix} 1 \\ -4 \\ 2 \end{pmatrix}.$

Ein zu $\mu = 2$ gehöriger Hauptvektor zweiter Stufe heißt $\begin{pmatrix} 1 \\ -1 \\ -1 \end{pmatrix}$; damit lautet die allgemeine Lösung des Systems

$$\begin{pmatrix} xu \\ x^2 v \\ x^3 w \end{pmatrix} = c_1 \begin{pmatrix} 1 \\ -2 \\ 1 \end{pmatrix} x + c_2 \begin{pmatrix} 1 \\ -4 \\ 2 \end{pmatrix} x^2 + c_3 \left[\begin{pmatrix} -1 \\ 1 \\ 1 \end{pmatrix} x^2 + \begin{pmatrix} -3 \\ 12 \\ -6 \end{pmatrix} x^2 \ln|x| \right]$$

und die den Anfangsbedingungen angepaßte Lösung

$$u = 3 + 4x \ln|x| \qquad v = -\frac{6}{x} + 4 - 16 \ln|x| \qquad w = \frac{3}{x^2} - \frac{4}{x} + \frac{8}{x} \ln|x|.$$

11. Es seien $x_j(t)$ die von den Wagen W_j zurückgelegten Wege ($j = 1, 2, 3$); für den Vektor x hat man dann das System von Differentialgleichungen (m_j = Masse des Wagens W_j)

$$\ddot{x} = A\,x, \qquad x = \begin{pmatrix} x_1 \\ x_2 \\ x_3 \end{pmatrix}; \quad A = \begin{pmatrix} -k_1 & k_1 & 0 \\ k_2 & -2k_2 & k_2 \\ 0 & k_1 & -k_1 \end{pmatrix}; \quad k_j = \frac{c}{m_j}.$$

Der Ansatz $x = e^{\mu t}$ führt auf die charakteristische Gleichung $\det(A - \mu^2 E) = 0$ mit den Wurzeln

$$\mu_1 = i\sqrt{k_1},\ \mu_2 = -i\sqrt{k_1},\ \mu_3 = i\sqrt{k_1 + 2k_2},\ \mu_4 = -i\sqrt{k_1 + 2k_2},\ \mu_5 = \mu_6 = 0;$$

mit $\left| \begin{array}{l} \omega_1 = \sqrt{k_1} \\ \omega_2 = \sqrt{k_1 + 2k_2} \end{array} \right.$ erhält man die den Anfangsbedingungen

$$x_1(0) = x_2(0) = x_3(0) = 0 \qquad \dot{x}_1(0) = -v_0,\ \dot{x}_2(0) = \dot{x}_3(0) = 0$$

angepaßte Lösung:

$$x_1 = -\frac{v_0}{2}\left[\frac{1}{\omega_1} \sin \omega_1 t + \frac{1}{8\omega_1} \sin 2\omega_1 t + \frac{3}{4} t\right]$$

$$x_2 = -\frac{v_0}{2}\left[-\frac{3}{8\,\omega_1} \sin 2\omega_1 t + \frac{3}{4} t\right]$$

$$x_3 = -\frac{v_0}{2}\left[-\frac{1}{\omega_1} \sin \omega_1 t + \frac{1}{8\omega_1} \sin 2\omega_1 t + \frac{3}{4} t\right].$$

Dies ist nur gültig, solange die Federn unter Druck stehen. Zur Zeit $t = \pi/\omega_1$ ist sowohl die Pufferfederanordnung der Wagen 1 und 2 als auch der Wagen 2 und 3 zum erstenmal kräftefrei. Geschwindigkeiten zur Zeit $t = \pi/\omega_1$:

$$\dot{x}_1 = \frac{v_0}{16}, \quad \dot{x}_2 = 0, \quad \dot{x}_3 = -\frac{15}{16} v_0.$$

Der Wagen 2 bleibt fortan in Ruhe, die Wagen 1 und 3 entfernen sich in entgegengesetzten Richtungen.

12. Nach einmaligem Differenzieren erhält man die folgenden vier Gleichungen:

$$\begin{aligned} ax + b\dot{x} \quad\quad\quad &+ c\ddot{x} &&= 0 \\ Ax + B\dot{x} \quad\quad\quad &+ C\ddot{x} &&= 0 \\ \dot{a}x + (a + \dot{b})\dot{x} &+ (b + \dot{c})\ddot{x} + c\dddot{x} &&= 0 \\ \dot{A}x + (A + \dot{B})\dot{x} &+ (B + \dot{C})\ddot{x} + C\dddot{x} &&= 0. \end{aligned}$$

Dieses homogene, lineare Gleichungssystem besitzt nichttriviale Lösungen $x, \dot{x}, \ddot{x}, \dddot{x}$, wenn die Koeffizientendeterminante verschwindet:

$$\begin{vmatrix} a & b & c & 0 \\ A & B & C & 0 \\ \dot{a} & a + \dot{b} & b + \dot{c} & c \\ \dot{A} & A + \dot{B} & B + \dot{C} & C \end{vmatrix} = 0.$$

Die Bedingung ist notwendig und hinreichend, wie man durch Umkehrung des Gedankens erkennt.

13. Der gegebenen Gleichung äquivalent ist das System

$$w' = Aw \quad \text{mit} \quad w = \begin{pmatrix} y \\ y' \end{pmatrix}, \quad A = \begin{pmatrix} 0 & 1 \\ -(\mu - p) & 0 \end{pmatrix};$$

ein Fundamentalsystem lautet im Intervall $0 \leqq x < 1$

$$W_a = \begin{pmatrix} \cos ax & \frac{1}{a}\sin ax \\ -a\sin ax & \cos ax \end{pmatrix} \quad \text{mit} \quad a^2 = \mu - 1$$

und im Intervall $1 \leqq x < 3$

$$W_b = \begin{pmatrix} \cos b(x-1) & \frac{1}{b}\sin b(x-1) \\ -b\sin b(x-1) & \cos b(x-1) \end{pmatrix} \quad \text{mit} \quad b^2 = \mu;$$

schreibt man $y_0 = y(0)$, $y_0' = y'(0)$, $y_3 = y(3)$, $y_3' = y'(3)$ mit

$$\begin{pmatrix} y_3 \\ y_3' \end{pmatrix} = B \begin{pmatrix} y_0 \\ y_0' \end{pmatrix},$$

so berechnet sich die Übergangsmatrix $B = (b_{jk})$ aus:

$$B = W_b(3)\, W_a(1)$$

$$B = \begin{pmatrix} \cos 2b & \frac{1}{b}\sin 2b \\ -b\sin 2b & \cos 2b \end{pmatrix} \begin{pmatrix} \cos a & \frac{1}{a}\sin a \\ -a\sin a & \cos a \end{pmatrix}$$

$$= \begin{pmatrix} (\cos a)(\cos 2b) - \frac{a}{b}(\sin a)(\sin 2b) & \frac{1}{a}(\sin a)(\cos 2b) + \frac{1}{b}(\cos a)(\sin 2b) \\ -b(\cos a)(\sin 2b) - a(\sin a)(\cos 2b) & -\frac{b}{a}(\sin a)(\sin 2b) + (\cos a)(\cos 2b) \end{pmatrix}.$$

Sei $w(x+3) = kw(x)$, dann folgt k aus $\det(B - kE) = 0$ oder

$$\begin{vmatrix} b_{11} - k & b_{12} \\ b_{21} & b_{22} - k \end{vmatrix} = 0 = k^2 - k(b_{11} + b_{22}) + \underbrace{b_{11}b_{22} - b_{12}b_{21}}_{=1}$$

$$b_{11} + b_{22} = 2\,(\cos\sqrt{\mu - 1})\,(\cos 2\sqrt{\mu}) - (\sin\sqrt{\mu - 1})\,(\sin 2\sqrt{\mu})\,\frac{2\mu - 1}{\sqrt{\mu(\mu - 1)}}\,.$$

Fallunterscheidung:

$|b_{11} + b_{22}| \geqq 2$, k reell, insbesondere $|b_{11} + b_{22}| = 2$ ist $k = \pm 1$;

$|b_{11} + b_{22}| < 2$, k komplex.

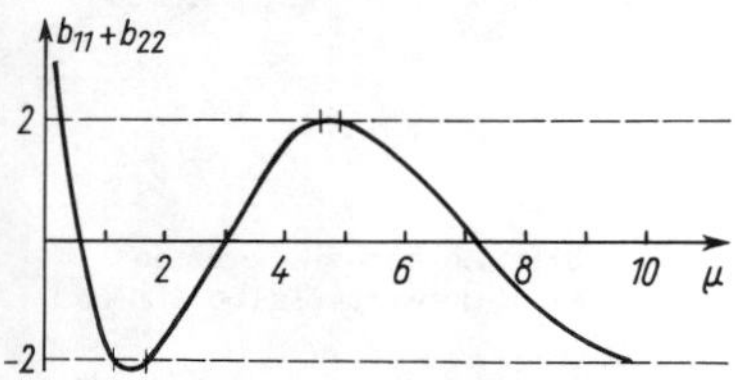

VI/8. Zur Konstruktion der periodischen Lösungen der Schrödinger-Gleichung von Aufgabe 13

In Fig. VI/8 ist $(b_{11} + b_{22})$ als Funktion von μ aufgetragen. Periodische Lösungen existieren für $\mu_1 = 0{,}30$; $\mu_4 = 4{,}58$; $\mu_5 = 4{,}88$; ..., halbperiodische Lösungen für $\mu_2 = 1{,}17$; $\mu_3 = 1{,}68$; ...

14. Die Bewegungsgleichung lautet:

$$\frac{\gamma F l}{g}\ddot{x} = \gamma F x - f\gamma F(l - x)$$

$$\frac{l}{g}\ddot{x} = x(1 + f) - fl.$$

Wenn zur Zeit $t = 0$ die Bewegung beginnen soll, muß für die angreifenden Kräfte die Beziehung

$$a(1 + f) - fl > 0$$

gelten.

Die Lösung der Differentialgleichung mit den Anfangsbedingungen $x(0) = a$, $\dot{x}(0) = 0$ lautet:

$$x - \frac{fl}{1 + f} = \left(a - \frac{fl}{1 + f}\right)\cosh\sqrt{\frac{g}{l}(1 + f)}\,t\,.$$

Aufgelöst nach der Zeit ergibt sich

$$t(x, a) = \sqrt{\frac{l}{g}\,\frac{1}{1 + f}}\,\operatorname{arcosh}\left[\frac{x - \dfrac{fl}{1 + f}}{a - \dfrac{fl}{1 + f}}\right]$$

oder eingesetzt, wenn x und a in Metern gemessen werden:

$$t(x, a) = 0{,}3044\,\operatorname{arcosh}\left[\frac{x - \dfrac{1}{11}}{a - \dfrac{1}{11}}\right].$$

15. a) Die allgemeine Lösung $y = \left[\frac{2}{\alpha}(c_1 - x)\right]^{1/2} + c_2$ ist eine 2-parametrige Schar von Parabeln mit c_1, c_2 als freien Parametern. Die Randwertaufgabe hat genau eine Lösung, wenn der Punkt $Q = (h, b)$ im Innern einer Parabel P liegt, welche der geometrische Ort der Scheitelpunkte der durch den Punkt $(0, a)$ gehenden Lösungs-

parabeln der Differentialgleichung ist, Fig. VI/9. Die Randwertaufgabe hat keine Lösung, wenn Q außerhalb der Parabel P liegt (stets im Gebiet $h > 0$, für $h < 0$ hat man die Figur an der y-Achse zu spiegeln).

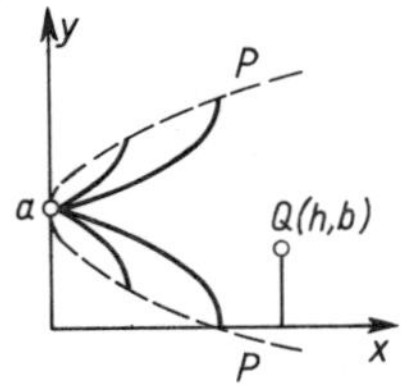

VI/9. Lösbarkeitsbereiche der Randwertaufgabe Nr. 15a

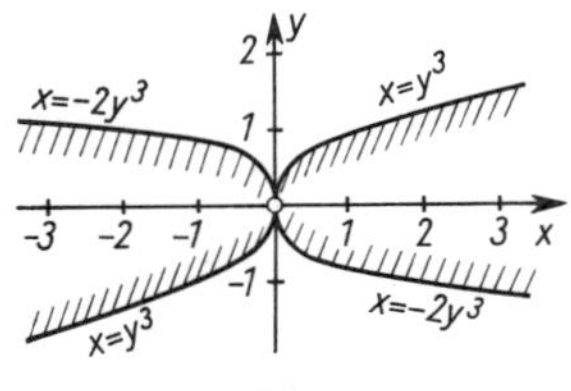

VI/10. Lösbarkeitsbereiche der Randwertaufgabe Nr. 15b

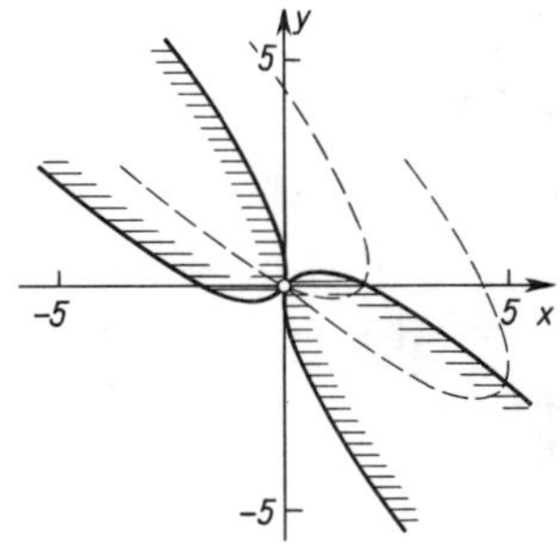

VI/11. Lösbarkeitsbereiche der Randwertaufgabe Nr. 15c

b) Die allgemeine Lösung lautet $x = y^3 + c_1 y + c_2$. Der $(h - b)$-Bereich wird durch die beiden Kurven $x = y^3$ und $x = -2y^3$ berandet, Fig. VI/10.

c) Lösungen der Differentialgleichung sind

$$y = [2(c_1 - x)]^{1/2} - x + c_2 \quad \text{und} \quad y = c - x.$$

Der $(h - b)$-Bereich wird berandet von den Kurven

$$y + x = (\pm 2x)^{1/2}, \text{ Fig. VI/11.}$$

16. a) Mit c_1, c_2 als freien Parametern lautet die allgemeine Lösung der Differentialgleichung

$$y = \ln(2c_1^2) - 2 \ln \cosh(c_1 x + c_2);$$

paßt man die Parameter der Anfangswertaufgabe

$$y(0) = 0, \; y'(0) = s$$

an, so erhält man

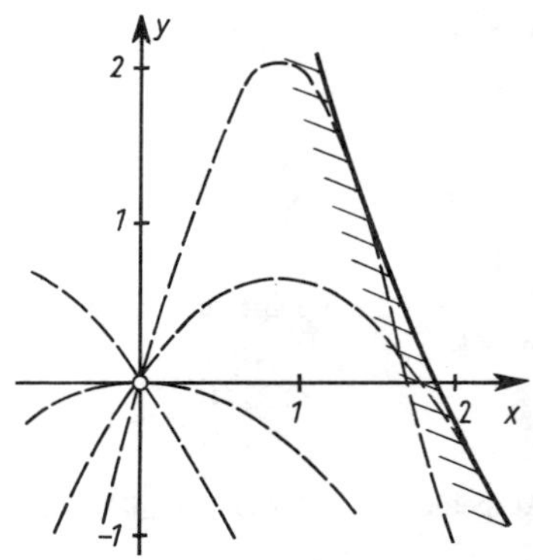

VI/12. Zur Temperaturverteilungs-Aufgabe von Nr. 16

$$y = \ln\left(1 + \frac{s^2}{2}\right) - 2 \ln \cosh\left[\left(\frac{1}{2} + \frac{s^2}{4}\right)^{1/2} x + \operatorname{arsinh}(s/\sqrt{2})\right];$$

das gibt für verschiedene s die in Fig. VI/12 angedeutete Kurvenschar mit der Enveloppe C. Liegt der Punkt $P = (a, b)$ zwischen der y-Achse und der Kurve C, so hat die Randwertaufgabe zwei Lösungen, von denen die mit kleineren y-Werten der stabilen und die mit größeren y-Werten einer labilen Temperaturverteilung entsprechen. Liegt P auf C, so gibt es genau eine Lösung der Randwertaufgabe, liegt P „rechts" von der Kurve C, so ist die Randwertaufgabe unlösbar.

b) Man hat in der allgemeinen Lösung (s. Lösung der vorangehenden Aufgabe) c_2 aus der Gleichung $a = 2\sqrt{2}\,\dfrac{c_2}{\cosh c_2}$ zu bestimmen und erhält dann $c_1 = -\dfrac{2}{a} c_2$. Das maximale a wird etwa für $c_2 = 1{,}2$ angenommen und hat einen Wert von etwa 1,87.

17. a) Für $l\sqrt{\lambda} = lk = p$ erhält man

$$a\beta - b\alpha + c\delta - d\gamma + [a\delta - d\alpha + c\beta - b\gamma]\cos p +$$

$$+\left[\frac{a\gamma - c\alpha}{p} + (b\delta - d\beta)p\right]\sin p = 0.$$

Spezialfälle:

$$\gamma = \delta = a = b = 0: \tan p = \frac{(c\beta - d\alpha)\,p}{d\beta p^2 + c\alpha}; \quad \beta = \delta = a = c = 0: \cos p = -\frac{b\alpha + d\gamma}{b\gamma + d\alpha}.$$

b) $k(a - b - 1) + (1 + abk^2)\sin k + (b - a)k\cos k = 0$.

Spezialfälle: $a = b$: $\sin k = \dfrac{k}{1 + a^2k^2}$; $\quad a = b + 1$: $\tan k = \dfrac{k}{1 + (a^2 - a)k^2}$.

18. Die Eigenkurven haben mit $\lambda = \varrho^2$ die Gleichungen

$$\sin\frac{\varrho}{2} = 0, \text{ d. h. } \varrho = 2k\pi (k = 1, 2, \ldots) \qquad \text{und} \qquad \mu\tan\left(\frac{\varrho}{2}\right) = \varrho,$$

Fig. VI/13, wobei die zugehörigen Werte von k angegeben sind.
a) Es gibt eine abzählbare Folge positiver Eigenwerte λ.
b) Wie bei a), aber es gibt zusätzlich einen negativen Eigenwert.
c) Wie bei b); es gibt hier zwei Eigenfunktionen, die in einem Grundintervall keinen Knoten haben (die Eigenkurve mit $k = 0$ wird von der gestrichelten Kurve zweimal geschnitten).

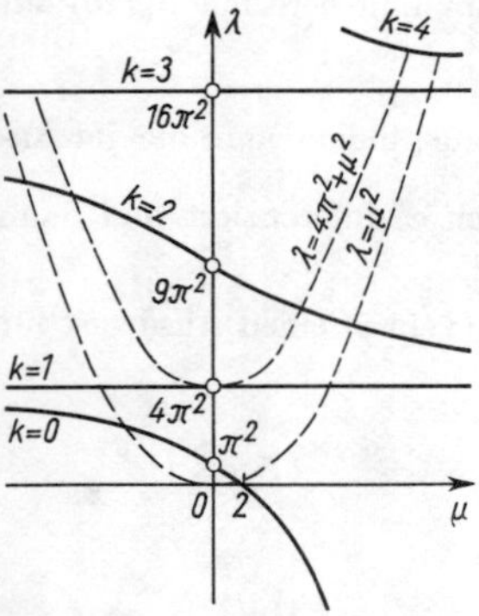

VI/13. Zweiparametrige Eigenwertaufgaben

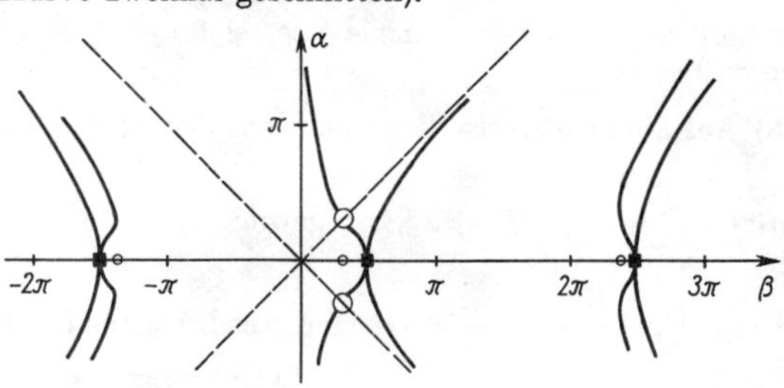

VI/14. Eigenwertkurven

d) Es gibt je eine abzählbare Folge positiver und negativer Eigenwerte μ.
e) Wie bei d), aber dieses Mal gibt es keine Eigenfunktion ohne Knoten.

19. Allgemeine Lösung der Differentialgleichung: $y = c_1 e^{\lambda x} + c_2$; Eigenkurve: $e^{\lambda}(1 - \mu\lambda) = 1$; zu jedem (komplexen) λ gehört ein bestimmtes μ, aber zu jedem (komplexen) μ gehören abzählbar unendlich viele Werte $\lambda = \lambda_n$, die auf der leicht diskutierbaren Kurve $|e^{\lambda}|\,|1 - \mu\lambda| = 1$ liegen.

20. Bedingung für Eigenwertpaare α, β:

$|\alpha| > |\beta| \quad \beta\sinh\sqrt{\alpha^2 - \beta^2} = \sqrt{\alpha^2 - \beta^2} \qquad |\alpha| < |\beta| \quad \beta\sin\sqrt{\beta^2 - \alpha^2} = \sqrt{\beta^2 - \alpha^2}$.

Grenzfälle: $\beta = 1$, $\alpha = \pm 1$. Fig. VI/14 skizziert die Lage der ersten Eigenwertkurven.

11. Vermischte Aufgaben zu Kapitel IV und V. 1. Man gebe für die folgenden hypergeometrischen Reihen (nach (IV.79)) die Summe in geschlossener Form an:

a) $F(1, 1, 1, z)$ b) $F(1, 1, 2, -z)$

c) $F(2, 2, 2, z)$ d) $F(1, 3, 2, z)$.

2. Man zeige, daß die Legendreschen Polynome $P_n(z)$ sich mit Hilfe der hypergeometrischen Reihe

$$\Phi(z) = F\left(-\frac{n}{2}, \frac{1-n}{2}, \frac{1-2n}{2}, z^{-2}\right)$$

ausdrücken lassen.

3. Berechne für die Kugelfunktion $P_n(z)$ von (IV.25) das Integral

$$J = \int_{-1}^{1} z P_n(z) P'_n(z) \, dz.$$

4. a) Man überzeuge sich von der guten Konvergenz der Reihen (IV.35) für die Bessel-Funktionen für kleine Werte von $|z|$, indem man die Reihe für $J_0(2)$ unter Mitführung von 12 Dezimalen berechnet.

b) Zeige, daß für größere $|z|$ die Konvergenzgüte nachläßt und berechne $J_0(10)$ auf 7 geltende Dezimalstellen.

5. a) Man werte die Summe $f(z) = \sum_{n=0}^{\infty} (2n + 1) J_{2n+1}(z)$ aus, indem man die im Anschluß an (IV.51) gewonnene Formel für $\sin(z \sin \varphi)$ nach φ differenziert und dann $\varphi = 0$ setzt.

b) Auf ähnliche Weise kann man aus der Formel für $\cos(z \sin \varphi)$ einen Ausdruck für

$g(z) = \sum_{n=1}^{\infty} (-1)^{n+1} (2n)^2 J_{2n}(z)$ gewinnen.

6. Man gebe einen geschlossenen Ausdruck für die Reihe an

$$f(z) = J_0(-i) + 2 \sum_{n=1}^{\infty} i^n J_n(-i) \cos nz.$$

Für welche z-Werte konvergiert die Reihe?

7. Die Schwingungen einer homogenen Kreisplatte genügen der Gleichung

$$(\Delta - \lambda^2)[(\Delta + \lambda^2) w] = 0,$$

wobei für rotationssymmetrische Schwingungen w als Funktion vom Abstand r vom Mittelpunkt betrachtet werde und dann

$$\Delta = \frac{\partial^2}{\partial_r^2} + \frac{1}{r} \frac{\partial}{\partial_r}$$

gesetzt werden kann; λ^2 ist der Kreisfrequenz proportional. Man berechne die ersten Eigenwerte λ

a) für die eingespannte Kreisplatte (am Rand $r = a$ ist $w = \frac{\partial w}{\partial r} = 0$)

b) für die gelenkig gelagerte Kreisplatte (für $r = a$ ist $w = \frac{\partial^2 w}{\partial_r{}^2} + \frac{\nu}{r}\frac{\partial w}{\partial r} = 0$, man behandle den Fall $\nu = 0$).

8. Man entwickle die Funktion $f(z) = \frac{1}{\sqrt{1 - z^2}}$ in $|z| < 1$ nach den Legendreschen Polynomen $f(z) = \sum_{n=0}^{\infty} a_n P_n(z)$.

9. Stelle die partiellen Differentialgleichungen zu folgenden Funktionenfamilien auf, wobei $w_1, w_2, \ldots$ willkürliche Funktionen der angegebenen Argumente sind:

a) $z(x, y) = w_1(x) w_2(y)$

b) $z(x, y) = w_1(x) w_2(x + y)$

c) $z(x, y) = w_1(x) + w_2(xy)$

d) $z(x, y) = w_1(x + y) w_2(x - y)$

e) $z(x, y) = [w_1(x) + w_2(y)]^{1/2}$

f) $z(x, y) = \varphi(y) w_1(x) + w_2(x\varphi(y))$ mit einer festen Funktion $\varphi(y) \neq \text{const.}$

10. In dem System

$$u_t = au + Av_x$$
$$v_t = bu + Bw_x$$
$$w_t = cu + Cu_x$$

seien a, b, c, A, B, C Konstanten. Man eliminiere zwei der drei unbekannten Funktionen $u(x, t)$, $v(x, t)$, $w(x, t)$.

11. Die in der Strömungslehre (beim Durchgang durch die Schallgeschwindigkeit) auftretende Tricomi-Differentialgleichung

$$u_{xx} - xu_{yy} = 0$$

soll mittels eines Potenzreihenansatzes $u(x, y) = \sum_{p, q} a_{pq} x^p y^p$ gelöst werden.

12. Man suche die (zwei willkürliche Funktionen enthaltenden) allgemeinen Lösungen der partiellen Differentialgleichungen

a) $yu_{yy} - u_y = 2x$

b) $xu_{xy} + yu_{yy} + u_y = 12xy^2$.

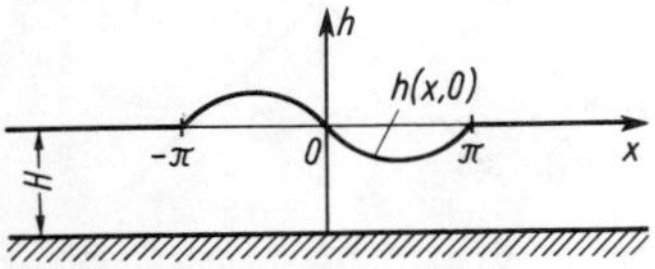

VI/15. Oberflächenwelle im flachen Gewässer

13. Bei der Ausbreitung einer eindimensionalen flachen Oberflächenwelle tritt die (nichtlineare) Differentialgleichung

$$h_t + \sqrt{gH}\left(1 + \frac{3h}{2H}\right) h_x = 0$$

auf. Dabei ist g die Erdbeschleunigung, H die Wassertiefe, $h = h(x,t)$ die Gleichung der Wasseroberfläche zur Zeit t in dem aus Fig. VI/15 ersichtlichen Koordinatensystem.

Ist der Anfangszustand

$$h(x, 0) = \begin{cases} -a \sin x/L & \text{für } |x/L| \leq \pi \\ 0 & \text{für } |x/L| \geqq \pi, \end{cases}$$

so tritt nach einiger Zeit T ein Überschlagen der Welle ein, Fig. VI/16. Man berechne T.

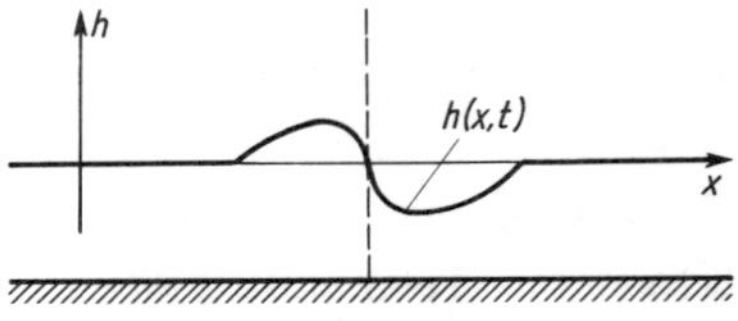

VI/16. Überschlagen der Welle

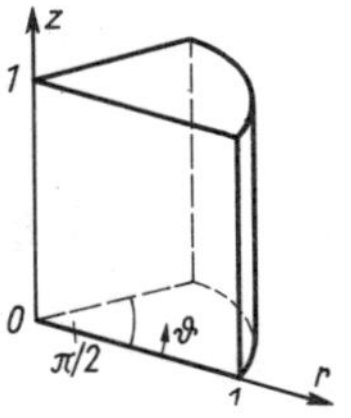

VI/17. Eigenwertaufgabe für Zylinderquadrant

14. Man löse die Eigenwertaufgabe $\Delta u + \lambda u = 0$ für das Innere eines Zylindersektors mit dem Öffnungswinkel $\pi/2$ (Randwerte $u = 0$) durch Produktansatz.
Der Zylindersektor ist in Zylinderkoordinaten durch

$$0 \leqq r \leqq 1 \qquad 0 \leqq z \leqq 1 \qquad 0 \leqq \vartheta \leqq \pi/2$$

gegeben, Fig. VI/17.

15. Die Telegraphengleichung $u_{xx} = u_{tt} + 2u_t + u$ ist zu lösen für den Bereich $0 \leqq x \leqq n\pi (n = 1, 2, \ldots)$ bei den Rand- und Anfangsbedingungen

$$u(0, t) = u(n\pi, t) = 0 \qquad \text{für } t \geqq 0$$

$$\left.\begin{aligned} u(x, 0) &= \sin x \\ u_t(x, 0) &= 0 \end{aligned}\right\} \qquad \text{für } 0 \leqq x \leqq n\pi.$$

16. Man suche nach Eigenwerten und Eigenfunktionen der Eigenwertaufgabe

$$\Delta u + \lambda u = u_{xx} + u_{yy} + \lambda u = 0$$

für das rechtwinklig gleichschenklige Dreieck $x \geqq 0$, $y \geqq 0$, $x + y \leqq 1$ (Randbedingungen: $u = 0$). Lösung der Eigenwertaufgabe durch geeignete Überlagerung von Eigenfunktionen für das Quadrat.

17. Gesucht ist die Differentialgleichung der Schar von Kugeln, die die Ebenen $u = \pm x$ berühren.

Man hat zwei verschiedene Möglichkeiten für die Lagen der Kugeln, Fig. VI/18

$$\text{a)} \quad u > x \qquad \text{b)} \quad u < x.$$

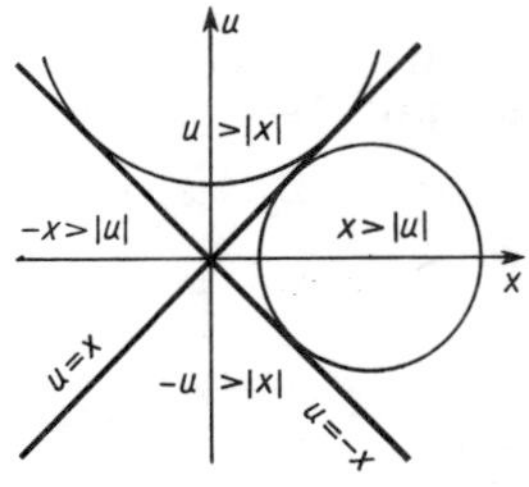

VI/18. Verschiedene Lagen der Kugeln im Raum

18. Für die folgenden partiellen Differentialgleichungen stelle man Lösungen $u(x, y)$ auf:

a) $xyu_x - u_y = 1$ b) $u_{xyy} - u_x + xy = 0$

c) $u_x - 2u_y + 2u = x$ d) $u_x u_{xy} = x + y$.

19. Die Temperaturverteilung im Innern des von der Ellipse E $\quad \frac{x^2}{4} + y^2 = 1$

begrenzten Bereiches genügt der Potentialgleichung

$$u_{xx} + u_{yy} = 0.$$

Auf dem Rande des Bereiches, d. h. auf der Ellipse E soll $u = x^n$ sein ($n = 2, 3, 4, 5$). Gesucht ist die Temperaturverteilung $u(x, y)$ im Innern der Ellipse.

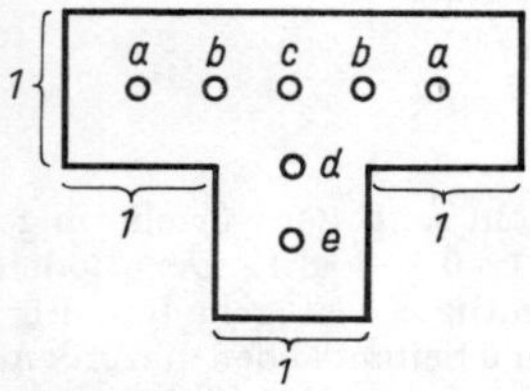

VI/19. Torsionsproblem

20. Die partielle Differentialgleichung (Torsionsproblem)

$$\Delta u = -1; \quad u = 0 \text{ am Rande}$$

ist für den Bereich in Fig. VI/19 zu lösen mit Hilfe des Differenzenverfahrens:

a) bei der Maschenweite $h = 1/2$

b) bei der Maschenweite $h = 1/3$.

21. Man löse die Randwertaufgabe

$$(1 + x)y'' + y = x, \; y(0) = y(1) = 0$$

a) exakt mit Hilfe der Besselfunktion J_1 und der Neumannschen Funktion N_1

b) mit Hilfe des Ritzschen Verfahrens mit dem Ansatz $y \approx u = (a_1 + a_2 x)x(x - 1)$.

22. Man bestimme eine Näherungslösung von $y' + \sinh y = \sin x$, $y(0) = 2$ nach dem Runge-Kutta-Verfahren mit den Schrittweiten $h = 0{,}1$ bis zur Stelle $x = 0{,}8$ und von da an mit der Schrittweite $h = 0{,}2$.

23. Behandle die Schwingungsgleichung $\ddot{x} + \dot{x} + \sin x = 0$, $x(0) = \pi/2$, $\dot{x}(0) = 0$ nach dem Runge-Kutta-Verfahren.

24. Bei der Behandlung von Fahrzeugfederungen tritt die Differentialgleichung auf

$$\ddot{x} + 2D\dot{x} + \frac{1}{K}(e^{Kx} - 1) = 0,$$

die mit $\dot{x}^2 = y$ übergeht in

$$y' = \frac{dy}{dx} = -4Dy^{1/2} - \frac{2}{K}(e^{Kx} - 1);$$

mit $D = \frac{1}{4}$, $k = 1$, $y(0) = 1$ führe man das Verfahren der zentralen Differenzen mit der Schrittweite $h = 0{,}1$ durch.

25. Die polare Eigenwertaufgabe

$$y'' = \lambda y \sin x, \; y(0) = y(2\pi) = 0$$

werde bei der Maschenweite $h = \pi/2$ mit Hilfe des Differenzenverfahrens, und zwar in der verbesserten Form des Mehrstellenverfahrens nach (VI.13) behandelt.

26. Man bestimme die analytische (d.h. in eine konvergente Potenzreihe entwickelbare) Lösung der Funktional-Differentialgleichung

$$w'(x) = w(x^2)$$

mit der Anfangsbedingung $w(0) = a$, und untersuche ihr Konvergenzverhalten.

27. Für die Eigenwertaufgabe eines Knickstabes unter Eigengewicht (IV.59)

$$y'' + \lambda xy = 0, \qquad y'(0) = y(1) = 0$$

führe man das Ritzsche Verfahren von § 1, Nr. 6 mit dem Ansatz

$$w(x) = a_0\,(1 - x^3) + a_1\,(1 - x^6)$$

und dem Integral $I[\varphi]$ von (VI.20) durch.

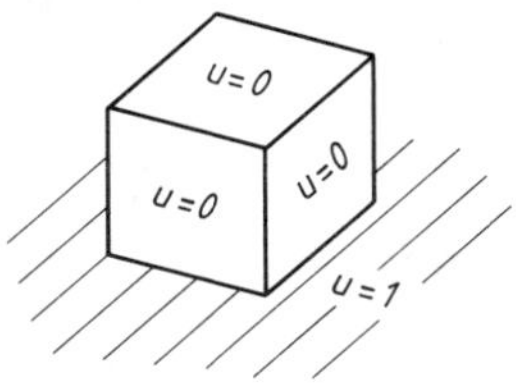

VI/20. Temperaturverteilung in einem würfelförmigen Raume

28. In einem x-y-z-Achsensystem sei B der würfelförmige Bereich $0 < x < 1,\ 0 < y < 1,\ 0 < z < 1$. Der Boden $z = 0$ werde auf der Temperatur $u = 1$ gehalten, Fig. VI/20, während an den übrigen 5 Seitenflächen die Außentemperatur $u = 0$ herrsche. Im Inneren genügt die stationäre Temperaturverteilung der Potentialgleichung $\triangle u = 0$. Man berechne die Temperatur u im Mittelpunkt P des Würfels $\left(x = y = z = \frac{1}{2}\right)$.

29. Bei der Aufgabe 28 berechne man die Temperaturverteilung näherungsweise mit dem gewöhnlichen Differenzenverfahren, mit den Maschenweiten $h = \frac{1}{2}$ und $h = \frac{1}{4}$.

12. Lösungen. 1. a) $\dfrac{1}{1-z}$ b) $\dfrac{1}{z}\ln(1+z)$ c) $\dfrac{1}{(1-z)^2}$ d) $\dfrac{1}{2}\,\dfrac{2-z}{(1-z)^2}$.

2. $P_n(z) = a_n z^n \Phi(z)$ mit $a_n = \dfrac{(2_n)!}{2^n (n!)^2}$.

3. $J = \dfrac{2n}{2n+1}$.

4. a) Es wird

$$J_0(2) = 1 - \frac{1}{(1!)^2} + \frac{1}{(2!)^2} - \frac{1}{(3!)^2} + \cdots$$

Die Ausrechnung der einzelnen Reihenglieder, die auseinander durch Division durch $1^2, 2^2, 3^2, \ldots$ hervorgehen, ergibt, wobei die fehlenden Stellen durch Nullen zu ergänzen sind (die letzte Dezimalstelle ist natürlich unsicher):

1
− 1
+ 0,25
− 0,027 777 777 778
+ 0,001 736 111 111
− ,. . . 069 444 444
+ ,. 1 929 012
− ,. 39 368
+ ,. 615
− ,. 8
$J_0(2)$ = 0,223 890 779 140.

b) Man erhält hier entsprechend, wobei jetzt die letzten beiden Dezimalstellen unsicher sind:

1
− 25
+ 156,25
− 434,027 777 778
+ 678,168 402 778
− 678,168 402 778
+ 470,950 279 707
− 240,280 754 953
+ .93,859 669 904
− .28,969 033 922
+ . .7,242 258 481
− . .1,496 334 397
+ . . .,259 780 277
− . . .,.38 429 035
+ ,. .4 901 663
+ ,. . . 544 629
+ ,. . . . 53 186
− ,. 4 601
+ ,. 355
+ ,. 25
+ ,. 2
$J_0(10)$ = − 0,245 935 765

5. a) $f(z) = \frac{1}{2} z$, b) $g(z) = \frac{1}{2} z \sin z$.

6. $f(z) = e^{\cos z}$; die Reihe kovergiert für alle komplexen z.

7. a) Die ersten Nullstellen der Gleichung

$$J_0(i\lambda a)J_0'(\lambda a) - iJ_0(\lambda a)J_0'(i\lambda a) = 0$$

(I. Szabó, Höhere technische Mechanik, 4. Aufl. (Berlin-Heidelberg-New York 1964, S. 192) sind $\lambda a = 3{,}196$; $6{,}306$; $9{,}439$.

b) Mit $I_0(z) = J_0(iz)$, $iI_1(z) = J_1(iz)$ erhält man die Gleichung (Szabó a. a. O. S. 238)

$$J_0(vI_1 + \lambda a I_0 - I_1) + I_0(vJ_1 + \lambda a J_0 - J_1) = 0$$

(als Argumente stets λa); für $v = 0$ sind die ersten Nullstellen

$$\lambda a = 2{,}108;\ 5{,}419;\ 8{,}592.$$

8. Es ist

$$a_0 = \frac{\pi}{2},\ a_1 = 0,\ a_{2n} = \frac{\pi}{2}(4n+1)\frac{[1\cdot 3\cdot 5\cdots(2n-1)]^4}{(2n)!\,(2n)!},$$

$$a_{2n+1} = 0 \quad (n = 1, 2, \ldots).$$

9. a) $zz_{xy} = z_x z_y$ oder $\dfrac{\partial^2 \ln z}{\partial x \partial y} = 0$ b) $z(z_{xy} - z_{yy}) = z_y(z_x - z_y)$

c) $xz_{xy} - yz_{yy} - z_y = 0$ d) $z(z_{xx} - z_{yy}) = z_x^2 - z_y^2$

e) $zz_{xy} + z_x z_y = 0$ f) $\varphi'\varphi^2 z_{yy} - x\varphi\varphi'^2 z_{xy} + x\varphi'^3 z_x - \varphi^2\varphi'' z_y = 0$.

10. u, v, w genügen alle drei derselben Differentialgleichung 3. Ordnung

$$\varphi_{ttt} = a\varphi_{tt} + Ab\varphi_{xt} + ABc\varphi_{xx} + ABC\varphi_{xxx}.$$

11. Die Reihenglieder sind Polynome, die für sich Lösungen der Differentialgleichung sind. Die ersten Glieder lauten:

$$
\begin{aligned}
u(x, y) &= a_{0,0} & &+ a_{0,1}y \\
&+ a_{1,0}x & &+ a_{1,1}xy \\
&+ a_{3,0}\left(x^3 + 3!\frac{y^2}{2!}\right) & &+ a_{3,1}\left(x^3 y + 3!\frac{y^3}{3!}\right) \\
&+ a_{4,0}\left(x^4 + 4!\frac{xy^2}{1!2!}\frac{1}{2}\right) & &+ a_{4,1}\left(x^4 y + 4!\frac{xy^3}{1!3!}\frac{1}{2}\right) \\
&+ a_{6,0}\left[x^6 + 6!\left(\frac{x^3y^2}{3!2!}\frac{1}{4} + \frac{y^4}{4!}\right)\right] & &+ a_{6,1}\left[x^6 y + 6!\left(\frac{x^3y^3}{3!3!}\frac{1}{4} + \frac{y^5}{5!}\right)\right] + \cdots
\end{aligned}
$$

12. a) $u = w_1(x)y^2 + w_2(x) + 2xy$.

b) Durch Übergang zu $z = y/x$ erhält man die Differentialgleichung $u_{xz} = 12\,t^3z^2$. Ihre allgemeine Lösung ist $u = w_1(z) + w_2(x) + t^4z^3$. Daher ist die Lösung der gegebenen Gleichung

$$u = w_1\left(\frac{y}{x}\right) + w_2(x) + xy^2.$$

13. Man stellt zunächst eine Differentialgleichung für $x/L = \varphi(h, t)$ auf:

$$\dot{\varphi} = \sqrt{g\,H}\left(1 + \frac{3\,h}{2\,H}\right).$$

Die allgemeine Lösung dieser Differentialgleichung ist

$$x/L = \varphi\,(h, t) = \sqrt{g\,H}\left(1 + \frac{3\,h}{2\,H}\right)t + w\,(h).$$

$w(h)$ ist so zu wählen, daß die Anfangsbedingungen erfüllt sind. Die Lösung lautet für den Bereich $\left|\arcsin\frac{h}{a}\right| \leqq \pi$:

$$x/L = \varphi\,(h, t) = \sqrt{g\,H}\left(1 + \frac{3\,h}{2\,H}\right)t - L\arcsin\left(\frac{h}{a}\right).$$

Den Zeitpunkt des Überschlagens findet man aus $t = T$, für $h = 0$, $\frac{\partial x}{\partial h} = 0$. Es ist

$$\frac{\partial x}{\partial h} = \frac{3}{2}\sqrt{\frac{g}{H}}\,t - \frac{L}{\sqrt{a^2 - h^2}}\,; \quad \text{für } h = 0\text{: } \frac{3}{2}\sqrt{\frac{g}{H}}\,t - \frac{L}{a} = 0\,.$$

Also wird

$$T = \frac{2}{3}\,\frac{L}{a}\sqrt{\frac{H}{g}}\,.$$

14. Sind $\alpha_{n,k}$ die Nullstellen der Besselfunktion $J_{2k}(x)$ (für $k = 0, 1, 2, \ldots$, $n = 1, 2, \ldots$), so erhält man als Eigenfunktionen

$$u_{nkm}(r, \vartheta, z) = J_{2k}\left(\alpha_{nk}^2 r\right)(\sin 2k\vartheta)(\sin \pi m z)$$

und als zugehörige Eigenwerte

$$\lambda = \lambda_{nkm} = \pi^2 m^2 + \alpha_{nk}^2\ (m, n, k = 1, 2, \ldots)$$

Nr. des Eigen-werts	n k m	α_{nk}	λ_{nkm}	$r = r_0$	$\vartheta = \vartheta_0$	$z = z_0$
1.	1 1 1	5,135	36,24	—	—	—
2.	1 1 2	5,135	65,84	—	—	1/2
3.	1 2 1	7,586	67,42	—	$\pi/4$	—
4.	2 1 1	8,417	80,71	0,61	—	—
5.	1 2 2	7,586	97,02	—	$\pi/4$	1/2
6.	1 3 1	9,98	109,47	—	$\pi/6$, $\pi/3$	—
7.	2 1 2	8,417	110,32	0,61	—	1/2
8.	1 1 3	5,135	115,19	—	—	1/3, 2/3
9.	2 2 1	11,064	132,28	0,69	$\pi/4$	—
10.	1 3 2	9,98	139,1	—	$\pi/6$, $\pi/3$	1/2

15. $u = e^{-t} \sin x (\sin t + \cos t)$.

16. Für das Quadrat $0 \leqq x \leqq 1$, $0 \leqq y \leqq 1$ ist $u_{mn} = (\sin m\pi x)(\sin n\pi y)$ Eigenfunktion zum Eigenwert $\lambda_{mn} = \pi^2(m^2 + n^2)$ $(m, n = 1, 2, \ldots)$. Die ersten Eigenfunktionen des rechtwinklig-gleichschenkligen Dreiecks sind dann

	λ_{mn}
$u^*_{1,2} = \sin \pi x \sin 2\pi y + \sin 2\pi x \sin \pi y$	
$= 2 \sin \pi x \sin \pi y \cos \frac{\pi}{2}(x + y) \cos \frac{\pi}{2}(x - y)$	$5\pi^2$
$u^*_{1,3} = \sin \pi x \sin 3\pi y - \sin 3\pi x \sin \pi y$	$10\pi^2$
$u^*_{2,3} = \sin 2\pi x \sin 3\pi y + \sin 3\pi x \sin 2\pi y$	$13\pi^2$

usw. Es treten auch mehrfache Eigenwerte auf. Zum Beispiel zum Eigenwert $85\pi^2$ gehören die Eigenfunktionen $u^*_{2,9}$ und $u^*_{6,7}$.

17. a) $2x^2\left(u_x^2 + u_y^2 + 1\right) = (x + uu_x)^2$. b) $2u^2\left(u_x^2 + u_y^2 + 1\right) = (x + uu_x)^2$.

18. Im folgenden bedeuten $w, w_1, w_2, \ldots$ willkürliche Funktionen

a) $u = w\left(\ln|x| + \frac{y^2}{2}\right) - y$ b) $u = \frac{1}{2}x^2y + w_1(x)e^y + w_2(x)e^{-y} + w_3(y)$

c) $u = \frac{1}{2}x - \frac{1}{4} + e^{-2x}w(2x + y)$ d) $u = \int^x [2sy + y^2 + w_1(s)]^{1/2} ds + w_2(y)$.

19. $n = 2$: $u(x, y) = \frac{4}{5}(x^2 - y^2 + 1)$

$n = 3$: $u(x, y) = \frac{4}{7}x^3 - \frac{12}{7}xy^2 + \frac{12}{7}x$

$n = 4$: $u(x, y) = \frac{16}{41}x^4 + \frac{16}{41}y^4 - \frac{96}{41}x^2y^2 + \frac{416}{205}x^2 - \frac{416}{205}y^2 + \frac{336}{205}$

$n = 5$: $u(x, y) = \frac{16}{61}x^5 - \frac{160}{61}x^3y^2 + \frac{800}{427}x^3 - \frac{2400}{427}xy^2 + \frac{1840}{427}x + \frac{80}{61}xy^4$.

20. a) $h = \frac{1}{2}$ (Bezeichnung der Funktionswerte nach Fig. VI/19):

$$
\begin{aligned}
4a - b &= \tfrac{1}{4} \\
-a + 4b - c &= \tfrac{1}{4} \\
-2b + 4c - d &= \tfrac{1}{4} \\
-c + 4d - e &= \tfrac{1}{4} \\
-d + 4e &= \tfrac{1}{4}
\end{aligned}
$$

Ergebnis: $a = e = \frac{3}{32} = 0{,}09375$

$b = d = \frac{4}{32} = 0{,}1250$

$c = \frac{5}{32} = 0{,}15625$

b) $h = \frac{1}{3}$ (Bezeichnung der Funktionswerte nach Fig. VI/21):

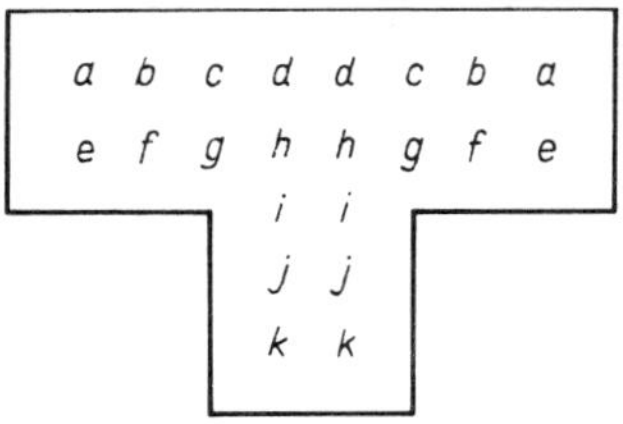

VI/21. Zum Differenzenverfahren

Ergebnis:

$a = \frac{5124}{72855} = 0{,}07033$ $\quad e = \frac{5145}{72855} = 0{,}07062$

$b = 0{,}09960$ $\quad f = 0{,}10104$

$c = 0{,}11590$ $\quad g = 0{,}12282$

$d = 0{,}13008$ $\quad h = 0{,}16323$

$i = 0{,}12567 \quad j = 0{,}10268 \quad k = 0{,}07126$

21. a) $y = x - \sqrt{1+x}\,[0{,}3777\,J_1(2\sqrt{1+x}) + 2{,}0358\,N_1(2\sqrt{1+x})]$

b) $a_1 = 0{,}1317; \quad a_2 = 0{,}0773$

Einige Zahlenwerte

x	y	u
0	0	0
0,25	− 0,02827	− 0,0250
0,50	− 0,04321	− 0,0426
0,75	− 0,03810	− 0,0365
1	0	0

22.

x	y
0	2
0,1	1,69707
0,2	1,4785
0,3	1,3142
0,4	1,1884
0,5	1,0920
0,6	1,0179
0,7	0,9626
0,8	0,9221

x	y
1	0,8747
1,2	0,8575
1,4	0,8569
1,6	0,8623
1,8	0,8651
2	0,8592
2,2	0,8399
.	
.	
3,6	0,236

23.

t	x	$\dot{x}$
0	1,57080	0
0,3	1,52995	− 0,07970
0,6	1,41805	− 0,13653
0,9	1,2578	− 0,1799
1,2	1,0621	− 0,2069
1,5	0,8495	− 0,2160
1,8	0,6356	− 0,2083

24. Anfangswerte für $x = \pm\, 0{,}1$ beschafft man sich mit Hilfe der Potenzreihe

$$y = 1 - x - \frac{3}{4}x^2 - \frac{1}{6}x^3 + \frac{1}{24}x^5 + \ldots .$$

Man erhält dann

x	y
− 0,1	1,09267
0	1
0,1	0,89233
0,2	0,76868
0,3	0,62815
0,4	0,47007
0,5	0,29451
0,6	0,10355

25. Es seien y_j bzw. y_j'' Näherungswerte für $y\left(j\frac{\pi}{2}\right)$ bzw. für $y''\left(j\frac{\pi}{2}\right)$ $(j = 0, 1, 2, 3, 4)$ mit $y_0 = y_4 = 0$.

Man erhält drei Gleichungen an den Stellen $\frac{\pi}{2}$, π, $\frac{3\pi}{2}$, von denen die erste lautet:

$$y_0'' + 10y_1'' + y_2'' - \frac{12}{h^2}(y_0 - 2y_1 + y_2) = 0.$$

Setzt man für y'' die Differentialgleichung ein, so entstehen drei lineare homogene Gleichungen für y_j mit der Determinante (es ist $h^2\lambda = \Lambda$ gesetzt)

$$\begin{vmatrix} 10\Lambda + 24 & -12 & 0 \\ \Lambda - 12 & 24 & -\Lambda - 12 \\ 0 & -12 & -10\Lambda + 24 \end{vmatrix} = 0.$$

Es folgt $\Lambda^2 = \frac{144}{55}$ oder $\lambda = \pm 0{,}656$.

26. Der Ansatz

$$w(x) = \sum_{n=0}^{\infty} a_n x^n \qquad \text{mit } a_0 = a$$

liefert:

$$\begin{aligned} w(x) &= a\left(1 + \frac{x}{1} + \frac{x^3}{1\cdot 3} + \frac{x^7}{1\cdot 3\cdot 7} + \frac{x^{15}}{1\cdot 3\cdot 7\cdot 15} + \cdots\right) \\ &= a\left[1 + \sum_{k=1}^{\infty} \frac{1}{1\cdot 3\cdot 7\cdot\ldots(2^k - 1)}\, x^{(2^k-1)}\right]. \end{aligned}$$

Diese Reihe konvergiert für $|x| < 1$ und hat den Einheitskreis als „natürliche Grenze".

27. Es wird (Prof. Dr. J. Albrecht teilte mir die folgenden Ergebnisse mit):

$$I[w] = A_{00}\, a_0^2 + 2\, A_{01}\, a_0\, a_1 + A_{11}\, a_1^2$$

mit $\quad A_{00} = \frac{9}{5} - \frac{9}{40}\lambda, \qquad 2\,A_{01} = \frac{9}{2} - \frac{117}{220}\lambda, \qquad A_{11} = \frac{36}{11} - \frac{9}{28}\lambda.$

Die Nullstellen Λ von

$$\psi(\lambda) = \begin{vmatrix} A_{00} & A_{01} \\ A_{01} & A_{11} \end{vmatrix} = 0 \qquad \text{oder von} \qquad 3\,\lambda^2 - 220\,\lambda - 1540 = 0$$

sind Näherungswerte für die ersten beiden Eigenwerte:

$$\Lambda = \frac{2}{3}\left\{55 \mp \sqrt{1870}\right\} = \begin{cases} 7{,}837\,668 \\ 65{,}495\,664 \end{cases} \text{(Fehler } + 0{,}005\,\%)$$

28. Es seien F_j $(j = 1, 2, \ldots, 6)$ die 6 Seitenflächen des Würfels und es sei $u_{(j)}$ die Temperaturverteilung, wenn die Fläche F_j die Temperatur 1 hat und auf allen anderen 5 Flächen die Temperatur 0 herrscht, Fig. VI/22. Überlagert man alle diese 6 Tempe-

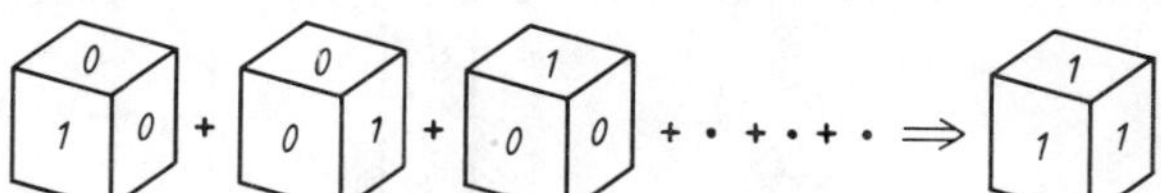

VI/22. Zu den Symmetrien der Temperaturverteilung

raturverteilungen $u_{(j)}$, so hat man einen Würfel, bei dem auf der ganzen Oberfläche die Temperatur konstant $= 1$ ist. Für die Summe $v = \sum_{j=1}^{6} u_{(j)}$ gilt daher $v = 1$. Da aus Symmetriegründen der Wert im Punkte P bei allen Verteilungen $u_{(j)}$ derselbe ist, folgt $6\,u_{(j)}(P) = 1$ oder $u(P) = \frac{1}{6}$. Dieser Schluß ist bei diesem speziellen Beispiel wegen der hohen Symmetrie des Bereiches B möglich, aber nicht bei beliebigen Bereichen.

29. Das gewöhnliche Differenzenverfahren verwendet bei der Potentialgleichung in Analogie zu dem zweidimensionalen Beispiel von Aufgabe 20 für jeden inneren Gitterpunkt Q die Näherungsgleichung:

$$u(Q) = \frac{1}{6} \cdot (\text{Summe der Nachbarwerte}).$$

Bei der Maschenweite $h = \frac{1}{2}$ hat man nur einen unbekannten Funktionswert a im Innern und für diesen erhält man den Wert

$$a = \frac{1}{6}(1 + 0 + 0 + 0 + 0 + 0) = \frac{1}{6}.$$

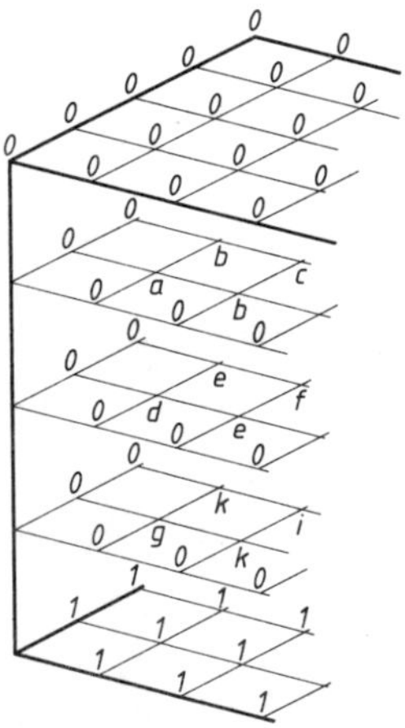

VI/23. Zum gewöhnlichen Differenzenverfahren im Raume

Bei der Maschenweite $h = \frac{1}{4}$ hat man unter Berücksichtigung der Symmetrie 9 unbekannte Funktionswerte. Es seien $a, b, c, d, e, f, g, k, i$ Näherungswerte für diese Funktionswerte, wie in Fig. VI/23 angegeben und wohl ohne weitere Beschreibung verständlich ist. Man erhält dann das Gleichungssystem $Av = q$ mit

$$A = \left(\begin{array}{ccc|ccc|ccc} 6 & -2 & 0 & -1 & 0 & 0 & 0 & 0 & 0 \\ -2 & 6 & -1 & 0 & -1 & 0 & 0 & 0 & 0 \\ 0 & -4 & 6 & 0 & 0 & -1 & 0 & 0 & 0 \\ \hline -1 & 0 & 0 & 6 & -2 & 0 & -1 & 0 & 0 \\ 0 & -1 & 0 & -2 & 6 & -1 & 0 & -1 & 0 \\ 0 & 0 & -1 & 0 & -4 & 6 & 0 & 0 & -1 \\ \hline 0 & 0 & 0 & -1 & 0 & 0 & 6 & -2 & 0 \\ 0 & 0 & 0 & 0 & -1 & 0 & -2 & 6 & -1 \\ 0 & 0 & 0 & 0 & 0 & -1 & 0 & -4 & 6 \end{array}\right).$$

$$v = \begin{pmatrix} a \\ b \\ c \\ d \\ e \\ f \\ g \\ k \\ i \end{pmatrix}, \quad q = \begin{pmatrix} 0 \\ 0 \\ 0 \\ 0 \\ 0 \\ 0 \\ 1 \\ 1 \\ 1 \end{pmatrix}.$$

Da man die Gitterpunkte abwechselnd weiß und schwarz so färben kann, daß jeder Gitterpunkt nur andersfarbige Nachbarpunkte hat, kann man die Auflösung des Gleichungssystems auf die Auflösung eines kleineren Systems zurückführen, welches als Unbekannte nur die Werte in den „weißen" Gitterpunkten enthält, Fig. VI/24. Hier erhält man (entweder durch direkte Elimination der Unbekannten in den „schwarzen" Gitterpunkten oder nach einer von J. Schröder entwickelten Theorie ein Gleichungssystem mit nur 4 Unbekannten

$$Bw = c \quad \text{mit} \quad B = \begin{pmatrix} -7 & 10 & 5 & -7 \\ -4 & 30 & -2 & -4 \\ -8 & -8 & 30 & -8 \\ 27 & -4 & -2 & -1 \end{pmatrix}, \quad w = \begin{pmatrix} b \\ d \\ f \\ k \end{pmatrix}, \quad c = \begin{pmatrix} -1 \\ 1 \\ 1 \\ 0 \end{pmatrix}.$$

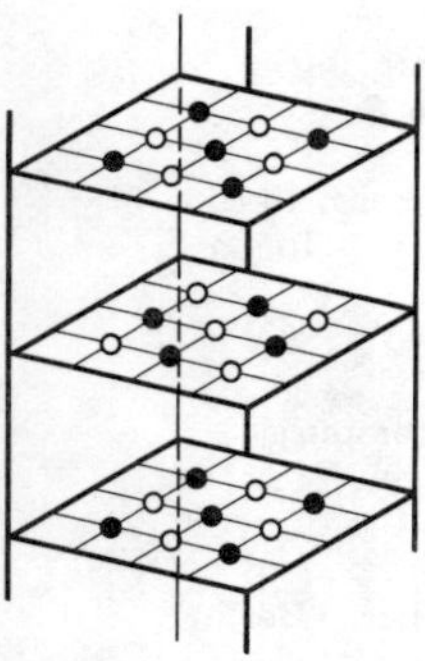

VI/24. Einteilung der Gitterfunktion in zwei Klassen

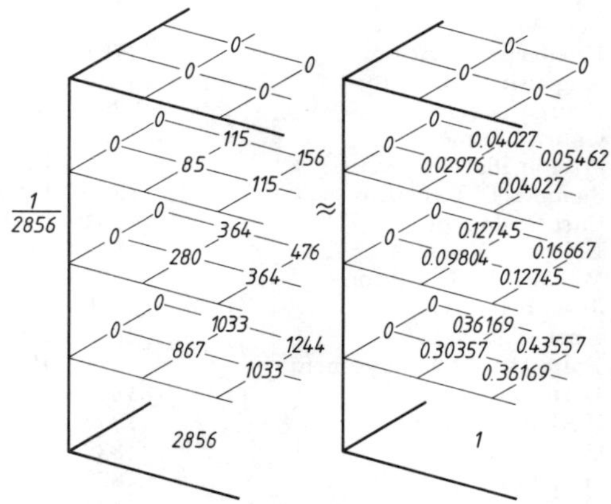

VI/25. Darstellung der Lösung der Differenzengleichungen

Wieder erhält man im Mittelpunkt P des Würfels den exakten Wert $u = f = \frac{1}{6}$.

Die Lösung der Differenzengleichungen lautet mit $a = \frac{1}{2856}$, wie in der bildlichen Darstellung von Fig. VI/25 bei derselben Anordnung wie in Fig. VI/23 angegeben (links mit rationalen Zahlen dargestellt und rechts auf 5 Dezimalen gerundet).

§ 3 Einige biographische Daten

13. Lebenszeiten einiger Mathematiker. Im folgenden sind (in subjektiver Auswahl) einige wenige Mathematiker herausgegriffen, die sich mit Differentialgleichungen beschäftigt haben oder in diesem Buche erwähnt sind.

Name	Lebenszeit	Einige Wirkungsstätten
Johannes Kepler	1571–1630	Prag, Linz
Isaac Newton	1642–1727	Cambridge, London
Gottfried Wilhelm Leibniz	1646–1716	Hannover
Jacob I. Bernoulli	1654–1795	Basel

Name	Lebenszeit	Einige Wirkungsstätten
Jacopo F. Riccati	1676–1754	Padua
Daniel Bernoulli	1701–1784	St. Petersburg, Basel
Leonhard Euler	1707–1783	St. Petersburg, Berlin
Alexis Claude Clairaut	1713–1765	
Jean B. le Rond d'Alembert	1717–1783	Frankreich
Joseph L. Lagrange	1736–1813	Berlin, Paris
Gaspard Monge	1746–1818	Paris
Pierre S. Laplace	1749–1827	Paris
Adrien-Marie Legendre	1752–1833	Paris
Jean B. J. Fourier	1768–1830	Paris, Grenoble
Carl Friedrich Gauss	1777–1855	Göttingen
Simeon D. Poisson	1781–1840	Paris
Friedrich W. Bessel	1784–1846	Königsberg
Augustin L. Cauchy	1789–1857	Paris
George Green	1793–1841	Cambridge
Gabriel Lamé	1794–1870	Rußland, Paris
Joseph Plateau	1801–1883	Belgien
Jacques C. F. Sturm	1803–1855	Paris
Carl G. Jacobi	1804–1851	Königsberg, Berlin
Lejeune Dirichlet	1805–1859	Berlin, Göttingen
William R. Hamilton	1805–1865	Dublin
Joseph Liouville	1809–1882	Paris
Karl Weierstraß	1815–1897	Berlin
Pafnuti L. Tschebyscheff	1821–1894	St. Petersburg
Bernhard Riemann	1826–1866	Göttingen
Rudolf Lipschitz	1832–1903	Bonn
Carl Neumann	1832–1905	Leipzig
Immanuel L. Fuchs	1833–1902	Heidelberg, Berlin
Edmond Laguerre	1834–1886	Paris
Gaston Darboux	1842–1917	Paris
J. W. S. Rayleigh	1842–1919	Cambridge, London
Hermann Amandus Schwarz	1843–1921	Berlin
Carl Runge	1856–1927	Hannover, Göttingen
David Hilbert	1862–1943	Göttingen
Ivar Fredholm	1866–1927	Uppsala
Boris G. Galerkin	1871–1945	Leningrad
Erhard Schmidt	1876–1959	Göttingen, Berlin
Walter Ritz	1878–1909	Tübingen, Göttingen
Richard Edler v. Mises	1883–1953	Berlin, Harvard
Richard Courant	1888–1972	Göttingen, New York
Erich Kamke	1890–1961	Tübingen
Stefan Banach	1892–1945	Lwow
Pawel J. Schauder	1896–1943	Lwow
Edward Ch. Titchmarsh	1899–1963	Cambridge, Oxford
Johann v. Neumann	1903–1957	Princeton
Franz Rellich	1906–1955	Göttingen

Einige Lehrbücher über Differentialgleichungen und weiterführende Bücher

Bieberbach, L. [65]: Theorie der gewöhnlichen Differentialgleichungen. Auf funktionentheoretischer Grundlage dargestellt. 2. Aufl. Berlin-Heidelberg-New York: Springer 1965, 389 S.

Clegg, J.C. [70]: Variationsrechnung. Stuttgart: Teubner 1970, 138 S.

Collatz, L. [63]: Eigenwertaufgaben mit technischen Anwendungen. 2. Aufl. Leipzig: Akad. Verl. Ges. 1963, 466 S.

Collatz, L. [55/66]: Numerische Behandlung von Differentialgleichungen. 2. Aufl. 1955, 526 S.; 3. Aufl. 1966 (engl.), 568 S. Berlin-Heidelberg-New York: Springer

Courant, R.; Hilbert, D. [62]: Methods of Mathematical Physics, Vol. II. Interscience Publishers 1962, 830 S.

Driver, R.D. [77]: Ordinary and Delay Differential Equations. Berlin-Heidelberg-New York: Springer 1977. Appl. Math. Sci, Vol. 20, 501 S.

Frank, Ph.; v. Mises, R. [61]: Die Differential- und Integralgleichungen der Mechanik und Physik. Bd. I. Nachdr. d. 2. Aufl. 1961, 916 S.; Bd. II. Nachdr. d. 2. Aufl. 1961, 1106 S. Braunschweig: Vieweg

Gilbarg, D.; Trudinger, N.S. [77]: Elliptic Partial Differential Equations of Second Order. Berlin-Heidelberg-New York: Springer 1977, 401 S.

Grigorieff, R.D.[72/77]: Numerik gewöhnlicher Differentialgleichungen. Bd. I. 1972, 202 S.; Bd. II. 1977, 411 S. Stuttgart: Teubner

Hutson, V.; Pym, J.S. [80]: Applications of Functional Analysis and Operator Theory. New York-London: Acad. Press 1980, 490 S.

Jahnke, E.; Emde, F.; Lösch, F. [66]: Tafeln höherer Funktionen. 7. Aufl. Stuttgart: Teubner 1966, 334 S.

Jordan, D.W.; Smith, P. [77]: Nonlinear ordinary differential equations. Oxford: Clarendon Press 1977, 360 S.

Kamke, E. [62/64]: Differentialgleichungen. Tl. 1, 5. Aufl. 1964, 316 S.; Tl. 2, 4. Aufl. 1962, 255 S. Leipzig: Akad. Verlagsges.

Kamke, E. [61/65]: Differentialgleichungen, Lösungsmethoden und Lösungen. Bd. I, 7. Aufl. 1961, 666 S.; 9. Aufl. 1977, 668 S.– Bd. II, 5. Aufl. 1965, 243 S.; 6. Aufl. 1979, 243 S. Leipzig: Akad. Verlagsges.; Stuttgart: Teubner

Kauderer, H. [58]: Nichtlineare Mechanik. Berlin-Göttingen-Heidelberg: Springer 1958, 684 S.

Kinderlehrer, D.; Stampacchia, G. [80]: An Introduction to Variational Inequalities and their Applications. New York-London: Acad. Press 1980, 336 S.

Knobloch, H.W.; Kappel, F. [74]: Gewöhnliche Differentialgleichungen, Stuttgart: Teubner 1974, 332 S.

Magnus, K. [76]: Schwingungen. 3. Aufl. Stuttgart: Teubner 1976, 251 S.

Marchuk, G.I. [75]: Methods of Numerical Mathematics. Berlin-Heidelberg-New York: Springer 1975, 316 S.

Meis, Th.; Marcowitz, U. [78]: Numerische Behandlung partieller Differentialgleichungen. Berlin-Heidelberg-New York: Springer 1978, 452 S.

Mitchell, A.R.; Wait, R. [77]: The finite Element Method in Partial Differential Equations. New York: John Wiley & Sons 1977, 198 S.

Reissig, R.; Sansone, G.; Conti, R. [69]: Nichtlineare Differentialgleichungen höherer Ordnung. Edizioni Cremonese 1969, 738 S.

Schröder, J. [80]: Operator Inequalities. New York-London: Academic Press 1980, 384 S.

Schwarz, H.R. [80]: Methode der finiten Elemente. Stuttgart: Teubner 1980, 320 S.

Velte, W. [76]: Direkte Methoden der Variationsrechnung. Stuttgart: Teubner 1976, 198 S.

Walter, W. [70]: Differential- and Integral Inequalities. Berlin-Heidelberg-New York: Springer 1970. Ergebn. Math. und Grenzgebiete Bd. 55, 352 S.

Walter, W. [72]: Gewöhnliche Differentialgleichungen. Berlin-Heidelberg-New York: Springer 1972. Heidelberger Taschenbücher, Bd. 110, 229 S.

Weinberger, H.F. [65]: A First Course in Partial Differential Equations. New York-Toronto-London: Blaisdell Publ. Comp. 1965, 446 S.

Weise, K.H. [66]: Differentialgleichungen. Göttingen: Vandenhoeck und Ruprecht 1966, 358 S.

Wenzel, H. [80]: Gewöhnliche Differentialgleichungen. Leipzig: Akad. Verlagsges. 3. Aufl. 1980, 119 S.

Werner, H.; Schaback, R. [79]: Praktische Mathematik II. 2. Aufl. Berlin-Heidelberg-New York: Springer 1979, 388 S. (hier speziell S. 245–372 (gewöhnl. Diff.Gln.)).

Wieghardt, K. [65]: Theoretische Strömungslehre. Stuttgart: Teubner 1965, 226 S.

Sachverzeichnis

Teubner Studienbücher Fortsetzung

Mathematik Fortsetzung

Krabs: **Optimierung und Approximation**
208 Seiten. DM 26,80

Müller: **Darstellungstheorie von endlichen Gruppen**
IX, 211 Seiten. DM 24,80

Rauhut/Schmitz/Zachow: **Spieltheorie**
Eine Einführung in die mathematische Theorie strategischer Spiele
400 Seiten. DM 28,80 (LAMM)

Schwarz: **FORTRAN-Programme zur Methode der finiten Elemente**
208 Seiten. DM 21,80

Schwarz: **Methode der finiten Elemente**
320 Seiten. DM 32,– (LAMM)

Stiefel: **Einführung in die numerische Mathematik**
5. Aufl. 292 Seiten. DM 26.80 (LAMM)

Stiefel/Fässler: **Gruppentheoretische Methoden und ihre Anwendung**
Eine Einführung mit typischen Beispielen aus Natur- und Ingenieurwissenschaften
256 Seiten. DM 26,80 (LAMM)

Stummel/Hainer: **Praktische Mathematik**
299 Seiten. DM 28,80

Topsøe: **Informationstheorie**
Eine Einführung. 88 Seiten. DM 14,80

Velte: **Direkte Methoden der Variationsrechnung**
Eine Einführung unter Berücksichtigung von Randwertaufgaben bei partiellen Differentialgleichungen. 198 Seiten. DM 26,80 (LAMM)

Walter: **Biomathematik für Mediziner**
2. Aufl. 206 Seiten. DM 19,80

Witting: **Mathematische Statistik**
Eine Einführung in Theorie und Methoden. 3. Aufl. 223 Seiten. DM 26,80 (LAMM)

Mechanik

Becker: **Technische Strömungslehre**
Eine Einführung in die Grundlagen und technischen Anwendungen der Strömungsmechanik. 4. Aufl. 152 Seiten. DM 17,80

Becker/Bürger: **Kontinuumsmechanik**
Eine Einführung in die Grundlagen und einfache Anwendungen
228 Seiten. DM 32,– (LAMM)

Becker/Piltz: **Übungen zur Technischen Strömungslehre**
2. Aufl. 136 Seiten. DM 16,80

Böhme: **Strömungsmechanik nicht-newtonscher Fluide**
280 Seiten. DM 34,– (LAMM)

Hahn: **Bruchmechanik**
Einführung in die theoretischen Grundlagen. 221 Seiten. DM 34,– (LAMM)

Magnus: **Schwingungen**
Eine Einführung in die theoretische Behandlung von Schwingungsproblemen. 3. Aufl. 251 Seiten. DM 26,80 (LAMM)